Julius Joseph Ernst Friedrich Ziegler, Walter König

Das Klima von Frankfurt am Main

Julius Joseph Ernst Friedrich Ziegler, Walter König

Das Klima von Frankfurt am Main

ISBN/EAN: 9783743491380

Hergestellt in Europa, USA, Kanada, Australien, Japan

Cover: Foto ©berggeist007 / pixelio.de

Manufactured and distributed by brebook publishing software (www.brebook.com)

Julius Joseph Ernst Friedrich Ziegler, Walter König

Das Klima von Frankfurt am Main

Das

Klima von Frankfurt am Main.

Eine Zusammenstellung

der

wichtigsten meteorologischen Verhältnisse von Frankfurt a. M.

nach vieljährigen Beobachtungen

im Auftrag des Physikalischen Vereins

bearbeitet von

Dr. Julius Ziegler und **Professor Dr. Walter König.**

Mit 10 Tafeln in Steindruck.

Frankfurt a. M.
C. NAUMANN'S DRUCKEREI
1896.

Inhaltsübersicht.

Tafeln.

1. Luftdruck — Mittel und Extreme.
2. Windrosen.
3. Lufttemperatur — Mittel und Extreme.
4. Lufttemperatur — Mittelwerthe verschiedener Perioden u. Vergleichung v. Frankfurt a. M. u. Berlin.
5. Pentadentafel – Lufttemperatur, Luftdruck, Zahl der Niederschlags- und der Gewittertage.
6. Monatscurven der Häufigkeit der Temperaturen.
7. Kalte und warme Perioden.
8. Nasse und trockne Perioden.
9. Eisdecke des Mains.
10. Vegetationszeiten.

Textfiguren.

Einleitung.

Nachdem zuletzt im Jahresbericht des Physikalischen Vereins für das Jahr 1880—81 in gedrängter Form eine Uebersicht der wichtigeren meteorologischen Verhältnisse unserer Stadt gegeben worden war, sind die meteorologischen Beobachtungen noch über ein Jahrzehnt hinaus d. h. bis Ende 1892 in gleicher Weise wie in dem vorhergehenden Vierteljahrhundert fortgesetzt, die Terminbeobachtungen insbesondere zu denselben Tagesstunden, 6 Uhr Morgens, 2 Uhr Nachmittags und 10 Uhr Abends angestellt worden, um Durchschnitte aus einer möglichst langen Reihe von Jahren und möglichst gleichartigen Beobachtungen zu gewinnen. Vom 1. Januar 1893 an wurden die Stunden 7, 2 und 9 Uhr Ortszeit angenommen (siehe unten!).

Im Einvernehmen mit dem Königlichen meteorologischen Institute und ausgehend von der Ueberzeugung, dass eine Darstellung wie die vorliegende eine möglichst umfassende, den verschiedensten Interessen Rechnung tragende sein müsse, frei von der gerade herrschenden Vorliebe für die eine oder die andere Richtung, haben wir Manches in grösserer Ausführlichkeit zum Abdruck gebracht. Wir hielten dies um so mehr für erforderlich, als unsere Arbeit auch für eine spätere Zeit nutzbar sein soll, in welcher man voraussichtlich nicht so leicht geneigt sein dürfte das z. Th. sehr ungleichmässig vertheilte, schwer zu überschauende Material wieder vorzunehmen. Unsere Mittheilungen sollen an sich die Möglichkeit bieten einen vollen und klaren Einblick in alle gewonnenen Ergebnisse zu thun.

Um jedoch die Wege anzudeuten, auf denen vorkommenden Falles Genaueres zu erfahren ist und auch um Fernerstehenden ein besseres Urtheil über die Verhältnisse und Leistungen zu gewähren, geben wir im Folgenden zunächst einen kurzen Ueberblick über die geschichtliche Entwicklung der immerhin noch jungen Wissenschaft in unserer Stadt, woran wir zugleich literarische Hinweise u. A. knüpfen.

Bezüglich meteorologischer Mittheilungen aus früheren Jahrhunderten sei auf von Lersner's „Frankfurter Chronik" (1. Theil 1706, 1. Buch S. 510 bis 538 und 2. Theil 1734, 1. Buch S. 728 bis 775) hingewiesen. Wie in Zeiten astrologischer

Kalenderweisheit nicht anders zu erwarten, handelt es sich dort meist nur um ausser-
gewöhnliche Erscheinungen, wie grosse Kälte, Hitze, Trockniss, starke Stürme, schwere
Gewitter, grosse Niederschläge, Ueberschwemmungen, Zufrieren des Mains, Nordlichter,
Meteore u. s. w.

Lersner's früheste Lufttemperatur-Angabe, 17 „Grad" Kälte, bezieht sich auf
das Ende des Januars 1695; mit welchem Thermometer diese Temperatur gemessen
wurde, ist nicht angegeben. Einzelne Lufttemperatur-Messungen liegen von hier ferner
aus der ersten Hälfte des achtzehnten Jahrhunderts vor und zwar aus dem Jahre 1709
und 1740; dieselben rühren von Eberhard her, eine solche aus dem Jahre 1755 von
Klotz. Diese Angaben hat uns der Kaufmann Peter Meermann überliefert.
Letzterem sind die täglichen genauen Messungen der höchsten und niedrigsten Lufttemperatur zu danken, welche derselbe vom Jahre 1756 anfangend, vom Jahre 1758
an regelmässig und viele Jahre hindurch, wenigstens bis 1786, wenn nicht bis 1798,
durchgeführt hat. Seine Beobachtungen gehören zu den werthvollsten, die überhaupt
aus früherer Zeit vorhanden sind; dagegen kann sein bekanntes „Ausgleichungsver-
fahren" nicht als sachlich bezeichnet werden[1]. Ein Theil der von Meermann hinter-
lassenen Papiere befindet sich im meteorologischen Archiv des Physikalischen Vereins;
dagegen sind die beiden, die Hauptsache enthaltenden Foliobände leider bei dem Umbau
der Stadtbibliothek verlegt worden, so dass auf den Abdruck weiterer Einzelheiten z. Z.
verzichtet werden musste.

In einigen auf der Senckenbergischen Bibliothek befindlichen Frankfurter Taschen-
kalendern aus den Jahren 1789, 1790, 1792 bis 1805 und 1808 bis 1810 sind Lufttemperatur-Beobachtungen, täglich um 8 Uhr Morgens, wahrscheinlich von Johann
Konrad Bansa aufgezeichnet, leider jedoch nicht vollständig und hinsichtlich der
verwendeten Thermometer nicht sicher.

Vom Jahre 1794 (93 ?) an bis 1814 hat der Katharinenthürmer Ebert die
Lufttemperatur gemessen[2]; aber sowohl dessen Aufzeichnungen, wie die von einem
anderen Beobachter bis zum Jahre 1825 gemachten sind nicht mehr vorhanden oder
doch nicht mehr aufzufinden gewesen.

Seit 1826, bezw. Ende 1825 hat der im Jahre 1824 gegründete Physikalische
Verein regelmässige tägliche Beobachtungen der hauptsächlichsten Witterungserscheinungen angestellt und die Ergebnisse von da an bis 1867 allwöchentlich in der
„Frankfurter Oberpostamtszeitung" tabellarisch angeordnet veröffentlicht. Eine vollständige
aus 4 Bänden und 1 Heft bestehende Sammlung der betreffenden Zeitungsausschnitte
hat G. L. Kriegk hergestellt; dieselbe findet sich auf der Senckenbergischen Bibliothek.

[1] Vergl. Ludwig Thilo „Ueber Peter Meermann's auf der hiesigen Stadtbibliothek
befindliche thermometrische Beobachtungen und Berechnungen". Einladungsschrift zu den Prüfungen
des Frankfurter Gymnasiums 1824; mit Tafel. — Georg Ludwig Kriegk „Physisch-geographische
Beschreibung der Umgegend von Frankfurt a. M." 1889, S. 46. — J. Wallach „Geschichtliches
über den Physikalischen Verein". Jhrsb. d. Phys. Vrns. 1869 70. — Julius Ziegler „Ueber
Peter Meermann's Lufttemperatur-Beobachtungen". Jhrsb. d. Phys. Vrns. 1883 84 u. A.

[2] Vergl. die unter [1] erwähnte Schrift von G. L. Kriegk.

Zur Beobachtung kam die höchste und die niedrigste Tages-Lufttemperatur (Maximum und Minimum eines Thermographen), ferner die Lufttemperatur (Thermometer im Schatten) zu drei (oder auch vier) verschiedenen Tagesstunden, ebenso der Luftdruck (Barometerstand), die Luftfeuchtigkeit (Hygrometer) von 1826 bis Ende 1837, die Windrichtung und das Wetter im Allgemeinen (Himmelsbedeckung), ausserdem Regenfall, Schnee, Hagel, Graupeln, Reif, Thau, Nebel, Höhenrauch, Gewitter und Wetterleuchten, endlich die Wasserhöhe der Niederschläge und des Mains und aussergewöhnliche Erscheinungen wie Sonnen- und Mondhöfe, Nord- und Zodiakallicht, Sternschnuppen- und Meteorfälle, das Zufrieren des Mains, Ueberschwemmungen u. s. w.

Ganz in derselben Weise wie in diesen Tabellen wurden auch die ursprünglichen Beobachtungen oder doch ihre Ergebnisse in Heftchen mit Vordruck eingetragen, die neben den später eingeführten Original-Tabellen noch bis Mitte Februar 1874 beibehalten worden sind und sich von 1828 an im meteorologischen Archiv befinden, jedoch einige Lücken aufweisen.

Am 15. Januar und 17. Juli 1827 wurden auf Anregung seitens der königlichen Gesellschaft der Wissenschaften zu Edinburg in Frankfurt und seiner Umgebung, u. a. auf dem Feldberg, stündliche meteorologische Beobachtungen angestellt und in der „Iris" (1827) sowie in Kastners „Archiv für Naturlehre" durch Hermann von Meyer (1828) veröffentlicht[1]). Die in den nächstfolgenden Jahren an bestimmten Tagen gemachten stündlichen und halbstündlichen Beobachtungen liegen nur in Handschrift vor und sind im Archiv des Vereins aufbewahrt.

Monatliche und jährliche Maxima, Minima und Mittel der Barometer-, Thermometer-, Hygrometer- und Mainhöhe-Beobachtungen in den vier Jahren 1826 bis 1829 mit Tabellen und zwei Tafeln, sowie verschiedene Mittheilungen von F. Albert, J. W. J. Bögner, H. Clarpius, A. Clemens, Ludwig Thilo, Xaver Schnyder von Wartensee u. A. enthält das „Jahrbuch" des Physikalischen Vereins vom Jahr 1831; es ist der einzige Jahrgang und birgt mehrere Irrthümer.

G. L. Kriegk behandelt in der bereits erwähnten Schrift „Physisch-geographische Beschreibung der Umgegend von Frankfurt a. M." (1839) in ausführlicherer und gründlicher Weise die Zeit bis 1837 bezw. 1838. Von demselben Verfasser rührt auch eine Darlegung der „Klimatischen Verhältnisse Frankfurts" im ersten Hefte der „Mittheilungen" des Geographischen Vereins (1839) her; demselben ist eine Tafel des monatlichen Wasserstandes des Mains in den Jahren 1826 bis 1838 beigegeben. Die beiden folgenden Hefte enthalten in ähnlicher Weise Mittheilungen über die Jahre 1839 und 1840 von L. A. Schmidt und C. Dreysigacker.

Vom Physikalischen Verein selbst herausgegeben, erschienen seit 1837 gedruckte „graphische Darstellungen" mit den täglichen Angaben der Lufttemperatur neben Meermanns Linie der mittleren Wärme und denjenigen des Luftdrucks, ausserdem eine

[1]) Die Mittheilungen der „Iris" finden sich im Jahresbericht des Physikalischen Vereins für 1882/83 wieder abgedruckt.

gedruckte „Erläuterung‟. Im Jahre 1839 kam die vergleichende Darstellung der monatlichen Regenhöhen hinzu, von 1843 an graphische Darstellungen der täglichen sonstigen Witterungserscheinungen, 1852 noch die der Mainhöhe, 1861 die Meermann-Greiss'sche Linie der mittleren Wärme und die Greiss'sche Linie des mittleren Luftdrucks, 1870 eine Linie der mittleren Regenhöhe.

Von 1842 an wurden den Tafeln Uebersichts-Tabellen beigegeben und von 1846 an die Tafeln und Tabellen in die „Jahresberichte‟ aufgenommen. Erst vom Beginn des Jahres 1870 an geben die laufend in Druck gelegten „Monatstabellen‟ die ausführlichen täglichen Beobachtungsergebnisse; wogegen die Witterungstafel wieder vereinfacht erscheint. Zur Herstellung dieser Monatstabellen wurden sowohl die betreffenden Originalbeobachtungen und deren Abschrift, als auch die berechneten Ergebnisse auf eigens dazu angefertigtes Tabellenpapier eingetragen.

Die Schwankungen des Grundwasserstandes sind von 1869 bis 1886 tabellarisch und graphisch dargestellt worden, zur Vergleichung damit diejenigen des Mains, der Niederschlagshöhe und (von 1870 bis 1873) des Wassergehaltes der Luft (in Grammen). Tabellarisch werden die (allmählich verminderten) Grundwasser-Beobachtungen noch jetzt mitgetheilt. Seit 1871 haben auch regelmässige pflanzenphänologische Beobachtungen (Vegetationszeiten und ihre Abweichungen) Aufnahme in die Jahresberichte gefunden. Von 1875 bis 1878 enthält der Jahresbericht monatliche graphische Darstellungen der Häufigkeit der Winde.

In den Witterungstafeln sind von 1881 bis 1895 die Linien des täglichen mittleren Luftdrucks und der täglichen mittleren Lufttemperatur nach Mitteln aus den Jahren 1857 bis 1881 und die der mittleren monatlichen Höhen der atmosphärischen Niederschläge nach denjenigen aus den Jahren 1836 bis 1881 eingezeichnet. Die Luftdruck- und Lufttemperatur-Mittel selbst wurden von Georg Krebs und Julius Notthaft berechnet, die mittleren Niederschlagshöhen von Alexander Spiess und Julius Ziegler; die beigefügten sonstigen Witterungs-Angaben sind von letzterem bearbeitet. Diese wie jene finden sich in der gleich zu Anfang der Einleitung erwähnten „Uebersicht der wichtigeren meteorologischen Verhältnisse von Frankfurt am Main nach vieljährigen Beobachtungen‟ im Jahresbericht für 1880 bis 1881 abgedruckt.

Von grosser Bedeutung für die Thätigkeit des Physikalischen Vereins auf meteorologischem Gebiet war es, dass das damals noch mit dem Königlich Preussischen statistischen Bureau verbundene „Meteorologische Institut‟ im Oktober 1852 mit dem Verein in Verbindung trat. Vom 1. April 1853 an wurden in Uebereinstimmung mit diesem Institut die Beobachtungstermine 6, 2 und 10 Uhr angenommen und die täglichen Beobachtungsergebnisse seit dem 1. Juli 1854 unter Verwendung der amtlichen Formulare alluonatlich schriftlich eingesandt; zur Berechnung wurden die Beobachtungen noch in besondere Tabellen für je 5 Tage eingetragen. Von 1873 bis Ende 1887 beschränkte sich die Einsendung auf die vorerwähnten gedruckten Monatstabellen. Seit Anfang 1888 sind die Beobachtungen in die vom Meteorologischen Institut gelieferten Tagebücher aufgezeichnet und die in die neuen grossen Monatsformulare in doppelter

Ausführung eingetragenen Ergebnisse einerseits zu Anfang jeden Monats dem Meteorologischen Institut zugesandt, andererseits in etwas veränderter Form in den Monatstabellen des Physikalischen Vereins abgedruckt worden. Neuerdings werden dem Meteorologischen Institut noch Gewitter, Schneefälle u. A. besonders gemeldet.

Das Meteorologische Institut übernahm seinerseits die von Zeit zu Zeit vorgenommene Vergleichung der Barometer und Thermometer mit den Berliner Normalinstrumenten und veröffentlichte die Monats- und Jahres-Mittel, -Maxima und -Minima bezw. -Summen des Luftdrucks, der Lufttemperatur, absoluten und relativen Feuchtigkeit, der Bewölkung, Niederschlagshöhe, der Regen-, Schnee-, Hagel-, Graupel-, Gewitter-, Nebel-, heiteren, trüben und Sturm-Tage, sowie die Zahl der beobachteten Winde, ausserdem fünftägige Wärmemittel (Pentaden) in seinen „Ergebnissen der meteorologischen Beobachtungen" und unter dem Titel „Preussische Statistik".

An den täglichen internationalen Simultanbeobachtungen nahm der Physikalische Verein vom 1. September 1874 bis zum Abschluss derselben, d. h. bis Ende August 1895, Theil. Die Ergebnisse sind vom War-Departement in Washington veröffentlicht worden und soweit deren Abdruck reicht, im meteorologischen Archiv des Vereins niedergelegt. Die Beobachtungszeit für Frankfurt war anfänglich 1ʰ 18ᵐ p, vom 22. Januar 1881 an 12ʰ 43ᵐ p und vom 1. Januar 1885 an 12ʰ 35ᵐ p Ortszeit.

Im Verlauf der zweiten Hälfte des Jahres 1884 sind in der Taunus-Gegend einige Regenmesser aufgestellt worden, die im Zusammenhang mit den in der Nachbarschaft Frankfurts schon vorhandenen Regenstationen bereits ein kleines Beobachtungs-Netz darstellten. Dasselbe ist unter bereitwilliger Mitwirkung der Königlichen Wasserbau-Inspektion, des städtischen Tiefbauamtes und einer Anzahl unserer benachbarten Beobachter im Laufe der folgenden Jahre beträchtlich herangewachsen und umfasst jetzt ausser dem Taunus den Vogelsberg und Spessart, sowie das Gebiet des unteren Mains, Landstrecken, welche allein schon für die Wasserversorgung unserer Stadt und die Wasserverhältnisse unseres Flusses von grösster Wichtigkeit sind. Rein meteorologisch betrachtet gehören diese Beobachtungen nicht zu unserer nächsten Aufgabe, wir verweisen daher auf die Jahresberichte des Physikalischen Vereins von 1883/84 an.

In anderer Form als in den bereits angeführten Veröffentlichungen sind die meteorologischen Beobachtungen des Physikalischen Vereins ausserdem noch in den „Jahresberichten" des „Aerztlichen Vereins", seit 1857 von Josef Wallach, dann von Georg Varrentrapp und später von Alexander Spiess mitgetheilt worden.

Letzterer veröffentlichte auch im „Frankfurter Journal" von 1877 bis Juni 1892 monatliche und jährliche „Witterungs- und Gesundheits-Berichte." Die „Deutsche Presse" brachte ebenfalls eine Zeit lang (1872) Witterungsberichte von W. A. Nippoldt. Auch die „Frankfurter Nachrichten" enthielten und enthalten solche. Tägliche Mittheilungen bringen seit vielen Jahren ferner das „Frankfurter Journal", die „Frankfurter Zeitung" und der „General-Anzeiger". Die Form der Veröffentlichung hat wiederholt Aenderungen erfahren und ist jetzt wieder eine mehr tabellarische. Den telegraphischen Wetterberichten der Seewarte in Hamburg entsprechend sind von 1882 an in den betreffenden Blättern die hiesigen 8ᵃ-Beobachtungen beigefügt. Die gedruckten täglichen Wetterberichte und -Karten der Seewarte werden am Senckenbergischen Bibliothekgebäude neben dem Thor unter Glas und Rahmen fortlaufend öffentlich ausgehängt und zwar in der Weise, dass je die vier letzten Tage verglichen werden können.

In der „Frankfurter Zeitung" werden ferner seit Anfang des Jahres 1881 die von dem Docenten der Physik auf Grund besonderer Telegramme der Seewarte und der hiesigen Beobachtungen aufgestellten täglichen Wettervorhersagen (Prognosen) des Physikalischen Vereins veröffentlicht. Bis Ende 1894 waren hierzu wie für die täglichen Zeitungsberichte, im Juni 1879 aufgestellte selbstaufzeichnende Apparate — Anemometer und Windfahne mit Uhrwerk, sowie ein Barograph und Thermograph nebst Uhr zur elektrischen Registrirung — im Gebrauch (siehe unten!).

Eine weitere Verarbeitung des mit diesen Instrumenten erhaltenen Beobachtungsmaterials fand nicht statt, da es dem Vereine an der für die erforderlichen umfangreichen Berechnungen nöthigen Hilfskraft fehlte. Auch hatten die Instrumente trotz wiederholter Nachhilfe allmählich derart nothgelitten, dass die Beobachtungen fortwährend unterbrochen wurden. Endlich blieb nur die Wahl einer gründlichen Wiederherstellung oder der Anschaffung neuer Instrumente. Vorläufig sind sie ausser Dienst gestellt, was um so eher geschehen konnte, als sich die anderen zu den verschiedenen Tageszeiten angestellten directen Beobachtungen für die vorgenannten Zwecke als vollkommen ausreichend erwiesen.

Besondere Abschnitte behandeln auf meteorologischem Gebiete, ausser den bereits erwähnten, folgende mit Frankfurt in Beziehung stehende Arbeiten:

Joh. Wilh. Josef Boegner. „Ueber strenge Winter." Frankfurt a. M. 1841.

Julius Löwe. „Ueber die Hagelbildung." Poggendorff's Annalen der Physik und Chemie. 80. Bd. 1850. S. 305 bis 313.

Georg Varrentrapp. „Wasserstand des Mains bei Frankfurt in den Jahren 1826 bis 1855." Beiträge zur Statistik der freien Stadt Frankfurt, herausgegeben vom Verein für Geographie und Statistik, 1858, 1. Bd. 1. Heft S. 58 bis 66.

Karl Bernhard Greiss. „Ueber die Verhältnisse der Temperatur und des Luftdrucks zu Frankfurt a. M." Jahresbericht des Physikalischen Vereins für 1859/60, S 25 bis 51.

Johann Josef Oppel. „Vermischte meteorologische Notizen." Jahresbericht des Physikalischen Vereins für 1866/67, S. 70 bis 88 mit drei Tafeln.

Josef Berger. „Ueber Ventilation von Städten." Jahresbericht des Physikalischen Vereins für 1865/66, S. 60 bis 77.

Josef Berger. „Ueber tägliche Barometerschwankungen und das Gesetz der täglichen Drehung des Windes." Jahresbericht des Physikalischen Vereins für 1866/67, S. 89 bis 108.

Josef Berger. „Ueber den Zusammenhang zwischen den plötzlichen Todesfällen und den Witterungsverhältnissen." Zeitschrift für Biologie, IV, 1868, S. 374.

W. A. Nippoldt. „Ueber die Grundwasser-Beobachtungen, welche an verschiedenen

Punkten der Stadt Frankfurt im Jahre 1869 angestellt wurden." Jahresbericht des Physikalischen Vereins für 1868/69. S 69 bis 77.

W. A. Nippoldt. "Ueber das Bifilar-Hygrometer von Prof Dr. W. Klinkerfues." Jahresbericht des Physikalischen Vereins für 1875/76, S. 44 bis 48.

Georg Krebs. "Wetterkarten und Wetterprognose." Frankfurt a. M. 1879.

Julius Ziegler. "Niederschlagsbeobachtungen in der Umgebung von Frankfurt a. M. nebst einer Regenkarte der Main- und Mittelrheingegend." Jahresbericht des Physikalischen Vereins für 1884/85, S 57 bis 116.

Julius Ziegler und Walter König. "Gewitter am 30. Dezember 1894." Jahresbericht des Physikalischen Vereins für 1893/94, S. 57 bis 66 mit Tafel.

Allgemeinere Darstellungen des Klimas von Frankfurt a. M. sind u. A. enthalten in:

Johann Philipp Burggrav. "Commentatio de aere, aquis et locis urbis Francofurtanae ad Moenum." Frankfurt a. M. 1751.

H. W. Dove. "Klimatologie von Norddeutschland" bezw. von "Deutschland" in den Publikationen des Königl. meteorologischen Instituts und unter dem Titel der Preussischen Statistik.

J. A. Arndt. "Regenhöhe der Jahreszeiten und Jahre." Ebendaselbst.

"Frankfurt a. M. in seinen hygienischen Verhältnissen und Einrichtungen." 1881.

G. Hellmann. "Repertorium der deutschen Meteorologie." 1883.

"Die hygienischen Einrichtungen von Frankfurt a M." 1888.

Meitzen. "Der Boden und die landwirthschaftlichen Verhältnisse der preussischen Staaten." 5. Bd. 1894.

Die meteorologischen Verhältnisse der Umgegend, insbesondere des Gebirges sind im "Taunus-Führer" 1885 und 1892 von J. Ziegler besprochen.

Noch sei hier der vom Verschönerungsverein im Jahre 1869 errichteten und 1881 verbesserten und vermehrten Wetterhäuschen gedacht. In denselben sind kurzgefasste vom meteorologischen Comité des Physikalischen Vereins gelieferte Angaben angebracht, deren Erneuerung bevorsteht.

Die Beobachtungen selbst sind der Hauptsache nach im Bereich der Senckenbergischen Stiftung angestellt worden. Dieselben wurden von 1836 an von dem Stiftsgärtner Heinrich Ohler ausgeführt, und nach dem Hinscheiden desselben am 21. Juni 1876 von dem Nachfolger Gottlieb Perlenfein weiter fortgesetzt; beide haben ihre Aufgabe jederzeit mit voller Hingabe und grösster Gewissenhaftigkeit erfüllt, so dass die Zuverlässigkeit der Beobachtungen aus diesem Zeitraum keinem Zweifel unterliegt.

In dem voraufgegangenen Jahrzehnt haben Mitglieder und Freunde des Vereins ihre Stelle eingenommen; doch lässt sich Bestimmtes hierüber nicht mehr angeben. Wir dürfen aber annehmen, dass ausser den bereits im Vorstehenden genannten und später zu erwähnenden Herren noch folgende ihre Kräfte der Sache gewidmet haben, sei es durch eigne Beobachtung oder durch ihre Thätigkeit bei der Verarbeitung des gewonnenen Materials. Wir nennen besonders: Samuel Thomas von Sömmerring, W. Sömmerring, Johann Valentin Albert, Friedrich Thomas Albert, Botaniker

Becker, Rudolf Böttger, Adolf Poppe, S. W. Cahn, Melber, Johann
Christoph Reichard, Friedrich Wagner, Robert Schrotzenberger,
Johann Philipp Wagner, Johann Balthasar Lorey und Gottlieb Bunsa.

Die Beobachtungen an den selbstaufzeichnenden Apparaten und deren Berechnung
wurden anfänglich von Georg Krebs, Alexander Peschel und Paul Bode ausgeführt, späterhin von Gottlieb Perleufein.

Ferner hat der eine der Verfasser auf seinem in der Aussenstadt, Feldstrasse 8,
gelegenen Anwesen seit Herbst 1867 meteorologische Beobachtungen angestellt, von
welchen später die Rede sein wird.

Nicht unerwähnt bleibe, dass die Wache auf dem Pfarrthurm seit 1885
stündliche Aufzeichnungen über die Temperatur, Windrichtung und Wetterbeschaffen-
heit macht.

————

Die Lage von Frankfurt a. M.

Für den trigonometrisch an die Landesvermessung von Hessen und Nassau
durch Stadtgeometer B. Spindler angeschlossenen Pfarrthurm beträgt die nördliche Breite 50° 6′ 40.36″, die östliche Länge von Greenwich 8° 41′ 6.95″
(= 26° 20′ 57.95″ von Ferro oder 6° 20′ 57.95″ von Paris). — Gerling hatte bei der
Kurhessischen Triangulation i. J. 1823 auf geodätischem Wege 50° 6′ 42.088″ n. Br.
und 26° 20′ 58.798 ö. L. v. F. gefunden [1]). Die Stelle befindet sich (rund) 99 m über
Normal-Null (N.N.) der Berliner Sternwarte [2]).

Für den als Sternwarte dienenden Paulsthurm fand J. B. Lorey auf
astronomischem Wege 50° 6′ 45.7″ nördliche Breite, 8° 40′ 55.5″ östliche Länge von
Greenwich (= 26° 20′ 46.5″ v. F. u. 6° 20′ 46.5″ v. P.) [3]); die Bodenhöhe am Thurm
beträgt 98 m. ü. N.N. Nach den im Sommer 1852 von J. B Lorey in Gemeinschaft
mit Encke mittelst des galvanischen Telegraphen ausgeführten Zeit- bezw. Längen-
bestimmungen zwischen der Berliner Sternwarte und dem Frankfurter Paulsthurm wurden im Mittel 18m 51.82s als Zeitunterschied zwischen beiden gefunden [4]).

---

[1]) Jahresbericht des Physikalischen Vereins 1847.48 S. 18.
[2]) Der Normal-Höhenpunkt der Berliner Sternwarte liegt nach der königlich
Preussischen Landesaufnahme 37,000 m, nach dem Europäischen Gradmessungs-Nivellement
37.186 m über dem Nullpunkt des Amsterdamer Pegels, dessen Höhenlage die
Bezeichnung „Normal-Null" (abgekürzt „N.N.") führt. Der Nullpunkt des Amsterdamer Pegels befindet sich 0.141 m über dem Mittelwasser der Nordsee.
[3]) Jhrsb. d. Phys. Vrns. 1846.47 S. 16 b. 20, 1847.48 S. 17 b. 18, 1848.49 S. 18 b. 20 und
1851.52 S. 18 b. 20.
[4]) Jhrsb. d. Phys. Vrns. 1852.53 S. 45 b. 48.

Vermittelst des (nach Lorey) in einer Höhe von 141.5 m über dem Spiegel der Nordsee auf dem Paulsthurm aufgestellten Ertel'schen Universalinstrumentes werden seitens des Physikalischen Vereins astronomische Beobachtungen zum Zweck der Zeitbestimmung ausgeführt, nach welcher der Stand und der Gang der sogenannten Normaluhr auf dem Tiefbauamte bestimmt wird. Nach dieser werden die öffentlichen städtischen Uhren gerichtet und regulirt. Die Zeitbestimmungen wurden bereits im Jahre 1839 begonnen und seit 1860 regelmässig fortgesetzt. Als Meridianzeichen dient nach wiederholtem Wechsel ein an der Südseite des Hauses Jahnstr. 45 angebrachtes Kreuz.

Die am 1 April 1893 eingeführte „mitteleuropäische Zeit" (M. E. Z.) weicht, wie hier eingeschaltet sei, von der Frankfurter „Ortszeit" um 25 Minuten 17 Sekunden ab, d. h. die für die Hauptbeobachtungen beibehaltene Ortszeit ist gleich M. E. Z. — $25^m 17^s$

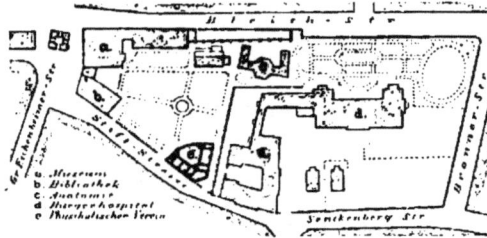

Figur 1.   Situationsplan der Dr. Senckenbergischen Stiftung.

Wie bereits oben erwähnt, sind die hauptsächlichsten meteorologischen Beobachtungen des Physikalischen Vereins fast alle und von Anfang an auf dem Boden der Dr. Senckenbergischen Stiftung ausgeführt worden.

Für eine bestimmte, häufig zu astronomischen Beobachtungen benutzte Stelle des botanischen Gartens hat i. J. 1879 Stadtgeometer Spindler $50^\circ 7' 3.24''$ nördliche Breite und $8^\circ 40' 51.50''$ östliche Länge v. Gr. (= $26^\circ 20' 42.50''$ v. F. u. $6^\circ 20' 42.50''$ v. P.) gemessen. Der durch ein Zeichen kenntlich gemachte Punkt liegt 1 m südlich und 2.5 m westlich von der Südwestecke des neben der Anatomie (Plan c) stehenden Gewächshauses und 102 m ü. N.N. Da die ältere Stelle für die Thermometer am und das Barometer im Erdgeschoss des Bibliothekgebäudes (Plan b), sowie das neue Barometer in der Gärtnerwohnung ebener Erde des Museums (Plan a), das frühere Observatorium oben im Ostflügel desselben, sowie das neue Thermometer-Gehäuse an der Nordseite des Physikalisch-chemischen Instituts (Plan e) und das darüberliegende meteorologische Arbeitszimmer mit den selbstaufzeichnenden Apparaten und Hülfsinstrumenten etwas auseinander liegen, so wird die Lage unserer Station gewöhnlich abgerundet mit $50^\circ 7'$ n. Br. und $8^\circ 41.5$ L. v. Gr. ($26^\circ 21'$ ö. v. F. oder $6^\circ 21'$ ö. v. P.), die Meereshöhe mit 103 m ü. N.N. angegeben.

In Bezug auf die Bodengestaltung ist Frankfurt äusserst günstig gelegen. Während warme Süd- und Südostwinde und warme und feuchte Südwest- und West- winde freien Zutritt haben und dem sanftansteigenden Boden folgen, sind rauhe Nord- west-, Nord- und Ostwinde durch das Taunus-Gebirge (die „Höhe") und niedere Höhen- züge ferngehalten oder doch in ihrer Macht gebrochen, die an diesen Bollwerken ihre Spuren oft deutlich genug zu hinterlassen pflegt, wie zahlreiche geknickte Bäume fast alljährlich beweisen.

Die Stadt breitet sich diesseits und jenseits des Mains von etwa 90 bis 150 m ü. N.N. aus; die Höhenkurve von 100 m zieht mitten durch dieselbe. Die mässige Böschung ist bei den auf der rechten Mainseite gelegenen grösseren Stadttheilen (Frankfurt, Bockenheim und Bornheim) eine vorzugsweise nach Süden geneigte, der Be- sonnung günstige, auf der linken Flussseite (Sachsenhausen) dagegen eine vorwiegend nördliche. Der Hauptzug des nächstgelegenen Taunus zieht von Südwest nach Nordost; die der Stadt zugekehrte Südostseite fällt ziemlich steil ab. Wie weit die durch das Gebirge, den Main und seine Zuflüsse veranlassten mässigen Berg- und Thalwinde neben den Hauptwinden Einfluss auf die in gesundheitlicher Beziehung so wichtige Lufterneuerung unserer Stadt und deren Umgebung haben, lässt sich nicht mit Sicher- heit feststellen.

Auch die geologischen Verhältnisse [1]) dürfen wir nicht unberücksichtigt lassen. Es sind zwar nicht die älteren Taunusgesteine und die Schichten des Devons, welche den Hauptbestand des Taunus ausmachen, auch nicht die bereits in grösserer Nähe auftretenden des Rothliegenden, die in Betracht kommen, sondern die der Tertiär- zeit, des Diluviums und Alluviums sowie die Eruptivgesteine Basalt, Melaphyr und Trachyt. Es sind jedoch weniger die Gesteine selbst, als ihre Lagerung, Verwitterungs- form, wasserhaltende Kraft, Oberflächenbeschaffenheit u. s. w., welche von Bedeutung für die Wärme des Bodens und mittelbar der Luft sind. Grosse Strecken unseres Ge- bietes sind ferner mit mächtigen Schichten von Schotter, Geröll oder Kies erfüllt und machen durch wirksame Entwässerung den Boden oft trocken und stark erwärmbar.

In gleicher Richtung dürften auch die durch Bodensenkungen oder vulkanische Thätigkeit veranlassten Verwerfungen der Schichten wirken. Wenn diese Einflüsse auch nicht unmittelbar bei uns zu Tage treten, so sind sie doch von unverkennbarer Be- deutung für die Wärmeverhältnisse der ganzen Gegend.

[1]) Vergl. Geologische Karte von Preussen und den Thüringischen Staaten, 1 zu 25000, besonders die Blätter von Karl Koch, sowie die Erläuterungen zu denselben. — Friedrich Kinkelin. „Der Pliocänsee des Rhein- und Mainthales und die ehemaligen Mainläufe" Bericht ü. d. Sencken- berg. naturf. Ges. z. Frankf. a. M. 1889 II. S. 59 b. 161 und Erläuterungen zu den geologischen Uebersichtskarten der Gegend zwischen Taunus und Spessart, ebenda S. 323 b. 351. — Derselbe „Die Tertiär- und Diluvial-Bildungen des Untermainthales, der Wetterau und des Südabhanges des Taunus" mit 2 geolog. Uebersichtskärtchen. Abhandl. z. geolog. Specialkarte von Preussen u. d. Thüring. Staaten. Bd. IX. Hft. 4, 1892. — A. v. Reinach. „Das Rothliegende in der Wetterau und sein Anschluss an das Saar-Nahegebiet" nebst geologischer Uebersichtskarte der Randgebirge des Mainzer Beckens. Abhandl. d. k. Preuss. Landesanstalt N. F. Hft 8, 1892.

Die Beobachtungs-Instrumente
und ihre Aufstellung.

Barometer.

Von 1826 bis 1853 wurde der Luftdruck mit einem „Normal-Heber-Barometer" von Loos gemessen. Dasselbe war in Pariser Zolle und zehntel Linien altfranzösischen Maasses auf Glas getheilt; die Ablesung geschah mit Lupe.

Anfänglich war das Instrument im Physikalischen Museum aufgestellt, welches sich zuerst in dem „zum Löwenberg" genannten Hause des Kaufmanns Johann Valentin Albert, Töngesgasse G, 24, jetzt mit No. 46 bezeichnet, später in einer gemietheten Wohnung auf der Schäfergasse befand. Vermuthlich schon in einem der darauffolgenden Jahre, am wahrscheinlichsten i. J. 1834, siedelte das Barometer nach dem neuerbauten naturgeschichtlichen Museum der Senckenbergischen naturforschenden Gesellschaft über; doch ist uns nicht bekannt, in welchem Raume, ob im chemischen Laboratorium, im Hörsaale, im alten Stiftshause oder an anderer Stelle die Aufstellung geschah.

Bis zum Schluss des Jahres 1835 wurden die beobachteten Barometerstände auf 10° R. reducirt, vom 1. Januar 1836 an immer auf 0° und von da an bis Ende Juni 1881 in Pariser Linien eingetragen.

Im September 1840 gerieth das Barometer in Unordnung, so dass die Beobachtungen an denselben vom 2. bis 15. d. M. als unrichtig anzusehen sind.

Bei der genauen Vergleichung mit dem Berliner Normalinstrument im Jahr 1853 erwies sich das Loos'sche Barometer nicht mehr als richtig. Es wurde deshalb ein neues Heber-Barometer von J. G. Greiner jr. in Berlin bezogen und seit dem 1. April 1853 beobachtet. Vergleichungen mit dem Loos'schen Barometer fanden wiederholt statt. Es hing an einem eisernen Gestell in der Gärtnerwohnung der alten Stiftungshäuser und nie viel höher oder niedriger als 103 m über dem Meeresspiegel; zuletzt, d. h. von 1867 (?) bis Ende Januar 1881, befand es sich im Erdgeschoss der i. J. 1866,67 an Stelle der alten Gebäude errichteten neuen Senckenbergischen Bibliothek (Plan b), nach einer im Januar 1887 von J. Ziegler mit Hülfe der städtischen Höhenmarken vorgenommenen Messung 103.4 m ü. N.N. Das Instrument wird noch aufbewahrt.

Seit Februar 1881 wurde mit einem neuen in Millimeter getheilten Gefäss-Heber-Barometer No. 34 von R. Fuess in Berlin beobachtet, welches im meteorologischen Arbeitszimmer im dritten Stock des Museumsgebäudes neben den selbstaufzeichnenden Apparaten zur Aufstellung kam und zur Vergleichung des zu denselben gehörigen Aneroïd-Barometers diente. Der Nullpunkt von No 34 lag bis zu seiner am 14. Oktober 1887 erfolgten Versetzung in den ersten Stock des neuen Vereinshauses

116,92 m über dem Meeresspiegel; seitdem befindet sich derselbe nach einer am
17. Januar 1890 vorgenommenen Messung von Stadtgeometer C. Künkler 108.70 m ü. N.N.

Zum Ersatz für das alte Greiner'sche Barometer gelangte erst anfangs Juli
1881 ein neues ebenfalls in Millimeter getheiltes Gefäss-Heber-Barometer, No. 92 von
R. Fuess im Erdgeschoss des Bibliothekgebäudes zur Aufstellung; der Nullpunkt
befand sich dort 103.7 m ü. N. N. Seit Anfang November 1885 hängt dasselbe, zum
Schutz gegen äussere Einflüsse mit einer Holzverschalung versehen, in der jetzigen Wohnung
des Stiftsgärtners, im Museumsgebäude ebener Erde, woselbst sein Nullpunkt im
Januar 1887 von J. Ziegler bei 103.5 m, im Januar 1890 von C. Künkler genauer
bei 103,45 m ü. N. N. gefunden wurde.

Die in der Zwischenzeit (Februar bis Juni 1881) mit dem Barometer No 34
an der im dritten Stock gelegenen Oertlichkeit angestellten Beobachtungen sind in den
Monatstabellen unverändert mitgetheilt, in dieser Arbeit dagegen auf die Höhe des
anderen Barometers, d. h. auf 103.5 m Meereshöhe, reducirt worden.

Gleichzeitig mit und neben den übrigen selbstaufzeichnenden Instrumenten (siehe
oben und im Nachfolgenden!) kam im Juni 1879 ein selbstregistrirendes Aneroid-
Barometer, ein Barograph von Hipp zur Aufstellung.

Da das Barometer No. 92 der Reinigung bedurfte, so wurde vom 1. Juni 1893
an statt dessen ein neues Gefässbarometer (Stationsbarometer) No. 1147 von R. Fuess
in Dienst gestellt. Der Nullpunkt desselben liegt bei 103.25 m ü. N. N.

Die Barometer sind ebenso wie die Thermometer der Station wiederholt mit
denen des Königlich Preussischen meteorologischen Instituts und zwar an Ort und Stelle
durch H. W. Dove, J. A. Arndt, G. Hellmann, W. von Bezold und V. Kremser
verglichen worden. Die ermittelten Korrektionen wurden, wenn nicht durch richtige
Einstellung des Instrumentes selbst, an den Ablesungen angebracht.

Die Beobachtungsstunden waren im Jahr 1826: 8 Uhr Morgens, 2 Uhr
Mittags und 8 Uhr Abends, vom Jahr 1827 bis Ende 1835: 9, 12, 3 und 10 Uhr,
vom 1. Januar 1836 bis 31. März 1853: 9, 3 und 10 Uhr, vom 1. April 1853 bis
Ende 1892: 6, 2 und 10 Uhr und vom Januar 1893 an: 7, 2 und 9 Uhr.

Thermometer.

Von alten Thermometern sind im städtischen historischen Museum noch einige
schadhafte vorhanden; von einem 1750 im Besitz von Johann Matthias Bansa
gewesenen, jetzt auf der Stadtbibliothek aufbewahrten, ist nur der Rahmen alt. Letzterer
gehörte jedoch zu einem der Instrumente, mit deren Hülfe es Peter Meermann s. Zt.
möglich war, die oben erwähnten niedrigsten Luft-Temperaturen der Jahre 1709,
1740 und 1755 durch Vergleichung mit seinem Thermometer in heute gebräuchlichen
Temperatur-Graden auszudrücken. Von Meermanns eigenen Thermometern ist, so viel
uns bekannt, nichts mehr da.

Ohne die in der oben angeführten Arbeit von J. Ziegler im Jahresbericht
des Physikalischen Vereins für 1883/84 gegebenen Mittheilungen ausführlich wiederholen

zu wollen, erwähnen wir hier nur soviel, dass Meermann die meisten Angaben nach seinem mit Quecksilber gefüllten „kleinen Thermometer" oder „Thermoskop" gemacht hat. Der Nullpunkt desselben, welcher ähnlich wie bei anderen älteren Thermometern, die „mittelmässige" Luftwärme bezeichnen sollte, lag bei +10° C., dem Eis- oder Gefrierpunkte des Wassers entsprach der 40. Kältegrad („K"), dem Siedepunkt desselben der 360. Hitzegrad („H"). Es umfasste jedoch nur 280 Grade („Abtheilungen"), von welchen die eine Hälfte über, die andere Hälfte unter dem Nullpunkt lag, das heisst, es reichte, da 1 Grad nach Meermann gleich $\frac{1}{2}$ Grad nach Celsius ist, bis +45 und −25° C. Der 100. Grad über Null, = 35° C., sollte die „alleräusserste ordentliche Hitze", der 100. Grad unter Null, = −15° C., die „alleräusserste ordentliche Kälte des Wetters" bezeichnen. In den vom Physikalischen Verein aufbewahrten Papieren Meermanns ist unter anderen auch dieses Instrument (von 1758 in einem Folioheft, Tafel 8 u. a. a. Stellen) abgebildet.

Meermann hat seine Beobachtungen zum grössten Theil innerhalb der Altstadt angestellt und zwar anfangs im Hause No. 71 der etwas engen „Schnurgasse", später, von 1767 oder 1768 ab bis 1787 in der anstossenden Strasse „unter den neuen Krämen" No 18 (Neubau) und in den letzten Jahren seines Lebens (Meermann starb am 31. März 1802) vermuthlich an der „Allee", dem jetzigen „Goetheplatz" No. 3 (Neubau). Im Sommer beobachtete er, besonders Morgens, während vieler Jahre auch in seiner Gartenwohnung vor dem „Schaumainthor"; das alte Häuschen war lange Zeit das letzte mainabwärts und ist erst im Februar 1887 abgerissen worden.

Das Thermometer hing immer gegen Norden in freier Luft, bis in den Sommer 1766 im ersten, dann im zweiten Stock der Stadtwohnung, etwa 30 Rheinische Schuh über dem Erdboden.

Die regelmässigen Beobachtungsstunden waren: im Januar 8, Februar $7\frac{3}{4}$, März $7\frac{1}{4}$, April 7, Mai $6\frac{3}{4}$, Juni und Juli $6\frac{1}{2}$, August $6\frac{3}{4}$, September 7, Oktober $7\frac{1}{4}$, November $7\frac{3}{4}$ und Dezember 8 Uhr Morgens für die niedrigste Tagestemperatur und zwischen 2 und 3 Uhr Nachmittags für die höchste. Einzelne von Meermann besonders angegebene Minima sind jedoch auch zu anderen Tageszeiten gemachten Beobachtungen entnommen.

Ebert hat seine Beobachtungen der höchsten Kälte- und Wärmegrade (auf dem Katharinenthurme?), wie Kriegk schreibt, mit einem, „wie es scheint, recht guten Instrumente gemacht". Dasselbe war wahrscheinlich in Réaumur-Grade getheilt.

Auch der Physikalische Verein bediente sich von 1826 bis Ende 1879 der achtzigtheiligen Réaumur'schen Skala.

Das zuerst benutzte Thermometer besass eine auf eine platte Glasröhre geätzte Theilung und war frei im Schatten aufgehängt. Im Jahr 1826 und bis zur zweiten Hälfte des April 1827 wurden die Beobachtungen in freier Lage ausserhalb der Stadt angestellt, dann an dem neuen Gebäude des naturhistorischen Museums; doch machte H. Claepius in der folgenden Zeit noch eine Reihe von Vergleichs-Beobachtungen in freier Lage, wozu er sich eines genau approbirten Thermometers bediente.

Später waren die Thermometer wahrscheinlich an der Nordseite der Gärtner-wohnung in den alten Stiftungsgebäuden angebracht.

1843 wurde ein in ¹⁄₅° R. getheiltes Thermometer von Greiner bezogen, und viele Jahre hindurch beobachtet, doch sind wohl noch andere benutzt worden.

Während früher für die Richtigkeit der Thermometer selbst Sorge getragen worden war, sind von 1870 (?) an die jeweilig ermittelten Korrektionen an bezw. bei den Ablesungen angebracht worden.

Im Gebrauch waren ferner zwei (bezw. drei) mit Zehntelbheilung versehene Thermometer ° C. zu den Psychrometerbeobachtungen vom 29. Januar 1870 bis 31. Dezember 1873 in der Aussenstadt, vom 1. Januar 1874 bis 31. Dezember 1875 und wiederum vom 1. April 1879 bis 31. März 1886 an der Station in der Stadt. Vom 1. April 1886 an wurden die neuen von der Königl. Normalaichungs-Kommission ge-prüften Thermometer No. 367a und 367b von R. Fuess zur Bestimmung der Temperatur und Feuchtigkeit in Dienst gestellt und bis zum Schlusse des Jahres 1888 an der alten Beobachtungsstelle vor der Nordostseite des Bibliothekgebäudes (Plan b) belassen; sie hingen daselbst 2 m. über dem Erdboden und waren durch kleine Schirme gegen direkte Strahlen und Niederschläge geschützt.

Vor Beginn des Jahres 1888 kamen in einem, an der Freitreppe auf der Nord-seite im Herbst 1887 eröffneten Physikalisch-chemischen Institutes (Plan c), 3 m über dem Erdboden angebrachten drehbaren Schutzbehälter, neue, von der Königlichen Normalaichungs-Kommission geprüfte Thermometer ° C. No. 368a und 368b von R. Fuess für Lufttemperatur und -Feuchtigkeit zur Aufstellung und vom 1. Januar an zur Beobachtung. Die an der neuen Stelle gemachten Aufzeichnungen des Jahres 1888 wurden im Einzelnen nur dem Meteorologischen Institut in Berlin mitgetheilt, während die an der alten Stelle am Bibliothekgebäude gemachten Beobachtungen noch in den Monatstabellen vom Jahre 1888 abgedruckt worden sind. Die Jahresübersicht auf Seite 84 des Jahresberichts für 1887/88 enthält einige Angaben von der alten wie von der neuen Stelle neben einander. Wir wiederholen dieselben nachstehend unter Beifügung der monatlichen Abweichungen.

Monatsmittel der Lufttemperatur ° C. im Jahre 1888
an der alten und der neuen Beobachtungsstelle.

	Jan.	Febr.	März	April	Mai	Juni	Juli	Aug.	Sept.	Okt.	Nov.	Dez.	Jahr
am Bibliothekgebäude	0.7	-0.2	3.5	7.8	13.8	17.7	16.1	16.3	14.0	7.3	5.4	0.8	8.5
am neuen Vereinshause	-0.9	-0.4	3.4	7.6	13.6	17.3	15.9	16.1	13.8	7.2	5.2	0.7	8.3
alte Stelle wärmer um	0.2	0.2	0.1	0.2	0.2	0.4	0.2	0.2	0.2	0.1	0.2	0.1	0.2

	Höchstes Tagesmittel der Lufttemperatur	Niedrigstes Tagesmittel der Lufttemperatur	Höchste beobachtete Lufttemperatur	Niedrigste beobachtete Lufttemperatur
am Bibliothekgebäude	24.1	-14.2	30.6	-19.2
am neuen Vereinshause	24.1	-14.4	31.2	-19.2

Die neue Beobachtungsstelle erscheint demnach durch ihre freiere Lage weit günstiger, d. h. durchweg kühler als die alte gegen Reflexe nicht genügend geschützte; das um 0.6° höhere absolute Maximum an der neuen Stelle ist wohl dem damals noch nicht ausreichenden Schutze gegen die Sonne zuzuschreiben.

Die Beobachtungsstunden für die Lufttemperatur waren und sind die gleichen, wie die oben für das Barometer angegebenen.

Zur Messung der Erd-Temperatur sind neun Thermometer °C. in hölzernen Hülsen für drei verschiedene Tiefen angeschafft worden, aber noch nicht zur Beobachtung gelangt. Zur Temperaturbestimmung des Grundwassers und des Mainwassers wurden verschiedene gewöhnliche Thermometer mit Papierscala und Glashülse verwandt, da es sich bei denselben nicht um grosse Genauigkeit handelte; doch sind selbstverständlich auch bei diesen Beobachtungen die nöthigen Korrektionen angebracht. Zur Messung der Grundwassertemperatur bewährte sich das längere unausgesetzte Auspumpen bis zum Gleichbleiben des Thermometerstandes, unter Verwendung eines grossen Glastrichters, und Wahl einer Tageszeit, zu welcher die Pumpe des zur Messung dienenden Brunnens nicht von der Sonne beschienen wurde. Im Main geschah die Temperaturbestimmung in einiger Entfernung vom Ufer im rasch strömenden Wasser durch wiederholtes Eintauchen; bei Eisgang musste manchmal ein Eimer zu Hülfe genommen werden. Die Zeit der Messungen war Montag-Morgens.

Wie nicht befremden kann, haben die vermuthlich Rutherford'schen Thermometrographen zu wiederholten Störungen Veranlassung gegeben. Gleich im Jahre 1827 musste das Maximum-Thermometer zurückgestellt und bis Ende 1837 statt dessen die unmittelbar beobachteten höchsten Thermometerstände der Terminbeobachtungen verwendet werden; vom Jahre 1838 an fanden dauernde Unterbrechungen nicht mehr statt. Das Minimum-Thermometer wurde immer beobachtet, abgesehen von einigen Unterbrechungen im Jahre 1834 und 1836. Vom 1. Dezember 1873 an kam ein Six'-scher Termograph °R. und °C. von L. Casella in London zur Beobachtung, während ein Metallspiralthermograph von Hermann & Pfister 1875 als zu wenig empfindlich und sicher befunden wurde.

Der Thermograph der bereits erwähnten, im Juni 1879 aufgestellten, selbstaufzeichnenden Instrumente von Hipp in Neuchâtel, hat zwar auch eine Spirale aus zweierlei Metall, aber die erhaltenen Aufzeichnungen derselben wurden immer auf die an einem Quecksilberthermometer direkt beobachteten Stände bezogen.

Ende 1887 kamen in dem vorerwähnten drehbaren Schutzbehälter ausser dem trockenen und dem befeuchteten Thermometer auch ein neues Minimumthermometer °C. No. 1446 und ein Maximumthermometer °C. No. 1312 von R. Fuess zur Aufstellung und vom 1. Januar 1888 an zur Beobachtung. Im Jahre 1889/90 wurde noch ein gleiches Minimumthermometer °C. No. 1857 von denselben bezogen und zum Ersatz für ein Aushilfsinstrument in dem Gehäuse des selbstaufzeichnenden Thermometers vor dem nach Norden gelegenen Fenster im ersten Stock des Vereinshauses angebracht. Trotz des drehbaren Schutzbehälters war es nicht vollständig ausgeschlossen, dass je nach der Tages- und Jahreszeit, durch direkte Bestrahlung desselben, ausserhalb der Beobachtungstermine eine, wenn auch nur selten auffallende abnorme Temperatursteigerung eintrat. Diese, besonders für das Maximum nachtheilige Störung zu beseitigen, versuchten wir auf Wunsch des Meteorologischen Instituts im Jahre 1893 durch Parallelbeobachtungen mit den früher am Bibliothekgebäude beobachteten Instrumenten eine günstigere Stelle an der Ostseite des Vereinsgebäudes zu ermitteln; doch fielen die Versuche nicht zu Gunsten der letzteren aus. Hingegen hat sich ein grosser, westlich vom drehbaren Gehäuse angebrachter, ebenfalls drehbarer Zinkblech-Schirm, welcher in den Sommermonaten gegen Abend vorgelegt wird, gut bewährt.

Das seit dem 1. Januar 1869, mit Ausnahme der Zeit vom 23. Februar 1870 bis 30. November 1871, in der Aussenstadt, Feldstrasse No. 8 beobachtete Minimumthermometer ist ein gewöhnliches Instrument mit Weingeistfüllung und Milchglas-Scala in Réaumur-Graden auf Holzrahmen. Letzterer wirkt, trotz öfterer Erneuerung des Leinölanstrichs und ungeachtet des kleinen Schutzdaches, bei vorgängigem Beschlag oder fein zerstäubtem Regen zuweilen etwas, wenn auch nur wenig temperaturerniedrigend. Der Nullpunkt dieses Thermometers ist jedoch bis 1895 unverändert geblieben; derselbe sank erst in der allerletzten Zeit die nicht mehr berücksichtigt wurde — auf — 0.4 ° R. Der Grund davon lag in der Ausscheidung rothen Farbstoffes, welcher kaum bemerkliche Mengen Alkohol im freien Theil der Röhre zurückhielt, in Folge dessen nicht nur das Sinken des Eispunktes, sondern wegen des verschiedenen Meniskus bei wechselndem Stand auch kleine Ungleichheiten im Gang eintraten. Die Ablesung fand morgens statt.

Leider konnte von den an der gleichen Stelle ausgeführten Beobachtungen der täglichen höchsten Lufttemperatur nur ein ganz kleiner Theil als verwendbar angesehen werden. Die benutzten Maximumthermometer waren nämlich einerseits sehr verschiedener Art und sollten theils erst erprobt werden, theils zur Sicherung der Beobachtung und als Reserve dienen. Vornehmlich liess der Metallspiral-Thermograph — dessen Minima in der oben angegebenen Zwischenzeit von 1870/71 verzeichnet wurden — in Gang und Empfindlichkeit viel zu wünschen übrig; selbst durch Regulirung desselben war auf die Dauer kein zufriedenstellendes Ergebniss zu erreichen. Wir haben uns daher bei der Vergleichung mit den in der Stadt gemachten Beobachtungen hinsichtlich der Maxima auf die in den fünf Jahren 1869 bis 1893 mit einem Six'schen Doppelthermographen angestellten Beobachtungen beschränkt; doch auch diese sind nach 1893 durch Störungen im Instrument nicht mehr recht brauchbar geworden, selbst unter Anwendung von Korrektionen. Die Ablesung geschah am Morgen und Abend.

Schliesslich sei noch eines der verschiedenartigen Maximumthermometer gedacht, deren sich J. Ziegler bei seinen (noch nicht abgeschlossenen) Arbeiten über die sogenannten „thermischen Vegetationskonstanten" bedient hat, zu welchem Zweck dasselbe frei den Sonnenstrahlen ausgesetzt und Abends abgelesen wurde. Es war ein Hick'scher Quecksilberthermograph ° R. (No. 2) mit Napfansatz und liegenbleibenden Faden und vom 16. März 1871 bis 9. März 1895 ununterbrochen an derselben Stelle des Gartens Feldstrasse 8 an einem Pfahl nach Süden zu angebracht, bis er entwendet wurde.

XVII

In den Tabellen sind als „Eistage" solche Tage bezeichnet, an welchen das Maximum der Lufttemperatur unter 0° blieb, als „Frosttage" solche, an denen das Minimum unter 0° sank und unter „Sommertagen" solche, an denen das Maximum der Lufttemperatur 25° C. oder mehr betragen hat.

Psychrometer und Hygrometer.

Zur Bestimmung der Luftfeuchtigkeit wurde von 1826 bis Ende 1837 mit Unterbrechungen ein hunderttheiliges Haarhygrometer nach Saussüre verwendet. Erst am 29. Januar 1870 sind diese Beobachtungen wieder aufgenommen worden und zwar mit einem Psychrometer nach August. Anfänglich fanden dieselben Feldstrasse 8 um 3 Uhr Nachmittags statt, vom 1. Januar 1874 an aber im botanischen Garten zu den gleichen Stunden, wie die übrigen Instrumente. Zu diesen Beobachtungen dienten die oben aufgeführten Psychrometer-Thermometer.

Vom 1 Januar 1876 bis 31. März 1879 war ein Klinkerfues'sches Haarhygrometer im Gebrauch. Darnach trat wieder das Psychrometer in Dienst.

Vom 1. Januar 1893 an wird zur Sicherung und Berichtigung auch ein Haarhygrometer No. 1813 nach Koppe, von Usteri-Reinacher in Zürich beobachtet, welches neben dem Psychrometer angebracht ist und stets regulirt wird; in Reserve ist No. 835 gleicher Konstruktion.

Bewölkung.

Die Bewölkung ist erst seit 1880 in Zahlen ausgedrückt worden, 0 = wolkenloser, 10 = vollständig bedeckter Himmel. „Heitere" Tage sind solche, bei denen die mittlere Bewölkung die Zahl 2.0 der zehntheiligen Skala nicht erreicht, „trübe" solche, bei denen sie mehr als 8.0 beträgt. Früher wurde die „Himmelsansicht" durch vier Abstufungen ausgedrückt; „vht." = völlig heiter, bezeichnete einen sonnenhellen Himmel, „ht." = heiter, einen bis zu ⅓ bewölkten Himmel, „tr." = trübe, einen bedeckten Himmel mit Sonnenblicken und „bd." = bedeckt, einen ganz bedeckten Himmel.

Wolken-Form und -Zug zählen erst seit den letzten Jahren nicht mehr zu den Beobachtungsgegenständen. Bis Ende 1879 beschränkte man sich auf die einfache Angabe von Cirrus (Ci.), Cumulus (Cu.) und Stratus (Sta.) sowie ihre Zwischenformen; doch fehlt ihre Aufzeichnung zu den Beobachtungsstunden, wenn keine ausgesprochene Form vorlag. Von Beginn des Jahres 1880 an ist der Instruktion entsprechend nur der Zug der Wolken, insbesondere der Cirri angegeben, zuerst um 2ʰp, von 1884 bis 1889 zu den drei Terminen und von 1890 bis Ende 1892 nur um 6 und 2 Uhr, da um 10 Uhr wegen der Dunkelheit meistens keine Beobachtung der Wolken möglich war. Auch die verbliebenen sind 1893 fallen gelassen worden, um so mehr, als von der Station aus der Himmel nicht vollständig überschaut werden kann. Nimbus (Ni.) ist erst seit 1881 berücksichtigt worden.

Windfahne und Anemometer.

Für die Beobachtung der Windrichtung bietet sich vom botanischen Garten aus nach allen Seiten günstige Gelegenheit; Windfahnen befinden sich in unmittelbarer Nähe auf der Anatomie (Plan c), dem Bürgerspital (Plan d), dem Gebäude des Physikalischen Vereins (Plan e) und dem nahen Eschenheimer Thurm (im Plan westlich von a), nicht weit davon auf dem neuen Telephonthurm und der neuen Peterskirche, entfernterer nicht zu gedenken. Besonders günstig, vornehmlich durch seine Lage und Höhe ist die Fahne auf der Spitze des Eschenheimer Thurms; dieselbe wird in gutem Stand erhalten und ist wiederholt erneuert worden, unter Beibehaltung des historischen Neuners, den vor Zeiten angeblich ein Wildschütze mit 6 Schüssen bezw. Kugeln hineingeschossen hat.

Die früher auf dem östlichen Flügelbau des naturgeschichtlichen Museums (Plan a) auf einem kleinen Aufbau angebrachte, jetzt vom Dach des neuen Vereinshauses getragene Fahne besitzt einen Doppelflügel und stand wie das Robinson'sche Schalenkreuz des Anemometers mit einer Uhr im meteorologischen Arbeitszimmer in Verbindung. Diese verzeichnete jede Stunde die augenblickliche Wind-Richtung, während die Länge des durch die grössere oder geringere Geschwindigkeit der Schalen-Umdrehungen rascher oder langsamer vorgeschobenen Papierstreifens das Maass für die Wind-Geschwindigkeit abgab. Die Apparate sind von R. Fuess. Die mit diesen erhaltenen Aufzeichnungen erlitten nicht minder als die der anderen selbstaufzeichnenden Instrumente mancherlei Störung und wurden, von besonderen Fällen abgesehen, nicht vollständig verarbeitet (siehe oben!).

Die Termin-Beobachtungen der Windrichtung und Windstärke sind vom Beobachter selbst gemacht. Von 1859 bis 1879 wurde letztere nach der viertheiligen Skala bezeichnet; es bedeutete: „0“ Windstille, „1“ leisen, Laub nur schwach bewegenden Wind, „2“ stärkeren, Zweige bewegenden Wind, „3“ starken, ganze Bäume bewegenden Wind und „4“ Sturm, Bäume brechenden und entwurzelnden Wind. Von Anfang 1880 bis Ende Juni 1893 sind die Bezeichnungen „0“ bis „6“ für Stille bis Orkan in Anwendung gewesen, darnach „6“ bis „12“, so dass „8“, „9“, „10“, „11“ und „12“ Sturm bedeuten; das Zeichen für letzteren ist ⚏. Die Auffassung der Beobachter scheint bezüglich der Stärke des Windes nicht immer ganz die gleiche gewesen zu sein.

Während seit Anfang des Jahres 1880 nur die vier Haupt- und ihre vier Zwischenwinde angegeben sind, wurden in früherer Zeit auch die acht weiteren Zwischenwinde (Westsüdwest u. s. w.) berücksichtigt. Ost ist in den Tabellen von dem gleichen Zeitpunkt an mit dem internationalen Zeichen „E“ (est, east) bezeichnet; für Süd, West und Nord sind die alten Zeichen „S“, „W“ und „N“ beibehalten worden.

Auch für den Wind gelten die oben angegebenen Beobachtungsstunden, mit Ausnahme der ersten Jahre bis 1835.

Regenmesser.

Von 1826 bis Ende Juni 1836 wurde die Wasserhöhe der atmosphärischen Niederschläge durch ein mit einem Auffangtrichter direkt verbundenes Messglas ermittelt.

Da sowohl der Apparat als auch die Beobachtungen zu wünschen übrig liessen, so ward derselbe durch einen von Horner'schen Regenmesser (Hyetometer) ersetzt. Dieser war jedoch ungeachtet seiner sinnreichen Einrichtung ein sehr umständlich zu bedienender Apparat und gab bei Schneefall, Frost und den geringsten Störungen des Werkes zu grossen Uebelständen Anlass. Auf Dove's Veranlassung kam daher Ende Juli 1866 ein Mahlmann'scher Regenmesser von Greiner in Berlin an seine Stelle inmitten des botanischen Gartens. Letzterer ist dadurch besonders ausgezeichnet, dass die denselben in weitem Umkreis umziehenden Gebäude ein möglichst normales Herabfallen der Niederschläge gestatten. Die einen Pariser Quadratfuss haltende Auffangfläche des Regenmessers befand sich 2 Meter über dem rund 102 m ü. N. N. gelegenen Erdboden. Auch die Bedienung des Mahlmann'schen Regenmessers war keineswegs eine einfache, besonders war das Abschrauben des Wintertrichters nach Schneefall und die Umrechnung der in Cubikzollen abgemessenen Mengen in Linien Regenhöhe umständlich und konnte beides leicht zu Fehlern Veranlassung geben. Von Anfang Januar 1885 an sind die Beobachtungen mit einem Hellmann'schen Regenmesser, Modell 1883, fortgesetzt worden, dessen 200 Quadratcentimeter haltende Auffangfläche sich 1 Meter über der Erde befindet und mit welchem bereits seit dem 18. Juni 1884 Parallel-Beobachtungen angestellt worden waren. Nach diesen verhält sich die Niederschlagshöhe des Hellmann'schen Regenmessers zu derjenigen des Mahlmann'schen wie 1 : 1,066. Nachdem Hellmann seinen Apparat dadurch wesentlich vervollkommnet hatte, dass der Ablasshahn in Wegfall gekommen und durch eine in der unteren Hälfte des Auffangbehälters stehende kleine Blechkanne ersetzt worden war, deren Inhalt leicht in das die Regenhöhe direkt in Millimetern angebende Messglas ausgegossen werden kann, wurde ein solcher, Modell 1886 No. 2528 am 1. Januar 1892 in Gebrauch genommen. Erst kürzlich ist neben demselben noch ein ganz niederer nur 0,33 m hoher Apparat II. derselben Art auf der Erde angebracht worden, welcher zur Ermittelung des Unterschiedes der Regenmenge beim Messen in verschiedener Höhe über dem Erdboden dienen soll.

Auch in Bezug auf die Regenmenge sind in der Aussenstadt vergleichende Beobachtungen angestellt worden:

1) Von J. Ziegler, Feldstrasse 8 (104 m), vom November 1867 bis Ende Mai 1874 mit einem nach Angabe von Hermann Hoffmann angefertigten kannenförmigen Regenmesser mit kleiner, 4,5946 Pariser Quadratzoll haltender 2 m über dem Boden befindlicher Auffangfläche, vom 1. Juli bis Ende November 1884 mit einem älteren Hellmann'schen Regenmesser, Modell 1883, und vom 1. Januar bis Juni 1888 mit einem solchen, Modell 1886, 1 m über der Bodenfläche.

2) Von der Königl. Wasserbau-Inspektion an der Main-Kanalschleuse V (Frankfurt) bei Niederrad (96 m) von Anfang Mai 1884 an mit einem Regenmesser nach dem Modell der D. Seewarte, 2,4 m über dem Erdboden.

3) Vom städtischen Tiefbauamt auf Veranlassung von W. H. Lindley seit Anfang Mai 1887 an der Pumpstation der Grundwasserleitung am Oberforsthaus (103 m), am Lagerplatz des Tiefbauamtes an der Gutleutstrasse (97 m), am Lager-

platz in der Börnestrasse (100 m) (nur bis Ende 1889), vom März 1891 an in der Ostendstrasse (96 m) und am Hochbehälter der Wasserleitung nahe der Friedberger Warte (146 m). Diese Stationen sind mit selbstregistrirenden Regenmessern von Th. Usteri-Reinacher in Zürich versehen, welche vornehmlich dazu dienen sollten die Grösse der in kürzerer Zeit gefallenen Regenmengen zu ermitteln. Diese Apparate zeigten besonders anfänglich nicht selten Störungen, die durch verschiedene Verbesserungen zum grössten Theil beseitigt wurden. Die Auffangfläche derselben befand sich zuerst 2.25 m über der Erde, wurde aber später auf 2.7 m erhöht. Neben dem auf dem Hochbehälter bei der Friedberger Warte stehenden Apparat wird seit August 1888 noch ein Hellmann'scher Regenmesser Modell 1886 beobachtet, neuerdings ebenso an den drei anderen Stellen.

Auch die übrigen Stationen des in der Einleitung besprochenen Beobachtungsnetzes sind der Mehrzahl nach mit Hellmann'schen Regenmessern versehen.

Zahl der Tage mit Niederschlägen, Gewitter u. s. w.

Unter Tagen mit Niederschlag (Regen, Schnee, Hagel und Graupeln) sind in unseren Tabellen solche verstanden, an welchen dieselben deutlich beobachtet wurden, nicht nur diejenigen mit messbarem Niederschlag oder einer unteren Grenze der Höhe derselben. In die für das Meteorologische Institut bestimmten Tabellen werden dagegen auch die Angaben der Tage mit mehr als 0.2 mm Niederschlag eingetragen. Für die vorliegende Schrift haben wir eine besondere Auszählung der Niederschlagstage mit mehr als 0.2 mm für die Jahre 1866 bis 1895 vorgenommen (vgl. Tabelle 18 u. 19).

Regen-Tage und Schnee-Tage sind in unseren Tabellen getrennt gezählt, wesshalb häufig ein und derselbe Tag in beiden Summen enthalten ist; in den Mittheilungen des Physikalischen Vereins wurden früher Tage mit Regen und Schnee zugleich, besonders gezählt, was zuweilen zu Missverständnissen Veranlassung gab.

Hagel und Graupeln sind erst seit 1880 schärfer unterschieden worden; unter Hagel oder Schlossen sind aus festem, mehr oder weniger klarem Eise bestehende Körner oder Kugeln von der Grösse einer Erbse oder darüber verstanden, unter Graupeln dagegen kleine lockere Eisbällchen.

Nebel ist seit 1880 nur dann verzeichnet, wenn er den Beobachter umgab. Thau ist erst seit 1882 regelmässig verzeichnet worden.

Die Angaben über Reif stützen sich meistens auf Beobachtungen in freierer Lage. Rauhfrost (= Reif) ist erst seit 1881 besonders angegeben.

Nah- und Fern-Gewitter sind seit 1880 immer gesondert in die Tabellen eingetragen worden; in dieser Arbeit sind sie dagegen nicht getrennt, um die Uebereinstimmung mit den Beobachtungen früherer Jahre nicht zu stören.

Wetterleuchten wurde in früherer Zeit nicht regelmässig notirt; wir haben uns daher auf die späteren Jahre beschränkt.

Höhen- bezw. Moorrauch ist zwar häufig und bis in die letzte Zeit vermerkt worden; da die Erscheinung jedoch kaum als eine meteorologische bezeichnet und auch, zumal in einer Stadt, nur schwer mit einiger Schärfe beobachtet werden kann, so wurde sie in unserer Zusammenstellung ganz übergangen.

Glatteis würden wir in unseren Tabellen als meteorologische Erscheinung vielleicht auch besser weggelassen haben, wenn nicht die häufig bei gerichtlichen Verhandlungen vorkommenden Erörterungen seine Berücksichtigung in den Mittheilungen der täglichen Beobachtungen wünschenswerth gemacht hätten.

Seit Anfang 1880 sind in den Tabellen die folgenden internationalen Zeichen für die Niederschläge u. s. w. in Anwendung gekommen. Es bedeutet: ● Regen, ✳ Schnee, ▲ Hagel, △ Graupeln, ▬ Nebel, ⌓ Thau, ⌣ Reif, ∨ Rauhfrost, ⌔ Glatteis, ⟋ Gewitter, T Gewitter i. d. Ferne, ⌇ Wetterleuchten, ∞ Höhen-, ♑ Moorrauch.

Schnee-Höhe.

Die Höhe der normalen Schneedecke ist in der Aussenstadt, Feldstrasse 8, vom Herbst 1867 an gemessen worden. Anfangs diente hierzu ein an einer ebenen Stelle mitten im Garten eingeschlagener, in Pariser Zolle getheilter Messpflock; weil sich jedoch ergab, dass derselbe selbst Einfluss auf das Niederfallen des Schnees hatte, der sich auch bei nur schwach bewegter Luft nicht selten auf der einen Seite höher als auf der anderen ablagerte, hochgehalten wurde oder herabschmolz, so wurde die Messung später nur durch einen an verschiedenen Stellen bis zum Boden eingesenkten Stab bezw. Metermaassstab vorgenommen. Hierbei war es stets in die Hand des Beobachters gegeben die durch Verwehung am wenigsten beeinflusste Stelle zu ermitteln und durch Abstechen die ganze Schneeschichte bis auf den Grund freizulegen und nachzumessen. Die erst seit November 1887 im botanischen Garten ausgeführten Schneehöhen-Bestimmungen erscheinen oft durch Verwehung, insbesondere von den Dächern der Umgebung beeinträchtigt; weshalb nach wie vor nur die in der Aussenstadt gemachten veröffentlicht worden sind. Die Zeit der Messung war bis Ende 1883 Morgens um 9 Uhr, jetzt 7 Uhr. Die Höhe ist in Centimetern angegeben.

Seit Beginn dieser Beobachtungen im Jahre 1867 ist auch das Vorhandensein einer Schneedecke um Mittag, d. h. um 12^h m. aufgezeichnet worden; hierbei wurde nahezu vollständige Bedeckung des Bodens in möglichst freier Lage vorausgesetzt.

Main-Pegel.

Die vom Physikalischen Verein ausgeführten Beobachtungen des Mainwasserstandes sind alle am städtischen Pegel an der Kai-Mauer der Schönen Aussicht nächst und oberhalb der alten Brücke angestellt. Der Nullpunkt desselben, welcher dem niedrigsten Wasserstande entsprechen sollte, liegt nach neuerer Messung 90.904 m ü. N. N. Der Nullpunkt des (1872) vom Fahrthor neben den alten Brückenpegel versetzten Staatspegels liegt dagegen bei 90.004 m ü. N. N. Die Höhenlage des alten Brückenpegels wurde früher mit 91.163 m über dem Nullpunkt des Amsterdamer Pegels angegeben. Die Skala des alten Brückenpegels ist sowohl in Rheinische und Frankfurter Fuss (Schuh) und Zolle, als auch in Meter und Centimeter getheilt.

Um den Wasserstand auch bei Frost oder Eisgang leicht messen zu können, ist über einer seitlichen Abzweigung in der Nähe des Pegels auf dem Hochkai ein in einem Gehäuse angebrachter Apparat öffentlich aufgestellt, welcher die direkte Ablesung der Zeit und des Standes gestattet, während letzterer durch einen Stift selbstthätig auf einen mit Zeiteintheilung versehenen Papiercylinder aufgezeichnet wird. Die vom städtischen Tiefbauamt allenthalben in der Stadt angebrachten Fixpunkt-Täfelchen geben die Höhe des Striches über dem Nullpunkt des städtischen Pegels in Metern und Decimetern an. Das auf der Nordseite des Museums (Plan a) angebrachte, bezeichnet die Höhe 13.4 (= 13.40) m F. P. = 104.30 m ü. N. N. Die Oberkante des Sockels an der nordöstlichen Ecke des Vereinshauses (Plan c) liegt 68 cm unter dieser Marke, also 103.62 m ü. N. N.

Grundwasser-Messer.

Zur Messung des Abstandes der Spiegelfläche des Grundwassers an verschiedenen Stellen der Stadt, von der Erdoberfläche einer- und der Mainoberfläche andererseits, dienten anfänglich einfachere, später vervollkommnetere Messapparate mit Schwimmer, Kette mit Zeiger und Gegengewicht und feststehender Messstange. Diese ist in Centimeter getheilt und giebt direkt die Höhe des Zeigers über dem Nullpunkt des städtischen Mainpegels an; die Höhe des Wasserspiegels über demselben ergiebt sich nach Abzug des bekannten Höhenabstandes von Zeiger und Schwimmer und kann mit dem Wasserstande des Mains und den Wasserständen der anderen Grundwasser-Beobachtungsstellen unmittelbar verglichen werden.

Die Messung geschah jeden Montag Morgen: es war hierdurch nach Möglichkeit vermieden, dass der Grundwasserstand durch grössere Wasserentnahme, wie sie, insbesondere bei Fabriken, während der Woche zuweilen stattfindet, ungewöhnlich erniedrigt wurde

Die Zahl der Beobachtungsstellen, meist Brunnen, war früher eine weit grössere (16) als jetzt. Es waren im Laufe der Jahre solche, mit Uebergehung der nur probeweise errichteten: Gutleutstrasse 204 (S. und L. Schiele) zwei Stellen. Untermainkai 3 (G. A. Spiess), Münzgasse 20 (Fr. Rössler), Rochuspital am Oberräder Fussweg in Sachsenhausen (Eichenberg und Mulot), Brückenstrasse 16 in Sachsenhausen (Moldenhauer, H. Geiss, W. Voss und R. Glaser), Kettenhofweg 64 (Einbiegler und Pfarr), Schneidwallgasse 4 (H. Rössler), Friedbergerstrasse 28 (R. Jäger), Zeil 43 (Fr. Meyer und Ph. Fresenius), Stiftstrasse 30 (Plan d) bei den Zelten an der Senckenbergstrasse (J. Ch. und Ph. Reichard), Hochstrasse 4 (G. Varrentrapp), Theobaldstrasse 16 (K. Lorey), Feldstrasse 8 (J. Ziegler), Pfingstweide 73 (Ph. Wagner), Musikantenweg 9 (R. Jaeger), Taunusstrasse 16 in Bornheim (J. Berger) und Bockenheimer Landstrasse 136 (B. Dondorf). Heute finden Grundwasser-Messungen nur noch an den beiden Brunnen Gutleutstrasse 204, Bockenheimer Landstrasse 136, Stiftstrasse 30 und Feldstrasse 8 statt.

Umfangreiche Grundwasser-Messungen haben s. Zt. bei den Vorarbeiten für die Anlage der städtischen Grundwasser-Leitung zur Vermehrung des Trinkwassers stattgefunden und werden zum Theil noch jetzt zur Controle des Werkes ausgeführt.

Ergebnisse der Beobachtungen.

Unsere Tabellen enthalten die Resultate der Verarbeitung des meteorologischen Materials in Form von Tageskalendern, Pentaden-, Monats- und Jahres-Uebersichten, wobei den Berechnungen, soweit es möglich war, die Beobachtungen des 36jährigen Zeitraumes 1857 92 zu Grunde gelegt worden sind; die Resultate früherer Berechnungen (Meermann, Greiss) sind des Vergleiches halber an passender Stelle mit zum Abdruck gebracht, ebenso gelegentlich die Extreme anderer Beobachtungsjahre. Die ausführliche Wiedergabe des Materials in tabellarischen Zusammenstellungen sämmtlicher Monatsmittel und -Extreme soll in einem später erscheinenden, besonderen Hefte erfolgen.

Im Interesse eines leichten Auffindens bestimmter Tabellen haben wir es für nützlich erachtet, diejenige Reihenfolge einzuhalten, in der die meteorologischen Elemente in den Monatstabellen des Königlich preussischen meteorologischen Instituts und den Monatstabellen des Physikalischen Vereins geordnet sind. Für die Besprechung dürfte sich eine freiere Gruppirung empfehlen.

Luftdruck und Winde.

Zu den Elementen, die in klimatologischen Arbeiten behandelt werden, gehört der Luftdruck gewöhnlich nicht. „Wenn es sich darum handelt", sagt Hann in seiner Klimatologie, „das Klima einzelner Oertlichkeiten zu beschreiben, kann man Luftdruckmessungen völlig entbehren". Wir haben gleichwohl auch die Luftdruckverhältnisse in die vorliegende Verarbeitung mit aufgenommen, einmal um das vorhandene Material nicht unbenutzt und die älteren Berechnungen nicht unergänzt zu lassen, und dann in der Ueberzeugung, dass die Luftdruckverhältnisse, wenn auch nicht ein direkter klimatischer Faktor, so doch ein wesentliches Charakteristikum des jährlichen Witterungsverlaufes sind und als solches in einer derartigen Zusammenstellung nicht fehlen dürfen.

Die in den Tabellen enthaltenen Zahlen bedeuten die Höhe der Quecksilbersäule, die bei 0° dem Luftdruck in Frankfurt a. M. das Gleichgewicht hält. Bei der Vergleichung dieser Werthe mit den Beobachtungen an anderen Orten muss man die Verschiedenheit der Schwere an verschiedenen Orten der Erdoberfläche und die Abnahme des Luftdruckes mit der Höhe berücksichtigen. Die erste Korrektion, die sog. Schwerekorrektion, beträgt für Frankfurt a. M. + 0,3 mm, d. h. um die Beobachtungen in Frankfurt a M auf den als Norm angenommenen Betrag der Schwere im Meeresniveau unter 45° Breite zu reduciren, muss man die Beobachtungen um 0.3 mm erhöhen. Wir bemerken ausdrücklich, dass an den Zahlen der Tabellen diese Korrektion noch nicht angebracht ist. Der wahre mittlere Luftdruck in Frankfurt a. M. würde also betragen: 753.2 + 0.3 = 753.5 mm. Der genauere Werth der Schwere-korrektion für Frankfurt a. M. beträgt für

780	760	740	720 mm
+ 0.34	0.33	0.32	0.31 mm

Die Reduction auf das Meeresniveau [1]) ergibt sich aus der Meereshöhe des Barometers (103.5 m) und der mittleren Lufttemperatur in Frankfurt a. M. (9.7 ° C.) zu + 9.4 mm. Sie variirt beträchtlich mit der Temperatur: 9.8 mm für den Januar, 9.1 mm für den Juli. In der geographischen Länge und Breite von Frankfurt a. M. würden also im Meeresniveau folgende Werthe des wahren mittleren Luftdruckes gültig sein:

für den Januar . . . . 755.3 + 0.3 + 9.8 = 765.4 mm
für den Juli . . . 753.1 + 0.3 + 9.1 = 762.5 mm
für das Jahr . . . . 753.2 + 0.3 + 9.4 = 762.9 mm

Zum Vergleich fügen wir nach den Rechnungen Ferrel's [2]) die Mittelwerthe des Luftdrucks für den 50. Parallelkreis nördlicher Breite hinzu. Sie lauten:

für den Januar . . . . 762.1 mm
für den Juli . . . . 759.3 mm
für das Jahr . . . . 760.7 mm

Der Luftdruck ist also in Frankfurt a. M. im Jahresmittel um 2.2, in den extremen Monaten um 3.3 und 3.2 mm höher als der Mittelwerth des Frankfurter Parallelkreises.

Eine Karte der Jahres-Isobaren lässt erkennen, dass auf dem 50. nördlichen Parallel die negativen Abweichungen im Jahresmittel wesentlich auf die Oceane, die positiven auf die Landstrecken entfallen; man könnte daher versucht sein, die positive Anomalie unserer Gegend einfach durch den Einfluss der Landmassen der Kontinente zu erklären. Doch liegen in Wirklichkeit die Verhältnisse komplizirter, und es bedarf, um sie richtig zu beurtheilen, der genauen Kenntniss der allgemeinen Luftdruck-vertheilung auf der nördlichen Halbkugel, im Besonderen über Europa. Wir verdanken diese Kenntniss einer vorzüglichen Arbeit von J. Hann [3]), an die wir uns zuvörderst anzu-lehnen haben. Um verständlich zu sein, müssen wir daran erinnern, dass auf einer gleichförmigen Erdoberfläche zu beiden Seiten des Aequators etwa in der Gegend des 30. Breitegrades eine Zone höheren Druckes sich ringförmig um die Erde herum erstrecken würde, das sog. subtropische Maximum oder Maximum der Rossbreiten. Es ist auf der südlichen Halbkugel mit ihrer überwiegenden Wasserbedeckung deutlich ausgeprägt. Auf der nördlichen Halbkugel mit ihrer verwickelten Gliederung ist dieses Maximum als ein ständiges Gebilde nur über den Oceanen vorhanden; über den

[1]) Hann, Atlas der Meteorologie, Gotha 1887, Vorbemerkungen, S. 6.
[2]) Ferrel, Recent advances in meteorology, Washington, 1886, S. 212.
[3]) J. Hann, Die Vertheilung des Luftdruckes über Mittel- und Südeuropa Penck's Geogr. Abhandlungen, Wien 1887, 2. Heft 2.

Kontinenten entwickelt sich im Winter hoher Luftdruck, wodurch das Maximum der Rossbreiten gewissermassen erweitert und nach Norden verschoben erscheint, im Sommer dagegen niedriger Luftdruck, der den Ring des Maximums der Rossbreiten vollständig durchbricht. Diese Verhältnisse bedingen für Mitteleuropa, das zwischen den Landmassen des asiatischen Kontinents im Osten und den Wassermassen des atlantischen Oceans im Westen liegt, eigenthümliche Verschiebungen der Luftdruckvertheilung dergestalt, dass, wie Hann in der genannten Arbeit nachweist, jede Jahreszeit durch einen bestimmten Typus der mittleren Druckvertheilung charakterisirt ist. Im Winter verbindet eine Brücke hohen Druckes das subtropische mit dem innerasiatischen Maximum. Innerhalb dieser über Mitteleuropa sich erstreckenden Zone entwickelt sich ein besonderes Barometermaximum über den Alpen. An dem nordwestlichen Abhange dieses Maximums liegt in dieser Jahreszeit unsere Gegend. Die durch Frankfurt gehende Isobare — 764.9 mm im Meeresniveau für den Winter — verläuft in südwest-nord-östlicher Richtung einerseits durch Norddeutschland hindurch nach dem nördlichen Russland, andererseits durch Frankreich hindurch nach dem Ocean und um das subtropische Maximum herum. Im Frühjahr tritt über ganz Europa ein erheblicher Rückgang des Luftdruckes und zugleich eine allmähliche vollständige Umgestaltung seiner Vertheilung ein. Der hohe Druck über den Alpen und dem südöstlichen Europa verschwindet und macht flachen Depressionen Platz, während über dem westlichen Europa das subtropische Maximum seinen Einfluss nach Norden und Nordosten hin ausdehnt. Die durch Frankfurt gehende Isobare — 761.3 mm für den Frühling — umschliesst aber in den Monaten April und Mai ein besonderes kleines Maximalgebiet, das in dieser Zeit über dem Main- und mittleren Rheinthale lagert. Im Sommer kommt auch unsere Gegend unter die überwiegende Herrschaft des subtropischen Maximums, das sich zungenförmig ostwärts über ganz Mitteleuropa ausdehnt. An dem Nordost- und Nordabhange dieses Hoch-druckgebietes liegt in dieser Jahreszeit unsere Gegend; die Frankfurter Sommer-Isobare — 762.1 mm — läuft vom nördlichen Frankreich aus durch Mitteldeutschland, dann südostwärts durch Bayern und mit scharfer Biegung an den Alpen entlang nach dem südlichen Frankreich und von hier aus in das eigentliche Gebiet des subtropischen Maximums hinein; der Gradient, die Linie des grössten Druckgefälles, hat im Sommer ausschliesslich nördliche bis nordöstliche Richtung. Der Herbst endlich zeigt ganz das entgegengesetzte Verhalten wie der Sommer; von Osten her greift jetzt das kontinentale Maximum zungenförmig über Mitteleuropa hinweg; am Nordwestabhange dieser Hoch-druckzone liegt jetzt unsere Gegend; die Isobare — 763.0 mm für den Herbst — verläuft von Nordosten nach Südwesten, der Gradient ist nach Nordwesten gerichtet. Mit der weiteren Entwickelung des hohen Druckes über Mitteleuropa gestaltet sich dann diese Druckvertheilung wieder zu dem winterlichen Typus um, den wir bereits beschrieben haben.

In Folge der dargelegten Verschiebungen der Luftdruckvertheilung über Europa zeigt die Jahrescurve des mittleren Luftdruckes nicht eine einfache Schwankung mit grosser Amplitude, sondern einen verwickelten, für sich allein wenig charakteristischen und verständlichen Verlauf. Die Tagesmittel in Tabelle 1, die Pentadenmittel in Tabelle 2, die Monatsmittel in Tabelle 3 und die entsprechenden graphischen Darstellungen auf Tafel 1 und 5 und in Fig. 2, lassen uns die Eigenthümlichkeiten dieses Verlaufes in verschiedenen Graden der Annäherung erkennen. Den höchsten Werth erreicht die Curve der täglichen Mittelwerthe am 14. Februar mit 757.3, den niedrigsten Werth am 25. und 26. März mit 749.1. Der starke Absturz vom Winter zum Frühling, der ganz plötzlich um 26. Februar beginnt, ist der am meisten charakteristische Theil der ganzen Curve. Der weitere Verlauf zeigt für den Sommer eine fortlaufende Reihe sehr kleiner Schwankungen mit langsamem Anstieg, dann Ende September und Anfang Oktober zwei grössere Hebungen und Senkungen, darauf ein ausgedehntes Minimum in der zweiten Hälfte des Oktober, ein ebensolches Maximum im November und ein zweites im Dezember, beide durch ein tieferes Minimum Ende November getrennt; auf das zweite Maximum folgt vom 19.—23. Dezember nochmals ein stärkeres Minimum; dann bleibt der Druck den Januar und Februar hindurch auf hohem Mittelwerth, um den er etwas geringere, aber ausgeprägt periodische Schwankungen ausführt. Diese Angaben beziehen sich auf die 36jährige Reihe 1857-92. Des Vergleiches halber sind auch die Resultate der älteren Berechnung von Greiss für die 20jährige Reihe 1837-56 in den Tageskalender und in die Monats- und Jahresübersicht in kleinen Ziffern mit aufgenommen worden; bei den Extremen sind auch die noch älteren Jahrgänge bis zurück zum Jahre 1826 berücksichtigt worden. Allerdings dürften die absoluten Werthe der älteren und der neuen Reihe direkt nicht mit einander vergleichbar sein, schon deswegen nicht, weil die Mittel in verschiedener Weise berechnet worden sind, für die neue Reihe als Mittel der drei Beobachtungen 6ᵇa, 2ᵇp, 10ᵇp, für die ältere Reihe als Mittel der Morgen- und Mittag-Beobachtung (9ᵇa und 3ᵇp, später 6ᵇa und 2ᵇp) unter Ausschluss der Abend-Beobachtung; ausserdem fehlt die erforderliche Uebereinstimmung der Instrumente und ihrer Aufstellung. Aber die beiden Reihen können dazu dienen, die Eigenthümlichkeiten des jährlichen Verlaufes des Luftdruckes mit einander zu vergleichen. Schon die Zusammenstellung der Abweichungen der Monatsmittel vom Jahresmittel zeigt erhebliche Unterschiede für die beiden Reihen [1]).

	Jan.	Febr.	März	April	Mai	Juni	Juli	Aug.	Sept.	Okt.	Nov.	Dez.	Jahr
1857-92	+2.1	+1.7	−2.0	−1.9	−0.8	−0.1	−0.1	−0.4	+0.7	−0.5	−0.2	+1.0	753.2
1837-56	+0.4	−0.3	+0.4	−1.8	−1.4	−0.1	0.0	−0.6	+1.2	−0.3	−0.7	+2.1	752.5

In der neuen Reihe fällt das Hauptmaximum auf den Januar, das Hauptminimum auf den März; in der älteren Reihe dagegen das erstere auf den Dezember, das letztere auf den April. Besonders auffallend ist in der älteren Reihe der niedrige Luftdruck des Februar und der relativ hohe Luftdruck des März, ganz im Gegensatz zu dem Verhalten dieser beiden Monate in der späteren Reihe. Dass man es dabei durchaus mit

_____

[1]) Die Differenzen sind für die im Tageskalender angegebenen Monatsmittel berechnet. Diese sind die Monatsmittel der im Tageskalender enthaltenen Tagesmittel. Die in Tabelle 3 enthaltenen Monatsmittel sind die 36jährigen Mittelwerthe der einzelnen Monatsmittel. Diese Verschiedenheit der Berechnung bedingt gelegentlich kleine Abweichungen zwischen den beiden Zahlenreihen.

Erscheinungen zu thun hat, die in den allgemeinen Luftdruckverhältnissen der beiden Epochen begründet sind, ersieht man aus einer Zusammenstellung der entsprechenden Abweichungen der Monatsmittel vom Jahresmittel für die beiden Stationen Basel und Paris. Die Zahlen sind der schon genannten Arbeit von Hann[1]) entnommen, deren Tabellen sich aber nur bis zum Jahre 1885 erstrecken.

		Jan.	Febr.	März	April	Mai	Juni	Juli	Aug.	Sept.	Okt.	Nov.	Dez.	Jahr
Basel	1856/85	+1.6	+1.4	−1.8	−2.2	−1.1	+0.2	+0.6	+0.2	+0.6	−0.2	−0.3	+1.0	738.2
	1837/56	−0.2	−0.4	0.0	−2.2	−1.6	+0.4	+0.9	+1.0	+0.7	−0.3	−1.0	+1.7	737.8
Paris	1856/85	+1.4	+1.4	−1.3	−1.7	−0.6	+0.5	+0.6	0.0	+0.1	−0.7	+0.5	+0.9	756.1
	1837/56	0.0	+0.2	+0.6	−1.8	−1.3	+0.3	+0.6	+0.6	+0.5	−0.7	−1.2	+1.9	755.6

Des strengeren Vergleiches halber sind auch die Frankfurter Luftdruckmittel für die 30jährige Periode 1856/85 berechnet und der Zeichnung in Fig. 2 zu Grunde gelegt worden. Sie weichen von den Werthen für 1857/92 nicht erheblich ab. Eine Reduction der Werthe für die drei Stationen auf dasselbe Niveau erschien für den vorliegenden Zweck nicht erforderlich. Die graphische Darstellung lässt die Aehnlichkeit des Verlaufes der Luftdruckwerthe für die drei Stationen in jeder der beiden Epochen und ebenso den Unterschied der beiden Epochen deutlich hervortreten. Nur für den

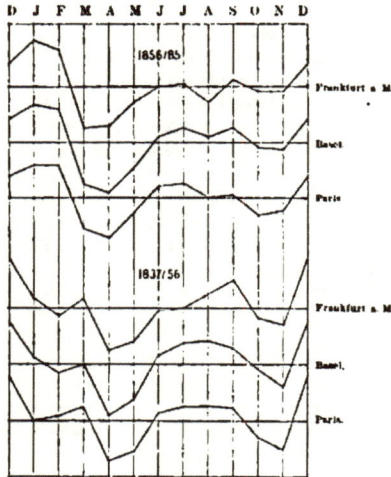

Fig. 2. Monatsmittel des Luftdrucks für Frankfurt a. M., Basel und Paris nach der 30jährigen Reihe 1856/85 und der 20jährigen Reihe 1837/56.

[1]) J. Hann. l. c. S. 203—206.

Juli, August und September der älteren 20jährigen Reihe zeigen die Frankfurter Beobachtungen eine auffallende Abweichung.

Wir benutzen die Gelegenheit, die Differenz der Jahres-Luftdruckmittel der beiden Beobachtungsreihen für die drei Stationen zu vergleichen. Die ältere Reihe ergibt einen Werth, der für Frankfurt um 0.78, für Basel um 0.48, für Paris um 0.53 kleiner ist als der Werth der späteren Reihe. Ein etwaiger constanter Fehler der älteren Frankfurter Reihe dürfte daher kaum über 0.3 mm hinausgehen.

Einen genaueren Vergleich des Verlaufs der Jahrescurve des Luftdruckes in den beiden Epochen gewährt die Tafel 1. Man sieht, dass die Hebungen und Senkungen der beiden Curven sich nur zum kleineren Theile decken, zum grösseren Theile einander aufheben, wobei allerdings zu berücksichtigen ist, dass nicht gleich grosse Hebungen der einen und Senkungen der anderen Curve sich aufheben, da die spätere Reihe wegen ihrer grösseren zeitlichen Ausdehnung mit nahe dem doppelten Gewicht in den Ausgleich eintreten würde. In den 56jährigen Mittelwerthen würde sich vor allem der Abfall des Luftdrucks vom Winter zum Frühling flacher und gleichmässiger gestalten. Auch die Zacken der Curven im Mai und besonders die sehr charakteristischen im September und Oktober würden sich stark abschwächen. Dagegen würden die Maxima Anfang November und Anfang Dezember, und das tiefe Minimum Ende November bestehen bleiben, ebenso die ausgeprägt periodischen, stärkeren Schwankungen des Februar und die kleineren Maxima und Minima Ende Mai und Anfang Juni.

Während die Mittelwerthe des Luftdrucks im Ganzen nur eine geringfügige und verwickelte jährliche Periode aufweisen, kommt in allen denjenigen Zahlen, welche mit der Grösse der Luftdruckschwankung in Beziehung stehen, eine grosse und einfache jährliche Periodicität zum Ausdruck. Gleichviel ob man nach Tabelle 1 die mittleren oder die absoluten Differenzen des grössten und kleinsten Tagesmittels, oder

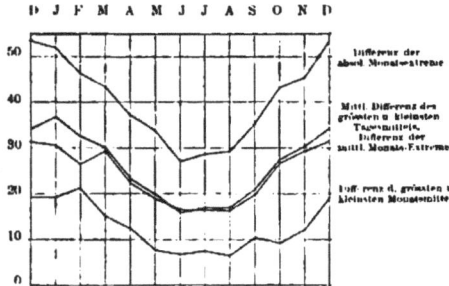

Figur 3. Jährliche Periode der Luftdruckschwankung. (Differenz der Extreme.) 1857–92.

nach Tabelle 2 die Differenzen des grössten und kleinsten Pentadenmittels oder nach Tabelle 3 die Differenzen des grössten und kleinsten Monatsmittels, oder der mittleren oder der absoluten Monatsextreme zusammenstellt, immer erhält man Zahlenreihen, die eine beträchtliche und regelmässige Jahresschwankung mit einem Maximum im Winter und einem Minimum im Sommer aufweisen. Figur 3 stellt den Verlauf einiger dieser Werthe graphisch dar und zwar die Differenz der absoluten Extreme der Monate, die mittlere Differenz des grössten und kleinsten Tagesmittels, die Schwankung der mittleren Monatsextreme und die Schwankung der Monatsmittel. Jede dieser Curven bringt in gleicher Weise die jährliche Periode der Aktivität der Atmosphäre zum Ausdruck. Sie ist im Winter am grössten, im Sommer am kleinsten, entsprechend dem Gange der Temperaturdifferenzen auf der Erdoberfläche, die doch im letzten Grunde die Ursachen aller atmosphärischen Vorgänge sind. Für unsere Breiten sind die Temperaturdifferenzen zwischen den Landmassen der Kontinente und den Oceanen im Winter ganz besonders gross, im Sommer geringfügig. Der Einfluss dieses Umstandes erstreckt sich für die Luftdruckschwankungen nach beiden Seiten, d. h. auf beide Extreme. Nicht blos die Cyclonen, die barometrischen Minima, sondern auch die Anticyclonen, die barometrischen Maxima finden ihre stärkste Entwickelung im Winter.[1]) Die folgende Zusammenstellung möge dazu dienen, zu zeigen, wie diese bekannten Thatsachen auch in unseren Frankfurter Beobachtungen zum Ausdruck kommen; die Zahlen bedeuten die Abweichungen derjenigen Extreme, deren Differenzen in Figur 3 graphisch dargestellt sind, vom zugehörigen Monatsmittel.

	Jan.	Febr.	März	April	Mai	Juni	Juli	Aug.	Sept.	Okt.	Nov.	Dez.	Mittel
Absolute Extreme der Monate	+21.4	19.2	19.7	17.2	13.2	11.9	12.1	14.0	14.7	17.0	20.9	23.1	17.0
	−30.5	27.1	23.4	20.0	20.5	15.3	16.5	15.4	20.6	26.2	24.3	30.4	22.5
Mittelwerthe der grössten u. kleinsten Tagesmittel	+13.6	14.5	14.4	11.2	9.7	7.8	7.9	8.2	9.1	11.9	14.2	16.2	11.7
	−21.1	17.8	15.6	12.4	10.2	8.5	9.0	8.8	11.7	15.1	15.9	17.8	13.7
Mittlere Monatsextreme	+12.5	11.5	13.4	10.5	8.7	7.1	7.5	7.4	8.9	11.1	13.0	13.1	10.4
	−18.1	14.9	15.8	12.1	10.2	9.2	8.9	8.9	10.9	15.3	16.1	18.1	13.2
Extreme der Monatsmittel	+ 9.2	9.6	8.3	6.3	3.4	3.9	3.3	3.2	6.0	3.6	6.2	10.9	6.2
	−10.0	11.7	6.9	6.1	4.4	2.7	4.4	3.5	4.4	5.8	5.3	6.3	6.2

Die Tabelle zeigt uns, wie beide Extreme den gleichen Gang befolgen, im Winter am grössten, im Sommer am kleinsten sind; sie zeigt ferner, dass die Mittelwerthe den positiven Extremen näher liegen, als den negativen. Die barometrischen Minima sind im Allgemeinen schnell wandernde Gebilde, die barometrischen Maxima dagegen sind stationärer, beherrschen oft auf längere Zeit die Witterung und üben dadurch auf die meteorologischen Mittelwerthe einen grösseren Einfluss aus. Er kommt aber nur in den mittleren und absoluten Extremen zur Geltung, nicht mehr in den Extremen der Monatsmittel, die sich mit mancherlei Schwankungen doch so gleichmässig gruppiren, dass die Jahressummen der positiven und der negativen Abweichungen gleich gross sind.

[1]) Vgl. van Bebber, Handbuch der ausübenden Witterungskunde. Stuttgart 1886, 2. Theil, S. 181 und S. 258. ff.

Die gleiche Jahresperiode, wie die Extreme, zeigt die in neuerer Zeit mit Vorliebe zur Charakterisirung der Witterungsschwankungen benutzte interdiurne Veränderlichkeit. Man versteht darunter die Differenzen der Mittel zweier aufeinander folgender Tage, aus denen die Monatsmittel ohne Rücksicht auf das Vorzeichen der Differenzen gebildet werden. Die Monatsmittel dieser Werthe sind schon früher einmal von Greiss und seinen Nachfolgern für Frankfurt berechnet und in den Jahresberichten des Physikalischen Vereins von 1842—1853 regelmässig veröffentlicht worden. In jüngster Zeit hat das hiesige statistische Amt zum Zweck der Vergleichung mit den Sterblichkeitsverhältnissen die Rechnung für die 10jährige Reihe 1883—1892 durchgeführt[1]; der Abdruck dieser Zahlen ist uns freundlichst gestattet worden. Wir haben aus der letzteren Reihe die Pentadenwerthe in Tabelle 2 aufgenommen, in Tabelle 1 und 3 aber die Monatsmittel beider Reihen neben einander gestellt. Beide Reihen zeigen deutlich ausgeprägt das Maximum im Winter, das Minimum im Sommer; doch weichen die Werthe für die Wintermonate und für den Juni erheblich von einander ab. Beiden Reihen gemeinsam ist der relativ hohe Werth des Oktober. Für die graphische Darstellung in Figur 4 ist nur die spätere Reihe benutzt, weil sich die gleichzeitig dargestellten Windverhältnisse zum Theil auch nur auf die Periode 1880/92 beziehen.

Im engsten Zusammenhange mit dem Luftdruck stehen die Windverhältnisse. Die hauptsächlichsten Daten darüber haben in Tabelle 15 und auf Tafel 2 ihre Darstellung gefunden. Bei der Berechnung der Häufigkeit der Winde mussten die Jahre 1857 und 58 wegen Mangelhaftigkeit des Materials fortfallen; auch in den darauf folgenden, für die Rechnung schon benutzten Jahren fehlen zuweilen noch die nächtlichen Beobachtungen. Die Windstärke ist immer nur geschätzt worden; früher nach einer viertheiligen, seit 1880 nach einer sechstheiligen Scala (vgl. S. XVIII). In neuster Zeit werden diese Werthe durch Multiplication mit 2 auf die übliche zwölftheilige Scala umgerechnet. Diese Ausdrucksweise ist auch in der Tabelle angewandt worden. Die älteren Beobachtungen ergeben als Jahresmittel der Windstärke 1.29 in der viertheiligen Scala, die späteren 2.28 in der zwölftheiligen Scala. Unter der Annahme, dass beiden Reihen thatsächlich die gleiche mittlere Windstärke zukommt, kann man das Verhältniss der beiden Ausdrücke für die mittlere Windstärke 2.28/1.29 = 1.77 als Werth des Verhältnisses der beiden Maasse betrachten, und durch Multiplikation mit diesem Faktor die älteren Beobachtungen auf die zwölftheilige Scala umrechnen. In dieser Weise sind die in der Tabelle als mittlere Windstärken für 1859/79 angegebenen Zahlen erhalten. Für die Sturmtage erwiesen sich die älteren Beobachtungen als unvereinbar mit den neueren; es ist früher viel häufiger Sturm notirt worden als später, im Mittel der Reihe 1857/81 26.7 Tage mit Sturm im Jahr, während die neue Reihe weniger als die Hälfte ergibt. Wir haben uns daher auf die letztere, mit 1880 beginnende Reihe beschränkt, und, um möglichst viele Jahre zu benutzen, die Rechnung bis 1895 aus-

---

[1] H. Bleicher, Statistische Beschreibung der Stadt Frankfurt a. M. und ihrer Bevölkerung. II. Theil, 1895. S. 255.

gelehnt. Gleichwohl ist die Reihe noch viel zu kurz, um für ein relativ so seltenes Ereigniss endgültige Zahlen zu geben.

Die Häufigkeit der einzelnen Windrichtungen ist in Procenten ausgedrückt. Dabei ist von je zwei entgegengesetzten Richtungen die häufigere durch fetten Druck ausgezeichnet. Die Gesammtheit dieser vorherschenden Windrichtungen bildet das, was man nach Prestel[1]) die Luvseite des Horizontes nennt. Um die Lage dieser Luvseite deutlich zu veranschaulichen, ist eine besondere Tabelle beigefügt, in die nur die vorherschenden Winde eingetragen sind; die angehängten Zahlen geben die Häufigkeit des betreffenden Windes und seines Gegenwindes. Der Inhalt beider Tabellen ist ausserdem auf Tafel 2 graphisch in der üblichen Form der Windrosen dargestellt. Der Radius der Kreise in den Figuren ist gleich der Häufigkeit der Stillen. Die Lage der vorherschenden Windrichtungen unterliegt einer stark ausgeprägten jahreszeitlichen Schwankung. Im Frühling und Sommer umfasst die Luvseite den Bogen von SW über W bis N, im Herbst und Winter den Bogen von SW über S bis E. Diese Verschiebungen entsprechen im Wesentlichen den oben geschilderten jahreszeitlichen Veränderungen der allgemeinen Luftdruckvertheilung. Im Herbst und Winter haben wir einen Verlauf der Isobaren von SW nach NE, der Gradient ist von SE nach NW gerichtet; im Frühjahr findet eine Drehung des Gradienten nach S und SW statt und im Sommer hat er ausschliesslich südwest-nordöstliche Richtung. Vergleicht man die einzelnen Monate, so sieht man, wie jeder der beiden Typen auch in den einzelnen Monaten zur Geltung kommt. Nur der Uebergang vom Winter zum Frühling vollzieht sich mit einigen Schwankungen; im Februar fangen die Nordwinde bereits an die Oberhand zu bekommen, im April dagegen erhalten noch einmal die Ostwinde das Uebergewicht über die Westwinde. Ueberhaupt ist das Frühjahr in Bezug auf die Winde diejenige Zeit, welche die ungewöhnlichsten Verhältnisse aufweist. Denn während in allen anderen Monaten die SW-Winde ein Viertel und mehr aller Windbeobachtungen ausmachen, sind ihnen im April, Mai und Juni die NE- und E-Winde an Häufigkeit nahezu gleich. Der Juni theilt noch diesen Charakter der vorausgehenden Frühlingsmonate; der eigentliche Sommertypus mit stark überwiegenden SW- und W-Winden kommt nur dem Juli und August zu.

Eine stark ausgeprägte Jahrescurve zeigt die Häufigkeit der Windstillen. Wir haben sie in Fig. 4 zusammen mit der interdiurnen Veränderlichkeit, der mittleren Zahl der Sturmtage und der mittleren Windstärke graphisch dargestellt. Die Häufigkeit der Stillen hat ein Minimum im März und April und ein ausserordentlich hohes und sehr charakteristisches Maximum im September und Oktober. Genau den umgekehrten Gang befolgt die mittlere Windstärke; sie hat ihr Maximum im März, ihr Minimum im September. Zum Theil ist dieser Gang der mittleren Windstärke durch den Gang der Häufigkeit der Windstillen bedingt; denn bei der Berechnung der mittleren Windstärke werden die Stillen als Winde von der Stärke 0 mitgezählt. Um zu sehen, in welchem Masse die eine Erscheinung die andere bedingt, kann man die mittlere Windstärke für

---

[1]) Prestel. Kleine Schriften der naturf. Gesellschaft in Emden. **13**. 1865

die Winde selbst nach Abzug der Stillen berechnen. Man hat zu dem Ende nur nöthig, die Zahlen für die Windstärke mit $\frac{100}{100-n}$ zu multipliziren, wo n die procentische Häufigkeit der Windstillen bedeutet. Führt man diese Rechnung an den Mittelwerthen der beiden in Tabelle 15 mitgetheilten Reihen aus, so erhält man folgende Werthe für die mittlere Windstärke mit Ausschluss der Stillen:

Jan.	Febr.	März	April	Mai	Juni	Juli	Aug.	Sept.	Okt.	Nov.	Dez	Jahr
2.35	2.54	2.61	2.52	2.55	2.51	2.56	2.53	2.42	2.61	2.45	2.39	2.50

Die Reihe zeigt im Wesentlichen noch die gleiche Periodicität wie die ursprüngliche; nur fällt das Hauptminimum auf den Januar und der Oktober hat ein secundäres Maximum. Die mittlere Windstärke ist also nicht bloss deswegen im März am grössten, im September am kleinsten, weil die Windstillen im März am seltensten, im September am häufigsten sind, sondern es wehen die Winde thatsächlich im März und Oktober mit durchschnittlich grösserer, im September und Januar mit durchschnittlich geringerer Stärke als in den übrigen Monaten. Dieser Verlauf ist insofern ein auffallender, als man entsprechend der grösseren Aktivität der Atmosphäre in der kalten Jahreszeit das

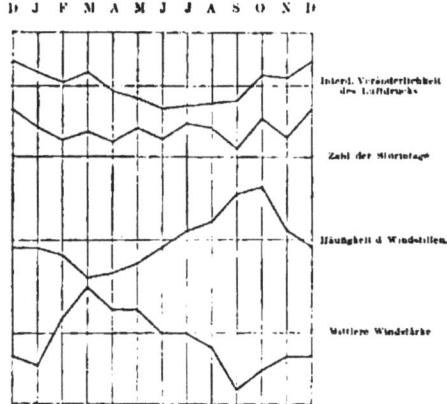

Figur 4. Interdiurne Veränderlichkeit des Luftdrucks 1883/92, Zahl der Sturmtage 1880/95, Häufigkeit der Windstillen 1859/92, mittlere Windstärke 1859/92.

Maximum der Windstärke im Winter erwarten sollte. Aber unsere Beobachtungen dürften in dieser Beziehung doch als ganz zuverlässig anzusehen sein: denn obwohl sie nur auf Schätzungen beruhen, stehen sie doch in bester Uebereinstimmung mit den anemometrischen Messungen anderer Stationen des mitteleuropäischen Binnenlandes.

Nach Hellmann's Angaben[1]) fällt auch für Paris, Berlin, München, Prag, Wien und Krakau das Maximum der Windgeschwindigkeit auf den März, das Minimum auf den September. Zur Erklärung dieses Verhaltens ziehen wir aus der Hellmann'schen Arbeit noch einige Resultate der Berliner Windmessungen nebst den zugehörigen Bemerkungen Hellmann's heran. Vergleicht man für die 10jährige Berliner Reihe 1884/93 die Mittelwerthe der Windgeschwindigkeit, so fällt das Maximum auf den März; vergleicht man aber die grössten vorgekommenen Monatsmittel, so fällt das Maximum auf die Wintermonate. Der März hat einen hohen Mittelwerth mit einer geringen Schwankung, die Wintermonate haben einen geringeren Mittelwerth mit einer grossen Schwankung; im März ist die mittlere Windgeschwindigkeit fast immer gross, im Winter ist sie manchmal grösser, aber oft auch kleiner. Diese Schwankungen erklären sich nach Hellmann durch die grosse Gegensätzlichkeit der unsere Winterwitterung oft lange Zeit beherrschenden Wettertypen, des cyklonalen mit starker und des anticyklonalen mit schwacher Luftbewegung.

Anders gestaltet ist der jährliche Verlauf der Zahl der Sturmtage. Das Minimum liegt allerdings auch im September, und der März hat zwischen Februar und April ein kleines Maximum. Aber das Hauptmaximum fällt auf den Dezember. Fig. 4 lässt erkennen, dass in der kalten Jahreszeit die Curve der Sturmtage mit derjenigen der interdiurnen Veränderlichkeit parallel läuft. Aber in den Sommermonaten zeigt sie statt eines tieferen Minimums secundäre Maxima. Zum Theil kann die grössere Häufigkeit der Sturmtage in der warmen Jahreszeit davon herrühren, dass bei unserer Auszählung auch Tage mit kurz dauernden Gewitterböen als Sturmtage gezählt worden sind. Rechnen wir als solche diejenigen Fälle, in denen im Sommer Gewitter verzeichnet worden sind, ohne dass die Terminbeobachtungen grössere Barometerschwankungen erkennen lassen, so beträgt die Gesammtzahl dieser Fälle in den 16 Jahren 13, wovon 5 auf den Mai, 3 auf den August, 2 auf den Juli und je 1 auf den März, Juni und September fallen. Bringt man diese in Abzug, so erhält man für die Häufigkeit derjenigen Stürme, die von grösseren atmosphärischen Störungen herrühren, immer noch eine Reihe, die ein, wenn auch abgeschwächtes, Maximum für den Juli und August aufweist. Die Kürze der Beobachtungsreihe lässt es fraglich erscheinen, wieviel Bedeutung man derartigen Einzelheiten beilegen soll.

Von einer Berechnung der täglichen Periode des Luftdrucks, der Windrichtung oder Windgeschwindigkeit ist abgesehen worden, weil zu der umständlichen Verarbeitung des von den registrirenden Apparaten gelieferten Materials die vorhandenen Hülfskräfte nicht ausreichten.

---

[1]) G. Hellmann. Die Windgeschwindigkeit in Berlin. Berliner Zweigverein der Deutsch. Meteorolog. Gesellschaft. 12. Vereinsjahr, 1895.

Lufttemperatur.

Das Jahresmittel der Lufttemperatur in Frankfurt beträgt nach der 36jährigen Reihe 1857/92 9.67 ° C. Es ist, wie alle übrigen mitgetheilten 36jährigen Mittel, berechnet worden ohne Rücksicht darauf, dass während der vier letzten Jahre der Reihe die Beobachtungen an einer anderen Stelle stattgefunden haben[1]. Das Jahresmittel für 1888 an der neuen Stelle war um 0.2 ° C. kleiner als das an der alten Stelle. Reducirt man mit diesem Werthe die vier letzten Jahresmittel auf die alte Stelle, so würde das 36jährige Mittel um 0.02 ° C. zu erhöhen sein.

Für die Temperaturverhältnisse Mitteleuropas gibt es leider noch keine so genaue Darstellung, wie für die Luftdruckverhältnisse. Wir bedienen uns, um die Stellung Frankfurts in dieser Beziehung zu charakterisiren, der Isothermenkarten des physikalischen Atlas von Berghaus. Auch die Temperaturen bedürfen, um sie geographisch vergleichbar zu machen, einer Reduction auf das Meeresniveau. Hann hat bei der Konstruktion der genannten Isothermenkarten einen einheitlichen, für alle Orte und Jahreszeiten gleichen Werth dieser Reduction zu Grunde gelegt, indem er die Temperatur für je 100 m Meereshöhe um 0.5 ° C. erhöhte. Demgemäss wäre die mittlere Temperatur in der geographischen Länge und Breite von Frankfurt a. M. im Meeresniveau für das Jahr 10.2°, für den Januar 0.7°, für den Juli 19.8°. Die Jahres-Isotherme von Frankfurt verläuft in nordwest-südöstlicher Richtung, einerseits durch Holland nach dem südlichen England und Irland — sie erreicht ihren nördlichsten Punkt ungefähr in Wales — dann weiter westlich mit Senkung nach Süden über den Ocean und trifft die Küste von Nordamerika etwas südlich von New-York; andererseits geht sie durch Süddeutschland, dann ostwärts ein wenig südlich an München und Wien entlang, durch Ungarn, Rumänien, quer über das Asow'sche Meer und den nördlichen Theil des Kaspischen Meeres nach Asien hinein. Aber es ist zu beachten, dass die von dieser Linie berührten Orte nicht in ihrer wirklichen, sondern nur in ihrer auf das Meeresniveau reducirten Jahreswärme übereinstimmen; z. B. hat München in Folge seiner grossen Meereshöhe eine erheblich niedrigere mittlere Jahreswärme (7.4°) als Frankfurt. Das gleiche gilt für die Januar- und Juli-Isothermen. Diese zeigen in ihrem Verlaufe die grössten Gegensätze. Die Januar-Isothermen ziehen in unserer Gegend direkt von Süden nach Norden; nach Osten hin, in den Kontinent hinein, nimmt die Wärme ab, nach Westen hin, mit der Annäherung an den Ocean, nimmt sie zu. Im Sommer dagegen sind die Temperatur-Unterschiede zwischen Ost und West ausgeglichen, und nur diejenigen zwischen Nord und Süd kommen zur Geltung; die Juli-Isothermen verlaufen in der Hauptsache von West nach Ost. Aus den Isothermen-

[1] Siehe oben S. XIV.

karten kann man die mittlere Temperatur eines jeden Breitenkreises ableiten; die Abweichungen der wirklichen Temperaturen von diesen mittleren ergeben alsdann die sogenannte Anomalie. Für den 50. Parallelkreis, den wir als denjenigen Frankfurts betrachten können, ist nach Spitaler die mittlere Temperatur

für das Jahr +5.6°, für den Januar —7.2°, für den Juli +18.1°,

also die mittlere Anomalie für Frankfurt

für das Jahr +4.6°, für den Januar +7.9°, für den Juli +1.7°.

Eine genaue Vergleichung der mittleren Jahrestemperatur von Frankfurt mit derjenigen anderer Orte würde an dieser Stelle zu weit führen. Auch fehlt es uns an dem auf dieselben Beobachtungsjahre reducirbaren Vergleichsmateriale. Wir können übrigens in dieser Beziehung auf das schon genannte Werk von Meitzen verweisen, in dem ganz besonders die Temperaturverhältnisse des preussischen Staates eine eingehende Darstellung gefunden haben[1]; auch die Frankfurter Beobachtungen sind dort mitverarbeitet. Hier möge es genügen, daran zu erinnern, dass unsere Gegend sich unmittelbar an die wärmsten Theile Deutschlands anschliesst. Die höchste mittlere Jahreswärme hat das mittlere Rheinthal (Mannheim 10.5°, Karlsruhe 10.3°, Strassburg 10.2° gegen 9.7° in Frankfurt a. M.) und die Gegend des Niederrheins (Köln 10.1°).

Neben der mittleren Jahrestemperatur ist der wichtigste klimatische Faktor die Jahresschwankung der Temperatur. Man pflegt als Maass derselben den Unterschied der Mitteltemperaturen des wärmsten und des kältesten Monats anzugeben. Für Frankfurt a. M. beträgt dieser Unterschied 19.1°; im Mittelrheinthal ist er noch etwas grösser, Mannheim 19.6°, Karlsruhe 19.4°, Strassburg 19.5°; am Niederrhein dagegen erheblich kleiner, Köln 17.1°. Die Gegend des Niederrheins, die dem Meere viel näher und weniger durch Gebirge vor den oceanischen Luftströmungen geschützt ist, hat ein gemässigteres Klima als unsere Gegend und der Mittelrhein. Wenn man, wie üblich, eine jährliche Wärme-Schwankung von 20° als Grenze zwischen dem limitirten und dem excessiven Klima annimmt, so gehört unsere Gegend noch zum limitirten Klima; aber sie liegt dem excessiven Klima schon ziemlich nahe, 4 Breitegrade östlicher, zwischen Eger (19.7°) und Prag (21.0°) läuft die genannte Grenze, die Linie einer gleichen jährlichen Wärme-Schwankung von 20°, in nahezu nord-südlicher Richtung durch Deutschland hindurch. Zwei Faktoren wirken bei der Grösse der jährlichen Wärmeschwankung zusammen, die geographische Breite, die die eigentliche Ursache der Wärme-Schwankung, die jährliche Veränderung des Sonnenstandes, bestimmt, und die Beschaffenheit der Erdoberfläche. In derselben Breite ist die Schwankung gering über dem Meere und gross im Innern der Kontinente; für den 50. Breitegrad beträgt sie z. B. nur 8° über dem Ocean, dagegen 47° im innersten Asien. Bildet man die Differenz dieser beiden Zahlen (39°) und vergleicht mit ihr die Differenz der Jahresschwankung für Frankfurt a. M. und den Ocean (11.1°), so findet man, dass die letztere nur 28 Procent der ersteren beträgt. Zenker hat diesen Ausdruck als Maass der Kontinentalität eines

---

[1] A. Meitzen. Der Boden und die landwirthschaftlichen Verhältnisse des Preussischen Staates. Berlin 1894, 5, S. 245—269.

Ortes genommen[1]). Nach ihm würde das Frankfurter Klima zu 28 Procent unter kontinentalem, zu 72 Procent unter oceanischem Einflusse stehen.

Betrachten wir nunmehr den Jahresverlauf der Temperatur. Wir haben, ebenso wie beim Luftdruck, aber ausführlicher, die Tagesmittel und Extreme in Tabelle 4, die Pentadenwerthe in Tabelle 5, die Monatswerthe in Tabelle 6 mitgetheilt; Tafel 3 gibt die Tagesmittel und -Extreme, Tafel 5 den Verlauf der Pentadenmittel in graphischer

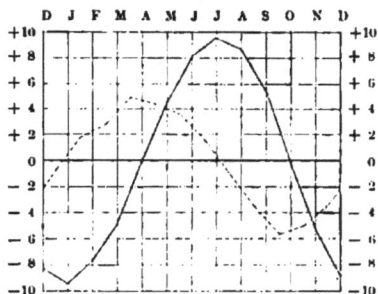

Figur 5. Die Jahresperiode der Temperatur und die Aenderungen der mittleren Temperaturen von Monat zu Monat.

Darstellung. Bildet man die Differenzen der Monatsmittel vom Jahresmittel, so erhält man folgende Reihe:

Jan.	Febr.	März	April	Mai	Juni	Juli	Aug.	Sept.	Okt.	Nov.	Dez.
9.5	7.7	-4.9	0.0	+1.5	+8.1	+9.6	+8.7	+5.3	-0.3	-5.3	-8.5

Sie ist in Fig. 5 dargestellt. Bildet man die Differenzen der Mittelwerthe zweier auf einanderfolgender Monate, so erhält man eine Reihe, die die Art des jährlichen An- und Abstieges der Temperatur verdeutlicht:

Dez. Jan.	Febr.	März	April	Mai	Juni	Juli	Aug.	Sept.	Okt.	Nov.	Dez.
-0.7 +1.8	+2.8	+4.9	+4.5	+3.6	+1.5	-0.9	-3.4	-5.6	-5.0	-3.5

Auch diese Reihe ist in Fig. 5 dargestellt, durch die gestrichelte Linie. Der Anstieg ist am stärksten vom März zum April, der Abstieg vom September zum Oktober; der letztere ist etwas steiler als der erstere. Es ist vielleicht von Interesse die Frankfurter Werthe mit den kürzlich von Hellmann veröffentlichten[2]) 48jährigen Mittelwerthen für Berlin zu vergleichen; die Differenzen Frankfurt--Berlin bilden folgende Reihe:

Jan.	Febr.	März	April	Mai	Juni	Juli	Aug.	Sept.	Okt.	Nov.	Dez.
0.8	1.1	1.4	1.2	0.8	0.4	0.4	0.3	0.3	-0.1	0.5	0.1

[1]) W. Zenker. Die Vertheilung der Wärme auf der Erdoberfläche. Berlin 1888. S. 81.

[2]) Hellmann. Temperatur-Kalender von Berlin. Berliner Zweigverein der Deutschen Meteorologischen Gesellschaft. 13. Vereinsjahr. 1896.

Das Frühjahr ist in Frankfurt erheblich (bis zu 1.4°) wärmer, der Herbst nur wenig wärmer, im Oktober sogar ein wenig kälter als in Berlin. Wir theilen zur weiteren Charakterisirung noch die Differenzen von Frankfurt gegen drei im Westen, Süden und Osten etwa gleichweit von Frankfurt entfernt liegende Orte mit:

	Jan.	Febr.	März	April	Mai	Juni	Juli	Aug.	Sept.	Okt.	Nov.	Dez.	Jahr
Frankfurt—Wiesbaden:	—0.2	—0.4	+0.3	+0.6	+0.6	+0.5	+0.8	+0.7	+0.7	+0.1	—0.2	—0.2	+0.3
Frankfurt—Darmstadt:	—0.6	—0.3	—0.1	—0.1	+0.2	+0.6	+0.5	+0.4	+0.1	—0.1	—0.6	—0.2	0.0
Frankfurt—Hanau:	+0.5	+0.4	+0.4	+0.3	+0.6	+0.4	+0.3	+0.4	+0.2	+0.1	+0.2	+0.5	+0.4

Frankfurt ist also im Sommer wärmer, im Winter kälter als Wiesbaden und Darmstadt, — hat also ein excessiveres Klima als diese beiden Orte; Hanau ist durchgehends kälter; die Differenz ist im Winter am grössten, im Herbst am kleinsten. Diese Zahlen sind dem schon mehrfach genannten Werke von Meitzen entnommen. Sie sind insofern nicht als endgültige zu betrachten, als die in den Tabellen jenes Werkes enthaltenen Mittelwerthe nicht aus den gleichen Jahresreihen für alle Stationen hergeleitet sind. Dass genauere Vergleiche dieser Art sichere Ergebnisse nur bei Benutzung derselben Jahre und Jahresreihen für beide Stationen ergeben können, sieht man aus den Frankfurter Beobachtungen. Die Ergänzung der früher veröffentlichten 25jährigen Mittelwerthe [1]) (1857/81) zu den hier mitgetheilten 36jährigen Mitteln (1857/92) hat das Jahresmittel um 0.2°, die Monatsmittel bis zu 0.7° verändert. Ausser der neuen 36jährigen Reihe haben wir in unseren Tabellen auch die Resultate der beiden älteren von Greiss (1837/56) und von Meermann (1758/83) berechneten Reihen des Vergleiches halber zum Abdruck gebracht. Wir stellen in der folgenden Tabelle die Unterschiede der Monatsmittel und des Jahresmittels unserer 36jährigen Reihe gegen die Meermann'sche (M.), und die Greiss'sche (G.) Reihe nach Tabelle 6 und gegen die 25jährige Reihe (1857/81) zusammen:

	Jan.	Febr.	März	April	Mai	Juni	Juli	Aug	Sept	Okt.	Nov	Dez.	Jahr
36j. — (M.)	+0.3	—0.8	—0.8	—0.2	—0.3	+0.3	+0.3	—0.4	—0.5	—0.6	—0.6	—1.1	—0.4
36j. — (G.)	+0.8	+0.9	+0.8	+0.3	—0.1	—0.2	+0.3	—0.4	+0.6	—0.7	—0.4	—0.2	+0.2
36j. — (25j)	0.0	—0.3	—0.2	—0.3	+0.1	—0.3	—0.7	—0.4	—0.3	—0.2	+0.1	0.0	—0.2

Die Abweichungen sind für die beiden älteren Reihen natürlich noch grösser, durchschnittlich doppelt so gross wie die Differenzen der letzten beiden Berechnungen, die ja zum grössten Theile dieselben Jahre umfassen. Zur genaueren Beurtheilung dieser Differenzen müssen wir vor allem darauf hinweisen, dass die Mittel der beiden älteren Reihen in anderer Weise gebildet worden sind als die der neueren Reihe. Die Tagesmittel der Reihe 1857/92 sind aus den drei Terminbeobachtungen nach der Formel $(6^h a + 2^h p + 10^h p)/3$ gebildet, wobei man Werthe erhält, die den wahren Tagesmitteln sehr nahe liegen; Greiss und Meermann dagegen berechneten die Tagesmittel als Mittel der Extreme. Die Werthe der letzteren entnahm Greiss den Angaben der Thermometrographen, während sie Meermann direkt beobachtete (vgl. S. XIII).

_____

[1]) Jahrsb. d. Phys. Vrns. 1880/81, S. 77 u. 78.

Die Frage, welchen Einfluss die Art der Mittelbildung auf das Resultat hat, können wir, ohne auf die zahlreichen Untersuchungen über diesen Punkt näher einzugehen, für unsere Frankfurter Beobachtungen unmittelbar aus unseren Tabellen beantworten. Der Tageskalender (Tabelle 3) enthält die mittleren Maxima und Minima jedes Tages und deren monatliche Mittelwerthe. Die Mittel der beiden letzteren Zahlen geben uns ohne weiteres die nach der Formel (Max. + Min.)/2 gebildeten Monatsmittel der 36jährigen Reihe. Die Vergleichung dieser Zahlen mit den nach der Formel $(6^h a + 2^h p + 10^h p)/3$ berechneten Mitteln, ergibt nun folgende Korrektionsgrössen, die man an den aus den Extremen gebildeten Mittelwerthen anzubringen hat, um sie auf die aus den genannten Terminen berechneten, also nahezu auf die wahren Tagesmittel zu reduciren:

Jan.	Febr.	März	April	Mai	Juni	Juli	Aug.	Sept.	Okt.	Nov.	Dez.	Jahr
+0.2	0.0	−0.2	−0.2	−0.2	−0.2	−0.3	−0.4	−0.4	−0.2	+0.0	+0.2	−0.13

Im Winter liegt das wahre Tagesmittel dem Maximum, im Frühling, Sommer und Herbst dem Minimum näher (vgl. S. XLIV). Die erhaltenen Korrektionen müsste man an den Zahlen von Meermann und von Greiss anbringen, um sie mit den Resultaten unserer neuen Reihe streng vergleichbar zu machen. Darnach würde dann das Jahresmittel der Greiss'schen Reihe um 0.3 °C. zu niedrig, das der Meermann'schen um 0.3 °C. zu hoch sein. In der Greiss'schen Reihe sind nur die Monate Oktober, November, Dezember zu warm, die anderen zu kalt. In der Meermann'schen Reihe sind der Juni und Juli zu kalt, die Monate Oktober, November, Dezember, Februar und März zu warm. Die Abweichungen der Greiss'schen Reihe dürften in der Hauptsache auf dem wirklichen Verlaufe der Temperatur in jener Epoche beruhen. Vergleicht man die Abweichungen für Frankfurt z. B. mit denjenigen, die Hoppe für Leipzig mitgetheilt hat [1]), so findet man einen sehr ähnlichen Verlauf. Fig. 6 stellt in der gestrichelten Curve die Abweichungen der Reihe 1865/84 von der

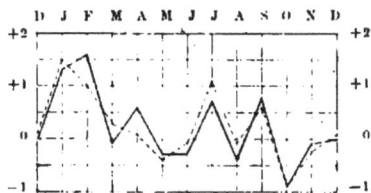

Fig. 6. Differenzen der Monatsmittel der Lufttemperatur 1865/84—1837/56 für Frankfurt a. M. und Leipzig.

Reihe 1837/56 nach Hoppe für Leipzig dar, die ausgezogene Curve die Abweichungen derselben Reihen für Frankfurt. Die Meermann'sche Reihe dagegen wird sicherlich in Folge der wechselnden Ausführung der Beobachtungen   des Sommers vor der

---

[1]) H. Hoppe. Ergebnisse der Temperaturbeobachtungen an 34 Stationen Sachsens von 1865 bis 1884 und in Leipzig von 1830 bis 1884. Dissertation. Leipzig. 1886.

Stadt, des Winters in der Stadt an einer von Reflexen benachbarter Hauswände vielleicht stark beeinflussten Stelle — die thatsächlichen Verhältnisse nicht ganz richtig wiedergeben, wie dies J. Ziegler bei einer früheren Gelegenheit des Näheren auseinandergesetzt hat[1]).

Die Pentadenübersicht und der Tageskalender gestatten einen genaueren Einblick in den jährlichen Verlauf. Die kälteste Pentade ist die dritte (11.—15. Januar, —0.3°), die wärmste die 40. (15.—19. Juli, 20.0°). Das geringste Tagesmittel —0.7° hat der 16. Januar, ein 2. Minimum, —0.6°, fällt auf den 25. Dezember, das höchste Tagesmittel 20.2° hat der 15. Juli, ein 2. Maximum, 20.1°, fällt auf den 23. Juli; der Anstieg der Temperatur dauert also 180, der Abfall 185 Tage; die Amplitude der Tagesmittel beträgt 20.9°. Die Art des Anstieges und des Abfalles lässt sich in grossen Zügen folgendermassen beschreiben. Vom 2. Dezember bis Mitte Februar währt der eigentliche Winter; die Tagesmittel halten sich in dieser Zeit mit geringen Schwankungen unter 2.0°. Mit dem 15. Februar beginnt ein langsamer, schwankender Anstieg der Tagesmittel (2.0—5.0°), der bis zum 23. März währt; man kann diese Zeit vielleicht als den Nachwinter bezeichnen. Nun beginnt der Frühling mit einem energischen Emporsteigen der Tagesmittel, das, unterbrochen von gelegentlichen Kälterückfällen, den April und Mai hindurch anhält. In der zweiten Hälfte des Mai verlangsamt sich die Bewegung; man kann die Zeit vom 21. Mai bis zum 20. Juni, in der die Mittel nur noch zwischen 15 und 18° schwanken, als Vorsommer bezeichnen. Vom 21. Juni an bis zum 22. August liegen die Mittel andauernd über 18.0°; das ist die eigentliche Sommerzeit. Theilt man den Abstieg in die gleichen Stufen ein, so erhält man einen Nachsommer vom 23. August bis zum 14. September (18—15°), den eigentlichen Herbst (15—5°) vom 15. September bis zum 9. November, und einen Vorwinter (5—2°) vom 10. November bis zum 1. Dezember. Die Länge dieser Zeiten in Tagen und in Procenten des Jahres ist in der folgenden Tabelle angegeben:

Tagesmittel der Temperatur	vom	bis	Dauer in Tagen	in Procenten	
unter 2°	2. Dezember	14. Februar	75	20.6	Winter
zwischen 2° und 5°	15. Februar	23. März	37	10.1	Nachwinter
" 5° " 15°	24. März	20. Mai	58	15.9	Frühling
" 15° " 18°	21. Mai	20. Juni	31	8.5	Vorsommer
über 18°	21. Juni	22. August	63	17.3	Sommer
zwischen 18° und 15°	23. August	14. September	23	6.3	Nachsommer
" 15° " 5°	15. September	9. November	56	15.3	Herbst
" 5° " 2°	10. November	1. Dezember	22	6.0	Vorwinter

Eine Vervollständigung des Bildes geben die später zu besprechenden Eintrittszeiten der Frost-, Eis- und Sommertage (vgl. S. LI). Zum Vergleich mit der Entwickelung der Vegetation verweisen wir auf die phänologischen Betrachtungen und auf Tafel 10.

[1]) J. Ziegler. Jhrsb. d. Phys. Vrns. 1883/84. S. 64.

Wie schon erwähnt, vollzieht sich die jährliche Bewegung der Temperatur auch im 36jährigen Mittel nicht in einer stetigen Linie, sondern zeigt Schwankungen, die wir im aufsteigenden Theile als **Kälterückfälle**, im absteigenden Theile als **Wärmerückfälle** bezeichnen. Die auffälligsten dieser Unregelmässigkeiten sind die folgenden:

Kälterückfälle:	Wärmerückfälle:
9.—13. Februar (um ca. 0.8 °)	13.—16. August (um ca. 0.5 °)
13.—15. März („ „ 1.3 °)	2.— 6. September („ „ 0.6 °)
8.—13. April („ „ 1.2 °)	28. u. 29. September („ „ 0.6 °)
10.—19. Juni („ „ 1.0 °)	25.—28. November („ „ 1.0 °)
1.— 4. August („ „ 0.6 °)	13.—18. Dezember („ „ 0.8 °)

Doch ist nicht blos das „Rückfallen", sondern stellenweise, z. B. für die Zeit vom 26. März bis zum 4. April, auch das „Vorurteilen" charakteristisch.

Dass diese Unregelmässigkeiten der Temperaturcurve für ganz Nord- und Mitteldeutschland typische Erscheinungen sind, ist vor allem von Hellmann durch Vergleichung der 35jährigen Pentadenmittel der Lufttemperatur für eine grössere Anzahl von Stationen des preussischen Beobachtungsnetzes nachgewiesen worden[1]. Wir wollen hier nur ein Beispiel zu näherer Vergleichung heranziehen, dasjenige von Berlin, für das wir die genaue Temperaturcurve in Tagesmitteln, allerdings auf Grund einer längeren, 48jährigen Reihe, aus dem schon genannten, von Hellmann kürzlich veröffentlichten Temperaturkalender von Berlin entnehmen können. Tafel 4, in der beide Curven, die 36jährige für Frankfurt a. M. und die 48jährige für Berlin, über einander gedruckt sind, lässt die enge Uebereinstimmung beider Curven besonders in ihren Unregelmässigkeiten deutlich erkennen. Diese Uebereinstimmung der Curven für zwei so weit von einander liegende Orte ist sogar im Ganzen grösser, als die Uebereinstimmung der verschiedenen Curven für Frankfurt a. M. unter einander, die auf derselben Tafel dargestellt sind. Wir bemerken dazu, dass die **Meermann**'sche Curve in dieser Darstellung nur für den Zeitraum 1758/77 gezeichnet werden konnte, da nur für diesen Zeitraum die Tagesmittel existiren. Die Curven der **Meermann**'schen und der **Greiss**'schen Beobachtungen zeigen ganz ähnliche Unregelmässigkeiten wie die neue Reihe, aber sie fallen nur zum Theil mit denen der letzteren zusammen, zum Theil zeigen sie zeitliche Verschiebungen, worauf J. Ziegler schon früher hingewiesen hat[2]. Dagegen besteht zwischen den Zeitpunkten der Kälte- und Wärmerückfälle für Berlin und Frankfurt innerhalb der ungefähr gleichen Periode vollkommene Uebereinstimmung. Hellmann giebt für Berlin folgende Perioden als

zu kalt	und	zu warm
9.—14. Februar		13.—16. August
11.—16. März		27.—30. September
11.—19. Juni		23.—25. November
16.—21. Juli		13.—17. Dezember.

[1] G. Hellmann. Ueber den jährlichen Gang der Lufttemperatur in Norddeutschland. Zeitschrift des Kgl. Preuss. Stat. Bureaus, Jahrgang 1883
[2] J. Ziegler. Jhrsb. d. Phys. Vrns. 1883—84, S. 65.

Nur die warme Novemberperiode erscheint in Frankfurt a. M. gegen Berlin etwas verschoben; die übrigen Unregelmässigkeiten fallen zeitlich zusammen und unterscheiden sich nur in der Grösse der Schwankung; so ist die Aprilschwankung (8.- 13.) in Berlin kleiner als in Frankfurt und umgekehrt die Julischwankung (16. –21.) in Frankfurt kleiner als in Berlin. Die Thatsache der zeitlichen Uebereinstimmung dieser Unregelmässigkeiten deutet darauf hin, dass es Erscheinungen sind, die durch bestimmte, sich regelmässig zu gewissen Zeiten einstellende Gestaltungen der allgemeinen Wetterlage verursacht werden. Hinsichtlich der Einzelheiten dieses Zusammenhanges müssen wir auf die Arbeiten von Hellmann, von Bezold u. A. verweisen. Es möge hier nur erwähnt werden, dass die Kälterückfälle der Monate Februar und März im wesentlichen durch Rückfälle in die winterliche anticyklonale Luftdruckvertheilung bedingt sind. Die ganz besonders charakteristischen Kälterückfälle im April, Mai und Juni dagegen entwickeln sich in der Regel auf der Rückseite barometrischer Depressionen, die südostwärts über Mitteleuropa hinwegziehen und, bei hohem Luftdruck über Nordwest- und Nordeuropa, für Deutschland, besonders für seinen westlichen Theil, kalte nördliche Winde mit sich bringen. Diese Beziehungen hat Hellmann in der bereits genannten Arbeit in der Weise zur Darstellung gebracht, dass er – für Breslau – die Pentadenmittel des Luftdruckes und der Temperatur mit einander verglichen. Wir haben auch unsere Frankfurter Beobachtungen in dieser Weise auf Tafel 5 dargestellt. Nach Hellmann laufen die beiden Curven in der kalten Jahreszeit entgegengesetzt; hohem Druck entsprechen tiefe Temperaturen und umgekehrt. In der warmen Jahreszeit dagegen sollen beide Curven parallel laufen; dem tiefen Druck entsprechen alsdann tiefe Temperaturen, dem hohen hohe. Der erstere Theil des Satzes kommt auch in unseren Frankfurter Beobachtungen deutlich zum Ausdruck; weniger lässt sich das von dem zweiten Theile behaupten. Man kann sich diese Abweichung vielleicht dadurch erklären, dass jene weiter östlich verlaufenden Depressionen das Barometer im westlichen Deutschland nicht mehr in stärkerem Masse beeinflussen, während der Temperatureinfluss dieser Wetterlage auch bei uns noch kräftig zur Geltung kommt. In der That sind bei uns die Schwankungen der Barometercurve vom April bis zum September gering, viel geringer als in Breslau.

Wir müssen endlich noch einen Punkt berühren, der auch von Hellmann schon mehrfach erörtert worden ist. Unter allen Kälterückfällen, die wir unserer Mitteltemperaturcurve entnehmen können, treten diejenigen am wenigsten hervor, welche im Volksmunde am bekanntesten und gefürchtetsten sind, die Kälterückfälle im Mai zur Zeit der sogenannten Eisheiligen (11.–13. Mai). Die Curve (Tafel 3) zeigt nicht für diese, sondern für die Tage vom 13.–15. Mai eine ganz geringfügige Senkung, während die Kälterückfälle des Juni durch eine ganz auffällige Unterbrechung der Curve gekennzeichnet sind. Hellmann hat darauf aufmerksam gemacht, dass man aus diesem Umstande nicht auf eine grössere Seltenheit oder eine geringere Intensität der Kälterückfälle des Mai zu schliessen braucht, sondern nur auf eine grössere Verschiedenheit ihrer Eintrittszeiten. Die auf Tafel 7 gegebene Uebersicht über die warmen und kalten Perioden des 36jährigen Zeitraumes ist vielleicht geeignet, diese Thatsache zu veranschaulichen. Man sieht aus ihr, dass kalte Perioden im Mai und Juni fast regelmässig auftreten, dass sie sich aber im Mai gleichmässiger auf den Monat vertheilen, während sie im Juni häufiger auf den mittleren Theil des Monats fallen. Auch folgende Zusammenstellung dient vielleicht zur weiteren Erläuterung. Von den niedrigsten Tagesmitteln der Monate Mai und Juni in den 36 Jahren fielen

auf die Pentade	1.—5.	6.—10.	11.—15.	16.—20.	21.—25.	26.—30 (31)
im Mai	13	7	6	8	1	3
im Juni	8	4	10	10	1	3

Naturgemäss sollten die tiefsten Temperaturen in diesen Monaten mit steigender Wärme überwiegend auf den Anfang fallen. Das ist für den Mai der Fall; ein Drittel fällt in die erste Pentade, das zweite Drittel in die zweite und dritte Pentade. Im Juni aber fällt mehr als die Hälfte aller Minima in die dritte und vierte Pentade.

Die Wärme- und Kälterückfälle sind gewissermassen regelmässige Bestandtheile der unregelmässigen oder a periodischen Temperaturschwankung, die durch den für unsere Breiten charakteristischen wechselnden Verlauf der Witterung hervorgerufen wird. Um für diese Grösse einen allgemeinen Ausdruck zu erhalten, dürfen wir nicht, wie beim Luftdruck, auf die mittleren oder absoluten Extreme der Lufttemperatur zurückgehen, da die Schwankungen dieser ja zu gleicher Zeit die tägliche Periode der Temperatur enthalten; sondern wir dürfen hier nur die von der täglichen Periode befreiten Mittelwerthe der Tage oder der Monate zur Betrachtung heranziehen.

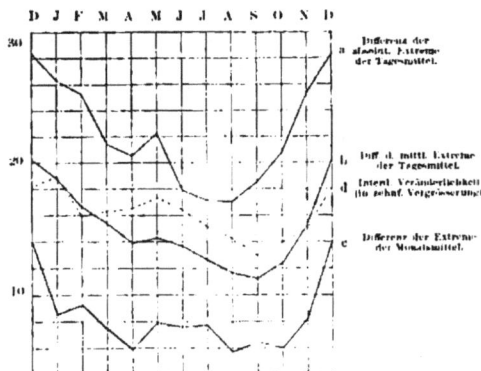

Figur 7.   Jährliche Periode der aperiodischen Temperaturschwankung.

Diese Werthe können aus Tabelle 4 entnommen werden; sie sind in Fig. 7 graphisch dargestellt und zwar bedeutet Curve a die Differenz des grössten und kleinsten Tagesmittels für jeden Monat, also die absolute Schwankung der Tagesmittel im Monat, Curve b die Differenz der Mittelwerthe der grössten und kleinsten Tagesmittel, also die mittlere Schwankung der Tagesmittel, Curve c die Differenz der grössten und kleinsten Monatsmittel, Curve d die interdiurne Veränderlichkeit.

Für die letztere standen uns wieder die beiden Beobachtungsreihen 1842/53 und 1883/92 zur Verfügung, die eine bemerkenswerthe Uebereinstimmung zeigen. Ausserdem sind von Kremser fünfjährige Mittel der interdiurnen Veränderlichkeit der Temperatur für Frankfurt aus den Jahren 1860 64 berechnet worden[1]. Sie zeigen beträchtliche Abweichungen — bis zu 0.25° — von den beiden längeren hier mitgetheilten Reihen. Die Behauptung Kremsers, dass für das westliche Deutschland schon fünfjährige Reihen genügten, um die interdiurne Veränderlichkeit bis auf 0.1° C. zu bestimmen, ist für Frankfurt offenbar nicht zutreffend. Vereinigt man sämmtliche vorliegende Berechnungen zu 27 jährigen Mittelwerthen, so erhält man folgende Reihe von Werthen der interdiurnen Veränderlichkeit:

Jan.	Febr.	März	April	Mai	Juni	Juli	Aug.	Sept.	Okt.	Nov.	Dez.	Jahr
1.89	1.60	1.63	1.65	1.73	1.64	1.51	1.42	1.30	1.40	1.50	1.81	1.59

Nach diesen Zahlen, aber in zehnfachem Maassstab, ist Curve d gezeichnet.

Man könnte zunächst erwarten, dass auf die Gestalt dieser Curven die jährliche Periode der Temperatur einen bedeutenden Einfluss ausüben müsste, in dem die starken Veränderungen der Temperatur im Frühling und im Herbst in den Curven zum Ausdruck kämen. Ein Blick auf die Curven lehrt aber, dass dies nicht der Fall ist; das Maximum liegt für alle Curven nicht in den Uebergangsmonaten, sondern im Winter. Die unregelmässigen Schwankungen der Temperatur sind so viel grösser als die regelmässigen Veränderungen, dass die letzteren hinter den ersteren verschwinden[2]. Am wenigsten frei von diesem Einflusse ist Curve a. Betrachtet man in Tabelle 4 die Daten für die grössten und kleinsten Tagesmittel, so sieht man, dass in den Frühlingsmonaten die ersteren am Ende, die letzteren am Anfang des Monats liegen, und umgekehrt im Herbst. Die Differenzen müssen infolgedessen grösser sein als sie ohne die periodische Aenderung der Temperatur sein würden. Es ist wohl auf diesen Umstand zurückzuführen, dass das September-Minimum der Curve b in Curve a auf den August verschoben erscheint. Sehen wir also von Curve a ab, und nehmen wir die anderen drei Curven als Ausdruck der unperiodischen Temperaturschwankungen. Curve b, die mittlere Schwankung der Tagesmittel und Curve d, die Veränderlichkeit der Mittel von Tag zu Tag, zeigen, abgesehen von der Verschiedenheit der Amplitude, einen ganz übereinstimmenden Verlauf. Das Hauptmaximum liegt im Winter, ein secundäres Maximum im Mai, das Hauptminimum im September. Curve b, für Berlin nach dem Hellmann'schen Temperaturkalender berechnet, zeigt die gleichen Eigenthümlichkeiten. Das Wintermaximum ist unmittelbar verständlich. Wir haben schon oben erwähnt, dass im Winter die Isothermen am gedrängtesten liegen, die örtlichen Temperaturdifferenzen also am grössten sind. Zugleich und

---

[1] Kremser. Die Veränderlichkeit der Lufttemperatur in Norddeutschland, Abhdlgen des Kgl. Preuss. Met. Inst. I, S. 14, 1890.

infolgedessen sind auch die Schwankungen des Luftdruckes um diese Zeit am grössten. Verschiebungen der Luftdruckvertheilung und Veränderungen der Windrichtung werden daher um diese Zeit die grössten Temperaturschwankungen hervorrufen. Andererseits fällt das Minimum der Temperatur-Veränderlichkeit nicht mit dem Minimum der Veränderlichkeit des Luftdruckes zusammen. Das Letztere fällt in die Sommermonate. Aber wir haben schon bei Besprechung der Windverhältnisse darauf hingewiesen, dass die Veränderlichkeit des Luftdruckes allein den Charakter der Witterung keineswegs ausreichend bestimmt. Die mittlere Windstärke und die Zahl der Sturmtage haben ihr Minimum, die Zahl der Windstillen ihr Maximum im September, und charakterisiren diesen Monat als die Zeit des ruhigsten, gleichmässigsten Witterungsverlaufes. Dass die Temperatur-Veränderlichkeit um diese Zeit ebenfalls ihr Minimum erreicht, steht offenbar in engem Zusammenhange damit und vervollständigt die soeben gegebene Charakterisirung der Witterung beim Uebergange zum Herbst.

Etwas anders ist die Curve der extremen Monatsmittel gestaltet. Sie hat in den Sommermonaten ein ausgesprochenes secundäres Maximum. Es scheint, dass sich in den extremen Monaten längere, die Monatsmittel stark beeinflussende kalte oder warme Perioden leichter ausbilden als in den Uebergangsperioden, in denen sich die Witterung wegen häufigeren Wechsels im Monatsdurchschnitt normaler gestaltet. Dass sich in allen diesen Curven der April, entgegen seinem Leumunde, als ein Monat von geringerer Veränderlichkeit bewährt, möge noch besonders hervorgehoben werden. An seine Stelle tritt der Mai, dessen starke in den Mittelwerthen sich verwischende Temperaturschwankungen in diesen Curven deutlich zum Ausdruck kommen.

An die Erörterung dieser Differenzen der Extreme knüpft sich naturgemäss die Frage nach der Stellung der Mittelwerthe zu den Extremen an. Wir bilden zunächst, ebenso wie beim Luftdruck, die Abweichungen der positiven und der negativen Extreme vom Mittelwerth, beschränken uns aber hier auf die Mittelwerthe der grössten und kleinsten Tagesmittel. Für diese erhalten wir folgende Reihe:

	Jan.	Febr.	März	April	Mai	Juni	Juli	Aug.	Sept.	Okt.	Nov.	Dez.	Jahr
+	7.9	7.7	7.3	7.0	7.4	7.2	6.8	6.4	5.7	6.1	6.9	8.4	7.1
—	10.8	8.9	8.1	6.9	6.9	6.4	5.9	5.3	5.5	6.3	8.3	11.8	7.6
Differenz	−2.9	−1.2	−0.8	+0.1	+0.5	+0.8	+0.9	+1.1	+0.2	−0.2	−1.4	−3.4	−0.5

Wir bemerken, dass beide Abweichungen in der Hauptsache den gleichen Verlauf wie die Gesammtschwankung zeigen; aber die Amplitude der Schwankung ist für die negativen Extreme mehr als doppelt so gross (6.5°) wie für die positiven (2.7°). Das hängt mit der eigenthümlichen Periodicität zusammen, die die Stellung der Mittelwerthe zu den Extremen im Jahresverlaufe aufweist. Die Differenzen der beiden Abweichungen lassen erkennen, dass in der kalten Jahreszeit die negativen, in der warmen die positiven Extreme sich weiter vom Mittelwerthe entfernen (vgl. dieselbe Bemerkung hinsichtlich der Tagesmittel und -Extreme S. XXXVIII). Da die tiefsten Temperaturen des Winters bei heiterem Wetter in Folge der überwiegenden Ausstrahlung, die höchsten Temperaturen des Sommers aber ebenfalls bei heiterem Wetter in Folge der Über-

XLV

wiegenden Einstrahlung auftreten, so lässt sich die beschriebene Stellung des Mittelwerthes zu den Extremen nach Dove[1]) auf die geringe Häufigkeit heiteren Himmels
in unserem Klima zurückführen; die der grösseren Bewölkung entsprechenden Temperaturen
werden die häufigeren sein, daher werden die Mittelwerthe denjenigen Extremen näher
liegen, die bei grosser Bewölkung eintreten, d. h. den positiven im Winter, den negativen im Sommer.

Einen tieferen Einblick in diese Verhältnisse gewährt die Gruppirung und Auszählung der einzelnen Temperaturen nach der Häufigkeit ihres Vorkommens und die daraus sich ergebende Bestimmung der häufigsten Temperatur,
des sogenannten Scheitelwerthes. Wir haben nach dem Vorgange von H. Meyer,
A. Sprung und W. Köppen[2]) das vorliegende Material auch nach dieser Richtung
hin bearbeitet, wobei wir uns allerdings auf die Tagesmittel beschränkt haben. Sämmtliche Tagesmittel des 36 jährigen Zeitraums sind monatweise nach Temperaturgruppen
von je 1° C. geordnet und ausgezählt, und die so gefundenen Häufigkeitszahlen in
Promille umgerechnet worden. Tabelle 7 enthält das Resultat dieser Berechnung; die
Zahlen sind mit Rücksicht auf den langen zur Verwendung gekommenen Zeitraum nicht
ausgeglichen worden. In Tafel 6 ist die Vertheilung der Temperaturen graphisch dargestellt worden; die Temperaturen sind als Abscissen, die Häufigkeitszahlen als Ordinaten
genommen; die kleinen Kreise bedeuten die Lage des arithmetischen Mittelwerthes.
Für die häufigsten Temperaturen, die Scheitelpunkte der Curven, erhalten wir aus
dieser Darstellung folgende Reihe, unter die wir zum Vergleich die Mitteltemperaturen
der Monate setzen:

	Jan.	Febr.	März	April	Mai	Juni	Juli	Aug.	Sept.	Okt.	Nov.	Dez.
Scheitelworth:	1.0	2.0	4.0	10.0	14.0	17.0	19.0	17.0	14.0	10.0	4.0	0.0
Mittelwerth:	0.2	2.0	4.8	9.7	14.2	17.8	19.3	18.4	15.0	9.4	4.4	0.9

Die Abweichungen der Mittelwerthe von den Scheitelwerthen sind im Allgemeinen
gering, geringer als sie an anderen Stationen gefunden worden sind. In sieben Monaten
fällt der Mittelwerth in die häufigste Temperaturgruppe; im Januar, April und Oktober
fällt er in die nächst tiefere, im August und September in die nächst höhere Gruppe.

Die unsymmetrische Vertheilung der Temperaturen und die jährliche Periodicität
dieser Erscheinung tritt in den Curven auf das Deutlichste hervor. Im Winter ist der Abfall
nach der Seite der niedrigeren Temperaturen ein flacher, nach der der höheren ein
steiler, umgekehrt im Sommer. Im Winter fallen die häufigsten Temperaturen nach
der wärmeren, im Sommer nach der kälteren Seite. In den Uebergangsmonaten sind
die Curven ziemlich symmetrisch. Die Curven geben uns in dieser Weise ein ausführ-
licheres Bild von derselben Thatsache, die wir bereits oben aus dem Vergleich der
Mittelwerthe mit den Extremen hergeleitet haben. Unsere Curven geben uns ferner

---

[1]) Dove. Ueber die mittlere und absolute Veränderlichkeit der Temperatur der Atmosphäre;
Abhllg. der Berl. Akad. 1866, S. 101.

[2]) H. Meyer. Meteor Z.-S. 4, S. 140, 1887. A. Sprung, ebenda, 5, S. 143, 1888. W. Köppen,
ebenda, 5, S. 230, 1888.

noch einmal eine Darstellung für die Grösse der unregelmässigen Temperaturschwankung in den einzelnen Monaten. Je grösser diese letztere ist, um so breiter ist die Basis, um so flacher die Form der Häufigkeitscurve; je geringer die Temperaturschwankungen sind, um so spitzer ist die Curve. Daher sind die Wintercurven am flachsten, die Herbst-curven am spitzesten, entsprechend dem oben erörterten Verlaufe der Veränderlichkeit der Temperatur (vgl. Fig. 7). Stellt man die Häufigkeitszahlen der Scheitelwerthe zu-sammen, so erhält man folgende Reihe:

Jan.	Febr.	März	April	Mai	Juni	Juli	Aug.	Sept.	Okt.	Nov.	Dez.
110	116	110	109	100	118	116	128	127	130	96	94

Sie zeigt den entgegengesetzten Verlauf, wie die Veränderlichkeit der Lufttemperatur: sie hat ihr Maximum im Herbst, ihr Minimum im Winter und ein secundäres Minimum im Mai. In Fig. 8 ist diese Reihe zusammen mit der interdiurnen Veränderlichkeit graphisch dargestellt. Dass die Abweichungen vom Scheitelwerthe im Winter nach der

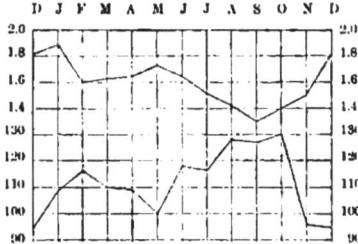

Fig. 8. Interdiurne Veränderlichkeit und Häufigkeit der Scheitelwerthe der Lufttemperatur.

negativen Seite viel grösser sind als diejenigen im Sommer nach der positiven Seite, dafür hat Sprung in der genannten Abhandlung[1] zwei Ursachen angeführt; erstens setzt die mit der Temperatur der Erdoberfläche steigende Ausstrahlung in den Welten-raum der Temperatursteigerung eine gewisse Grenze, und dann bewirkt die geringere Bewölkung im Sommer, dass die Mitteltemperaturen sowieso den extremen etwas näher rücken. Alles in Allem zeigen die Curven für Frankfurt dasselbe Verhalten, wie es die genannten Forscher für andere Stationen gefunden haben. Vergleicht man im be-sonderen die Curven für den Januar, April, Juli und Oktober mit denjenigen, die W. Köppen nach ebenfalls unausgeglichenen Zahlenreihen auf Grund 38jähriger Beobachtungen (1848/85) für Berlin gezeichnet hat[2], so findet man eine auffällige Uebereinstimmung, nicht bloss im Ganzen, sondern auch in den Einzelheiten. Nur die Julicurven zeigen in der Nähe der Spitze eine Abweichung von einander.

[1] A. Sprung. Meteor. Zeitschrift, 5, S. 143, 1888.
[2] W. Köppen. Meteor. Zeitschrift, 5, S. 231, 1888.

Wir können endlich für die jährliche Periode der Temperatur noch eine besondere Form der Charakteristik aus dem für die interdiurne Veränderlichkeit zusammengestellten Materiale herleiten. Dass in den Mittelwerthen dieser Grösse die jährliche Periode nicht zum Ausdruck kommt, haben wir schon erwähnt; die Korrektion, die man an diesen Werthen der unregelmässigen Temperaturänderungen anbringen müsste, um sie von dem in ihnen enthaltenen Antheil der regelmässigen Aenderung zu befreien, ist nach Kremser so geringfügig, dass man sie vernachlässigen kann. Sondert man aber nun das nicht korrigirte Material nach positiven und negativen Aenderungen, so muss in den Häufigkeitszahlen dieser die jährliche Periode natürlich wieder hervortreten. In den Monaten mit steigender Wärme müssen die positiven, in denen mit abnehmender Wärme die negativen Temperaturschritte überwiegen. Wir konnten diese Auszählung nur für die zehnjährige Reihe 1883/92 durchführen, da nur für diese das ausführliche Material vorliegt. Wir bezeichnen mit p die Zahl der positiven, mit n die der negativen Schritte, mit O die Zahl der Fälle, in denen die Mitteltemperatur von einem Tage zum nächsten sich nicht änderte; dann ist die mittlere Zahl der Fälle im zehnjährigen Durchschnitt:

	Jan.	Febr.	März	April	Mai	Juni	Juli	Aug	Sept.	Okt.	Nov.	Dez.	Jahr
p	14.6	13.0	17.7	15.9	16.8	15.4	14.9	14.7	14.8	14.0	13.6	12.6	178.2
n	15.5	14.3	12.8	13.3	13.7	13.7	15.1	15.4	14.9	16.0	16.0	17.6	178.3
O	0.9	0.9	0.5	0.8	0.5	0.9	1.0	0.9	0.3	1.0	0.4	0.7	8.8
p/n	0.94	0.91	1.38	1.20	1.23	1.12	0.99	0.95	0.99	0.88	0.85	0.72	

Die letzte Reihe enthält das Verhältniss der Erwärmungen zu den Abkühlungen. Diese Zahlenreihe weicht von derjenigen Reihe, die Kremser für 12 Orte Norddeutschlands mitgetheilt hat, erheblich ab. Während an den von Kremser untersuchten Orten die Erwärmungen in der Mehrzahl der Monate häufiger sind als die Abkühlungen, ist bei uns das Umgekehrte der Fall; nur in vier Monaten ist die Zahl der Erwärmungen grösser als die der Erkaltungen. An den von Kremser untersuchten Orten fällt das Minimum des Verhältnisses p/n in den Oktober oder November, das Maximum in den Mai, mit Ausnahme von Kassel, wo es auf den März fällt; bei uns fällt das Minimum in den Dezember, das Maximum in den März. Wir vervollständigen das Bild dieser Temperaturverhältnisse, indem wir noch für jeden Monat die durchschnittliche Summe des Betrages der positiven und der negativen Temperaturschritte angeben:

	Jan.	Febr.	März	April	Mai	Juni	Juli	Aug.	Sept.	Okt.	Nov.	Dez.
+	29.90	21.75	29.40	26.26	29.72	25.92	21.59	21.55	17.38	18.61	20.97	26.79
−	26.24	23.15	23.50	21.81	24.70	24.43	21.78	22.94	21.65	24.02	25.85	31.33

Dividirt man diese Zahlen durch die entsprechende Anzahl der positiven oder negativen Fälle, so erhält man für den mittleren Betrag einer Erwärmung oder Abkühlung folgende Reihe:

	Jan.	Febr.	März	April	Mai	Juni	Juli	Aug.	Sept.	Okt.	Nov.	Dez.
+	2.05	1.67	1.66	1.65	1.77	1.68	1.45	1.47	1.17	1.33	1.54	2.13
−	1.68	1.62	1.84	1.64	1.80	1.78	1.44	1.49	1.45	1.50	1.58	1.78

Bei dieser Scheidung der Grössen nach dem Vorzeichen empfiehlt es sich aber, um ein richtiges Bild der wirklichen unperiodischen Veränderungen zu erhalten, doch eine Korrektion wegen des regelmässigen jährlichen Ganges der Temperatur anzubringen. Um die durchschnittliche regelmässige Aenderung der Temperatur von Tag zu Tag abzuleiten, bedienen wir uns der auf S. XXXVI gegebenen Reihe der Differenzen der Monatsmittel. Wir nehmen für jeden Monat das Mittel aus den beiden Differenzen mit den benachbarten Monaten, und dividiren diese Zahl durch die Zahl der Monatstage. Dies gibt für die regelmässige Aenderung der Temperatur von Tag zu Tag folgende Reihe:

Jan.	Febr.	März	April	Mai	Juni	Juli	Aug.	Sept.	Okt.	Nov.	Dez.
+0.02	+0.08	+0.12	+0.16	+0.13	+0.08	+0.01	−0.07	−0.15	−0.17	−0.14	−0.07

Da nach dieser Tabelle z. B im März die Temperatur von Tag zu Tag durchschnittlich um 0.12° zunimmt, so ist der wirkliche Betrag der unperiodischen positiven Aenderung nicht 1.66, sondern 1.66 − 0.12 = 1.54, der der negativen aber 1.84 + 0.12 = 1.96. Korrigirt man in dieser Weise die obige Reihe, so erhält man folgende Werthe:

	Jan.	Febr.	März	April	Mai	Juni	Juli	Aug.	Sept.	Okt.	Nov.	Dez.
+	2.03	1.59	1.54	1.49	1.64	1.60	1.44	1.51	1.32	1.50	1.68	2.20
−	1.70	1.70	1.96	1.80	1.93	1.86	1.45	1.42	1.30	1.33	1.44	1.71
Diff.:	+0.33	−0.11	−0.42	−0.31	−0.29	−0.26	−0.01	+0.12	+0.02	+0.17	+0.24	+0.49

Sie sind in Fig. 9 graphisch dargestellt, die Erwärmungen durch die gestrichelte, die Abkühlungen durch die punktirte Linie; ausserdem die interdiurne Veränderlichkeit für 1883/92 durch die voll ausgezogene Linie. In diesen Zahlen tritt nun eine einfache

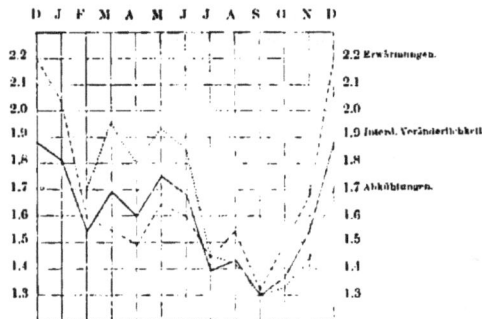

Fig. 9. Mittlerer Betrag der interdiurnen Veränderlichkeit, der Erwärmungen und der Abkühlungen für 1883/92.

Gesetzmässigkeit hervor: in den Monaten mit steigender Wärme haben von den unregelmässigen Schwankungen die negativen, in denen mit sinkender Wärme die positiven den grösseren Betrag. Es sind also die Kälterückfälle der ersten und die Wärmerückfälle der zweiten Jahreshälfte, die in diesen Zahlen noch einmal in besonderer Weise zum Ausdruck kommen. Die genannte Gesetzmässigkeit combinirt sich übrigens mit dem allgemeinen jährlichen Verlaufe der interdiurnen Veränderlichkeit, wodurch der jährliche Gang der beiden obigen Reihen eine besonders complicirte Form annimmt.

Es erübrigt schliesslich, einiges über die tägliche Periode der Lufttemperatur zu sagen, soweit unser Material dazu Gelegenheit gibt. Wir haben in unseren Tabellen (4 z. T. auch 6) einerseits die Monatsmittel der Temperatur für die Beobachtungstermine, andrerseits die mittleren Differenzen von Tagesmaximum und Tagesminimum, die uns einen Mittelwerth für die volle Tagesamplitude (die sog. aperiodische Tagesschwankung) darstellen. Wir beschränken uns hier auf eine nähere Betrachtung dieser letzteren. Ihre Monatsmittel bilden folgende Reihe:

	Jan.	Febr.	März	April	Mai	Juni	Juli	Aug.	Sept.	Okt.	Nov.	Dez.
mittlere	4.8	5.9	7.8	9.9	10.6	10.5	10.3	10.2	9.5	7.4	5.0	4.1.

Da die tägliche Periode der Temperatur der unmittelbare Effect der täglichen Periode der Sonneneinstrahlung ist, so hat man vor allem nach dem Zusammenhang dieser beiden Grössen gesucht. Im Laufe des Jahres ändert sich die Sonneneinstrahlung mit der veränderlichen Declination der Sonne aus zweifachem Grunde; es ändert sich die Zeitdauer der Einstrahlung, und es ändern sich die Winkel, unter denen die Strahlen die Erdoberfläche treffen. Um diese Verhältnisse für Frankfurt zu veranschaulichen, geben wir in der folgenden kleinen Tabelle für den 50. Breitegrad unter a die Tageslängen für die Monatsmitten in Stunden, und unter b die relativen Wärmemengen, die im Laufe eines Tages in der Mitte des Monats ein Element der Erdoberfläche unter 50° Breite von der Sonne empfängt, wobei diese Grössen in Theilen derjenigen Wärmemenge ausgedrückt sind, die dasselbe Element an einem Tage zur Zeit der Tag- und Nachtgleiche empfängt[1]).

	Jan.	Febr.	März	April	Mai	Juni	Juli	Aug.	Sept.	Okt.	Nov.	Dez.
a)	8.32	9.85	11.77	13.57	15.21	16.13	15.76	14.31	12.50	10.64	8.87	7.87
b)	0.36	0.58	0.96	1.32	1.63	1.76	1.72	1.47	1.10	0.73	0.43	0.30

Die letztere Reihe gilt für einen Punkt ausserhalb der Atmosphäre; berücksichtigt man den zerstreuenden und absorbirenden Einfluss der Atmosphäre auf die Sonnenstrahlung, so würde der Gegensatz zwischen Sommer und Winter in Reihe b noch grösser ausfallen. Vergleicht man mit diesen Reihen die Tagesamplitude, so sieht man, dass sie etwas stärker variirt als die Tageslänge, aber erheblich weniger als die Strahlungsmenge. Auf die angenäherte Proportionalität der Tagesamplitude mit der Tageslänge hat Lamont zuerst aufmerksam gemacht[2]). Berechnet man den Quotienten der beiden Grössen, den sog. Lamont'schen Coefficienten, wobei wir, der folgenden

---

[1]) Hinsichtlich der Berechnung vgl. Chr. Wiener, Oest. Z.-S. f. Meteor. 14, S. 113 b. 130, 1879.
[2]) Lamont, Abhandlg. der bayr. Akad. d. Wiss. Math.-phys. Classe. 3, S. 15, 1840.

Vergleichungen wegen, die Mittelwerthe der Tagesamplitude nicht der ganzen 36jährigen Reihe, sondern nur den dreizehn Jahren 1880/92 entnehmen, so erhält man folgende Reihe:

Jan.	Febr.	März	April	Mai	Juni	Juli	Aug.	Sept.	Okt.	Nov.	Dez.
0.58	0.59	0.69	0.71	0.70	0.63	0.63	0.68	0.71	0.65	0.54	0.54

Wir haben in Fig. 10 diese Reihe graphisch dargestellt durch die gestrichelte Curve; die punktirte bedeutet die Monatsmittel der Tagesamplitude selbst für 1857/92. Die ausgezogene Linie gibt die mittlere Bewölkung für 1880/92 nach Tabelle 13.

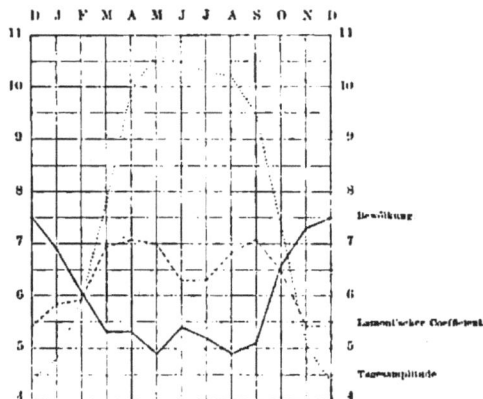

Figur 10. Jährliche Periode der Tagesamplitude, des Lamont'schen Coefficienten und der Bewölkung.

Diese letztere Curve zeigt deutlich eine angenäherte Reciprocität gegenüber der Reihe des Lamont'schen Coefficienten. Weilenmann[1]) hat darum versucht, einen constanteren Coefficienten dadurch zu erhalten, dass er den Lamont'schen Quotienten noch mit der mittleren Bewölkung multiplicirt. Eine solche Rechnung ergibt für unsere Beobachtungen:

Jan.	Febr.	März	April	Mai	Juni	Juli	Aug	Sept.	Okt.	Nov.	Dez.
1.0	3.6	3.7	3.8	3.1	3.1	3.3	3.3	3.6	4.3	3.9	4.0

Wie man sieht, erhält man aber durchaus keine constanten Werthe. Das Resultat wird auch nicht besser, wenn man nach einem Vorschlage Woeikoff's[2]) statt mit der Bewölkung selbst, mit dem um 2 vermehrten Betrage der Bewölkung multiplicirt. Dass ein grosser Einfluss der Bewölkung auf die Tagesamplitude vorhanden ist, das

[1]) Weilenmann, Schweizer meteor. Beob. 9. 1872.
[2]) Woeikoff. Die Klimate der Erde. 1 p. 159. 1887.

lehrt die tägliche Beobachtung; dass er sich aber in so einfacher Weise mittels der Monatsmittel formuliren liesse, ist wohl von vornherein unwahrscheinlich. Dagegen können wir den Einfluss der Bewölkung auf die Tagesamplitude in anderer Weise veranschaulichen, indem wir die grössten und kleinsten Werthe der Tagesamplitude zusammenstellen. Die kleinsten Werthe sind wohl ausschliesslich bei hoher, meistens bei vollständiger Bewölkung eingetreten; die grössten dagegen, wenigstens in den Frühlings- und Sommermonaten, fast ebenso ausschliesslich bei heiterem bis ganz wolkenlosem Wetter. In den Wintermonaten können freilich plötzliche Witterungsumschläge eine grössere Wärmeschwankung während eines Tages verursachen, als der geringe Effect der Sonnenstrahlung um diese Zeit zu bewirken vermöchte.

		Jan.	Febr.	März	April	Mai	Juni	Juli	Aug.	Sept.	Okt.	Nov.	Dez.
Minima der	mittlere	1.4	1.8	2.6	3.7	4.0	4.0	4.5	4.5	3.5	2.8	1.6	1.1
Tagesamplitude	absolute	0.5	0.3	0.4	0.8	1.2	2.0	2.6	1.8	1.5	1.3	0.7	0.6
Maxima der	mittlere	7.9	11.3	14.4	16.5	17.7	16.5	17.4	16.6	15.7	13.2	11.0	10.0
Tagesamplitude	absolute	19.5	15.5	17.3	20.8	20.9	19.3	20.0	20.1	21.2	16.8	21.1	15.8

Auch für die Charakteristik des Jahresverlaufes der Temperatur, im besonderen der sommerlichen und der winterlichen Periode, benutzt man die absoluten Tagesextreme indem man die Anzahl der Tage ermittelt, an denen gewisse Grenzen von der Temperatur überschritten wurden. Tabelle 8 enthält eine Zusammenstellung dieser Art über die Sommer-, Eis- und Frosttage. Ausserdem enthält Tabelle 24 für diese Tage und die Tage mit Reif und Schneefall eine vergleichende Darstellung ihrer ersten und letzten Eintrittszeiten. Darnach steigt das Thermometer durchschnittlich auf 25° C. und darüber: zum ersten Male im Jahre am 12. Mai, zum letzten Male am 10. September. Auf die 122 Tage, die zwischen diesen Grenzen enthalten sind, kommen durchschnittlich 47 Sommertage, also etwa 38.5 Procent. Sie vertheilen sich natürlich nicht gleichmässig auf den genannten Zeitraum, sondern häufen sich in seiner Mitte, so dass für eine Reihe von Tagen (12.—23. Juli, 6. und 13. August) nicht bloss einzelne Werthe, sondern auch die 36jährigen Mittelwerthe der Tagesmaxima 25° C. erreichen oder übersteigen. Wir notiren daneben noch diejenigen Daten, auf die die höchsten, 35° C. erreichenden oder übersteigenden Temperaturen gefallen sind; es sind dies der 3., 4., 11., 13., 16., 17., 19., 20. und 21. Juli, der 3., 4., 5., 8., 10., 17 und 18. August. Die höchste Temperatur der 36jährigen Periode erreichte der 18. August 1892 mit 36.8° C. Sie ist auch in den früheren Beobachtungen nicht erreicht oder übertroffen worden.

Die 72 Frosttage der winterlichen Jahreshälfte vertheilen sich durchschnittlich auf die 155 Tage vom 1. November bis zum 4. April, die 21 Eistage auf die 69 Tage vom 8. Dezember bis zum 14. Februar. Aus dem Tages-kalender (Tabelle 4) ergibt sich die Zahl der Tage, an denen das mittlere Tagesminimum unter 0° fällt, zu 30 (1. Dezember bis 16. Februar, 18., 19., 21., 22., 23., 28. Februar, 1.—4., 13. und 14. März). Das Tagesmittel der Temperatur dagegen liegt nur in folgenden 19 Tagen unter 0°: 25.—27. Dezember, 1., 2., 8.—19., 21., 22. Januar. Die tiefsten Temperaturen, von —15° und darunter, fallen auf die Daten: 7.—12., 16., 17., 22., 24., 25. Dezember,

28. Dezember bis 9. Januar, 14.—16 , 19., 20., 22., 25. Januar, 1., 12. und 13. Februar. Die tiefste, in den 36 Jahren beobachtete Temperatur ist die des 4. Januar 1861 (—21 5° C.). Diese Kälte wurde aber übertroffen durch die des 16. Januar 1838 (—25.0°) und noch mehr durch die des 2. Februar 1830 (—27.9°).

Es wird in unseren Tabellen auffallen, dass sie nichts von den so gefürchteten Maifrösten enthalten. In den 36 Jahren 1857/92 ist das Thermometer an der Station in der That niemals tiefer als gerade bis auf den Nullpunkt gegangen. In den ersten 30 Jahren der Beobachtungen (1826/56) ist Frost auch im Mai noch beobachtet worden; nach Tabelle 6 beträgt die niedrigste Temperatur des Mai in diesem Zeitraum —1.1°. Dass aber in den späteren Jahren die Nachtfröste des Mai nicht wirklich ausgeblieben sind, geht aus der Tabelle (14) der Reiftage hervor, nach der alle fünf Jahre ein Reiftag im Mai vorkommt. Die Differenz dürfte sich dadurch erklären, dass die Station zwar in günstiger Lage am botanischen Garten, aber immerhin doch noch im Innern der Stadt und unter dem Einfluss der Häusermassen liegt. Infolgedessen geben die Temperaturbeobachtungen stets höhere Werthe, als man sie für denselben Ort bei einer auf dem Lande gelegenen Station finden würde. Die Beobachtungen, die J. Ziegler mit Thermometrographen in einer bis vor wenigen Jahren noch verhältnissmässig freien Lage der nordwestlichen Aussenstadt (Feldstrasse 8) angestellt hat, gestatten uns, für die Grösse des genannten Einflusses einige Zahlen anzugeben. Es ist allerdings zu berücksichtigen, dass die Beobachtungen insofern nicht streng vergleichbar sind, als die in Betracht kommenden Thermometer der Station in der Innenstadt zuerst an einer gegen Reflexe nicht vollkommen geschützten Stelle, später in einem Zinkblechgehäuse angebracht waren (vgl. S. XIV u XV), diejenigen in der Aussenstadt dagegen frei an einer schattigen Stelle aufgestellt und nur von einem kleinen Blechdach überdeckt waren. Wir geben in Tabelle 9 die Monatsmittel der Differenz Innenstadt — Aussenstadt für die täglichen Maxima und für die täglichen Minima; für die ersteren konnten nur die fünf Jahre 1889/93, für die letzteren die 24 Jahre 1872/95 benutzt werden. Nach diesen Beobachtungen liegen in der Innenstadt die Maxima durchschnittlich um 1.7°, die Minima um 0.8° höher als in der Aussenstadt. Für die mittlere Temperatur könnte man darnach auf einen Ueberschuss der Innenstadt über die Aussenstadt von etwa 1.2° schliessen. Hellmann[1] hat für Berlin aus zweijährigen Beobachtungen 0.5° Differenz zwischen Innen- und Aussenstadt für die mittlere Temperatur, 0.7 für die Maxima, 0.5 für die Minima gefunden; Hann[2] gibt für die mittlere Temperatur folgende Werthe an: für München 0.8°, für Budapest 0.7°, für Wien und Linz 0.4°. Renou gibt für Paris und Choisy-le-Roi 0.55°, Jaubert[3] in neuester Zeit für Paris und Parc Saint Maur 1.14. Wenn die meisten dieser Zahlen niedriger sind, als die unsrigen, so ist dies vielleicht auf Rechnung der verschiedenartigen Aufstellung unserer Instrumente zu setzen. Bemerkenswerth ist der regelmässige, periodische Gang,

[1] G. Hellmann, Berl. Zweigverein der D. Meteor. Gesellschaft. 11. Vereinsjahr. 1894.
[2] J. Hann. Z.-S. der öster. Gesellschaft f. Meteor. 20. p. 159. 1885.
[3] Jaubert, Meteor. Z.-S. 12, S. 38. 1895.

den die Monatsmittel der Differenz im Jahre durchlaufen. Für die Maxima ist die Differenz am grössten im Juni und Juli, am kleinsten im November, für die Minima ist sie am grössten im Februar, und am kleinsten im Oktober. Die höchste in der Aussenstadt beobachtete Temperatur war 33.5° am 17. August 1892; gegen 36.8° am 18. August 1892 in der Innenstadt. Bildet man das Mittel aus den tiefsten Temperaturen der 24 Winter, so erhält man für die Aussenstadt —17.3°, für die Innenstadt —13.4°, also eine Differenz von 3.9°. Die tiefste Temperatur der Aussenstadt betrug in dem genannten Zeitraume —25.6° am 19. Januar 1893; diejenige der Innenstadt —19.6° am 17. Januar 1893, also Differenz 6.0°.

Ueber die unter dem Einflusse der Besonnung eintretenden Temperaturen liegen Beobachtungen mit einem der üblichen Strahlungsmessinstrumente, Vacuumthermometer

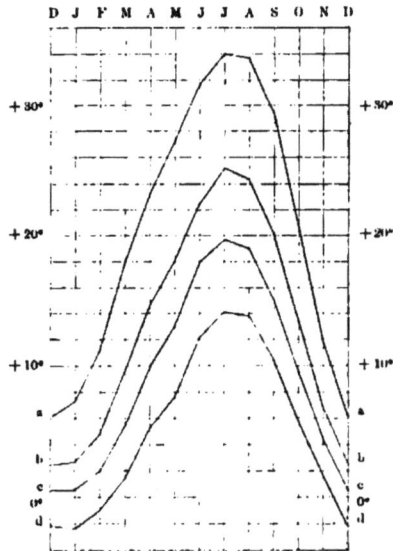

Figur 11. Monatsmittel der Temperatur eines unbeschatteten Max.-Thermometers (a), der täglichen Maxima (b), Mittelwerthe (c) und Minima (d) der Lufttemperatur. 1871 80.

oder dergl. nicht vor. Dagegen hat J. Ziegler im Zusammenhange mit Studien über die thermischen Vegetationsconstanten an der Aussenstation eine längere Reihe von Jahren hindurch Besonnungs-Beobachtungen mit Thermometern verschiedener Art angestellt; einerseits mit Thermometern mit grosser Kugel und bestimmtem Quecksilber-Inhalt, andererseits mit einfachen, unbeschattet aufgestellten Maximumthermometern. Wir theilen hier nur in Tabelle 10 die Monatsmittel der an den letztgenannten In-strumenten beobachteten täglichen Maxima für 1871/80 mit, da die Beobachtungen der erstgenannten Art nicht allgemein vergleichbar erscheinen. Zum Vergleich sind die Monatsmittel der in normaler Weise an der Innenstation beobachteten täglichen Maxima, ebenso diejenigen der Tagesmittel und der täglichen Minima für denselben Zeitraum berechnet und in Tabelle 10 mit aufgenommen worden. Fig. 11 stellt diese 4 Reihen graphisch dar. Im Jahresmittel beträgt die Differenz der beiden Arten der Maxima 9.9°; sie steigt im August auf 13.7°. Die höchste in den 10 Jahren an dem unbeschatteten Maximumthermometer beobachtete Temperatur war 49.4°.

Temperatur des Grund- und Mainwassers.

Wir knüpfen an diese ausführliche Darstellung der Verhältnisse der Luft-temperatur noch die Ergebnisse der auf S. XV erwähnten Beobachtungen der Grund-und Mainwasser-Temperaturen an. Wir haben die Berechnung ebenso wie bei den letztgenannten Maximum-Beobachtungen auf die zehnjährige Reihe 1871/80 beschränkt, haben aus allen in einen Monat fallenden Beobachtungen das Mittel genommen und

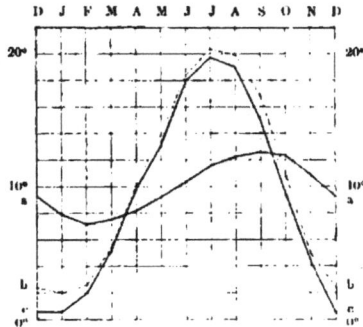

Figur 11. Monatsmittel der Temperatur des Grundwassers (a), des Mainwassers (b) und der Luft (c).

diese Monatsmittel in Tabelle 10 mit den Monatsmitteln der mittleren, grössten und kleinsten Tagestemperatur derselben Reihe von Jahren zusammengestellt. Fig. 12 gibt in Curve a den Verlauf der Temperatur des Grundwassers, in Curve b denjenigen der

Temperatur des Mainwassers, in c den der mittleren Temperatur der Luft in graphischer Darstellung wieder. Curve a der Grundwassertemperaturen zeigt vor allem die Verspätung, die Maximum und Minimum der Jahrescurve beim langsamen Eindringen der Temperatur in den Erdboden zugleich mit der Abschwächung der Amplitude erfahren. Diese Verspätung beträgt hier ungefähr zwei Monate; die Amplitude ist nur noch 5.3° C, gegen 19.2° der Lufttemperatur. In dieser Beziehung ersetzen uns die Beobachtungen der Grundwassertemperatur die fehlenden Beobachtungen der Bodentemperatur; doch gilt das nur bis zu einem gewissen Grade. Denn erstens ist zu berücksichtigen, dass der Brunnenschacht, in dessen Tiefe das Grundwasser gemessen wurde, weit ist, und die Messungen daher — besonders im Winter infolge Einsinkens kalter Luftmassen — nicht so unbeeinflusst von der jeweiligen Lufttemperatur sein dürften, wie es bei eingegrabenen Erdthermometern der Fall sein würde. Jedenfalls dürfte die Wärmeleitung des Erdbodens nicht ausschliesslich in dem vorliegenden Falle in Betracht kommen, wenn auch man im Allgemeinen zugeben kann, dass das Wasser die Temperatur derjenigen Erdschichten annehmen wird, in denen es sich befindet. Zweitens aber ist zu bedenken, dass der Grundwasserspiegel schwankt, der Abstand des Wassers von der Erdoberfläche sich daher im Laufe des Jahres in bestimmter, periodischer Weise ändert. Der Abstand des Grundwasserspiegels von der Erdoberfläche betrug für den benutzten Brunnen (Feldstrasse 8) im Mittel der 10 Jahre 1871/80 2.60 m; er war durchschnittlich am kleinsten (2.09 m) im März, am grössten (3.15 m) im Oktober, schwankte also durchschnittlich um mehr als 1 m. Die absoluten Extreme betrugen 0.94 m und 3.59 m. Da der höchste Stand ungefähr auf die Zeit der tiefsten Temperatur, der tiefste Stand dagegen nahe auf die Zeit der höchsten Temperatur des Grundwassers fällt, so werden beide Werthe nach den Beobachtungen etwas zu tief ausgefallen sein. Wie weit dadurch die Amplitude der Schwankung beeinflusst sein könnte, lässt sich nicht ohne eine ins Einzelne gehende Erörterung entscheiden. Eine solche würde hier zu weit führen.

Die Beobachtungen der Mainwassertemperatur bestätigen das an anderen Flachlandflüssen gefundene Resultat [1]), dass die mittlere Temperatur des Flusswassers sich auf das Engste an die mittlere Lufttemperatur anschliesst, dass aber ihre Monatsmittel diejenigen der Lufttemperatur zu allen Jahreszeiten um ein weniges (bis zu 1.9° C. im Dezember) übertreffen. Wir geben in der folgenden Reihe die Differenzen Mainwasser—Luft, und stellen zum Vergleich darunter die Differenzen Wasser—Luft für die Oder bei Breslau (1876/90), die Seine bei Paris (1874/88) und die Themse bei Greenwich (1845/79), die wir sämmtlich dem unten genannten Werke von Forster entlehnen.[1])

	Jan.	Febr.	März	April	Mai	Juni	Juli	Aug.	Sept.	Okt.	Nov.	Dez.	Jahr
Main	1.5	0.6	0.1	0.2	0.9	0.4	0.7	0.9	1.8	1.3	0.6	1.9	0.9
Oder	2.1	1.9	0.5	1.1	1.1	1.3	1.2	0.8	1.1	0.8	0.5	1.7	1.1
Seine	2.0	1.7	2.0	2.5	2.8	3.1	3.2	2.9	3.2	2.7	2.2	2.3	2.5
Themse	0.3	0.1	0.4	0.7	1.1	1.1	1.0	1.0	1.1	1.2	1.1	0.3	0.8

[1]) A. E. Forster, Die Temperatur fliessender Gewässer Mitteleuropas. Penck's geogr. Abhdlg. 5, Heft 4. 1891.

Die Zahlen für die vier Flüsse zeigen eine gewisse Gegensätzlichkeit. Für Seine und Themse liegt das Minimum der Temperaturdifferenz Wasser—Luft im Winter, das Maximum im Sommer und Herbst; Forster bezeichnet diese als echte Flachlandflüsse. Oder und Main dagegen gehören jener Kategorie an, bei der die Differenz Wasser—Luft im Winter am grössten, in den warmen Monaten am kleinsten ist. Nach Forster's Auffassung haben diese Flüsse noch etwas von ihrem Gebirgscharakter bewahrt; denn echte Gebirgsflüsse sind im Winter wärmer, im Sommer kälter als die Luft. Ob diese Motivirung auf den Unterlauf unseres Maines zu übertragen ist, dürfte vielleicht zweifelhaft erscheinen. Dass sie jedenfalls nicht ausreichend ist, geht schon aus dem Umstande hervor, dass die Periodicität überhaupt keine einfache ist. Das Minimum fällt nicht in den Sommer, sondern in den Frühling; im Mai und September folgen secundäre Maxima und im November ein zweites Minimum. Ebenso weist die Oder Minima für den März und November und dazwischen ein secundäres Maximum für den Sommer auf. Betrachtet man die Curven b und c in Fig. 11, so liegt es am nächsten, den Verlauf der Mainwasser-Temperatur in folgender Weise zu beschreiben. Im Winter kann das Wasser den tieferen Lufttemperaturen überhaupt nicht folgen, weil von 0° an der Prozess der Eisbildung dem weiteren Sinken der Temperatur hemmend entgegentritt. Auch ist zu beachten, dass von + 4° ab die oberflächliche Abkühlung keine verticalen Strömungen mehr hervorruft, die der Abkühlung eine schnellere Verbreitung durch die ganze Wassermasse hindurch verschaffen würden. Je weiter daher im Winter die Lufttemperatur unter 4° sinken wird, d. h. für unsere Gegenden, je kontinentaler das Klima ist, ein um so grösseres Uebersehuss der Wassertemperatur über die Lufttemperatur im Winter ist zu erwarten. Allerdings kann sich beim Main vielleicht auch ein Einfluss von entgegengesetzter Art geltend machen, daher rührend, dass der Main von Osten nach Westen, also senkrecht zu den winterlichen Isothermen vom kälteren zum wärmeren Gebiete fliesst. Im Frühjahr erwärmt sich offenbar das Wasser nicht so schnell wie die Luft, und die Differenzen nehmen daher ab; im Herbst behält es dagegen seine Wärme länger und die Differenzen nehmen wieder zu. Auch in den Differenzen für die eigentlichen Flachlandflüsse (Seine, Themse) zeigt sich die letztere Erscheinung. Die Differenzen nehmen im Frühjahr nur langsam zu, und das Maximum des Sommers ist stark nach dem Herbst hinein verlängert. Es ist wohl in erster Linie die grosse Wärmecapacität des Wassers, auf die wir das Verhalten der Wassertemperaturen im Frühjahr und im Herbst zurückzuführen haben. Doch ist als zweite und vielleicht nicht minder bedeutsame Ursache die abkühlende Wirkung der Verdunstung des Wassers anzuführen, die im Frühling bei der geringen relativen Feuchtigkeit dieser Jahreszeit am grössten ist, im Herbst dagegen bei der höheren relativen Feuchtigkeit, der häufigen Nebelbildung über den Gewässern bei windstillem Wetter auf ein besonders geringes Maass reducirt sein dürfte.

Die absoluten Werthe der Mainwassertemperatur können übrigens etwas zu gering ausgefallen sein, da die Beobachtungen meistens in den Morgenstunden angestellt worden sind. Auch das Wasser hat eine tägliche Temperaturperiode. Nach Forster tritt das Minimum in den Morgenstunden (7ʰ a im Sommer, 8ʰ a im Winter), das Maximum in den Nachmittagstunden (3ʰ p) ein. Aber die Amplitude ist nur sehr gering und nur sehr wenig mit der Jahreszeit veränderlich. Forster schliesst aus den darüber vorliegenden Beobachtungen, dass die Monatsmittel der Tagesamplitude in unseren Gegenden nicht über 2° hinausgehen dürften. Die daraus folgende Korrektion für unsere Zahlen würde also nur klein sein, und würde die über die jährliche Schwankung angestellten Betrachtungen nicht wesentlich beeinflussen.

Ein besonderes Kapitel in den Temperatur-Verhältnissen eines Stromes bildet endlich die Geschichte seiner Eisbedeckung, die wir in Tafel 9 zur Darstellung gebracht haben. Es fällt sofort in die Augen, dass in den früheren Jahrhunderten ausschliesslich die Eisdecke, d. h. die Zeitdauer des vollständigen Zugefrorenseins von einem zum anderen Ufer des Flusses, angegeben ist, und dass auch die Aufzeichnungen von 1825 bis 1870 weit seltener Eisgang angeben als die der Folgezeit. Es hat dies darin seinen Grund, dass die, vorwiegend aus von Lersner's Chronik geschöpften älteren Nachrichten sich hauptsächlich auf das Aussergewöhnliche der Erscheinung und ihren Einfluss auf den Verkehr, vornehmlich die damals weit wichtigere Schifffahrt bezogen. Erst in unserem Jahrhundert trat die meteorologische Seite mehr in den Vordergrund und seit 1870 ist in vielleicht allzu sorglicher Weise auch jedes schwache Treibeis vermerkt worden.

Als älteste Beobachtungsjahre hätten wir 879 und 880 anführen können, aber die Angabe, dass man 879 allenthalben über den Rhein und Main wanderte und 880 beide Flüsse lange Zeit zugefroren gewesen seien, so dass man darüber hat gehen können, schien doch nicht bestimmt genug; überlies wäre es nicht unmöglich, dass sich beide Nachrichten auf ein und denselben Winter (879/80) bezögen.

Begreiflicherweise ist aus den mehr oder weniger gelegentlichen und in Bezug auf die Tagesangabe nicht immer bestimmten Aufzeichnungen aus der Zeit vor 1825 eine mittlere Häufigkeit und Dauer des Zugefrorenseins nicht abzuleiten. Auf die 71 Winter 1825/26 bis 1895/96, welche unsere Tafel ohne Unterbrechung wiedergibt, kommen 20 mit vollständiger Eisdecke, zwei bei welchen es unsicher ist, ob dieselbe vollständig und anhaltend war. In unserer Zeit ist also der Main bei Frankfurt in je sieben Wintern zweimal ganz zugefroren; wie oft derselbe es nur theilweise war, lässt sich um so weniger feststellen, als eine untere Grenze hierfür gar nicht zu ziehen wäre.

Nur von 14 unter den 71 Wintern ist Eisgang nicht angegeben; von fünf Wintern haben also vier Eisgang.

Die längste Zeitdauer des Eisstandes erstreckte sich vom 13. November 1513 bis 27. Januar 1514; sie währte also 75 Tage.

Es sind vornehmlich die Monate Dezember, Januar und Februar in welchen der Fluss zufriert; seltener beginnt das Zufrieren im November und dauert die Eisdecke bis in den März hinein. Gewöhnlich wird das Zufrieren durch Eisgang eingeleitet, indem sich stauende Eisschollen eine Absperrung veranlassen. Den Schluss bildet, wie kaum anders möglich, wiederum der Eisgang.

Als früheste Eintrittszeit des Zufrierens ist für Frankfurt der 13. November 1513 zu bezeichnen; denn am 5. November 1691 ging der Main nicht vollständig zu. Der späteste Eintritt des Zugehens (bezw. Wiederzufrierens) fand am 20. Februar 1565 statt. Das späteste Wiederaufgehen des Mains geschah am 25. März 1845. Das Gesagte gilt unter der Voraussetzung, dass die Angaben aus der Zeit vor 1695 wahrscheinlich — für einige ist es sicher — unverändert nach dem alten Kalender gemacht sind, also nach der jetzigen Zeitrechnung um acht bis zehn Tage später zu setzen wären. Es ist nicht zu leugnen, dass Anfang wie Ende der Erscheinung hierdurch etwas an Uebereinstimmung gewännen.

Für den frühesten Eisgang ist der 11. November 1835 und 1864 verzeichnet, für den spätesten der 25. März 1845, wenn auch angenommen werden darf, dass noch einige Tage darauf Treibeis vom Obermain nachgefolgt ist.

Es sei hier bemerkt, dass wir in einigen zweifelhaften Fällen aus früherer Zeit, bei alleiniger Angabe des Jahres, dem Sprachgebrauch folgend den Winter vom Ende des vorhergehenden Jahres an gerechnet, dagegen bei alleiniger Angabe des Tages die Zeit nach Mitternacht dem folgenden Morgen zugezählt haben.

Die Dicke des Maineises soll im ausnehmend kalten Januar und Februar 1709 „etliche Schuh" (!) betragen haben. Für den harten Winter 1829/30 werden 15 bis 18 Zoll (Rheinisch?) angegeben, was glaubwürdiger erscheint; es wären dies 39 bis 47 Centimeter.

Feuchtigkeit und Bewölkung.

Die Zusammenstellungen über die Feuchtigkeitsverhältnisse beschränken sich auf die mit dem Psychrometer von 1880 bis 1892 angestellten Beobachtungen. Die späteren Jahre (1893—95) haben wir wegen der veränderten Beobachtungstermine nicht in die Berechnung einbezogen. Die früheren Psychrometer-Beobachtungen (1874, 75 und 79) haben wir ebenfalls unbenutzt gelassen, weil sie, namentlich in den Sommermonaten, auffällig hohe, offenbar durch direkte oder indirekte Strahlungseffecte stark beeinflusste Werthe enthielten (vgl. S. XV.) Wir beschränken uns ferner in unseren Tabellen auf die Mittelwerthe und die Extreme für die Monate, die Jahreszeiten und das Jahr, da die Zahl der benutzten Jahre doch zu gering ist, um für kürzere Abschnitte brauchbare Werthe zu geben. Dagegen haben wir die Mittelwerthe nicht bloss für den ganzen Tag, sondern auch diejenigen für die drei Beobachtungstermine (6ʰa, 2ʰp, 10ʰp) in die Tabellen aufgenommen, um von dem charakteristischen täglichen Gange dieser meteorologischen Elemente wenigstens so viel zu geben, wie das vorhandene Material enthält.

Im Jahresmittel beträgt der Druck des atmosphärischen Wasserdampfes, die sog. absolute Feuchtigkeit, 7.0 mm Quecksilber. In ihrem jährlichen Verlaufe folgt sie der Temperatur; je wärmer die Luft ist, um so mehr Wasserdampf vermag sie aufzunehmen, und um so mehr nimmt sie infolgedessen auch thatsächlich auf. Wir haben die Monatsmittel der Lufttemperatur für den gleichen Zeitraum 1880/92 berechnet, und dazu aus bekannten Tabellen die zu diesen Temperaturen gehörigen Maximaldrucke des Wasserdampfes entnommen. Die folgende Tabelle enthält diese Zahlen:

1880/92	Jan.	Febr.	März	April	Mai	Juni	Juli	Aug.	Sept.	Okt.	Nov.	Dez.
Temperatur	—0.4	1.8	4.4	9.0	14 2	17.2	18.6	17.7	14.5	8.8	4.9	1.3
Maximaldruck	4.4	5 2	6.3	8.5	12.1	14.6	15 9	15.0	12.3	8.4	6.5	5.0

In Fig. 13 gibt Curve a die letztere Reihe graphisch wieder. Curve b stellt den wirklichen mittleren Dampfdruck nach Tabelle 11 dar. Um das Verhältniss zur Luft-

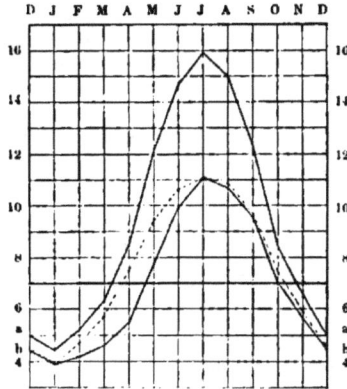

Figur 13. Verhältniss der absoluten Feuchtigkeit zur Lufttemperatur. Maximaldruck des Wasserdampfes für die Monatsmittel der Lufttemperatur (Curve a). Beobachteter und berechneter Dampfdruck (Curve b).

temperatur noch genauer beurtheilen zu können, haben wir berechnet, welche Werthe dem Dampfdruck zukommen würden, wenn er sich zwischen dem grössten und dem kleinsten Monatswerthe proportional der Temperatur ändern würde. Man erhält folgende Zahlen, unter die wir die wirklichen Dampfdrucke schreiben:

	Jan.	Febr.	März	April	Mai	Juni	Juli	Aug.	Sept.	Okt.	Nov.	Dez.
Berechnet	3.9	4.7	5.7	7.5	9.4	10.6	11.1	10.8	9.6	7.4	5.9	4.5
Differenz	+0 0	+1 0	+1 0	+1 9	+1 3	+1 5	0 3	—1 2	—2 2	— 1 2	— 1 4	
Beobachtet	3.9	4 2	4.6	5.5	7.7	9 9	11.1	10.6	9.5	7 0	5.6	4.1
Differenz	+0 3	+0 4	+0 9	+2 2	+2 2	+1 2	—0.5	—1.4	—2.5	—1.4	—1 1	

Die gestrichelte Curve in Fig. 13 ist nach der oberen Zahlenreihe gezeichnet. Die letztere Darstellung wird noch deutlicher als der Vergleich der Curven a und b das Verhalten des Wasserdampfes zur Temperatur illustriren. In der ersten Jahreshälfte bleibt der Wasserdampf hinter der Temperatur zurück; sein Anstieg erfolgt bis zum April wesentlich langsamer als derjenige der Temperatur. In der zweiten Jahreshälfte dagegen verlaufen beide einander sehr nahe proportional. Zur Erklärung dieser Gegensätzlichkeit könnte man zunächst daran denken, dass im Frühjahr die Verdunstung nicht gleichen Schritt mit dem Anstieg der Temperatur zu halten vermöchte. Auch bei der Temperatur des Mainwassers haben wir ja gesehen, dass die Erwärmung des Wassers im Frühjahr nicht ganz so schnell wie diejenige der Luft erfolgt. Allein die Differenzen waren doch nur gering: es dürfte unwahrscheinlich sein, dass man das starke Zurückbleiben der absoluten Feuchtigkeit in den ersten Monaten des Jahres ausschliesslich oder auch nur in überwiegendem Maasse auf den genannten Umstand zurückführen kann. Vielmehr ist der Hauptgrund wohl in dem Einflusse der vorherrschenden Windrichtungen zu suchen. Wenn man die Monatsmittel der absoluten Feuchtigkeit in den einzelnen Jahren mit den jeweiligen Windverhältnissen vergleicht, so findet man, dass im Winter und Frühling die kleinsten Werthe der absoluten Feuchtigkeit stets dann erreicht wurden, wenn in dem betreffenden Monat die nordöstlichen Windrichtungen ein ausgesprochenes Uebergewicht hatten. Für die sechs Monate mit der geringsten durchschnittlichen Feuchtigkeit (vgl. Tabelle 11) erhält man z. B. folgende Ausdrücke für die Lage der Luvseite:

Dezember	1890 (3.0 mm)		N₃	NE₆₁	E₁₂ ₀	SE₅ ₀	
Januar	1887 (3.2 mm)			NE₅₀ ₁₁	E₄₂ ₃	SE₅ ₀	S₃ ₁
Februar	1890 (3.3 mm)		N₅ ₄	NE₄₁ ₇	E₄₅ ₈	SE₂ ₃	
März	1883 (3.5 mm)	NW₁₁ ₄	N₁₅ ₄	NE₃₁ ₇	E₁₆ ₁₅		
April	1881 (4.9 mm)		N₂₃ ₄	NE₁₄ ₃	E₁₆ ₇	SE₅ ₇	
April	1892 (4.9 mm)	NW₄ ₀	N₂₅ ₁	NE₂₆ ₁₅	E₂₁ ₃		
Mai	1880 (6.5 mm)	NW₃ ₃	N₂₄ ₃	NE₂₉ ₁₀	E₂₃ ₀		

Da nun diese Windrichtungen im Durchschnitt vieler Jahre gerade beim Uebergang vom Winter zum Frühling und in den Frühjahrsmonaten am häufigsten auftreten, wenn sie auch im Durchschnitt nicht das Uebergewicht haben, so wird sich ihr Einfluss auch in den vieljährigen Durchschnittswerthen der absoluten Feuchtigkeit durch eine Herabdrückung dieser Werthe in den betreffenden Monaten äussern müssen.

Eine andere Darstellung derselben Verhältnisse gewährt uns die Jahrescurve der relativen Feuchtigkeit. (Tabelle 12 und Fig. 15). Wäre die absolute Feuchtigkeit der Temperatur proportional, so würde, da der Sättigungsdruck stärker ansteigt als die Temperatur, die relative Feuchtigkeit mit steigender Temperatur abnehmen, mit sinkender Temperatur wieder zunehmen. Das Minimum würde dann auf den wärmsten Monat fallen. Das Zurückbleiben der absoluten Feuchtigkeit bewirkt aber in den ersten Monaten des Jahres ein verstärktes Sinken der relativen Feuchtigkeit, wodurch sich das Jahresminimum auf die Monate April und Mai verlegt.

Die drei Terminbeobachtungen, deren Mittelwerthe in unseren Tabellen ebenfalls enthalten sind, genügen, um wenigstens die Haupteigenthümlichkeit des täglichen Ganges der Feuchtigkeit erkennen zu lassen. Zur graphischen Veranschaulichung dieser Verhältnisse mögen Fig. 14 und 15 dienen. In diesen Figuren bedeuten die horizontalen Striche die Monatsmittel, die beiden sich kreuzenden feineren Linien stellen mit ihrem Schnittpunkt die Mittags-, mit ihren Endpunkten die Morgen- und Abendbeobachtung dar. Die absolute Feuchtigkeit (Fig. 14) zeigt den für Binnenland-Stationen charakteristischen Verlauf. In den warmen Monaten, und zwar schon vom April an bis

Figur 14. Jährliche und tägliche Periode der absoluten Feuchtigkeit.

zum August, ist der Dampfdruck in den Mittagsstunden niedriger als in den Morgen- und Abendstunden; es ist dies eine Wirkung der verticalen Luftströmungen, die sich in diesen Monaten durch die starke Erwärmung des Bodens und der untersten Luftschichten im Laufe des Tages in der Atmosphäre auszubilden pflegen. Diese verticale Circulation entführt die feuchten, unteren Luftmassen und ersetzt sie durch trocknere Luft aus höheren Schichten. Im September kehrt sich das Verhältniss allmählich wieder um; die niedrigen Morgentemperaturen bewirken eine starke Verminderung der absoluten Feuchtigkeit für die Morgentermine, während die Abendtermine noch einen höheren Betrag als die Mittagsbeobachtungen aufweisen. Im Oktober und November gehen aber auch die Abendbeobachtungen unter den Mittagswerth herunter. In den Wintermonaten reducirt sich entsprechend den geringen Werthen, die die absolute Feuchtigkeit in dieser Zeit überhaupt hat, auch die tägliche Schwankung auf einen sehr geringen Betrag; das Minimum fällt in die Morgenstunden.

Da die absolute Feuchtigkeit in den Wintermonaten dem Gange der Temperatur nur sehr unvollkommen folgt, in den Sommermonaten dagegen den entgegengesetzten Verlauf zeigt, so hat die relative Feuchtigkeit zu jeder Jahreszeit eine tägliche Periode mit dem Minimum um die Mittagszeit, im Winter mit mässiger, in den warmen Monaten mit sehr grosser Amplitude (vgl. Fig. 15). Dass die grösste Amplitude, nach unseren

Beobachtungen, nicht auf die wärmsten Monate, sondern auf den April und August fällt, liegt wohl im Wesentlichen an der Lage der Beobachtungsstunden, die uns im allgemeinen doch nur einen von Monat zu Monat wechselnden Bruchtheil der ganzen

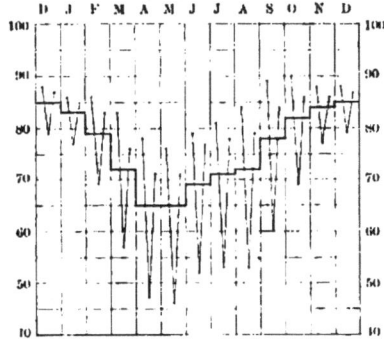

Figur 15.   Jährliche und tägliche Periode der relativen Feuchtigkeit.

Tagesamplitude zu messen gestatten. Die Verhältnisse werden ähnlich liegen wie bei der Temperatur, für die wir in dem Tages-kalender (Tabelle 4) auch eine Zusammenstellung der Differenzen der Terminbeobachtungen mit der ganzen Tagesamplitude (Differenz der Tagesextreme) gegeben haben. Dass der tägliche Gang der relativen Feuchtigkeit sich auf das Engste an den der Temperatur anschliesst, indem die relative Feuchtigkeit sinkt, in dem Maasse als die Temperatur steigt, und umgekehrt, das ersieht man aus der folgenden Tabelle, in der die Differenzen der Terminbeobachtungen 2^hp-6^ha und 2^hp-10^hp für die Temperatur und die relative Feuchtigkeit unter einander gestellt sind.

		Jan.	Febr.	März	April	Mai	Juni	Juli	Aug.	Sept.	Okt.	Nov.	Dez.
2^hp-6^ha	R. Feuchtigk.	−9	17	26	31	30	27	28	31	29	21	11	9
	Temperatur	+3.1	4.5	6.2	7.6	7.3	6.7	6.9	7.6	7.8	5.7	3.3	2.4
	Quotient	2.9	3.8	4.2	4.1	4.0	4.1	4.1	4.1	3.7	3.3	3.3	3.8
2^hp-10^hp	R. Feuchtigk.	−8	11	19	24	25	25	25	26	24	17	9	8
	Temperatur	+1.7	2.9	4.1	5.2	6.0	5.9	5.8	5.9	5.6	4.1	2.3	1.6
	Quotient	4.7	3.8	4.6	4.6	4.2	4.2	4.3	4.4	4.3	4.1	3.9	5.0

Ausser den Mittelwerthen enthalten unsere Tabellen noch die mittleren und die absoluten Extreme der absoluten und der relativen Feuchtigkeit, die letzteren mit Angabe des Datums; nur für die grössten Werthe der relativen Feuchtigkeit, die häufiger vorkommen, musste die Angabe der Daten des beschränkten Raumes wegen unterbleiben. Die Extreme selbst, und ebenso die Differenzen der Extreme, zeigen im Wesentlichen denselben Gang wie die Mittelwerthe: aber sie liegen zu den letzteren noch unsymmetrischer, als bei der Temperatur. Das liegt daran, dass beide Elemente in ihren Schwankungen nach der einen Seite hin begrenzt sind. Die absolute Feuchtigkeit kann nicht unter 0 sinken; je mehr sie sich dieser unteren Grenze nähert, um so geringer werden ihre Aenderungen bei gleich grossen Aenderungen der Temperatur; die Mittelwerthe liegen daher den kleinsten Werthen näher, als den grössten. Umgekehrt kann die relative Feuchtigkeit nicht über 100 hinaufgehen; die Mittelwerthe liegen hier den grössten Werthen näher als den kleinsten. Dass die relative Feuchtigkeit auch nach der unteren Seite hin eine Grenze hat, nämlich 0, kommt weniger in Betracht, da sich die Werthe dieser unteren Grenze sehr selten nähern.

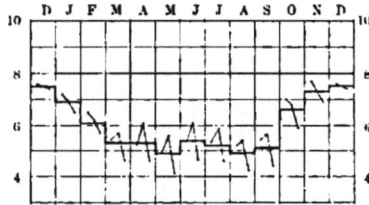

Figur 16. Jährliche und tägliche Periode der Bewölkung.

Die Bewölkungs-Verhältnisse sind in Tabelle 13 sowohl durch die mittlere Bewölkung als auch durch die Zahl der heiteren und der trüben Tage charakterisirt. Fig. 16 stellt wieder den Jahresverlauf und zugleich die tägliche Schwankung der mittleren Bewölkung dar. Fig. 17 veranschaulicht den jährlichen Gang der Zahl der heiteren (ausgezogene Curve) und der trüben Tage (gestrichelte Curve). Auch die

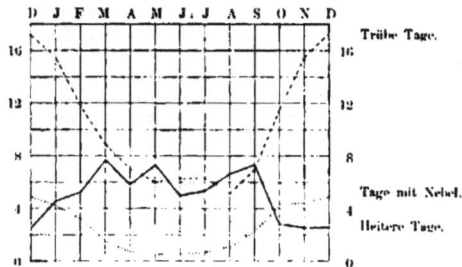

Figur 17. Zahl der heitern, der trüben Tage und der Tage mit Nebel.

Zahl der Nebeltage (Tab. 14) ist zur Vervollständigung des Bildes noch mit heranzuziehen, und ist in Fig. 17 ebenfalls zur Darstellung gebracht (punktirte Curve).

Die Berechnung musste sich auf die Jahre 1880/92 beschränken, weil erst von 1880 an die jetzt übliche Bezeichnungsweise der Bewölkung eingeführt wurde. Vordem war nach einer 4theiligen Scala geschätzt worden (vgl. S. XVII). Der Versuch, diese auf die jetzt gebräuchliche Scala 0—10 zu reduciren, führte nicht zu vergleichbaren Werthen. Die Nebeltage konnten mit einiger Sicherheit für die ganze Reihe 1857/92 aus den Tabellen entnommen werden. Alle diese Curven zeigen auf das deutlichste die für Mitteleuropa charakteristische Thatsache, dass die Bewölkung in den Wintermonaten am grössten ist. Vom Oktober bis zum Februar erstreckt sich dieses Maximum sowohl der mittleren Bewölkung als auch der Zahl der trüben Tage. Die Nebeltage kommen in grösserer Zahl überhaupt nur in den Herbst- und Wintermonaten vor. Die heiteren Tage haben in den Monaten Oktober, November, Dezember ein tiefes, gleichförmiges Minimum; im Januar und Februar steigt ihre Zahl bereits wieder merklich an. Nicht so einfach ist der Verlauf in der warmen Jahreszeit. Auf die Abnahme der Bewölkung in den Frühlingsmonaten folgt im Juni und Juli ein geringes, aber doch deutlich ausgesprochenes secundäres Maximum, und darauf im August und September ein zweites Minimum. Auch die Zahl der trüben Tage lässt dieses zweite Maximum erkennen; das Hauptminimum fällt aber hier überhaupt erst in den August. Die Zahl der heiteren Tage zeigt entsprechend ein deutliches Maximum im März und Mai, ein zweites im September, und dazwischen für Juni und Juli einen erheblichen Rückgang. Ausserdem zeigt die Curve ein drittes Minimum für den April. Das Anwachsen der Bewölkung in den Monaten Juni und Juli führt uns deutlich die lebhafte, wolkenbildende Thätigkeit der Atmosphäre vor Augen, die in den warmen Monaten durch die verticale Circulation der Luftmassen hervorgerufen wird. Wie wir bei der absoluten Feuchtigkeit sahen, beginnt die Wirksamkeit der aufsteigenden Luftströme schon im März. Aber infolge der Trockenheit der Luft in den Frühjahrsmonaten ist der Effect nicht so stark, dass er in den Tagesmitteln der Bewölkung zum Ausdruck käme. Erst im Juni und Juli, wenn die Luft sich stärker mit Wasserdampf erfüllt hat, wird diese sommerliche Wolkenbildung so stark, dass sie ein Ansteigen der Tagesmittel bewirkt. Natürlich steht dieser Vorgang mit der Häufigkeit der Gewitterbildung in diesen Monaten in engstem Zusammenhang. Dass aber auch für die Wolkenbildung die Wirkung der aufsteigenden Luftströme thatsächlich schon im März beginnt, zeigt die tägliche Periode der Bewölkung (Fig. 16), die dem Verhalten der absoluten Feuchtigkeit genau entgegengesetzt ist. In den Wintermonaten ist die mittlere Bewölkung morgens am grössten; sie nimmt im Laufe des Tages bis zum Abend etwas ab. Sowie aber im März die stärkere Erwärmung der unteren Luftschichten beginnt, entwickelt sich ein Maximum der Bewölkung in den Mittagsstunden. Diese Form der täglichen Periode bleibt bis zum September bestehen. Die hohen Morgenwerthe der Bewölkung in den Herbstmonaten hängen wohl mit den herbstlichen Frühnebeln zusammen. Eine bemerkenswerthe Eigenthümlichkeit zeigt der April mit seinem hohen Mittagswerthe, auf den der schon erwähnte Rückgang der heiteren Tage im April zurückzuführen sein dürfte. Doch muss man sich hüten auf die Einzelheiten der mitgetheilten Zahlenreihen allgemeine Schlüsse aufbauen zu wollen. Für ein so veränderliches Element, wie es die Bewölkung ist, genügen 13 Jahre nicht, um endgültige Werthe zu erhalten. Nimmt man nur die nächsten drei Jahre hinzu, die sich allerdings stellenweise durch ganz abnorme Bewölkungsverhältnisse ausgezeichnet haben, so zeigen die Zahlenreihen schon einige nicht unwesentliche Aenderungen. Bilden wir die Mittelwerthe 1880/95, ohne auf die Veränderung der Beobachtungszeiten Rücksicht zu nehmen, so erhalten wir folgende Reihe:

	Jan.	Febr.	März	April	Mai	Juni	Juli	Aug.	Sept.	Okt.	Nov.	Dez.	Jahr
Bewölkung:	6.8	6.2	5.2	4.9	5.0	5.3	5.3	4.9	5.0	6.7	7.1	7.5	5.8
Heitere Tage:	4.5	5.1	8.2	7.2	6.9	5.4	5.4	6.9	7.7	2.5	3.1	2.6	65.4
Trübe Tage:	15.1	11.7	8.8	6.6	6.1	6.0	6.8	5.3	7.1	12.1	15.2	17.3	118.1

Die Aenderungen betreffen vor allem den April; seine mittlere Bewölkung ist von 5.3 auf 4.9 gesunken; die Zahl der heiteren Tage ist von 5.8 auf 7.2 gestiegen, während sie für den Mai von 7.3 auf 6.9 gesunken ist. Die vorhin erwähnte Eigenthümlichkeit des April ist also in diesen 16jährigen Mitteln nicht mehr vorhanden; ein Resultat, das allerdings ausschliesslich durch die ganz ungewöhnliche Heiterkeit des April 1893 (mittlere Bewölkung 1.0, Zahl der heiteren Tage 24) erzielt ist. Doch beeinflussen die erwähnten Aenderungen das Bild des jährlichen Verlaufes der Bewölkung in seinen grossen Zügen nicht.

Noch weniger endgültig sind natürlich die in der Tabelle mitgetheilten Extreme. Die soeben genannte Zahl für den April 1893 beweist, in wie beträchtlichem Maasse diese Grenzen noch überschritten werden können. Auch der September 1895 bringt mit 18 heiteren Tagen eine Erweiterung der Grenzen, ebenso für die trüben Tage der Oktober 1894 mit der Zahl 22. Doch vervollständigen die Tabellen auch mit den extremen Werthen das Bild der Bewölkung für einige Monate in sehr charakteristischer Weise. So ist der November als der Monat der beständigsten Bewölkung gekennzeichnet; denn sein Monatsmittel schwankt für ihn nur um 2.1 (zwischen 6.1 und 8.2) und die Zahl der trüben Tage ist in ihm nicht unter 12 gesunken, nicht über 18 gestiegen. Allgemein sind die Monate November, Dezember, Januar dadurch ausgezeichnet, dass die Zahl der trüben Tage in ihnen immer mindestens ein Drittel aller Tage beträgt; in den übrigen Monaten dagegen kann sie auf viel niedrigere Werthe heruntergehen. Die heiteren Tage dagegen können in allen Monaten ganz oder fast ganz ausbleiben.

Wir knüpfen hieran noch einige Bemerkungen über die anderen beiden in Tabelle 11 enthaltenen Elemente, Thau und Reif, die mit Temperatur und Feuchtigkeit ja in engster Beziehung stehen. Der Thau charakterisirt sich als eine vornehmlich dem beginnenden Herbste zukommende Erscheinung. Er ist am häufigsten im August, September und Oktober, wenn die durch die Sommerwärme stark mit Feuchtigkeit erfüllten Luftmassen infolge der geringen Bewölkung der Abendstunden einer starken nächtlichen Abkühlung unterliegen. In den Frühjahrsmonaten kommt es unter denselben Verhältnissen wegen der geringeren Feuchtigkeit der Luft sehr viel seltener zur Thaubildung, ein Umstand, der für die Gefährlichkeit der Kälterückfälle in dieser Jahreszeit durch Entstehung von Nachtfrösten (vgl. S. LII) schwer ins Gewicht fällt.

Der Reif ist natürlich dem Winter eigenthümlich, hat aber das Maximum seiner Häufigkeit nicht in den kältesten Monaten, sondern im November und Februar. Der Rückgang im Dezember und Januar ist wohl nur ein scheinbarer, dadurch verursacht, dass durch Schneebedeckung des Bodens die Beobachtung einer nächtlichen Reifbildung verhindert wird. Doch würde auch ein thatsächlicher Rückgang in Folge der die nächtliche Ausstrahlung vermindernden starken Bewölkung in diesen Monaten vielleicht nicht ausgeschlossen sein.

Niederschläge und Gewitter.

Die Niederschlagsverhältnisse von Frankfurt a. M. und Umgegend sind schon früher einmal von J. Ziegler[1]) verarbeitet worden. Damals wurden die Niederschlagshöhen nach den Messungen im botanischen Garten in Monats- und Jahressummen für die Jahre 1836 bis 1885 mitgetheilt. Diese Berechnungen sind bis Juli 1896 ergänzt worden und liegen unserer Tabelle 16 zu Grunde. Ganz vollständig sind die Beobachtungen dieses 60 jährigen Zeitraums nicht. Es fehlen ganz die Monate Januar bis Juni (einschliesslich) 1836 und August, September, Oktober 1849, und die Summen anderer Monate sind — in der ersten Hälfte des genannten Zeitraums — zuweilen auch nicht verlässlich. Bis Ende Juli 1866 wurde mit dem Horner'schen Hyetometer (vgl. S. XIX) gemessen. Um genauer beurtheilen zu können, ob zwischen diesen älteren Messungen und den späteren mit dem Mahlmann'schen und dem Hellmann'schen Regenmesser angestellten ein wesentlicher Unterschied besteht, haben wir die ganze Beobachtungsreihe getrennt in die beiden 30 jährigen Reihen 1836/66 und 1866/96. Die erstere rechnet vom Juli 1836 bis einschliesslich Juli 1866; die zweite vom August 1866 bis einschliesslich Juli 1896. Auch diese letztere ist nicht homogen. Beim Wechsel der Instrumente sind 1884 ein halbes Jahr lang Parallel-Beobachtungen mit dem Mahlmann'schen und dem Hellmann'schen Regenmesser angestellt worden, nach denen der Mahlmann'sche trotz der grösseren Höhe seiner Auffangfläche doch ungefähr 6.6 Procent mehr Niederschläge ergab, als der Hellmann'sche. In der Erwägung aber, dass eine constante durchschnittliche Reduction den thatsächlichen Verhältnissen doch nicht entsprechen würde, haben wir von einer Umrechnung der mit dem Mahlmann'schen Apparate ausgeführten Messungen Abstand genommen, und die Mittel direkt aus den in unseren Jahresberichten enthaltenen Monatssummen berechnet. Neben den beiden 30 jährigen Reihen enthält die 3. Spalte das Gesammtmittel aller Beobachtungen, und Spalte 4 — zum Vergleich mit den anderen meteorologischen Elementen — die Mittel der 30 jährigen Reihe 1857/92. Die Extreme der Summen sind dem ganzen 60 jährigen Zeitraum entnommen. Für die grösste Niederschlagshöhe eines Tages konnten

[1]) J. Ziegler. Jhrsb. d. Phys. Vrns. 1884/85 S. 67 b. 116.

aber erst die Beobachtungen seit 1866 benutzt werden, da sich in den früheren Jahren die angegebenen Summen oft auf mehrere Tage beziehen.

Die mittleren Jahressummen der beiden 30 jährigen Reihen sind um 23.3 mm oder um 3.7 Procent verschieden. Dieser Betrag ist geringfügig; er könnte ebenso gut auf dem wirklichen Verhältnisse der Niederschlagssummen jener Jahresreihen wie auf einer Differenz in den Angaben der Instrumente beruhen. Denn die Niederschlagsmenge ist ein so veränderliches Element, dass auch ihre Jahressummen noch ganz ausserordentliche Schwankungen aufweisen. Für die 60 jährige Reihe 1836/96 liegen die Jahressummen zwischen den Extremen: 937.0 und 366.4 mm, schwanken also um 570.6 mm. Für die Reihe 1857/92 beträgt die Abweichung einer einzelnen Jahressumme vom 36 jährigen Mittel durchschnittlich 15.6 Procent; daraus berechnet sich der wahrscheinliche Fehler des 36 jährigen Mittels zu 2.2 Procent, derjenigen eines 30 jährigen Mittels zu 2.4 Procent. Schreiben wir die obige Differenz von 3.7 Procent zur Hälfte der einen, zur Hälfte der andern Reihe zu, so bleiben die Beträge unter dem Werthe des wahrscheinlichen Fehlers. Wir haben daher keinerlei Reductionen der Reihen auf einander vorgenommen.

Die in Tabelle 16 enthaltenen Zahlen gelten für den botanischen Garten am Eschenheimer Thor. Seit einer Reihe von Jahren sind ausserdem eine Anzahl anderer Regenstationen in Frankfurts näherer und weiterer Umgebung in Thätigkeit, von denen wir zwei ausgewählt haben, um zu zeigen, wie starke Veränderungen die absoluten Werthe der Niederschlagshöhe auch auf geringe Entfernungen hin aufweisen. Die Zahlen sind in Tabelle 17 zusammengestellt; sie gelten für die sieben Jahre 1889/95, und es sind zum Vergleich damit auch die Resultate der Messungen im botanischen Garten für diese sieben Jahre in die Tabelle aufgenommen worden. Die Kanalschleuse bei Niederrad liegt etwa 4 Kilometer südwestlich, das Hochreservoir der Wasserleitung bei der Friedberger Warte, auf dessen Gebiet der andere Regenmesser aufgestellt ist, etwa 2½ Kilometer nordöstlich von der Station im botanischen Garten. Der letztgenannte Regenmesser ist ein Hellmann'scher. An der Kanalschleuse wird das Modell der Seewarte benutzt; die Auffangfläche liegt 2.45 m über dem Erdboden.

Wichtiger für unseren vorliegenden Zweck als die absoluten Beträge der Monats- und Jahressummen ist die Betrachtung der jährlichen Periode der Niederschlagshöhe. Um diese bequem zu veranschaulichen, haben wir für jede der beiden Reihen zunächst aus der Jahressumme die mittlere Monatssumme berechnet — nicht durch einfache Division mit 12, sondern durch eine der Zahl der Tage proportionale Vertheilung — und dann die Abweichungen der wirklichen mittleren Monatssummen von diesen auf der Annahme einer gleichmässigen Vertheilung der Niederschlagsmengen beruhenden Zahlen berechnet. Man erhält so die Reihen:

	Jan.	Febr.	März	April	Mai	Juni	Juli	Aug.	Sept.	Okt.	Nov.	Dez.
1836/66	—6.8	—1.1	—12.1	—16.3	+3.5	+20.6	+16.3	+16.8	—0.9	—3.9	+2.9	—6.8
1866/96	+3.1	—13.0	—14.1	—10.3	—6.0	+13.4	+28.5	+4.6	—5.0	+11.9	+3.8	+3.1

Fig. 18 stellt in Curve a die ältere, in Curve b die neuere Reihe dar. Um auch hier wieder den Vergleich mit einem anderen Orte zu ziehen, haben wir dieselben

Berechnungen für die 10jährige Reihe 1851/90 für Frankfurt a. M. und für Berlin angestellt. Die Zahlen für letztere Station konnten wir dem Werke von G. Hellmann:
„Das Klima von Berlin, 1. Theil, Niederschläge, Gewitter" entnehmen[1]). Diese Berechnungen ergaben die Reihe:

	Jan.	Febr.	März	April	Mai	Juni	Juli	Aug.	Sept.	Okt.	Nov.	Dez.
Frankfurt:	−8.9	−15.3	−12.7	−16.5	+0.7	+20.3	+26.7	+9.3	−6.8	+3.6	+4.7	−2.1
Berlin:	11.5	−5.2	−5.8	−11.5	−1.3	+16.8	+25.3	+10.1	−9.0	−2.0	−9.7	−1.9

Die mittlere Jahressumme der 10 Jahre beträgt für Frankfurt a. M 627.2, für Berlin
587.9. Diese beiden Reihen sind ebenfalls in Fig. 18 dargestellt. Auch hier zeigt sich

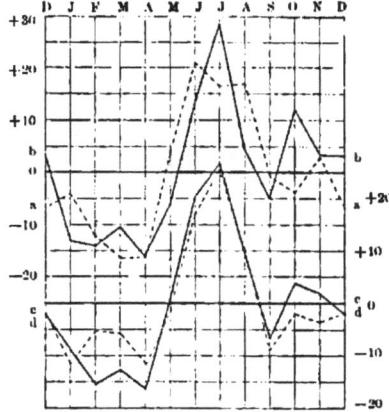

Figur 18. Jährliche Periode der Niederschlagshöhe. Frankfurt a. M. 1836/66 (a), 1866/96 (b),
1851/90 (c), Berlin 1851/90 (d).

wieder, dass die Uebereinstimmung zweier verschiedener Orte desselben Klimagebietes
für dieselbe Jahresreihe grösser ist, als die Uebereinstimmung verschiedener Jahresreihen
einer einzigen Station. Die Curven a und b zeigen entschieden auffallendere Abweichungen, als die Curven c und d. Allen gemeinsam ist in deutlicher Ausprägung
der Grundzug der Periode der Niederschlagshöhe: das Hauptmaximum im Sommer, das
Hauptminimum im Frühjahr, das secundäre Minimum im Herbst (September bis Oktober)
und das secundäre Maximum im Oktober bis November. Frankfurt gehört also zu
jenem, Deutschland und das mittlere Russland umfassenden Gebiet, das vorherrschende
Sommerregen bei mässigen Niederschlägen zu jeder Jahreszeit aufweist. Diese Periodicität kommt übrigens keineswegs in jedem Jahre zu regelmässigem Ausdruck, indem etwa
die grösste Monatsumme stets einem der Sommermonate zukäme. Vielmehr ist die

[1]) G. Hellmann. Das Klima von Berlin. I. Theil. Niederschläge, Gewitter. Abhdlg. des
K. Preuss. Met. Inst. I, S 75—113. 1891.

Vertheilung der Niederschläge auf die Monate im Verlauf der einzelnen Jahre eine so ausserordentlich unregelmässige, dass im Laufe der 58 Jahre 1837/95, unter Auslassung des unvollständigen Jahres 1849, die grösste Monatssumme des Jahres fast auf jeden Monat einmal gefallen ist. Eine genauere Darstellung gibt die folgende Tabelle. Von den 12 Monatssummen eines jeden Jahres fiel auf die Monate

	Jan.	Febr.	März	April	Mai	Juni	Juli	Aug.	Sept.	Okt.	Nov.	Dez.
die grösste Summe:	2	—	2	1	6	9	18	6	—	5	4	5 mal
die kleinste Summe:	9	11	6	10	3	1	2	—	6	3	1	6 mal

Darnach fällt das Maximum der Monatssumme nur in 57 Procent aller Jahre auf einen der Sommermonate. Das durchschnittliche Ueberwiegen der Sommerregen wird also immer erst in mehrjährigen Mitteln deutlich hervortreten.

Auch die hohen Werthe der oberen Extreme der Monatssummen lassen auf dieselbe Thatsache schliessen. Der September ist der einzige Monat, in dem die Niederschlagsmenge 100 mm in den 60 Jahren nicht erreicht hat. Im Uebrigen aber lassen auch die Extreme die überwiegende Stärke der Sommerregen erkennen. Die höchsten Monatssummen sind doch in den Sommermonaten gefallen; auch ist in diesen Monaten und im November die Niederschlagsmenge nicht unter 10 mm heruntergegangen.

Gehen wir von den Monatssummen zu den Tageswerthen über und fragen wir nach der mittleren Niederschlagshöhe eines einzelnen Tages, so bedürfen wir zu deren Berechnung der Kenntniss der Zahl der Niederschlagstage. Diese Grösse ist das zweite Kennzeichen der Niederschlagsverhältnisse eines Ortes, und charakterisirt diese insofern noch besser, als für den Menschen in seinen Beziehungen zum Wetter viel weniger die Menge der Niederschläge — von den extremen Fällen abgesehen — als vielmehr ihre Häufigkeit in Betracht kommt. Aber die Zahl der Niederschlagstage ist ein mit einer beträchtlichen Unsicherheit behaftetes klimatisches Element, da es ganz von der Aufmerksamkeit des Beobachters abhängt, wie weit die kleinen und kleinsten Niederschläge, die vom Regenmesser nur noch unvollkommen oder gar nicht mehr angezeigt werden, dabei Berücksichtigung finden. Man hat deswegen in neuerer Zeit vorgeschlagen, als eigentliche Tage mit Niederschlag nur diejenigen zu zählen, an denen die Niederschlagshöhe mehr als 0.2 mm beträgt. Wir haben mit unserem Material eine doppelte Auszählung vorgenommen. Erstens sind für die Jahre 1857 bis 95 — nicht nach den Angaben der Niederschlagshöhe, sondern nach den sonstigen Bemerkungen über die Witterung — alle Tage ausgezogen worden, an denen Niederschlag, gleichgültig ob viel oder unmessbar wenig, notirt worden ist. Eine graphische Darstellung dieses Auszuges aus den Beobachtungsjournalen ist in Tafel 8 zur Veranschaulichung der Vertheilung der Niederschlagstage versucht worden. Diese Tafel liegt der auf die Reihe 1857/92 beschränkten Auszählung zu Grunde, deren Resultate in den drei ersten Zahlenreihen der Tabelle 18 und in der Pentadenübersicht der Tabelle 20 enthalten sind. Zweitens aber ist für die Jahre 1866 bis 1895 eine besondere Auszählung derjenigen Tage vorgenommen worden, deren Niederschlagshöhe mehr als 0.2 mm betrug. Die 4. 5. und 6. Spalte der Tabelle 18 enthalten diese Zahlen.

Wir stellen zunächst den Verlauf der Monatsmittel in Fig. 19 graphisch dar. Die ausgezogenen Curven beziehen sich auf Frankfurt; Curve b stellt die mittlere Zahl der Tage mit mehr als 0,2 mm Niederschlag nach Tabelle 18 dar. Curve a die mittlere

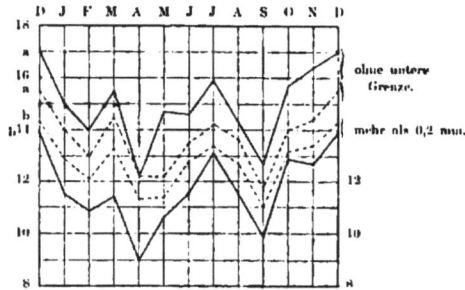

Figur 19. Jährl. Per. d. Zahl der Niederschlagstage für Frankfurt a. M. 1866/95 u. f. Berlin 1847/90.

Zahl der Tage mit Niederschlag ohne untere Grenze, des strengen Vergleiches halber für den gleichen 30jährigen Zeitraum wie Curve a berechnet. Die gestrichelten Curven geben dieselben Mittel für Berlin und die Jahre 1847/90 nach Hellmann, c die Tage mit „messbarem Niederschlag", d die Tage mit mehr als 0,2 mm. Von den letzteren Tagen haben wir in Frankfurt allezeit weniger als in Berlin, in der Jahressumme 139 gegen 152. Aber die Zahlen für Niederschlagstage ohne untere Grenze sind andererseits in Berlin fast für alle Monate geringer als in Frankfurt, Jahressumme 163 für Berlin gegen 170 für Frankfurt. Dieses gegensätzliche Resultat der beiden Zählungsarten beruht aber vielleicht nur auf dem Umstande, dass bei unserer Zählung die Tage mit sehr geringen Niederschlägen viel ausgiebiger berücksichtigt worden sind, als bei der Berliner Zählung.

Der Jahresverlauf der Zahl der Niederschlagstage zeigt insofern grosse Aehnlichkeit mit dem der Niederschlagshöhe, als Maxima und Minima beider Curven auf die gleichen Monate fallen (vgl. Fig. 18). Niederschlagsmenge und Niederschlagshäufigkeit gehen also bis zu gewissem Grade Hand in Hand. Während aber die Menge im Sommer ein überwiegendes Maximum hat, wird für die Häufigkeit das Sommermaximum durch dasjenige des Winters übertroffen. Entsprechend dem Vorgange Hellmann's in dem genannten Werk über Berlin haben wir für die Niederschlagshäufigkeit eine genauere Auszählung nach Pentaden vorgenommen, desgleichen für die Tage mit Gewitter; Tabelle 20 enthält die Ergebnisse, die auf Tafel 5 in den beiden unteren Curven graphisch dargestellt sind. Die Curve der Niederschlagstage gibt uns vor allem eine schärfere Begrenzung der Trockenzeiten des Frühjahrs und des Herbstes. Wir sehen, dass die Pentaden vom 21. März bis zum 20. April und vom 22. September bis zum 7. Oktober durch relativ geringe Zahl der Niederschlagstage ausgezeichnet sind. Diese Trockenzeiten bilden eine scharfe Grenze zwischen der winterlichen und der sommerlichen

Regenzeit. Vergleicht man die Curve mit der darüber befindlichen des Luftdruckes, so sieht man deutlich eine gewisse Reciprocität beider Curven gegen einander. Einem Ansteigen des Luftdruckes entspricht im allgemeinen ein Sinken der Niederschlagshäufigkeit, und umgekehrt einem Sinken des Druckes ein Ansteigen der Häufigkeit. Die barometrischen Depressionen sind eben die Träger des schlechten, regnerischen Wetters. In der winterlichen Regenzeit kommt diese Beziehung am deutlichsten zum Ausdruck, weniger im Sommer, in dem die Schwankungen des Luftdruckes überhaupt nur gering sind. Dagegen zeigt sich für die sommerliche Regenzeit ein deutlicher Parallelismus zwischen der Häufigkeit der Niederschlagstage und derjenigen der Gewittertage. Auch fällt Anfang und Ende der sommerlichen Gewitterperiode deutlich mit dem Ende der Frühjahrs- und dem Anfang der Herbsttrockenzeit zusammen. Die Sommerregen sind dadurch in erster Linie als Gewitterregen charakterisirt. Doch müssen wir dazu bemerken, dass auch im Sommer, wenn nicht regelmässig, so doch häufig längere Regenperioden unter der Herrschaft barometrischer Depressionen vorkommen, die dann im allgemeinen nicht von Gewitterthätigkeit, sondern von frischem, kühlem Wetter begleitet sind. Ein Vergleich der warmen und kalten Perioden auf Tafel 7 mit den trocknen und nassen Perioden auf Tafel 8 wird eine Reihe von Beispielen dafür auffinden lassen.

Tafel 8 und eine gleichartige nicht zum Abdruck gebrachte Darstellung der Vertheilung der Gewittertage haben uns ferner Gelegenheit gegeben, eine Auszählung über die Häufigkeit der Aufeinanderfolge von trockenen Tagen, Niederschlagstagen und Gewittertagen anzustellen. Die Ergebnisse sind in Tabelle 23 wiedergegeben; für die kürzeren Perioden, bis zu 12 Tagen, ist die durchschnittliche Häufigkeit des Vorkommens für das Jahr berechnet worden, für die selteren Perioden von mehr als 12 Tagen dagegen ist die Gesammtzahl der Perioden im Laufe der 36 Jahre 1857/92 angegeben. Diese Tabelle lehrt zunächst, dass kurze Perioden von 2, 3, 4 und 5 Tagen mit Niederschlag etwas häufiger sind als ebenso lange Perioden ohne Niederschlag. Längere Niederschlagsperioden dagegen sind seltener als längere Trockenperioden. Niederschlagsperioden von 12 und mehr Tagen sind in den 36 Jahren 19 vorgekommen, Trockenperioden von 12 und mehr Tagen dagegen 58, also 3 mal so viel. Auch die jahreszeitliche Vertheilung dieser längeren Perioden bietet einiges Interesse. Um sie ohne einen grösseren Aufwand zu beschreiben, geben wir in der nachfolgenden Tabelle eine Zusammenstellung darüber, wie viele Tage eines jeden Monats im Ganzen der 36jährigen Reihe auf feuchte oder trockene Perioden von 12 und mehr Tagen Länge fielen, und auf wie viele Perioden sich diese Anzahl vertheilt. Es kamen

auf Niederschlagsperioden von 12 und mehr Tagen im

	Jan.	Febr.	März	April	Mai	Juni	Juli	Aug.	Sept.	Okt.	Nov.	Dez.	
	3	43	47	5	0	18	39	14	15	41	29	35	Tage,
die	1	4	4	1	0	2	3	1	1	3	3	3	Per. angehörten;

auf Trockenperioden von 12 und mehr Tagen im

	Jan.	Febr.	März	April	Mai	Juni	Juli	Aug.	Sept.	Okt.	Nov.	Dez.	
	127	108	67	60	43	30	25	60	144	115	23	47	Tage
die	12	11	9	5	4	3	3	6	14	11	8	2	Per. angehörten.

Längere Niederschlagsperioden kommen also am häufigsten vor im Februar und März, dann im Juli, im Oktober und schliesslich im Dezember, sie sind am seltensten im Januar, April und Mai. Die längeren Trockenperioden dagegen sind am seltensten im Juni, Juli und November, und zeigen dazwischen zwei sehr stark ausgeprägte Maxima der Häufigkeit im Januar und Februar einerseits, im September und Oktober andererseits; fast 60 Procent der Gesammtzahl aller Periodentage concentriren sich auf diese vier Monate. Dass im April und Mai die längeren Regenperioden ganz ausfallen, und die längeren Trockenperioden auch nur relativ selten sind, charakterisirt auch wieder in besonderer Weise den häufigen Witterungswechsel dieser Monate.

Die Kenntniss der Zahl der Niederschlagstage gestattet uns nunmehr die Berechnung der mittleren Niederschlagshöhe eines einzelnen Niederschlagstages. Da aber die Tage mit sehr geringer Niederschlagshöhe nur einen verschwindenden Bruchtheil zu der ganzen Niederschlagsmenge beitragen, so erscheint es richtiger, die Vertheilung der Niederschlagsmenge nicht auf alle Niederschlagstage, sondern nur auf diejenigen mit mehr als 0.2 mm Niederschlag vorzunehmen. Tabelle 18 enthält in der letzten Spalte das Resultat. Durchschnittlich fällt an einem Niederschlagstage so viel Niederschlag, dass er eine Schicht von 4.5 mm Höhe bilden würde. Da die Zahl der Niederschlagstage der Niederschlagshöhe wohl in der Lage der Maxima und Minima, nicht aber in ihrer relativen Höhe parallel geht (vgl. Fig. 18 und 19 und Seite LXX), so ist auch der Quotient aus beiden oder die mittlere Niederschlagshöhe eines Niederschlagstages im Laufe des Jahres nicht constant; die Dichtigkeit der Niederschläge ist im Februar am kleinsten, im Juni und Juli am grössten. Einen genaueren Einblick in die Vertheilung der Niederschlagstage nach der Menge der Niederschläge gewährt Tabelle 19. Sie umfasst in den ersten beiden Spalten die Tage mit gar nicht und mit eben messbarem Niederschlag, und in den anderen Spalten die Tage mit mehr als 0.2 mm Niederschlag in 8 Gruppen; die Zahlen sind in Procenten der Monatssummen gegeben. Eine Tabelle der gleichen Art findet sich für Berlin in dem genannten Werk von Hellmann. Die Vergleichung beider Tabellen zeigt zunächst noch einmal die schon erwähnte Thatsache, dass die kleinsten Niederschlagsmengen in Frankfurt sehr viel häufiger beobachtet worden sind, als in Berlin. Dadurch sind natürlich die procentischen Beträge der höheren Regenmengen in Frankfurt etwas heruntergedrückt. Davon abgesehen stimmen die Tabellen in den Hauptzügen überein. Die häufigsten Regenmengen sind diejenigen der Gruppe 1.1—5.0. Aus dem Verlauf der Monatswerthe in den einzelnen Gruppen erkennt man wieder deutlich das Anwachsen der Regendichtigkeit in den Sommermonaten; die grössten Regenmengen fallen ausschliesslich in der warmen Jahreszeit, und in dem Maasse, als in dieser die grösseren Regenmengen häufiger vorkommen, gehen die Zahlen für die geringeren Mengen herunter. Eine weitere Ergänzung dieser Betrachtungen bietet endlich die in den letzten beiden Spalten der Tabelle 16 gegebene Uebersicht der mittleren und der absoluten Extreme der Niederschlagshöhe eines Tages. Wie bei allen bisher besprochenen Darstellungen liegt auch hier das Minimum der beiden Reihen im Februar, das Maximum im Juli, ein secundäres Maximum im Oktober. Nach der Tabelle beträgt das durchschnittliche Jahresmaximum der täglichen Niederschlagshöhe 31.9 mm (in Berlin 31.3). Dieser relativ hohe Werth ist aber nicht zugleich der häufigste: er kommt vielmehr nur dadurch zu Stande, dass die Niederschlagshöhe gelegentlich ganz aussergewöhnlich hohe Beträge erreicht. Um dies zu zeigen, geben wir eine Zusammenstellung über die Vertheilung der Jahresmaxima nach ihrer Höhe. Von den 30 Werthen der Reihe 1866/95 fallen auf die Gruppe:

15.1—20,0	20,1—25,0	25,1—30,0	30,1—35,0	35,1—40,0	40,1—45,0	45,1—50,0	60,1—65,0
3	9	6	4	2	2	1	3

Es liegen von den 30 Werthen also überhaupt nur 12 über 30 mm; in 5 Jahren kommen durchschnittlich nur 2 mal Maxima von mehr als 30 mm vor. Doch sind einige Jahre darunter, in denen die Grenze 30 mm mehr als einmal überschritten wurde. Die Gesammtzahl aller Tage mit mehr als 30 mm Niederschlag in den 30 Jahren ist 16 (in Berlin in 43 Jahren 30).

Wir führen im Folgenden diese maximalen Regenmengen nach ihrer Grösse geordnet auf unter Angabe des Datums und der Form und Zeit, in der sie gefallen sind:

64.0 mm, 17. Juni 1885, 9^{30}—10^{15} p, Platzregen mit Hagel und Gewitter; 59.8 mm in 45 Min.

62.7 „ 10. Aug. 1870, 24 stündiger Landregen.

60.5 „ 4. Juli 1875, Mittags und Abends Gewitter, das letztere mit starkem Regen.

59.8 „ 31. Juli 1870, 4^{30}—5^{b} p Gewitter mit Hagel und Platzregen.

45.8 „ 21. Juli 1862, 12^{45}—3^{b} a, 6^{30}—11^{b} a, 7^{b}—8^{30} p; am 23. noch 23.2 mm gemessen; zusammen in 8^{3}/$_{4}$ Stunden 69.0 mm; davon 45.8 in 3 Stunden.

44.4 „ 23. Okt. 1894, 12 stündiger Landregen.

41.9 „ 26. Okt. 1894, Landregen.

39.5 „ 27. Juni 1891, 1^{15}-2, 2^{15}-3^{15} p Platzregen mit Gewitter.

36.3 „ 17. Sept. 1879, vor Mitternacht Gewitter mit Regen.

35.0 „ 8. Okt. 1873, Morgens und Vormittags heftige Strichregen.

34.6 „ 6. Juli 1873, Abends Regen, Hagel und Gewitter.

33.2 „ 29. April 1871, schwere Strichregen; Gewitter mit Platzregen.

32.7 „ 6. Juni 1871, Landregen.

32.7 „ 3. Juli 1871, 3 Gewitter mit Platzregen.

32.1 „ 9. Sept. 1878, Gewitter mit Regen.

32.0 „ 13. Mai 1890, Gewitter; die Hauptmenge in 83 Minuten; davon 16.9 mm in 53 Minuten.

Diese Regenmengen sind also in drei verschiedenen Formen gefallen, als kurz dauernde Gewitter-Platzregen, als periodische Strichregen und als andauernde Landregen. Die Landregen wirken bei geringer Intensität durch ihre Dauer; die Platzregen bei kurzer Dauer durch ihre Intensität. Bei dem 24 stündigen Landregen am 10. August 1870 fielen durchschnittlich 2.6 mm in der Stunde, 0,04 mm in der Minute, bei dem 12 stündigen vom 23. Oktober 1894 3.7 mm in der Stunde, 0.06 mm in der Minute, bei dem Platzregen am 17. Juni 1885 dagegen fielen 1.3 mm in der Minute, was 79.8 mm in der Stunde machen würde. Solche Regendichtigkeiten dürften bei kurz dauernden Regen öfter vorkommen, lassen sich aber nur mit registrirenden Apparaten messen.

Wir machen noch darauf aufmerksam, dass die in Tabelle 16 als grösste Niederschlagshöhe eines Tages angegebene Zahl 64.0 übertroffen wird durch die am 21. Juli 1882 gefallene Menge von 69.0 mm, die thatsächlich in weniger als 24 Stunden fiel, und nur durch den Zeitpunkt der Messung auf zwei Beobachtungstage vertheilt wurde.

Wie an den Niederschlägen die verschiedenen Formen des Niederschlages betheiligt sind, lehren die Tabellen 21 und 22. Allerdings haben keine Messungen der Mengenverhältnisse stattgefunden; wir müssen uns vielmehr auf die Häufigkeitszahlen beschränken. Dabei sind unter Tagen mit Regen, oder Schnee, oder Hagel solche verstanden, an denen die betreffende Niederschlagsform auftrat, gleichviel ob allein oder zusammen mit anderen Formen. Die mittlere Zahl der Schneetage ist für Frankfurt um 6 kleiner als für Berlin (27 gegen 33). Sie vertheilen sich ziemlich gleichmässig auf die Monate Dezember, Januar, Februar und März. Aber natürlich bleibt der Schnee, wie die Uebersicht der Tage mit Schneedecke lehrt, im Januar, und demnächst im Dezember am längsten liegen. Ein Winter, in dem es gar nicht geschneit hätte, ist seit 1857 nicht vorgekommen, wohl aber ist es seit 1867 einmal geschehen, dass eine den Boden bedeckende Schneedecke an keinem Tage des ganzen Winters vorhanden war; es war der Winter 1881/82, der überhaupt nur 7 Schneetage aufzuweisen hatte. Es ist ferner vorgekommen, dass der erste Schnee eines Winters erst nach Neujahr eingetreten ist (12. Januar 1889), fast um 2 Monate gegen die mittlere Eintrittszeit verspätet. Tabelle 24 gibt hierüber einige weitere Aufschlüsse.

Die in Tabelle 21 enthaltenen Angaben über die Schneedecke ergänzen wir noch durch die Mittheilung, dass die grösste ununterbrochene Folge von Tagen mit Schneedecke in dem strengen Winter des Kriegsjahres 1870/71 vorkam und die 41 Tage vom 26. Dezember bis zum 4. Februar umfasste. Ueber die Höhe der Schneedecke ist in die Tabelle nichts aufgenommen worden, weil sich die darauf bezüglichen Angaben nicht gut in Mittelwerthen darstellen lassen. Wir haben uns damit begnügt, den grössten Werth der Schneehöhe eines jeden Winters auszuziehen. Das Mittel dieser Zahlen für die Winter von 1867/68 bis 1894/95 beträgt 12,6 cm. Den geringfügigsten Betrag hatte wieder der Winter 1881/82 (2 cm), den grössten der Winter 1888/89 (36 cm am 12. Februar).

Den Gegensatz von Hagel und Graupeln lässt Tabelle 22 deutlich erkennen. Graupeln kommen überwiegend im Winter vor, während Hagel zwar in allen Jahreszeiten auftritt, aber in erster Linie eine typische Erscheinung unseres Frühjahrswetters ist. Vor 1880 sind beide Erscheinungen vielleicht nicht scharf genug getrennt worden; es könnte sein, dass dadurch die Gesammtzahl der Tage mit Hagel etwas zu gross ausgefallen ist.

Endlich noch einige Bemerkungen über die Tage mit Gewitter. Ihre Zahl ist im Mittel 20.4 im Jahr (gegen 14.7 in Berlin). Wie sie sich auf das Jahr vertheilen, zeigt die Pentadenübersicht in Tabelle 20 und Tafel 5. Nach W. v. Bezold[2])

---

[1]) Vgl. G. Hellmann. Das Klima von Berlin etc. S. 87.
[2]) W. v. Bezold. Sitzungsber. d. k. bayr. Akad. d. Wiss. zu München. 1875. S. 220—238.

hat das sommerliche Maximum der Gewittercurve zwei Gipfelpunkte. Für Berlin fallen sie nach **Hellmann** auf die Zeit vom 10.—19. Juni und 10.—19. Juli. Unsere Frankfurter Beobachtungen zeigen diese Zweitheilung nicht so deutlich. Die grösste Gewitterhäufigkeit hat die Pentade 30. Mai bis 4. Juni, demnächst diejenige vom 29. Juni bis 4. Juli, aber dieser zweite Gipfel ist neben einer Reihe anderer nicht sehr hervorragend. Vielmehr erstreckt sich die Gewitterthätigkeit von Mitte Juni bis Anfang September in nahezu gleichförmiger Weise. Erst gegen die Mitte des September zu tritt ein plötzlicher, starker Abfall ein. Wintergewitter sind auch bei uns im Gefolge grosser Depressionen gelegentlich vorgekommen; in den 36 Jahren fielen auf die Monate November, Dezember, Januar und Februar im Ganzen 12 Gewitter und 4 Beobachtungen von Wetterleuchten. Für die Berechnung des mittleren Beginns und Endes der sommerlichen Gewitterperiode haben wir von diesen Wintergewittern abgesehen. Man erhält dann als mittlere Eintrittszeit des ersten Frühlingsgewitters den 19. April, des letzten Herbstgewitters den 16. September. Tage, welche auch in unserer Pentadencurve Anfang und Ende der sommerlichen Gewitterzeit ganz richtig bezeichnen (vgl. S. LXXI). Die mittlere Dauer der sommerlichen Gewitterzeit würde demnach 151 Tage betragen. Durchschnittlich sind 20 von diesen 151 Tagen, oder 13,2 Procent Gewittertage.

Von den 20 Gewittertagen eines Jahres kommen nach Tabelle 23 durchschnittlich 12 einzeln vor und 6 paarweise. Drei auf einander folgende Gewittertage kommen nur alle 2 Jahre einmal vor. Eine Folge von 7 Gewittertagen, wie sie vom 24. bis 30. Mai 1859 stattfand, dürfte wohl ein Unicum sein. In allen diesen Fällen sind nur die Tage mit Gewitter, nicht die einzelnen Gewitter gezählt. Ueber die Häufigkeit des Auftretens mehrerer Gewitter an einem Tage haben wir keine Auszählung versucht. Die älteren Angaben darüber dürften vielfach zweifelhaft sein.

Um neben der Häufigkeit und Vertheilung der Gewitter auch die der Blitz-Gefahr zum Ausdruck zu bringen, geben wir in der nachstehenden kleinen Tabelle eine monatliche Zusammenstellung der uns bekannt gewordenen Fälle, in welchen der Blitz (1.) in Gebäude eingeschlagen hat ohne Anrichtung von Schaden, (2.) mit Anrichtung von Schaden und (3.) unter Zündung. ferner der Fälle, in welchen er (4.) Menschen getroffen hat ohne sie erheblich zu schädigen, (5.) Menschen verletzt oder (6.) getödtet hat und (7.) der Fälle, wobei Thiere getödtet wurden. Die Zahl und die Art der vom Blitz getroffenen Bäume ist nur selten angegeben, wohl gerade wegen der Häufigkeit der Erscheinung. Die beigefügte Jahressumme ist etwas grösser als die der Monate zusammen, weil bei einigen Mittheilungen nur das Jahr angegeben ist.

		J	F	M	A	M	J	J	A	S	O	N	D	Jahr
Gebäude getroffen	ohne Schaden	1	—	1	2	5	13	6	—	—	—	—	—	31
"	mit "	—	—	—	1	—	3	4	5	—	1	—	—	15
,	unter Zündung	—	—	—	1	2	8	1	3	—	—	—	—	16
Menschen	ohne Schaden	—	—	—	—	—	2	—	—	—	—	—	—	2
"	und verletzt	—	—	—	—	3	2	2	2	—	—	—	—	9
"	" getödtet	—	—	—	—	1	1	4	3	—	—	—	—	10
Thiere	"	—	—	—	—	—	—	—	2	—	—	—	—	3
	zusammen:	1	0	0	3	10	19	24	21	0	1	0	0	86

Die älteren Angaben (von 1367 bis 1730) sind von Lersner's Chronik entnommen, die späteren (von 1826 an) den Aufzeichnungen des Physikalischen Vereins
und den Mittheilungen hiesiger Zeitungen. Auf Vollständigkeit kann die Aufzählung
keinen Anspruch machen.

—

Nordlicht.

Im Anschluss an die Besprechung der Gewitter mögen die hier beobachteten
Nordlichter als „magnetische Gewitter" ihren Platz finden. Unsere Beobachtungen sind
theils der Lersner'schen Chronik (darunter einige unsichere) theils Zeitungsberichten,
Aufzeichnungen des Physikalischen Vereins und der Zusammenstellung von Angot[1]
entnommen; einzelne beruhen auf mündlichen Mittheilungen und eigenen Beobachtungen.

Nordlichter sind hier beobachtet worden: am 18. II. a. Stl. 1564 (?), 15. I a Stl.
1572 (?), 25. I. a. Stl. 1630 (?), 29. X. a. Stl. 1665 (?), 9. IX. (a. Stl.?) 1682 (?), 17. II.
und 1. III. 1721, 16/7. XI. 1729, 9. X. 1730, 28. VII. 1780, 1. IV. 1829, 7. I. 1831,
18. X. 1836, 18. II., 28. VII. und 12. XI. 1837, 23. X. 1838, 21. II. 1839, 21. IX und
18. X. 1840, 14. IX. 1843, 17. XI. 1846, 17. XII. 1847, 18. X. und 17. XI. 1848,
2. X. 1850, 19. II. 1852, 30. VIII. 1. und 12. X. 1859, 9. III. 1861, 14. XII. 1862,
6. III. 1864, 1. I., 5. IV., 24. IX., 24. und 25. X. 1870, 12. II. und 9. IV. 1871,
4. und 11. II. 1874, 29. XII. 1877 und am 31. III. 1891. Dieselben vertheilen sich
auf die einzelnen Monate wie folgt:

Jan.	Febr.	März	April	Mai	Juni	Juli	Aug.	Sept.	Okt.	Nov.	Dez.	Summe
1 (4)	7 (8)	4	5	0	0	2	1	3 (4)	10 (11)	1	3	38 (11)

Die in Klammern gesetzten Zahlen enthalten auch die unsicheren Angaben.

Kann eine Zählung der wirklich aufgetretenen Nordlichter schon aus dem Grunde
nicht geschehen, weil nur heiterer Himmel deren Beobachtung gestattet, so ist unsere
Zusammenstellung überdies noch durch den Umstand unvollkommen, dass ihre regelmässige
Aufzeichnung nicht zu allen Zeiten geschah. Immerhin ist ihre Vertheilung über das
Jahr keine zufällige: sie zeigt für die einzelnen Monate eine entsprechende Häufigkeit,
sei es dass wir die zerstreuten Beobachtungen früherer Zeit oder die regelmässigeren der
Neuzeit nehmen. Ein Maximum fällt in das Frühjahr, das andere in den Herbst, während
nur der Mai und Juni ganz frei erscheinen.

Auffallend ist, dass aus den Jahren 1781 bis 1828 und 1878 bis 1893 keine Beobachtung von hier vorliegt; doch möge es dahingestellt bleiben, ob dies einer Periode
geringerer Häufigkeit entspricht.

—

[1] A. Angot. „Les aurores polaires." Paris 1895.

Grund- und Mainwasserstand.

Die gedachte Oberfläche des den Boden über einer undurchlässigen Schichte vollkommen erfüllenden Grundwassers ist, je nach der aufsaugenden Beschaffenheit des Erdreichs mehr oder weniger um etwas höher als der Brunnen-Wasserspiegel, dessen Schwankungen statt derjenigen der ersteren gemessen werden. Den höchsten Stand erreicht hier das Grundwasser gewöhnlich nach dem Winter, obgleich der regelmässige Abfluss dann ein grösserer ist und die Niederschläge, durch welche es gespeist wird, am Schluss des Jahres in der Regel nur mässige, in den ersten vier Monaten desselben sogar am kleinsten sind. Dafür ist die Verdunstung bei grosser relativer Feuchtigkeit d. h. verminderter Wasseraufnahmefähigkeit der Luft eine geringe, zumal bei der niedrigen Temperatur und der Kürze der Besonnungsdauer, während die bedeutende Wasserentziehung durch die Vegetation noch nicht mitspielt. Diese tritt erst mit dem Frühling ein und veranlasst in Gemeinschaft mit der steigenden Temperatur, der grösseren Tageslänge und geringeren relativen Feuchtigkeit, ein rasches Sinken bis zum Herbst, wo nach Durchfeuchtung des Erdreichs der Anstieg langsam wieder beginnt. Die hohen Niederschläge des Juli vermögen das Fallen während des Sommers nur auf eine kurze Zeit zu verlangsamen oder durch ein kurzes Steigen zu unterbrechen, was zum Theil darin seinen Grund hat, dass bei Platzregen vieles niederfallende Wasser oberirdisch abfliesst.

Da sich eine Mittelberechnung aller in den Jahresberichten des Physikalischen Vereins seit 1869 im einzelnen veröffentlichten Grundwasserbeobachtungen (vgl. S. XXII) aus mehreren Gründen nicht empfahl, so beschränkten wir uns auf die im Garten des Bürgerhospitals, Stiftstrasse 30, mit nur wenigen Unterbrechungen angestellten. Diese zugleich älteste Beobachtungsstelle ist ebenfalls auf dem Boden der Senckenbergischen Stiftung gelegen und gehört so zu sagen zur meteorologischen Station. Die Bodenhöhe beträgt 1121 cm über dem Nullpunkt des städtischen Mainpegels, die Sohle liegt 16 cm unter demselben. Die Resultate sind in Tabelle 25 enthalten.

In ausführlicher Weise hat J. Soyka[1]) die Frankfurter Grundwasserbeobachtungen von 1869 bis 1885 bearbeitet. Die Monatsmittel der gleichen Jahre und deren Durchschnitte, welche derselbe aus den Beobachtungen von sechs ausgewählten Brunnen berechnet hat, sind die folgenden:

	Jan.	Febr.	März	April	Mai	Juni	Juli	Aug.	Sept.	Okt.	Nov.	Dez.
Gutleutstrasse 204, s. Br.	89	89	103	107	96	85	78	69	63	61	66	75
" " n. "	140	142	153	156	150	143	137	133	124	121	122	121
Schneidwallgasse 4	152	155	162	151	146	144	117	144	112	141	146	152
Stiftstrasse 30	557	561	564	515	517	536	537	531	529	527	528	516
Hochstrasse 1	672	673	675	661	663	659	661	661	652	645	656	667
Feldstrasse 8	1045	1057	1064	1049	1036	1022	1009	1001	981	971	987	1011
Mittel	442	449	453	445	439	431	428	424	415	414	416	420

---

[1]) Isidor Soyka „Die Schwankungen des Grundwassers. A. Penck's Geographische Abhandlungen, 2. 1888. Heft 3, S. 1 b. 84.

Daraus ergibt sich, dass die höchsten und niedrigsten mittleren Stände bei den verschiedenen Brunnen nicht alle auf denselben Monat fallen, dass hingegen im Durchschnitt aller, der höchste Wasserstand in den März, der niedrigste wie in Tabelle 25 in den Oktober fällt.

Die grössten und häufigsten Schwankungen des Grundwassers zeigen sich vornehmlich in den höheren Lagen, wo bei stärkerem Gefälle sowohl der Erdoberfläche als auch der undurchlässigen Schichten der Abfluss durch das Erdreich im Allgemeinen ein rascherer ist. Diesem Umstande dürfte wohl mit Recht ein grosses Gewicht für die gesundheitlich günstigen Verhältnisse Frankfurts beizumessen sein, indem der in ostwestlicher und nord-südlicher Richtung nach dem Main hin durchströmte Untergrund hierdurch rein gehalten wird. Die grösste Schwankung betrug 268 cm (die Angabe von 357 cm beruht wahrscheinlich auf einem Irrthum); ohne Schwankung war keiner der beobachteten Brunnen, doch trat bei einigen zeitweiliges Versiegen ein. Als geringster Abstand des Grundwasserspiegels von der Erdoberfläche wurden 56 cm gefunden.

Dem Main kann höchstens in sofern ein Einfluss auf das Grundwasser zugeschrieben werden, als höhere Stände des ersteren in stauendem Sinn zu wirken vermögen. Der Bau der Siele war dagegen nicht selten Veranlassung zu grösserem, zum Theil nur vorübergehendem Sinken des Wassers in den Brunnen.

Die Wasserstände[1] unseres Flusses sind nicht wie die des Grundwassers nur von den Niederschlägen des nächsten Umkreises abhängig, sondern von einem Niederschlagsgebiet[2] von 25230 Quadratkilometern oberhalb Frankfurt oder 27600 Quadratkilometern an der Einmündung in den Rhein.

Schon dadurch, dass der Main seine Zuflüsse aus einer grösseren Anzahl von Gebirgen mit abweichenden Niederschlagsverhältnissen[3] empfängt, aus dem Taunus, dem Vogelsberg, dem Spessart, der Rhön, dem Thüringer Wald, dem Fichtelgebirg, wo er bei 650 m entspringt, dem Fränkischen Jura, der Frankenhöhe, dem Steigerwald und dem Odenwald, ergeben sich grosse Schwankungen im Wasserstand. Andererseits liegt es in dem ost-westlichen Lauf des Flusses, dass die meist in umgekehrter Richtung ziehenden oft auf der ganzen Strecke fast gleichzeitig stattfindenden Niederschläge gleichzeitig zur Anhäufung von grossen Wassermassen und in Folge des starken Gefälles (im Gebiet der Stadt im Mittel 1:2600, bei Hochwasser 1:1816) zu rasch eintretenden Hochwassern und Ueberschwemmungen Veranlassung geben. Zu Zeiten der Trockniss findet das Umgekehrte statt, weil der Fluss alsdann nur auf Quellen und unterirdische Zuflüsse angewiesen ist.

Als höchster, sicherer bekannter Wasserstand wird ein solcher von 785 Centimetern über dem Nullpunkt des städtischen Pegels, am 19-22. Juli 1342 angenommen. In der Regel fallen die höchsten Wasserstände jedoch in die Zeit der Schneeschmelze; wofern nicht Stauungen durch angeschwemmtes Holz oder Eisschollen Ursache der Anschwellung des Wassers sind oder dabei mitwirken.

---

[1] Vgl. diese Schrift S. III und IV.
[2] S. „Frankfurt a. M. und seine Bauten." 1886, S. 395 96 u d. Karte.
[3] Vgl. d. „Regenkarte d. Main- u. Mittelrheingegend." Jhrsb. d. Phys. Vrns. f. 1884,85.

Am 31. März 1845 erreichte der Main eine Höhe von 638, am 27. November 1882 eine solche von 635 Centimetern. Als niedrigste Wasserstände werden angegeben —28.6 cm im Sommer 1811, —24 cm am 16. Januar 1847 und —18 cm am 15. December 1859. Der tiefste aller Stände, —40 (nach Anderen —42 cm), trat am 6. Januar 1894 ein; er fällt jedoch in die Zeit nach Vollendung der Main-Kanalisation

Einen wie grossen Einfluss diese grossen Strombauten und der Betrieb der Anlage, vornehmlich die vom 7. Oktober 1886 an geregelte Stauung durch das Nadelwehr ausüben, ist aus den Wasserstands-Mitteln von 1882,95 in Tabelle 25 zu ersehen. Bei häufig niedergelegtem Wehr im Januar und Februar erscheint der Wasserstand in Folge der Regulirung des Flussbettes jetzt viel tiefer als früher; vom März an sind alle Mittel fast ausschliesslich durch die künstliche Stauung höher als früher. Die auffallende Höhe in den letzten drei Monaten ist jedoch den ausserordentlichen Regenmengen in der zweiten Hälfte des Jahres 1882 zuzuschreiben.

Die Ursache des durchgehends niedrigeren Wasserstandes 1857/81 im Vergleich zu 1826/56 mag zum Theil gleichfalls in, wenn auch nicht bedeutenden Flusskorrektionen liegen; den Hauptantheil aber haben die drei trockenen Jahre 1857/59.

Pflanzenphänologie.

Bezeichnend für das Klima eines Ortes oder eines Landes ist schon das Vorkommen der verschiedenen Pflanzen an sich. Vom Aequator nach den Polen, von der Niederung nach der Höhe wie hinab in die Tiefen des Meeres entfaltet sich ein vielgestaltiges und farbenreiches Bild, welches vor Allem der Sonne, d. h. der Wärme und dem Lichte sein Dasein verdankt.

Noch in den verhältnissmässig jungen Schichten der Tertiärformation unserer Gegend finden wir Pflanzen und Thiere, die ein wärmeres Klima voraussetzen, welches mindestens dem jetzigen der günstigsten Landstrecken des Mittelländischen Meeres entspricht. Doch auch unsere heutige einheimische Flora, insbesondere aber auch die fremdländische der Gärten und öffentlichen Anlagen, unter diesen das sehr geschützt gelegene sogenannte „Main-Nizza" [1], sowie das in guter Lage vortreffliche Gedeihen der Weinrebe (bis 200 m) und der Edelkastanie (bis 300 m), das Fruchttragen zahlreicher Exoten, die unseren Winter gut ertragen, sprechen für begünstigte Verhältnisse.

---

[1] Vgl. J. Blum und W. Jännicke. „Promenaden und Nizza in Frankfurt a. M." Botanischer Führer durch die städtischen Anlagen. 1892.

Ebenso machen sich diese beim Eintritt der Vegetationszeiten geltend. Ein Blick auf H. Hoffmann's „Phänologische Karte von Mitteleuropa"[1]), die „Frühlingskarte desselben[2]), E. Ihne's „Karte der Aufblühzeit von Syringa vulgaris in Europa"[3]) und J. Ziegler's „Pflanzenphänologische Karte der Umgegend von Frankfurt a. M."[4]) genügt, um die günstige Lage unserer Stadt zu erkennen.

Frankfurt gehört mit zu den Orten, von welchen die längsten Reihen in gleichem Sinne ausgeführter phänologischer Beobachtungen[5]) vorliegen. Von 1867 bis heute sind dieselben fast ausschliesslich von einem und demselben Beobachter angestellt worden und zeigen, wenigstens bei den wichtigeren Pflanzen und Vegetationsstufen, nur unbedeutende Lücken.

Entsprechend den seit 1871 in den Jahresberichten des Physikalischen Vereins mitgetheilten pflanzenphänologischen Beobachtungen enthält Tabelle 26 eine Uebersicht der mittleren Eintrittszeiten der Vegetationserscheinungen (Belaubung, Blüthe, Fruchtreife, Laubverfärbung und Laubfall) einer Anzahl allbekannter und verbreiteter Pflanzen, unter Ausschluss an Gebäuden oder Spalierwänden stehender oder in anderer Weise ausnehmend begünstigter Exemplare. In dieser Liste wurden der Hasenlattich (Prenanthes purpurea), die Sternblume (Aster Amellus) und die Tollkirsche (Atropa Belladonna) weggelassen, da sie hier nur selten anzutreffen sind, der gelbe Safran (Crocus luteus), weil er nicht mehr so beliebt zu sein scheint und die meist von auswärts bezogenen Zwiebeln häufig erst neu gelegt sind. Dagegen wurden der spitzblätterige Ahorn (Acer platanoides), der Besenginster (Spartium scoparium), die weisse Birke (Betula alba), die Buche (Rothbuche, Fagus silvatica), der Buxbaum (Buxus sempervirens), die Eiche (Stieleiche, Quercus pedunculata), die Erle (Schwarzerle, Alnus glutinosa), das tatarische Geisblatt (Lonicera tatarica), der Goldregen (Cytisus Laburnum), der rothe Hartriegel (Cornus sanguinea), die Himbeere (Rubus idaeus), die goldgelbe Johannisbeere (Ribes aureum), der Ligaster (gem. Rainweide, Ligustrum vulgare), die grossblätterige Linde (Tilia grandifolia), das Pfaffenhütchen (gem. Spindelbaum, Evonymus europaeus), die Sahlweide (Salix Caprea), die Schneebeere (Symphoricarpus racemosa), die Sauerkirsche (Prunus Cerasus), die Traubenkirsche (Prunus Padus), die Vogelbeere (Sorbus aucuparia), der Weissdorn (Crataegus Oxyacantha) und der Winterroggen (Korn, Secale cereale hibernum) in unsere Tabelle aufgenommen. Es geschah dies einerseits um dieselbe etwas zu vervollständigen, andererseits um die Mehrzahl der in dem, von Hermann Hoffmann und Egon Ihne aufgestellten, sogenannten Giessener Schema angegebenen Pflanzen einzubegreifen.

[1]) Petermann's geographische Mittheilungen. Jg. 1881. Tafel 2.
[2]) Resultate der wichtigsten pflanzenphänologischen Beobachtungen in Europa. 1885.
[3]) Botanisches Centralblatt. 1885. 21. No. 3 5.
[4]) Bericht der Senckenbergischen naturf. Ges. f. 1882 83.
[5]) Vgl. J. Ziegler. „Pflanzenphänologische Beobachtungen zu Frankfurt a. M." Bericht der Senckenberg. naturf. Ges. 1891. S. 21–158 sowie „Thierphänologische Beobachtungen" ebendaselbst 1892. S. 47–69.

Unser „Pflanzenphänologischer Kalender" (Tabelle 26) gestattet zunächst, wie es im Jahresbericht des Physikalischen Vereins alljährlich geschieht, den Verlauf der Vegetationsentwickelung durch das ganze Jahr zu verfolgen; sei es auch nur an der Hand einiger der angegebenen Pflanzen und Entwickelungsstufen, so ist es für Jedermann ein Leichtes zu sehen, ob und um wie viele Tage die Vegetation zur einen oder anderen Jahreszeit in der Entwickelung voraus oder zurück ist. Die Schwankung beträgt während der kälteren Zeit bis zu drei Monaten, im übrigen Jahr meistens einen Monat. Haben wir einen Vorsprung zur Zeit der Blüthe, so berechtigt uns dies zur Hoffnung auf ein gutes Gedeihen unserer Kulturgewächse und der frühere Eintritt späterer Erscheinungen gewährt die Zuversicht auf eine gute Getreideernte und lohnenden Fruchtertrag der Nutzsträucher und -Bäume. Tafel 10 zeigt uns dasselbe Bild an 15 Beispielen für die einzelnen Jahre von 1867 bis 1895 einschliesslich.

Auch die Vergleichung mit Beobachtungen an anderen Orten bietet keine Schwierigkeiten, selbst wenn die eine oder die andere Pflanze nicht vorkommt; in diesem Falle können andere für dieselbe eintreten. Schon aus diesem Grunde empfiehlt sich ein Zusammenfassen je einer Anzahl von geeigneten Pflanzen und Entwickelungsstufen zu jahreszeitlichen Gruppen, wie es neuerdings von O. Drude[1]), sowie von F. Schultheiss[2]), A. Jentzsch[3]) und besonders von Egon Ihne[4]) geschehen ist.

Die übliche Gliederung des Jahres in Winter, Frühling, Sommer und Herbst, sei es, wie in der Meteorologie üblich, unter Zusammenfassung von je drei Monaten mit dem Dezember beginnend oder mit dem kürzesten Tag (22. Dezember) anfangend bis zur Frühlings-Tag- und Nachtgleiche (20. März), zum längsten Tag (21. Juni) zur Herbst-Tag- und Nachtgleiche (23. September) und wieder bis zum kürzesten Tag, ist für diesen Zweck nicht ausreichend. In weit vollkommenerem Grade ist dies mit der auf Seite XXXIX gegebenen Eintheilung der Fall, in welcher die für Menschen, Thiere und Pflanzen entscheidende Vertheilung der Wärme über das Jahr zu treffendem Ausdrucke gelangt.

Wenn die Eintheilung des Jahres in „phänologische Jahreszeiten" auch nicht ohne einige Willkür möglich ist, so gewähren doch verschiedene physiologisch-biologische Vorgänge Anhaltspunkte für eine solche. Andererseits fordern auch Feld- und Gartenbau ihr Recht; hatte doch schon Karl der Grosse seinen Heu-, Ernte- und Weinlesemonat, die erste französische Republik ihren Keim-, Blüthen-, Wiesen-, Ernte- und Fruchtmonat! Was aber diesen Monatsbezeichnungen anhaftete, ist, dass dieselben immer nur für gewisse Gebiete Geltung hatten. Die phänologischen Jahreszeiten sind dagegen in allen Theilen der gemässigten Zonen und fast bis zur Schneegrenze hinauf,

[1]) Oskar Drude. Die Ergebnisse der in Sachsen seit dem Jahre 1882 nach gemeinsamem Plane angestellten pflanzenphänologischen Beobachtungen. Abhdlgn. der Ges. „Isis" in Dresden. 1891. No. 6.

[2]) „Phänologische Mittheilungen." Fränkischer Kourir. 1893. — General-Anzeiger für Nürnberg-Fürth v. 1894 a.

[3]) Alfred Jentzsch. „Der Frühlingseinzug des Jahres 1893." Festschrift, Königsberg i. Pr. 1894.

[4]) Egon Ihne. „Ueber phänologische Jahreszeiten". Naturwissenschaftliche Wochenschrift. 10. 1895. S. 37—43.

sei es direkt oder indirekt, vergleichbar; mag z. B. der phänologische Frühling hier in den Winter, dort in den Frühling oder Sommer des Kalenders fallen, oder, wie auf der südlichen Halbkugel, in die entgegengesetzte Kalenderzeit.

Der „Vorfrühling", Drude's erste Jahreszeit, ist im Wesentlichen durch das Aufblühen solcher Holzgewächse bezeichnet, welche ihre Blüthen vor der, erst nach einer Pause eintretenden Entfaltung der Blätter öffnen; hierzu kommen noch die ersten Blüthen einiger Kräuter. Der „Halb"-, oder besser „Erstfrühling" ist dadurch bezeichnet, dass sich in ihm Blüthen und Blätter von Holzpflanzen nahezu gleichzeitig entfalten. Im „Vollfrühling" erscheinen bei Holzpflanzen die Blüthen erst nach Entfaltung der Blätter. Der „Frühsommer" ist (nach Ihne) durch das Blühen des Getreides bezeichnet. Der „Hochsommer" bringt Beerenfrüchte und Getreide zur Reife. Im „Frühherbst" kommt die Reife der Früchte zum Abschluss. Der „Herbst" zeigt in der Laubverfärbung das Ende der assimilatorischen Thätigkeit der Holzpflanzen. Der „Winter" stellt die Ruhezeit dar.

Da für viele der wirthschaftlich bedeutenden Früchte die genaue Angabe der Reifezeiten schwierig ist, so sind statt ihrer leicht zu beobachtende Blüthezeiten verschiedener Pflanzen in Betracht gezogen worden, die den jeweiligen Stand der Vegetationsentwicklung anzeigen.

In unserer Tabelle sind auch die von Ihne empfohlenen Pflanzen und Stufen mit nur wenigen Ausnahmen enthalten und Tafel 10 gibt für jede der dort bezeichneten phänologischen Jahreszeiten eine oder mehrere derselben.

Der Vorfrühling endet in der Tabelle mit der ersten Blüthe der Sahlweide, der Erstfrühling mit der ersten Blattentfaltung der Stieleiche, der Vollfrühling mit der ersten Blüthe der Quitte, der Frühsommer mit der ersten Blüthe der Weinrebe, der Hochsommer mit der ersten reifen Frucht des schwarzen Hollunders, der Frühherbst mit der ersten Frucht der Rosskastanie und der Herbst mit der allgemeinen Laubverfärbung.

Beispielsweise folgt hier eine Vergleichung der mittleren, aus den betreffenden Erscheinungszeiten abgeleiteten Tagesangaben für die phänologischen Jahreszeiten von Giessen und Frankfurt:

	Erstfrühling.	Vollfrühling.	Frühsommer.	Hochsommer.	Frühherbst.	Herbst.
Giessen	22. IV.	12. V.	3. VI.	11. VII.	6. IX.	14. X.
Frankfurt a. M.	15. IV.	4. V.	27. V.	5. VII.	31. VIII.	18. X.
Tage voraus { Giessen / Frankfurt	7	8	7	6	6	4

Es entspricht dies, sowohl das Zurückbleiben in den fünf ersten Zeiträumen als auch das Vorangehen im Herbst, der nördlicheren und höheren Lage Giessens. In ähnlicher Weise lassen sich die einzelnen Jahre gegen einander oder mit dem Durchschnitt vergleichen.

Die Eintheilung unserer Tafel weicht insofern von der angegebenen ab, als wir dem Winter (Haselnuss erste Blüthe) und dem Spätherbst (Rosskastanie allgemeiner Laubfall) in der Reihe der phänologischen Jahreszeiten einen Platz eingeräumt, den Erst- und Vollfrühling unter Frühling zusammengefasst und der Herbstzeitlose eine Stelle gewährt haben.

Trägt man in eine Witterungstafel, wie sie auch der Physikalische Verein jähr-
lich herstellt, in ähnlicher Weise wie die Abweichungen der täglichen mittleren Lufttemperatur von der Linie der mittleren Tagesmittel derselben, die Zahl der Tage, um
welche die einzelnen Vegetationszeiten des betreffenden Jahres voraus oder zurück
waren, in der Art für jeden Tag durch einen Punkt ein, dass der Abstand desselben
von einer wagrecht gezogenen Linie die Anzahl der Tage bezeichnet, um welche die
Erscheinung gegen das Mittel voraus oder zurück war, so ersieht man, dass die Vegetations-
schwankungen denen der Temperatur folgen; steigt die Temperatur über das Mittel, so
wächst mit ihr der Vorsprung der Vegetation, sinkt dieselbe unter das Mittel, so fällt
auch die Vegetationsentwicklung unter das Mittel zurück.

In anderer Darstellungsweise zeigt Tafel 10 die grösseren oder geringeren
Schwankungen diesseits und jenseits der fein punktirten Linien der mittleren Eintrittszeiten während des ganzen Jahres und zwar an einer grösseren Reihe von Jahren; eine
gewisse, hier nicht weiter zu verfolgende Periodicität ist hierbei nicht zu verkennen.
Die Vergleichung mit den Schwankungen der Lufttemperatur, z. B. mit Tafel 7 erweist
wiederum die Abhängigkeit der Vegetationsleistung von der Temperatur.

Es hat daher auch nicht an Versuchen gefehlt, die in den Vegetationserscheinungen
zum Ausdruck kommenden Arbeitsleistungen in gesetzmässige Beziehungen zur Wärme
zu bringen [1]. In der That wurden auch Zahlenwerthe, bezw. Summen, sogenannte

---

[1] Vgl. Boussingault. Traité d'économie rurale. 2. S. 658. — Claepius. „Ueber die
genauere Bestimmung des Zeitunterschiedes, welcher durch verschiedene Temperaturen
bei der Vegetationsentwicklung hervorgebracht wird." Jahrbuch d. Phys. Vrns. i. F. a. M.
1831. S. 91—107. — Dove. „Ueber den Zusammenhang der Temperaturveränderungen
der Atmosphäre mit den oberen Erdschichten mit der Entwicklung der Pflanzen." Verhdlgn.
d. K. Pr. Akad. d. W. 1846. S. 16—27. — A. Quetelet. „Sur le climat de la Belgique.
IV. Phénomènes périodiques des plantes." Annales de l'Observatoire. 2. Brüssel 1846. —
Karl Fritsch. „Untersuchungen über das Gesetz des Einflusses der Lufttemperatur auf
die Zeiten bestimmter Entwicklungsphasen der Pflanzen mit Berücksichtigung der Inso-
lation und Feuchtigkeit." Denkschrftn. d. mathem.-naturw. Kl. d. K. Akad. d. W in
Wien. 15. 1858. S. 85—180. — A. Tomascheck. „Mitteltemperaturen als thermische
Vegetationskonstanten." Verhdlgn. d. Naturf. Vrns. i. Brünn. 1875. Ztschrft. f. Meteorolog.
11. 1876. — A. de Candolle. Géographie botanique raisonnée. 1. 1855. — „Sur la méthode
des sommes de température appliquée aux phénomènes de la végétation." Archives d. sc.
phys. et nat. Biblth. univ. d. Genève. 1875. 53. S. 257—280, 54. S. 5—47. — Hermann
Hoffmann. „Das Problem der thermischen Vegetationskonstanten." Forst- u. Jagdztng.
1867. S. 457—461. — „Ueber thermische Vegetationskonstanten." Abhdlgn. d. Senckenberg.
naturf. Ges. 8. 1872. S. 379—405. — Zeitschrift f. Meteorologie. 1865, 1869 u. 1875. —
„Phaenologische Untersuchungen." Giessen. 1887. S. 12—24 u. A. — Karl Linsser. „Die
periodischen Erscheinungen des Pflanzenlebens in ihrem Verhältniss zu den Wärme-
erscheinungen." Mémoires d. l'Acad. imp. d. sc. d. St. Petersbourg. 1867. — Erman's Archiv
f. d. wiss. Kunde von Russland. 1867. — Franz Cražan. „Ueber den kombinirten Einfluss
der Wärme und des Lichtes auf die Dauer der jährlichen Periode bei den Pflanzen."
Botan. Jahrbchr. 3. S. 74. — Julius Ziegler. „Beitrag zur Frage der thermischen
Vegetationskonstanten." Ber. d. Senckenberg. naturf. Ges. f. 1873/74. S. 115—123. — „Ueber
phaenologische Beobachtungen und thermische Vegetationskonstanten." Ber. d. S. n. Ges.
1878/79. S. 103—121. — A. J. v. Oettingen. „Phaenologie der Dorpater Lignosen,
ein Beitrag zur Kritik phaenologischer Beobachtungen und Berechnungsmethoden." Dorpat
1879. — Siegmund Günther. „Die Phaenologie, ein Grenzgebiet zwischen Biologie und
Klimakunde." Sonderabdr. a. „Natur und Offenbarung." 41. Münster. 1895. S. 21—35.

„thermische Vegetations-Konstanten" erhalten, welche mehr oder weniger, zum Theil sogar vollkommen übereinstimmten. Immerhin liessen die Ergebnisse im Allgemeinen zu wünschen übrig. Wurde die Lufttemperatur zu Grund gelegt, so blieb unberücksichtigt, dass die Pflanze einen grossen Theil der empfangenen Wärme unmittelbar der Sonne verdankt, die sie zugleich mit Licht versorgt, über dessen Verwendung noch wenig Klarheit besteht. Wurde dagegen die Erwärmung eines den Sonnenstrahlen direkt ausgesetzten Thermometers zur Vergleichung genommen, so gelangten Temperaturgrade in Rechnung, die oft nicht mehr im phänologischen Sinne als nützliche angesehen werden konnten. Die Dauer der Besonnung kam nur indirekt zum Ausdruck.

Ausser diesen und anderen Schwierigkeiten sind es aber noch zahlreiche Einflüsse der verschiedensten Art, die einen vollkommen sicheren Ausdruck in Thermometergraden oder gar in Kalorien zur Unmöglichkeit machen. Es sind dieselben Einflüsse, welche auch die in den vorstehend besprochenen vergleichenden Darstellungen bemerkbaren Ungleichmässigkeiten in dem Betrag des Vorausgehens oder Zurückbleibens verschiedener Pflanzen bedingen.

Insbesondere sind es bei uns die Nachtfröste, welche entweder die Pflanze selbst schädigen oder sie doch in ihrer Entwicklung stören, dieselbe hemmen. Es gilt dies vornehmlich vom Frühjahr; aber auch im Herbst macht sich der Frost z. B. bei der Laubverfärbung oft fühlbar und der Laubfall ist häufig sein Werk. Wie tief der Boden gefroren ist oder war, entscheidet oft ob eine Pflanze früher blüht als die andere; es kann der Fall sein, dass der Boden in der Tiefe nicht gefroren ist und tiefwurzelnde Pflanzen sich in normaler Weise entwickeln können, während eine nur schwach gefrorene Bodenfläche die in ihm wurzelnden Gewächse zurückhält. Umgekehrt kann eine tiefreichende Frostschichte hangeln die Entwicklung der erstgedachten hintanhalten, während die aufgethaute Oberfläche eine üppige Entfaltung der letzteren zeigt.

Ueber gewisse höhere Temperaturen hinaus fängt die Wärme, vornehmlich die unmittelbare der Sonnenstrahlen, an nicht fördernd sondern mehr oder weniger nachtheilig zu wirken, bei anhaltender Trockenheit sogar zerstörend.

Lang andauernde Niederschläge und feuchte Luft hindern nicht selten die Entfaltung mancher Blüthen. Mangel an Wasser im Erdreich hemmt das Wachsthum; auch hier kann eine Umkehrung des Verhältnisses zwischen Oberfläche und Untergrund stattfinden, indem bald die eine, bald die andere die feuchtere oder trockenere ist.

Die Form der Niederschläge, die Bedeckung des Himmels, die Richtung und Stärke der Winde, die örtliche Lage u. s. w., die Mitwirkung von Thieren nicht zu vergessen, üben gleichfalls ihren Einfluss auf die Vegetation aus. Bei der Pflanze kommen eben so zu sagen alle meteorologischen Vorgänge zum Ausdruck — also das Klima überhaupt!

Tabellen.

Luftdruck. — Tageskalender.

Tabelle 1.

Barometerstände in mm auf 0° C. reducirt.

Tag	Mittleres Tagesmittel 1847-56	Januar Tagesmittel 1857-92			Mittleres Tagesmittel 1857,56	Februar Tagesmittel 1857-92		
		mittleres	grösstes	Jahr kleinstes		mittleres	grösstes	Jahr kleinstes
1	755.7	756.3	768.1 56	735.0 57	751.0	754.4	772.2 61	732.5 55
2	53.4	56.4	68.3 59	35.6 57	53.4	54.5	69.3 52	37.0 55
3	54.6	55.6	69.7 59	43.2 57	53.2	54.9	68.2 52	34.7 59
4	62.5	54.6	68.7 59	34.5 60	54.1	56.3	68.8 74	42.6 52
5	52.5	54.2	68.1 59,86	29.8 60	53.7	56.5	69.5 74	42.2 52
6	51.9	55.0	69.2 80	32.0 57	51.0	55.3	68.3 78	30.9 47
7	52.8	55.5	71.3 66	34.9 57	52.5	55.8	69.4 87	41.9 47
8	52.5	55.2	69.5 80	38.0 57	51.3	53.6	71.2 66	38.9 51
9	53.7	54.9	71.6 59	32.9 60	50.1	53.8	68.8 86	31.4 88
10	54.6	55.2	73.1 59	35.0 57	51.3	54.3	66.8 74	37.0 79
11	54.6	54.4	69.9 80	32.0 57	53.3	54.0	69.9 74	33.0 81
12	56.9	55.1	70.8 80	32.7 57	53.4	55.2	65.6 74	39.2 86
13	54.4	55.5	70.4 76	37.7 67,65	53.9	56.9	67.4 82	45.1 86
14	51.9	55.2	70.4 82	28.9 65	53.7	57.3	70.5 91	43.6 88
15	51.9	55.9	74.1 82	33.6 65	53.2	65.4	69.9 63	40.8 49
16	55.4	56.1	76.3 82	32.7 65	52.8	54.8	70.6 63	35.2 79
17	53.4	56.9	76.0 82	34.5 65	52.0	54.1	71.9 73	29.5 79
18	55.2	56.2	74.8 82	35.7 64	52.5	54.7	73.5 73	31.8 79
19	54.4	55.2	74.7 82	34.3 68	52.5	54.6	72.8 73	38.4 58
20	52.1	54.0	71.0 82	25.5 73	54.3	53.9	60.2 73	33.8 79
21	53.4	54.3	69.1 82	28.6 73	52.2	54.9	68.6 78	33.1 79
22	53.4	54.3	69.7 77	33.4 73	52.5	56.1	69.2 78	37.9 79
23	54.1	54.5	69.7 76	29.4 60	51.9	56.3	70.2 63	38.6 79
24	53.7	54.8	72.4 76	33.6 60	50.5	55.9	68.2 85	44.4 76
25	52.3	55.1	72.3 82	36.1 60	51.0	55.2	67.2 83	39.0 77
26	50.5	56.6	70.7 80	40.3 83	49.4	52.8	68.0 85	37.9 77
27	51.6	56.3	68.6 75	33.8 65	50.6	52.3	70.4 87	37.3 82
28	50.5	56.3	66.8 82,75	36.4 81	51.6	52.3	68.8 87	31.8 64
29	49.6	56.0	67.8 87	38.4 81				
30	50.2	55.6	68.8 64.76	35.3 60				
31	50.7	54.8	71.7 75	34.8 60				
Mittel	752.9	755.3	770.9	734.2	752.2	754.9	769.4	737.1

Monatsextreme 1857-92

Grösstes Tagesmittel . . 776.3 am 16. 82.
Kleinstes „ . . 725.5 „ 20 73.
Differenz: 50.8
Höchster beob. Luftdruck: 776.7 am 16. 82 (10h p)
Niedrigster „ 724.8 „ 20. 73 (6 h a)
Differenz: 51.9

Monatsmittel 1857-92

mittleres	grösstes	kleinstes	Differenz
755.3	764.5 61	745.3 61	19.2

Mittl. Differenz des grösst. u. kleinst. Tagesm.: 36.7
Monatsmittel der interdiurnen Veränderlichkeit:
1842.53: 4.14. 1853.92: 3.61.

Monatsextreme 1857-92

Grösstes Tagesmittel . . 773.5 am 19. 73.
Kleinstes „ . . 729.5 „ 17. 79.
Differenz: 44.0
Höchster beob. Luftdruck: 774.0 am 19. 73 (8h a)
Niedrigster „ 727.7 „ 17. 79 (10h p)
Differenz: 46.3

Monatsmittel 1857-92

mittleres	grösstes	kleinstes	Differenz
754.9	764.4 91	743.1 79	21.3

Mittl. Differenz des grösst. u. kleinst. Tagesm.: 32.3
Monatsmittel der interdiurnen Veränderlichkeit:
1842.53: 4.18. 1853.92: 3.25.

Luftdruck. -- Tageskalender.

Tabelle 1.

Barometerstände in mm auf 0° C. reducirt.

	März				April				Tag
Mittleres Tagesmittel 1837/66	Tagesmittel 1857.92 mittleres	grösstes Jahr	kleinstes Jahr	Mittleres Tagesmittel 1837.66	Tagesmittel 1857.92 mittleres	grösstes Jahr	kleinstes Jahr		
753 3	753.4	760.7 71	739.1 68	751.6	751.4	763.2 75	735.8 78		1
52 2	53.9	69.7 67	30.0 69	50.7	50.9	62.2 68	40.6 78		2
54 4	54.5	70.8 83	31.3 62	50.7	50.8	63.2 70	39.7 79		3
53.2	54.2	69.0 78	42.5 81	51.3	66.5 70	41.0 77			4
57.1	52.9	67.7 74	38.3 86	51.0	51.6	65.0 71	40.6 89		5
55 2	50.8	67.9 74	30.4 58	50.1	51.4	62.7 65	39.0 89		6
54.4	51.5	66.5 79	34.3 58	49.7	51.3	64.8 83	34.5 83		7
57.1	50.5	69.5 79	35.2 58,66	48.2	50.5	64.2 83	35.0 79		8
57.3	50.5	66.1 79	32.2 76	49.1	50.4	65.2 81	36.9 89		9
55.5	50.6	66.3 59	30.1 76	50.5	50.8	61.5 81	40.8 77		10
55.7	50.3	68.8 80	32.5 69	50.5	50.7	62.0 61	38.3 50		11
53.4	50.5	67.2 80	32.5 76	50.3	51.4	61.1 60	38.3 74		12
53.0	51.0	66.1 80	38.1 63	51.4	51.3	60.2 69	31.7 87		13
54.4	51.6	64.1 82	38.0 92	50.3	51.3	61.6 75	40.4 92		14
54.8	51.7	63.6 82	35.8 63	51.2	51.6	61.6 58	34.7 59		15
52.4	52.8	66.8 82	37.2 88	50.8	51.4	63.1 87	40.7 90		16
52.2	53.6	65.1 87	38.6 90	51.0	50.3	67.3 87	35.0 90		17
50.7	52.5	66.1 75	36.5 90	51.4	51.0	62.3 67	30.0 90		18
50.5	50.5	62.5 80	33.1 61	51.2	51.7	58.9 74	39.9 76		19
50.3	50.3	65.6 58	35.0 77	50.3	51.9	61.7 89	40.8 89		20
50.3	49.9	66.1 58	36.2 48	50.7	51.9	60.3 90	36.5 72		21
50.8	51.7	66.5 58	42.2 64	50.7	51.6	62.7 70	39.9 72		22
48.7	53.4	64.3 58,63	43.7 86	50.7	51.5	61.8 68	43.1 79		23
48.7	50.6	64.5 63	36.5 60	50.7	51.1	62.0 70	41.7 83		24
50.8	49.1	65.2 63	37.0 77	51.0	51.8	62.0 70	38.0 90		25
49.6	49.1	62.9 74	33.8 83	51.2	51.7	58.9 75	37.2 84		26
51.2	49.7	59.3 74	34.2 88	51.4	51.9	59.3 74	44.4 82,85		27
51.4	50.3	61.1 70	33.4 88	51.2	50.9	62.5 74	39.6 88		28
51.9	50.0	69.6 88	31.8 61	51.6	51.6	62.5 66	30.4 83		29
54.1	50.3	64.0 75	30.9 78	52.3	51.8	62.0 67	40.4 58		30
52.8	51.2	63.9 92	39.2 78						31
752 9	751.2	765.6	735.6	750.7	751.3	762.5	738.9		Mittel

Monatsextreme 1857.92

Grösstes Tagesmittel . . 770.3 am 3. 81.
Kleinstes . . 730.0 . 2. 69.
Differenz: 40.3
Höchster beob. Luftdruck: 770.9 am 3, 83 (10h p)
Niedrigster . 727.7 . 6. 54 (2h p)
Differenz: 43.2

Monatsmittel 1857.92

mittleres	grösstes	kleinstes	Differenz
751.2	759.5 74	744.3 88	15.2

Mittl. Differenz des grösst. u. kleinst. Tagesm.: 30.0
Monatsmittel der interdiurnen Veränderlichkeit:
1842.53: 3.61. 1883.92: 3.55.

Monatsextreme 1857.92

Grösstes Tagesmittel . . 767.3 am 17. 87.
Kleinstes . . 784.5 . 7. 83.
Differenz: 32.8
Höchster beob. Luftdruck: 768.5 am 17. 87 (6h a)
Niedrigster . 731.4 . 15. 89 (2h p)
Differenz: 37.1

Monatsmittel 1857.92

mittleres	grösstes	kleinstes	Differenz
751.3	757.6 70	745.2 79	12.4

Mittl. Differenz des grösst. u. kleinst. Tagesm.: 23.6
Monatsmittel der interdiurnen Veränderlichkeit:
1842.53: 3.09. 1883.92: 2.82.

Tabelle 1.

Luftdruck. — Tageskalender.

Barometerstände in mm auf 0° C. reducirt.

Tag	Mittleres Tagesmittel 1857/86	Mai — Tagesmittel 1857/92 mittleres	grösstes	Jahr	kleinstes	Jahr	Mittleres Tagesmittel 1857/86	Juni — Tagesmittel 1857/92 mittleres	grösstes	Jahr	kleinstes	Jahr
1	752.5	751.7	761.6	88	738.3	66	754.1	753.3	759.8	74	747.1	64
2	51.1	51.8	60.4	68	40.6	66	52.5	52.6	59.2	85,88	48.7	87
3	51.0	51.1	62.9	86	40.6	58	51.1	52.0	58.9	74	39.5	84
4	50.3	51.3	64.0	74	41.9	65	53.0	53.0	64.5	74	43.5	84
5	49.6	52.6	63.5	86	40.3	65	54.4	53.5	61.3	74	44.8	83
6	49.1	52.9	64.4	81	39.6	85	52.1	53.1	61.1	89	39.9	84
7	49.4	52.6	65.1	81	40.1	89	53.0	52.5	61.1	77	42.5	84
8	48.5	52.0	64.4	81	38.7	90	52.3	52.4	63.6	65	45.1	84
9	50.5	51.6	61.9	81	40.7	91	52.5	51.8	61.6	65	41.1	84
10	50.7	51.7	62.9	81	43.2	91	51.9	51.8	60.9	67	42.8	84
11	51.9	52.3	65.5	75	43.8	90	52.3	52.8	60.6	87	46.4	84
12	52.1	51.7	63.2	75	35.1	96	52.8	53.1	60.4	65	44.2	73
13	52.1	52.0	60.4	75	36.9	90	51.4	53.2	61.6	65	45.6	84
14	51.7	52.3	61.8	68	39.7	86	52.1	53.3	60.7	74	44.0	84
15	50.7	52.2	61.1	61	42.7	91	51.3	58.1	60.7	65	44.2	75
16	48.9	52.8	60.9	66	43.4	91	53.3	52.7	60.4	72	46.0	66
17	48.9	53.3	60.9	82	44.3	91	52.3	53.3	60.4	81	43.3	66
18	48.9	52.5	61.3	76	42.8	72	53.0	53.8	61.1	81	46.9	79
19	51.0	52.7	60.0	81	46.7	73	52.3	53.5	59.1	65	44.1	84
20	50.3	53.7	60.9	81	47.0	87	53.2	53.1	62.2	64	44.2	84
21	51.2	53.5	63.2	84	42.1	81	51.9	53.1	60.2	73	47.1	67
22	51.0	53.5	63.2	84	44.9	91	52.3	53.7	59.8	63	45.3	67
23	52.5	52.6	61.9	75	43.8	57	51.4	53.6	59.3	57	45.8	92,67
24	52.3	52.4	61.0	75	42.2	76	53.1	53.9	60.4	57	47.4	79
25	51.9	51.6	59.8	75	42.8	89	51.9	54.0	62.5	57	46.7	79
26	51.9	51.7	61.8	58	42.0	89	51.4	54.1	60.7	57	47.6	61
27	52.1	51.9	60.9	58	41.7	78	53.7	54.2	61.6	67	45.6	61
28	51.9	52.4	59.8	63	43.8	79	52.8	53.7	60.4	67	45.7	84
29	52.8	53.4	63.6	86	46.4	59,86	52.3	53.1	61.3	77	44.1	84
30	53.2	53.2	60.7	86	45.6	59	52.3	53.0	61.5	81	39.9	65
31	53.0	52.9	59.3	58	47.4	66						
Mittel	751.1	752.4	762.1		742.2		752.4	753.1	760.9		744.6	

Monatsextreme 1857/92 (Mai)

Grösstes Tagesmittel . 765.5 am 11. 73.
Kleinstes „ . 735.1 . 12 90.
Differenz: 30.4
Höchster beob. Luftdruck: 765.6 am 11. 73 (6½a)
Niedrigster „ 731.9 . 12. 90 (10½p)
Differenz: 33.7

Monatsmittel 1857/92 (Mai)

mittleres	grösstes	kleinstes	Differenz
752.4	755.8 73	748.0 91	7.8

Mittl. Differenz des grösst. u. kleinst. Tagesm.: 19.9
Monatsmittel der interdiurnen Veränderlichkeit:
1847/53: 2.45, 1883/92: 2.49.

Monatsextreme 1857/92 (Juni)

Grösstes Tagesmittel . . 764.6 am 1. 74.
Kleinstes „ . 739.5 . 3. 84
Differenz: 25.0
Höchster beob. Luftdruck: 765.0 am 1. 74 (2½p)
Niedrigster „ 737.8 . 6. 84 (2½p)
Differenz: 27.2

Monatsmittel 1857/92 (Juni)

mittleres	grösstes	kleinstes	Differenz
753.1	757.0 74	750.4 84	6.6

Mittl. Differenz des grösst. u. kleinst. Tagesm.: 16.3
Monatsmittel der interdiurnen Veränderlichkeit:
1847/53: 2.41, 1883/92: 2.07.

Luftdruck. — Tageskalender.

Tabelle 1.

Barometerstände in mm auf 0° C. reducirt.

	Juli				August				Tag
Mittleres Tagesmittel 1857/86	Tagesmittel 1857/92			Mittleres Tagesmittel 1857 86	Tagesmittel 1857 92				
	mittleres	grösstes	kleinstes		mittleres	grösstes	kleinstes		
755.2	752.9	762.7 63	741.8 90	752.5	753.4	758.9 68	745.8 80		1
53.7	53.4	60.7 66	42.2 66	62.5	52.9	58.9 73	44.4 80		2
63.5	53.4	60.9 60	42.8 66	52.1	53.2	60.0 87	46.2 78		3
43.7	53.3	59.3 61	43.1 66	51.0	53.7	62.1 81	42.8 60		4
53.4	53.1	61.3 59	42.7 90	52.3	52.9	58.4 87	45.3 78		5
53.7	53.1	61.8 63	44.9 61	52.1	53.1	61.1 76	46.2 60		6
52.5	53.5	59.1 71	45.2 63	52.5	53.4	61.3 58	43.8 80		7
51.4	53.4	58.6 77	45.3 89	53.4	53.7	60.4 58	43.1 80		8
52.1	53.7	61.6 77	45.6 73	52.5	52.3	59.5 88	44.9 69		9
52.1	53.3	61.1 69	46.4 73	53.4	52.3	58.9 80	44.2 69		10
52.3	53.4	62.2 69	45.5 63	53.9	53.1	59.1 76	44.2 69		11
53.0	53.2	62.2 76	44.6 92	54.1	53.3	61.6 64	45.0 69		12
53.2	53.7	62.9 57	44.3 92	53.9	52.6	61.8 64	42.1 61		13
52.5	53.8	63.2 76	45.6 86	52.5	52.8	62.0 64	44.2 78		14
53.0	53.1	62.5 76	43.1 77	51.6	53.1	61.8 75	46.2 74		15
53.4	52.8	60.4 76	42.6 68	52.8	52.4	61.6 75	41.2 60		16
53.0	52.8	60.9 78	41.0 68	52.8	52.2	59.3 75	39.2 81		17
50.7	53.0	60.2 78	41.8 68	53.2	52.7	62.0 74	44.8 87		18
51.4	52.9	60.0 76	44.4 88	52.5	52.1	64.3 74	46.1 70		19
50.7	53.3	60.0 73	46.3 92	52.5	52.7	64.3 74	43.8 89		20
51.9	53.4	60.2 73	42.8 79	53.2	52.9	64.0 75	43.5 91		21
53.2	53.0	61.8 85	43.3 79	52.3	52.9	63.2 74	45.1 91		22
53.0	52.4	58.9 85	47.8 75	52.5	52.1	59.3 89	41.0 84		23
51.6	52.4	59.1 68	45.8 86	53.4	52.6	59.8 89	43.5 84		24
51.0	52.3	59.1 68	42.8 71	54.0	52.9	59.3 83	44.6 78		25
51.9	52.3	61.8 75	42.1 71	54.3	52.8	60.7 67	44.2 78		26
53.0	53.0	63.8 75	44.3 89	54.0	53.2	63.2 74	44.5 80		27
53.1	53.1	62.2 75	45.1 68	53.4	53.1	64.5 74	45.8 68		28
52.8	53.1	61.6 75	41.7 86	53.4	52.5	60.9 71	43.3 66		29
51.9	53.0	60.2 77	45.8 68	54.5	53.0	58.4 71	45.3 80		30
51.0	53.4	59.3 63	47.1 66	54.6	53.4	59.3 65	38.1 74		31
752.5	753.1	761.0	744.1	753.1	752.8	761.0	744.0		Mittel

Monatsextreme 1857/92

Grösstes Tagesmittel . . 763.8 am 27. 75.
Kleinstes „ . . 741.0 „ 17. 69.
Differenz: 22.8
Höchster beob. Luftdruck: 765.2 am 27. 75 (6 h a)
Niedrigster „ 736.6 „ 26. 81 (2 h p)
Differenz: 28.6

Monatsmittel 1857/92

mittleres	grösstes	kleinstes	Differenz
753.1	756.4 69	748.7 66	7.7

Mittl. Differenz des grösst. u. kleinst. Tagesm.: 16.9
Monatsmittel der interdiurnen Veränderlichkeit:
1867 85: 2.51, 1863 92: 2.23.

Monatsextreme 1857/92

Grösstes Tagesmittel . . 764.5 am 30. 71.
Kleinstes „ . . 738.1 „ 81. 76.
Differenz: 26.4
Höchster beob. Luftdruck: 766.8 am 30. 74 (8 h a)
Niedrigster „ 737.4 „ { 28. 84 (10 h p) / 17. 81 (6 h a) }
Differenz: 29.4

Monatsmittel 1857/92

mittleres	grösstes	kleinstes	Differenz
752.8	756.0 71	749.3 66	6.7

Mittl. Differenz des grösst. u. kleinst. Tagesm.: 17.0
Monatsmittel der interdiurnen Veränderlichkeit:
1862 85: 2.30, 1863 92: 2.26.

Tabelle 1. Luftdruck. — Tageskalender.

Barometerstände in mm auf 0° C. reducirt.

Tag	Mittleres Tagesmittel 1857–66	September Tagesmittel 1857–92 mittleres	grösstes		kleinstes		Mittleres Tagesmittel 1857/66	Oktober Tagesmittel 1857–92 mittleres	grösstes		kleinstes	
1	764.4	754.0	763.6	79	742.6	76	751.2	752.6	769.2	70	741.0	71
2	55.2	53.7	63.6	79	41.3	80	51.0	53.0	69.2	70	37.0	64
3	55.7	53.5	61.1	78	46.5	82	52.3	51.7	66.8	70	39.9	71
4	55.2	53.5	59.9	90	39.4	84	51.9	54.9	66.1	70	40.7	87
5	56.4	51.0	60.9	77	43.0	84	51.0	54.9	64.5	77	44.6	80
6	53.4	54.0	62.5	73	47.0	81	51.0	55.7	67.9	77	40.2	92
7	53.9	53.3	61.2	90	43.3	70	50.5	54.3	65.4	78	44.5	93
8	54.4	53.8	61.4	90	43.3	76	60.7	52.7	66.1	83	39.9	70
9	55.0	53.8	59.8	91	45.9	81	52.5	51.7	63.2	90	31.3	70
10	55.0	53.4	60.0	89	46.9	89	52.8	51.5	62.0	71	33.9	84
11	54.6	54.0	61.1	65	40.8	85	52.3	51.6	63.6	79	33.7	85
12	54.8	55.0	64.5	88	42.8	82	52.1	52.1	64.7	79	39.4	85
13	54.4	54.7	64.1	88	42.9	82	54.6	52.0	66.8	71	37.7	75
14	55.7	54.2	64.5	76	44.8	82	55.0	53.3	64.1	71	32.7	78
15	54.4	53.8	61.6	89	43.1	74	51.6	52.9	60.2	80	41.0	75
16	54.6	54.2	63.6	70	40.6	89	50.5	52.6	61.7	88	30.5	86
17	54.4	54.1	64.1	70	40.8	89	50.7	52.8	62.0	77,82	31.0	86
18	53.0	54.7	62.5	65	43.9	60	51.0	52.8	63.3	87	36.1	65
19	53.3	54.6	63.4	65	43.6	60	52.1	51.7	62.9	88	34.0	65
20	52.5	53.1	62.7	57	41.8	89	53.2	51.0	64.9	88	38.8	70
21	52.8	51.6	60.7	73	38.3	80	54.6	51.5	63.0	86	33.1	80
22	53.4	52.1	61.7	73	33.8	48	56.4	51.6	65.7	87	38.7	89
23	53.7	53.7	65.6	70	39.0	43	54.4	51.4	63.2	71	40.4	70
24	52.6	51.4	66.5	70	43.3	71	51.0	51.3	61.8	74	35.6	70
25	51.9	55.2	65.0	85	43.8	81	50.7	51.9	64.5	74	40.9	78
26	53.0	55.8	64.1	90,65	43.1	71	52.1	52.0	65.8	87	37.5	90
27	53.4	55.0	65.8	64	42.2	87	53.1	52.1	64.6	88	35.4	85
28	51.9	53.8	63.8	89	38.6	87	52.2	52.3	64.8	88	36.3	80
29	50.5	53.3	64.1	89	39.9	83	51.0	53.4	62.8	86	40.4	80
30	51.2	53.0	67.2	70	39.2	83	52.1	54.0	66.5	91	42.8	85
31							52.1	51.1	67.2	54	35.6	89
Mittel	753.7	753.9	763.0		742.2		752.2	752.7	764.6		737.6	

Monatsextreme 1857/92

Grösstes Tagesmittel . . 767.2 am 30. 70.
Kleinstes „ . . 733.8 „ 22. 43.
   Differenz: 33.4
Höchster beob. Luftdruck: 768.6 am 30. 70 (10 h p)
Niedrigster „ 733.3 „ 22. 64 (2 h p)
   Differenz: 35.3

Grösstes Tagesmittel . . 769.2 am 1. u 2 70.
Kleinstes „ . . 730.5 „ 16. 96.
   Differenz: 38.7
Höchster beob. Luftdruck: 769.6 am 1. 70 (6 h a)
Niedrigster „ 726.5 „ 16. 96 (10 h p)
   Differenz: 43.3

Monatsmittel 1857/92

mittleres	grösstes	kleinstes	Differenz		mittleres	grösstes	kleinstes	Differenz
753.9	759.9 64	749.5 87	10.4		752.7	756.3 77	746.9 93	9.4

Mittl. Differenz des grösst. u. kleinst. Tagesm.: 20.4
Monatsmittel der interdiurnen Veränderlichkeit: 1857/83: 2.53, 1884/92: 2.45.

Mittl. Differenz des grösst. u. kleinst. Tagesm.: 27.0
Monatsmittel der interdiurnen Veränderlichkeit: 1857/83: 3.51, 1884/92: 3.49.

Luftdruck. — Tageskalender.

Tabelle 1.

Barometerstände in mm auf 0° C. reducirt.

	November				Dezember			
Mittleres Tagesmittel 1857/66	Tagesmittel 1857.92			Mittleres Tagesmittel 1857 56	Tagesmittel 1857.92			Tag
	mittleres	grösstes	kleinstes		mittleres	grösstes	kleinstes	
			Jahr				Jahr	
753.0	753,5	764,5 88	734,0 89	752.0	752,9	767,7 73	739,5 74	1
52 1	53,7	64,5 91	38,3 61	53 9	54,4	70,8 78	37,0 67	2
52 3	54,0	65,0 87	38,3 87	54 1	54,1	70,6 73	30,7 74	3
51 4	53,8	63,8 70	37,7 68	55 2	52,9	70,4 78	32,2 76	4
52 1	54,3	65,2 91	43,5 78	54,1	53,7	65,9 78	31,7 83	5
51.9	53,9	66,3 74	36,2 88	53,7	58,5	67,9 87	34,7 89	6
56,2	54,4	67,0 74	39,8 90	53,9	54,3	71,7 78	35,2 63	7
54,8	54,1	64,3 74	37,9 75	53 4	55,0	73,1 87	33,2 84	8
53,9	53,7	65,1 74	38,8 82	54,8	54,5	70,6 89	27,0 86	9
52,8	53,6	64,8 69	35,6 75	56 7	54,5	72,9 89	36,5 77	10
51 4	52,3	70,8 87	34,0 75	55,5	54,0	69,2 87	37,9 74	11
51 6	53,8	69,2 89	40,6 70	55,7	54,6	71,0 87	31,1 74	12
52,8	53,0	67,2 85	40,5 91	54 8	55,1	72,9 79	35,4 74	13
51 0	51,6	65,8 81	31,1 64	54,6	54,7	71,3 79	39,7 69	14
51,9	52,8	67,0 77	29,8 64	53 9	55,1	69,7 79	42,3 86	15
50 7	52,6	68,1 89	35,0 64	52 8	54,5	69,5 79	39,1 88	16
51,2	53,4	69,7 89	31,5 80	52,8	51,6	69,0 89	37,4 78	17
52,3	55,2	69,9 89	37,9 80	52 8	54,5	68,1 79	39,2 81	18
52,7	55,2	70,4 89	37,7 80	52,8	52,8	70,8 91	36,5 74	19
51,2	54,3	70,6 89	37,7 82	54 4	51,9	70,6 91	27,7 84	20
50 8	54,2	69,1 89	39,2 87	55,6	52,9	70,1 91	33,4 74	21
48,3	52,5	67,5 89	38,6 78	55,3	53,5	72,6 79	37,7 74	22
49,6	51,6	65,1 88	38,3 90	55,3	54,1	75,6 79	37,6 82	23
49,8	51,8	67,9 86	31,6 90	54 4	55,0	70,1 79	33,8 62	24
50,3	50,8	65,0 87	39,0 77	54,8	54,8	70,8 79	37,0 89	25
52,3	50,3	65,3 63	35,2 84	55 8	54,5	70,8 79	32,7 89	26
51,0	50,5	65,9 68	39,8 88	53,7	54,4	70,6 79	37,2 68	27
50 7	52,0	67,9 80	37,9 58	54 6	55,4	67,4 79	42,2 88	28
50,3	52,1	68,3 80	38,8 77	54 4	54,8	70,1 87	43,5 68	29
51 4	51,6	67,0 80	37,7 69	54,9	54,5	70,8 87	38,6 86	30
				56,0	55,2	70,1 87	37,2 66	31
751,8	753,0	767,2	737,1	754,5	751,2	770,4	736,4	Mittel

Monatsextreme 1857.92

Grösstes Tagesmittel . . 770,8 am 11. 57.
Kleinstes „ . 729,8 . 15 64.
Differenz: 41,0
Höchster beob. Luftdruck: 773,9 am 11. 59 (8 h a)
Niedrigster „ „ 728,7 . 21. 90 (2 h p)
Differenz: 45,2

Monatsmittel 1857/92

mittleres	grösstes	kleinstes	Differenz
753,0	759,2 87	747,1 82	12,1

Mittl. Differenz des grösst. u. kleinst. Tagesm.: 30,1
Monatsmittel der interdiurnen Veränderlichkeit:
1857 53: 3,46. 1883 92: 3,97.

Monatsextreme 1857.92

Grösstes Tagesmittel . . 775,6 am 23. 79
Kleinstes „ . 727,0 . 9. 86.
Differenz: 48,6
Höchster beob. Luftdruck: 777,3 am 23. 79 (8 h a)
Niedrigster „ „ 723,8 . 20. 84 (2 h p)
Differenz: 53,5

Monatsmittel 1857/92

mittleres	grösstes	kleinstes	Differenz
751,2	765,1 87	745,9 69	19,2

Mittl. Differenz des grösst. u. kleinst. Tagesm.: 34,0
Monatsmittel der interdiurnen Veränderlichkeit:
1857 53: 3,53. 1883 92: 4,12.

Tabelle 2. **Luftdruck. — Pentadenübersicht.**

Barometerstände in mm auf 0° C. reducirt.

	Pentade	Pentadenmittel 1857/92					Interdiurne Veränderlichkeit 1863/92
		mittleres	grösstes (Jahr)		kleinstes (Jahr)		Differenz
1	Jan. 1.— 5. Jan.	755.4	767.0	69	743.6	77	23.1	3.6
2	„ 6.—10. „	55.2	69.0	80	39.6	87	29.4	3.9
3	„ 11.—15. „	55.2	67.4	82	40.2	85	27.2	3.6
4	„ 16. 20. „	55.7	74.6	82	34.7	85	39.9	3.0
5	„ 21.—25. „	54.6	69.6	82	38.4	80	31.2	4.1
6	„ 26.—30. „	56.2	67.7	76	42.2	81	25.5	3.8
7	Jan. 31.— 4. Febr.	55.0	68.8	82	37.8	85	31.0	4.1
8	Febr. 5.— 9. „	55.0	67.4	87	42.5	87	24.9	3.5
9	„ 10.—14. „	55.5	64.8	82,74	42.0	79	22.8	3.7
10	„ 15.—19. „	54.7	69.8	78	36.0	79	33.8	2.9
11	„ 20.—24. „	55.4	66.6	83	38.0	79	28.6	2.8
12	„ 25.— 1. März	53.2	65.8	87	41.7	68	24.1	2.5
13	März 2.— 6. März	53.3	67.7	74	41.3	58	26.4	3.9
14	„ 7.—11. „	50.7	64.5	79	40.8	87	23.7	3.6
15	„ 12.—16. „	51.7	64.8	83	39.5	63	25.3	3.3
16	„ 17.—21. „	51.4	62.2	86	37.7	66	24.5	3.4
17	„ 22.—26. „	50.8	63.0	63	42.3	88	20.7	3.9
18	„ 27.—31. „	50.3	59.8	75	37.4	88	22.4	3.5
19	April 1.— 5. April	51.2	62.9	70	44.4	89	18.5	3.0
20	„ 6.—10. „	50.9	61.1	61	38.8	85	22.3	3.1
21	„ 11.—15. „	51.8	58.4	61	38.8	69	19.6	2.3
22	„ 16.—20. „	51.3	60.6	87	43.1	90	17.5	3.2
23	„ 21.—25. „	51.6	60.7	70	44.4	81	16.3	2.7
24	„ 26.—30. „	51.6	58.4	74	43.6	83	14.8	2.7
25	Mai 1.— 5. Mai	51.7	61.0	84	43.8	85	17.2	2.1
26	„ 6.—10. „	52.2	63.6	61	42.8	90	20.8	2.7
27	„ 11.—15. „	52.1	61.8	75	43.2	86	18.6	3.4
28	„ 16.—20. „	53.0	59.5	68	45.8	91	13.7	2.4
29	„ 21.—25. „	52.7	59.1	75	45.5	91	13.6	2.4
30	„ 26.—30. „	52.5	58.9	68	47.8	89	11.1	2.1
31	Mai 31.— 4. Juni	52.8	59.8	74	45.3	84	14.5	2.2
32	Juni 5.— 9. „	52.7	61.8	85	45.5	81	16.3	1.9
33	„ 10.—14. „	52.8	59.1	74	47.8	73	11.3	2.9
34	„ 15.—19. „	53.8	65.8	87	48.7	88	17.1	1.9
35	„ 20.—24. „	53.5	58.4	84	48.3	82	10.1	1.8
36	„ 25.—29. „	53.8	58.9	87	47.6	81	11.3	1.9

Luftdruck. — Pentadenübersicht.

Tabelle 2.

Barometerstände in mm auf 0° C. reducirt.

#	Pentade	mittlere	grösstes [Jahr]	kleinstes [Jahr]	Differenz	Interdiurne Veränderlichkeit 1857/92
37	Juni 30.— 4. Juli	753.2	759.1 [63]	744.4 [66]	14.7	2.1
38	Juli 5.— 9. „	53.4	59.3 [59]	45.8 [61,82]	13.5	2.3
39	„ 10.—14. „	53.5	60.1 [74]	47.5 [92]	12.9	2.1
40	„ 15.—19. „	52.9	59.3 [78]	43.6 [88]	15.7	2.2
41	„ 20.—24. „	52.9	57.9 [85]	47.8 [70]	10.1	2.3
42	„ 25.—29. „	52.8	60.7 [76]	48.1 [89]	12.6	2.3
43	Juli 30.— 3. Aug.	53.2	57.1 [73]	47.1 [80]	10.0	1.8
44	Aug. 4.— 8. „	53.4	58.6 [76]	47.6 [80]	11.0	1.8
45	„ 9.—13. „	52.7	56.8 [76]	47.6 [81]	9.2	2.3
46	„ 14.—18. „	52.6	60.2 [73]	44.9 [81]	15.3	2.5
47	„ 19.—23. „	52.6	62.9 [74]	46.0 [91]	16.9	2.3
48	„ 24.—28. „	52.9	59.1 [89]	46.0 [90]	13.1	2.3
49	„ 29.— 2. Sept.	53.3	58.9 [71]	45.8 [70]	13.1	2.0
50	Sept. 3.— 7. Sept.	53.7	60.2 [90]	45.6 [84]	14.6	2.2
51	„ 8.—12. „	54.0	58.9 [63]	47.4 [76]	11.5	2.5
52	„ 13.—17. „	54.3	61.1 [63]	44.9 [89]	16.2	2.0
53	„ 18.—22. „	53.2	61.8 [70]	44.8 [82]	17.0	2.2
54	„ 23.—27. „	54.8	63.6 [70]	45.8 [71]	17.8	3.2
55	„ 28.— 2. Okt.	53.3	66.3 [70]	43.1 [83]	23.2	3.4
56	Okt. 3.— 7. Okt.	54.9	61.1 [79]	46.4 [80]	14.7	3.4
57	„ 8.—12. „	51.9	63.2 [79]	39.0 [85]	24.2	2.9
58	„ 13.—17. „	52.5	60.4 [71]	38.7 [84]	21.7	3.2
59	„ 18.—22. „	51.7	62.8 [87]	41.3 [89,63]	21.5	3.8
60	„ 23.—27. „	51.7	60.7 [74]	41.5 [84]	19.2	3.5
61	„ 28.— 1. Nov.	53.5	62.5 [91]	41.5 [89]	21.0	4.0
62	Nov. 2.— 6. Nov.	53.9	63.6 [74]	41.8 [87]	21.8	3.1
63	„ 7.—11. „	53.6	64.5 [87]	43.1 [72]	21.4	3.5
64	„ 12.—16. „	52.8	65.8 [89]	38.8 [84]	27.0	2.9
65	„ 17.—21. „	54.5	69.9 [89]	43.1 [87]	26.8	3.2
66	„ 22.—26. „	51.4	63.3 [84]	41.4 [83]	21.9	3.3
67	„ 27.— 1. Dez.	51.8	64.7 [66]	40.6 [77]	24.1	3.8
68	Dez. 2.— 6. Dez.	53.7	68.1 [73]	37.9 [76]	30.2	1.3
69	„ 7.—11. „	54.5	70.1 [73]	36.5 [60]	33.6	4.3
70	„ 12.—16. „	54.8	70.1 [79]	41.9 [74]	28.2	4.9
71	„ 17.—21. „	53.3	68.6 [79]	38.6 [74]	30.0	4.1
72	„ 22.—26. „	54.4	71.9 [79]	40.6 [89,88]	31.8	2.7
73	„ 27.—31. „	54.9	67.4 [87]	43.1 [66]	24.3	3.7

Tabelle 3. Luftdruck. — Monats- und Jahres-Uebersicht.

Barometerstände in mm auf 0° C. reducirt.

Monatsmittel.

	1857 92				1857/56			
	mittleren	grösste	kleinste	Differenz	mittleren	grösste	kleinste	Differenz
Januar ...	755,33	764,5 82	715,3 65	19,2	752,9	759,5 55	747,1 56	12,4
Februar ..	54,83	64,1 91	43,1 79	21,8	62,2	60,7 49	42,4 53	1 8 3
März	51,16	59,5 74	44,3 86	15,2	53,0	63,0 54	43,8 48	19,2
April	51,31	57,6 70	45,2 79	12,4	60,7	59,3 54	45,3 49	14,0
Mai	52,37	55,8 76	48,0 91	7,8	61,1	54,1 18	48,3 43,56	5,6
Juni ...	53,19	57,0 74	50,4 86	6,6	62,6	54,8 66	48,5 48	6,2
Juli	53,10	56,4 89	48,7 88	7,7	52,5	54,2 54	47,8 48	6,4
August ...	52,85	56,0 78	49,3 86	6,7	63,2	57,7 54,55	50,8 41,63	7,2
September .	53,91	59,9 45	49,5 89	10,4	63,7	61,6 84	49,4 39	13,2
Oktober ...	52,71	56,3 77	46,9 83	9,4	52,1	59,8 86	44,6 41	14,2
November ..	53,08	59,2 89	47,1 82	12,1	51,9	57,1 47	46,4 39	10,7
Dezember ..	54,21	65,1 57	45,9 60	19,2	54,4	61,0 43	46,5 41,46	18,5

Monatsextreme.

	1857/92					1826/56		
	Mittel der monatlichen höchsten und niedrigsten Luftdruckwerthe	Differenz	Höchster beobachteter Luftdruck	Niedrigster beobachteter Luftdruck	Differenz	Höchster beobachteter Luftdruck	Niedrigster beobachteter Luftdruck	Differenz
Januar ...	767,6	737,2	30,6	776,7 82	724,8 78	51,9	776,0 54	725,0 43	51,0
Februar ...	66,3	39,9	26,4	74,0 73	27,7 79	46,3	73,5 54	25,7 43	47,8
März.....	64,6	35,4	29,2	70,9 83	27,7 59	43,2	71,7 54	28,6 48	43,1
April	61,8	39,2	22,6	68,5 87	31,3 89	37,2	73,0 34	29,1 47	43,9
Mai	61,1	42,2	18,9	65,6 75	31,9 90	33,7	63,7 33	36,8 40	28,9
Juni	60,5	43,9	16,6	65,0 74	37,8 81	27,2	66,1 85	38,3 48	27,8
Juli	60,6	44,2	16,4	65,2 75	36,6 81	28,6	69,0 53	29,7 28	39,3
August ...	60,2	43,9	16,3	66,8 74	37,4 69,76 81	29,4	71,3 53	35,7 56	35,6
September .	62,8	43,0	19,8	68,6 70	33,3 63	35,3	69,6 32	29,3 33	40,3
Oktober ...	63,8	37,4	26,4	69,7 70	26,5 86	43,2	71,8 32	[12,0 35]	59,8
November .	66,0	36,9	29,1	73,9 89	28,7 90	45,2	71,3 31	39,7 28	41,6
Dezember ..	67,3	36,1	31,2	77,3 79	23,8 84	53,5	73,4 40	23,2 48	49,9

Monatsmittel der interdiurnen Veränderlichkeit.

	Januar	Februar	März	April	Mai	Juni	Juli	August	Septbr.	Oktober	Novbr.	Decbr.
1842 53	4,14	4,18	3,61	3,69	2,45	2,41	2,51	2,30	2,53	3,51	3,46	3,53
1883 92	3,61	3,25	3,55	2,82	2,49	2,07	2,23	2,26	2,45	3,49	3,37	4,12

Mittel der monatlichen grössten positiven und negativen Werthe der interdiurnen Veränderlichkeit.

	Januar	Februar	März	April	Mai	Juni	Juli	August	Septbr.	Oktober	Novbr.	Decbr.
1883 92	+ 9,7	+10,4	+11,6	+ 6,6	+ 7,6	+ 6,6	+ 5,8	+ 5,9	+ 8,1	+ 8,6	+ 9,6	+11,2
	-11,9	- 7,9	- 9,7	- 7,1	- 6,6	- 5,8	- 5,6	- 6,1	- 7,1	- 9,1	- 9,4	-11,4
Mittel	+10,8	+ 9,1	+10,6	+ 6,8	+ 7,1	+ 6,2	+ 5,7	+ 6,0	+ 7,6	+ 8,8	+ 9,5	+11,3

Luftdruck. — Monats- und Jahres-Uebersicht.

Tabelle 3.

Barometerstände in mm auf 0° C. reducirt.

Mittel der Jahreszeiten.

	1857/92				1837/56				1828/37
	mittleres	grösstes	kleinstes	Differenz	mittleres	grösstes	kleinstes	Differenz	mittleres
Winter . .	754.79	761.2 51/52	748.0 78/79	13.2	753.3	757 3 44 49	747.6 5222	9 6	755.9
Frühling .	51.61	56.3 75	48.6 90	7.7	51.6	59.8 51	48.7 48	11 1	52.8
Sommer .	53.03	56.1 74	50.8 66	5.3	52.7	56 4 85	49 6 48	6 8	53.0
Herbst . .	53.22	55.7 74	49.2 82	6.5	52.6	56.2 54	49 6 41	6.6	54 6

Extreme der Jahreszeiten.

	1857 92						1826/56		
	Mittel des höchsten Luftdruckwerthes	niedrigsten	Differenz	höchster Luftdruckwerth	niedrigster	Differenz	höchster Luftdruckwerth	niedrigster	Differenz
Winter . . .	770.7	732.2	38.5	777.3 79/80	723.8 84/85	53.5	776 0 53.54	722.2 66-67	52 8
Frühling . .	66.0	34.1	31.9	70.9 82	27.7 56	43.2	77 7 54	28.6 48	49 1
Sommer . . .	62.1	41.7	20.4	66.8 74	36.6 81	30.2	71.3 53	29.7 34	41.6
Herbst	66.9	34.5	32.4	73.9 89	26.5 86	47.4	74.3 34	[12.0 35]	62.3

Jahresübersicht.

	1857 92		1837/56		1828 37
Mittleres Jahresmittel	753.16		752.8		754 4
Grösstes Jahresmittel	755.6	74	757.1	54	—
Kleinstes „	751.4	60, 78	750 7	41, 48, 53	—
Differenz	4.2		6.4		
Grösstes Monatsmittel	765.1	Dez. 57	765 0	März 54	—
Kleinstes „	743.1	Febr. 79	742.6	Febr. 53	—
Differenz	22.0		22.6		
Grösstes Pentadenmittel	774.6	4. P 82	—		—
Kleinstes „	736.0	10. P. 79	—		—
Differenz	38.6		—		
Grösstes Tagesmittel	776.3	16. Jan. 82	—		—
Kleinstes „	725.5	20, · 73	—		—
Differenz	50.8		—		
Höchster beobachteter Luftdruck . . .	777.3	23. Dez. 79	777.6	2. März 54	775 3 2. Jan. 26
Niedrigster „ . . .	723.8	20, · 84	723.2	23 Dez. 48	[712 0 14.Okt. 35]
Differenz	53.5		54 4		63 2
Mittel der jährlichen höchsten Barometerstände	770.8		—		
„ „ „ niedrigsten „	729.6		— ·		—
Differenz	41.2		—		—
		1883/92		1842 53	
Jahresmittel der interdiurnen Veränderlichkeit . .	2.99		3.14		—
Mittel der jährlichen grössten positiven und negativen Werthe der interd. Veränderlichkeit .	+ 14.3 / − 14.1		—		—
Grösste Werthe der interdiurnen Veränderlichkeit	+ 19.2 23/24 Jan. 89 / − 16.8 20/21 · 91		—		—

Tabelle 4. Lufttemperatur. — Tageskalender.

• C.

Januar

Tag	Mittl. Tagesmittel		Tagesmittel 1857/92				Tagesmaximum 1857/92		
	1760/77	1857/86	mittleres	grösstes	kleinstes	Differenz	mittleres	grösstes	kleinstes
1	—0.2	0.0	—0.2	10.9 60	—14.2 88	25.1	2.0	14.8 77	—11.0 71
2	0.6	—0.1	—0.5	9.6 83	—11.5 71	21.1	1.5	12.5 83	— 9.1 81
3	0.1	—0.5	0.0	7.5 81	—12.8 61	20.3	2.1	10.8 77	— 8.8 81
4	—0.6	—0.5	0.2	7.0 60	— 9.4 64	16.4	2.6	9.2 60	— 6.2 71
5	—0.4	—0.6	0.3	6.6 78	—12.0 61	18.6	2.4	9.5 77	— 8.4 41
6	—0.3	—0.1	0.4	7.5 84	—14.4 61	21.9	2.6	10.6 77	— 9.5 81
7	—0.5	—0.6	0.1	6.4 77	—10.9 61	17.3	2.3	10.2 77	— 6.2 41
8	—0.5	—0.4	—0.2	9.4 70	—15.4 61	24.8	1.7	11.2 74	—11.6 41
9	—1.2	—0.6	—0.2	10.6 77	—12.2 61	22.8	2.0	10.2 77	— 7.5 41
10	—0.8	—0.9	—0.1	6.6 77	—10.6 76	17.2	2.0	8.2 84	— 7.8 76
11	—0.6	—1.0	—0.4	6.9 77	— 8.1 91	15.0	1.8	9.9 77	— 6.0 76
12	0.0	—1.4	—0.2	5.1 69	— 7.2 84	12.3	1.6	8.9 90	— 4.0 86
13	0.0	—1.1	—0.5	7.0 73	— 8.6 64	15.6	1.9	10.6 65	— 3.5 64
14	1.1	—1.0	—0.2	8.0 73	—11.8 61	19.8	1.8	9.1 66	— 8.2 61
15	0.8	—1.3	—0.2	7.9 66	—14.9 81	22.8	1.7	9.5 66	—11.3 81
16	—0.1	—1.4	—0.7	7.2 84	—13.1 61	20.3	1.8	8.6 84	— 9.4 61
17	—0.3	—1.0	—0.4	6.4 84	—10.0 64	16.4	1.6	7.8 73	— 8.0 91
18	—1.0	—0.4	0.1	9.1 68	— 9.8 61	18.9	1.9	11.0 66	— 7.5 66
19	—1.5	—0.6	0.1	8.6 73	—12.7 60	21.3	1.8	10.2 73	— 8.7 60
20	—1.1	—1.0	0.3	10.8 74	—11.3 84	22.1	2.5	11.9 74	— 7.5 64
21	—1.0	—1.3	—0.1	8.4 66,74	—10.4 81	18.8	2.4	11.6 74	— 6.1 61
22	—0.6	—0.8	—0.8	7.8 78	—11.9 84	19.7	1.9	8.8 66	— 7.3 81
23	0.0	—0.6	0.7	7.4 64	—11.1 69	18.5	2.8	12.0 90	— 8.2 69
24	0.4	0.1	0.8	8.6 75	—10.7 81	19.3	3.0	10.8 75	— 5.5 69
25	0.0	0.5	0.3	8.5 90	—10.5 81	19.0	2.6	10.8 90	— 6.8 81
26	—0.4	0.9	0.5	8.5 90	— 6.1 81	14.9	3.0	11.0 90	— 4.4 81
27	0.1	1.0	0.6	7.0 90	— 7.2 59	14.2	3.0	10.0 66	— 3.5 59
28	—0.1	0.4	0.8	7.6 67	— 8.5 86	16.1	3.0	9.4 67	— 4.4 86
29	0.4	0.9	1.1	7.1 59	— 8.9 59	16.0	3.5	9.8 66	— 4.5 88
30	0.8	1.3	1.7	10.9 84	— 6.4 58	17.3	4.1	12.0 84	— 4.2 88
31	0.4	0.6	1.8	10.3 84	— 7.5 66	17.8	4.3	11.9 84	— 5.0 89
Mittel	—0.2	0.6	0.2	8.1	—10.6	18.8	2.4	10.5	— 7.1

Monatsextreme 1857/92

Grösstes Tagesmittel . . . . 10.9 am 1. 80 u. 30. 84.
Kleinstes „ . . . . —15.4 „ 8 61.
                  Differenz: 26.3
Grösstes Tagesmaximum . . . . +16.2 „ 9. 77.
Kleinstes „ . . . . —11.8 „ 8 61.
                  Differenz: 28.0
Grösstes Tagesminimum . . . . 9.2 „ 31. 86
Kleinstes „ . . . . —21.5 „ 4 61
                  Differenz: 30.7
Differenz des grössten Maximums und kleinsten Minimums 37.7
Grösste Tagesamplitude . . . . 19.5 „ 4 61.
Kleinste „ . . . . 0.5 „ 14 72.

Lufttemperatur. — Tageskalender.

°C.

Tabelle 4.

Januar

Tagesminimum 1857/92					Differenz d grössten Max u kleinsten Min	Tagesamplitude 1857/92					Tag
mittleres	grösstes	Jahr	kleinstes	Jahr		mittlere	grösste	Jahr	kleinste	Jahr	
−2.7	8.8	40	−19.2	88	34.0	4.7	13.2	70	1.8	92	1
−3.1	7.0	82	−16.9	71	29.4	4.8	9.4	71	1.8	82	2
−2.8	5.4	83	−20.0	61	30.8	4.9	12.3	71	1.1	90	3
−2.9	5.0	60	−21.5	61	30.7	5.5	19.5	61	2.1	88	4
−2.3	4.0	60	−17.1	71	26.6	4.7	10.9	64	1.6	78	5
−2.2	4.4	63	−20.5	61	31.1	4.8	11.0	61	1.2	66	6
−2.5	5.0	84	−21.2	61	31.4	4.8	15.0	61	2.3	71	7
−2.7	6.2	70	−19.1	61	30.3	4.4	8.4	74	0.9	88	8
−2.6	5.9	77	−16.9	61	33.1	4.6	10.3	77	1.3	57	9
−3.0	1.3	88	−13.8	61	22.0	5.0	11.8	61	2.1	79	10
−2.8	4.0	63	−11.8	74	21.7	4.6	8.7	87	1.2	88	11
−2.5	3.5	63	−11.9	86	18.8	4.1	9.1	64	1.3	87	12
−2.8	3.1	78	−12.2	66	22.8	4.7	9.4	88	2.1	88	13
−2.5	6.2	78	−15.0	61	24.1	4.3	10.3	91	0.5	78	14
−2.4	6.5	80	−17.4	81	26.9	4.1	10.0	64	1.4	88	15
−3.5	5.6	80,84	−20.0	81	28.6	5.3	15.6	71	1.4	87	16
−3.0	5.2	84	−18.8	44	21.6	4.6	9.3	88	1.2	77	17
−2.8	5.0	66	−12.5	62	23.5	4.7	9.2	84	2.0	84	18
−2.7	5.8	73	−15.9	80	26.1	4.5	9.0	84	1.3	70	19
−2.2	8.2	74	−19.2	80	31.1	4.7	12.7	80	1.5	88	20
−2.8	6.2	46	−13.8	67	25.4	5.2	12.3	63	1.2	73	21
−3.0	3.8	78	−19.1	81	27.9	4.9	11.8	61	1.0	87	22
−2.0	5.4	63	−15.0	89	27.0	4.8	12.7	88	0.7	87	23
−1.7	5.6	68	−12.6	89	28.4	4.7	10.8	75	1.2	61	24
−2.2	1.5	78	−15.2	81	26.0	4.8	9.8	89	1.8	89	25
−2.3	6.8	90	−12.5	89	23.5	5.3	10.4	69	1.3	89	26
−1.9	5.0	90	−11.0	80	21.0	4.9	9.0	80	2.0	77	27
−1.9	5.0	87	−13.2	58,80	22.6	4.9	9.7	80	1.4	61	28
−1.8	5.2	87	−14.2	88	24.0	5.3	10.3	80	1.0	79	29
−0.8	8.0	84	−11.2	88	23.2	4.9	14.1	88	0.7	79	30
−0.8	9.2	84	−10.2	88	22.1	5.1	10.2	88	1.2	79	31
−2.4	5.6		−15.6		26.1	4.9	7.9		1.4		Mittel

Monatsmittel 1857/92

	Lufttemperatur				Frosttage	Zahl der	
	6 h a	2 h p	10 h p	Tagesmitt.		Eistage	Sommertage
Mittlere	−1.3	1.6	0.1	0.2	18.8	6.6	—
Grösste	3.2 84	6.2 64	4.1 61	+1.3 64	31 87	20 61	—
Kleinste	−7.4 61	−3.1 61	−5.1 61	−4.3 71	3 64	0 62,66	—
Differenz	10.6	9.3	9.2	5.6	—	—	—

Differenz der Mittel: 2ʰp - 6ʰa = 3.1

„ „ „ 2ʰp-10ʰp = 1.7

Mittl. „ „ Extreme 4.8

Monatsm. der interdiurnen Veränderlichkeit:

1842.53 = 1.88

1883.92 = 1.81

Tabelle 4.   **Lufttemperatur. — Tageskalender.**

°C.

Februar

Tag	Mittel Tagesmittel 1790.77	1837/86	Tagesmittel 1857.92 mittleres	grösstes / Jahr	kleinstes / Jahr	Differenz	Tagesmaximum 1857.92 mittleres	grösstes / Jahr	kleinstes / Jahr
1	0.8	1.1	1.3	9.9 89	—10.8 82	20.7	3.9	13.0 89	—6.5 82
2	0.9	1.1	1.8	10.8 84	—10.6 86	21.4	4.6	13.5 85	—6.2 86
3	1.6	0.6	1.7	8.2 82	— 6.8 57	15.0	4.2	10.0 82,86,85	—4.9 87
4	0.9	—0.6	1.8	9.4 89	— 4.5 80	13.9	4.8	11.8 89	—1.5 85
5	1.1	1.0	1.4	10.0 82	— 7.8 89	17.8	3.9	12.5 82	—5.0 80
6	0.8	0.9	1.8	10.0 86	— 5.6 70	15.6	4.3	12.5 86	—3.5 70
7	1.1	0.9	1.2	10.0 86	— 5.6 70	15.6	3.7	13.0 89	—2.0 86
8	2.1	1.0	1.1	10.2 89	— 6.8 70	17.0	3.8	14.4 89	—4.0 88
9	1.6	1.5	0.9	9.9 87	— 9.0 70	18.0	3.8	13.8 89	—4.2 88
10	1.8	0.8	0.8	9.4 79	— 9.5 70	18.9	8.7	12.5 88	—5.5 70
11	2.6	0.3	0.5	11.0 89	—10.8 71	21.8	3.1	13.2 89	—8.0 71
12	2.3	0.0	0.5	10.8 89	—10.4 71	21.2	3.3	11.6 89	—7.2 70
13	3.5	0.1	0.6	7.6 87	13.1 89	20.7	3.1	9.5 77	—8.2 89
14	3.8	0.5	1.4	7.6 77	— 9.9 85	17.5	4.5	10.5 77	—7.2 85
15	2.9	0.6	2.0	8.6 77	— 6.1 78	15.0	4.6	12.9 77	—3.5 85
16	4.1	1.6	2.6	11.2 85	— 4.6 70	15.8	5.8	14.2 85	—2.6 92
17	4.0	1.6	3.2	12.1 85	— 5.8 92	17.9	6.0	15.7 85	—4.1 92
18	3.3	1.8	2.8	10.2 87,78	— 6.1 92	16.6	6.1	14.9 78	—1.5 92
19	2.9	0.8	2.8	9.3 80	— 4.5 78	13.8	5.8	12.8 78	—1.4 75
20	3.1	0.3	2.5	9.3 80	— 5.0 58	14.3	5.4	12.1 80	—1.8 78
21	4.9	0.4	2.5	8.2 80	— 4.1 75	12.6	5.6	11.4 87	—0.1 85
22	4.1	1.4	2.1	11.4 78	— 1.9 75	16.3	5.6	14.8 78	—0.6 75
23	4.8	1.6	2.8	9.0 84	— 4.7 88	13.7	5.9	13.1 81	—1.3 89
24	4.0	2.5	2.7	7.5 78	— 6.2 88	13.7	5.9	12.2 85	—3.3 88
25	3.4	2.8	3.2	9.2 72	— 5.0 58	11.9	6.4	12.9 82	—2.4 89
26	4.0	2.9	3.7	11.0 82	— 4.6 89	15.6	7.0	14.8 82	0.2 89
27	3.5	2.6	3.4	9.0 82	— 4.5 89	13.5	7.1	13.6 85	—0.5 89
28	3.9	2.3	2.9	9.9 78	— 4.0 90	13.9	6.5	14.5 78	—1.0 90
Mittel	2.9	1.1	2.0	9.7	— 6.9	16.6	4.9	12.9	—3.5

Monatsextreme 1857.92

Grösstes Tagesmittel		12.1 am 17. 85.
Kleinstes „		—13.1 . 13 89
	Differenz:	25.2
Grösstes Tagesmaximum		15.7 . 17. 85.
Kleinstes „		— 8.2 . 13 89
	Differenz:	23.9
Grösstes Tagesminimum		10.1 . 12. 82.
Kleinstes „		—16.7 . 13 89
	Differenz:	26.8
Differenz des grössten Maximums und kleinsten Minimums		32.4
Grösste Tagesamplitude		15.5 . 14 80
Kleinste „		0.3 . 7. 53.

Lufttemperatur. — Tageskalender.
°C.

Tabelle 4.

Februar

Tagesminimum 1857/92			Differenz d grössten Max. u. kleinsten Min.	Tagesamplitude 1857/92			Tag
mittleres	grösstes	kleinstes		mittlere	grösste	kleinste	
	Jahr	Jahr			Jahr	Jahr	
—1.7	8.1	—15.4	28.4	5.6	11.8	2.1	1
—1.3	8.2	11.7	28.2	5.9	9.4	1.9	2
—1.3	6.6	—14.3	24.3	5.5	12.7	2.1	3
—0.7	7.8	— 9.0	20.8	5.0	10.6	1.8	4
—1.2	8.4	—11.5	24.0	5.1	9.3	1.5	5
—1.3	6.2	—11.2	23.7	5.6	11.2	2.0	6
—1.4	9.2	— 9.0	22.0	5.1	11.1	0.3	7
—1.8	6.1	—10.0	24.4	5.6	10.9	2.1	8
—1.9	7.2	—12.0	25.8	5.7	10.2	2.4	9
—2.3	7.2	—15.0	27.5	6.0	9.5	2.2	10
—2.3	8.1	—13.2	26.4	5.4	11.1	1.8	11
—2.4	10.1	—15.0	26.5	5.7	14.6	1.4	12
—2.5	6.0	—16.7	26.2	5.9	11.0	2.0	13
—2.1	3.8	—14.8	25.3	6.6	15.5	1.8	14
—0.7	6.0	—10.0	22.9	5.3	9.0	2.2	15
—0.2	5.8	—10.6	24.8	6.0	11.8	1.6	16
0.2	9.6	— 8.0	23.7	5.8	11.2	1.4	17
—0.4	8.2	—13.1	28.0	6.5	11.6	2.1	18
—0.2	6.9	— 8.6	21.4	6.0	11.5	1.9	19
0.0	7.5	— 8.5	20.6	5.4	10.6	1.9	20
—0.4	6.0	— 8.1	19.5	6.0	9.1	1.9	21
—0.7	8.0	— 8.8	23.6	6.3	11.9	1.6	22
—0.3	6.5	— 9.5	22.6	6.2	10.5	1.6	23
0.0	5.9	— 8.7	20.9	5.9	12.8	2.5	24
0.0	7.5	—10.2	23.1	6.4	12.4	2.1	25
0.3	8.2	— 9.2	24.0	6.7	11.6	1.7	26
0.5	7.8	— 8.7	22.3	6.6	11.9	0.9	27
—0.4	6.6	— 8.0	22.5	6.9	11.0	1.7	28
—0.9	7.3	—11.1	24.0	5.9	11.3	1.8	**Mittel**

Monatsmittel 1857/92

	Lufttemperatur				Zahl der		
	6 h a	2 h p	10 h p	Tagesmittel	Frosttage	Eistage	Sommertage
Mittlere	0.0	4.5	1.6	2.0	14.5	3 3	—
Grösste	4.6	9.2	6.3	+6.8	26	12	—
Kleinste	—5.2	0.4	—2.8	—2.5	1	—	—
Differenz	10.0	8.8	9.1	9.3	—	—	—

Differenz der Mittel: 2ʰp - 6ʰa = 4.5   Monatsm. der interdiurnen Veränderlichkeit:
    „   „   „   2ʰp-10ʰp = 2.9   1842.53 = 1.58
Mittl. „   „ Extreme . . . . 5.9   1883/92 = 1.54

Tabelle 4.   Lufttemperatur. — Tageskalender.
°C.

März

Tag	Mittl. Tagesmittel		Tagesmittel 1857/92				Tagesmaximum 1857/92		
	1756/77	1857/66	mittleres	grösstes / Jahr	kleinstes / Jahr	Differenz	mittleres	grösstes / Jahr	kleinstes / Jahr
1	4.8	1.9	3.1	12.0 78	—5.7 86	17.7	6.4	13.4 78	—2.7 86
2	4.9	1.9	3.1	10.9 78	—5.9 90	16.8	6.8	13.8 70	—1.6 90
3	4.8	2.6	3.0	8.8 80	—4.9 92	13.7	6.7	14.1 70	—3.0 92
4	5.0	2.5	3.3	9.5 78,80	—4.9 92	14.4	7.3	14.4 64	—1.8 92
5	5.3	2.5	3.6	11.6 59	—4.4 92	16.0	7.3	14.0 59	—0.6 92
6	5.0	2.4	4.1	9.4 59,83,64	—3.7 92	12.1	7.6	15.0 63,71	—1.2 58
7	5.1	2.8	4.2	12.0 81	—3.9 92	15.9	8.0	15.5 59	1.0 92
8	5.0	2.9	4.6	10.6 83	—4.7 84	15.3	8.6	16.9 62	0.8 86
9	5.3	2.8	4.2	10.9 82	—5.3 86	16.2	8.1	16.2 62,72	—0.9 63
10	4.1	2.4	4.0	11.2 82	—5.3 86	16.5	7.6	17.3 83	—0.5 71
11	3.6	3.0	4.0	11.1 84	—5.0 86	16.1	7.6	17.5 80	0.0 83
12	4.1	3.1	4.0	12.7 84	—5.4 86	18.1	7.8	16.2 71	—1.5 86
13	3.0	3.6	2.8	12.9 59	—4.3 86	17.2	7.0	17.2 71	0.5 87
14	4.6	3.9	3.7	11.8 59	—3.2 86	15.0	7.8	16.6 62	1.2 87
15	4.8	4.1	3.9	10.7 84	—4.1 89	14.8	8.2	17.8 84	0.6 89
16	5.0	4.4	4.2	10.2 84	—3.8 89	14.0	8.6	17.4 84	—0.5 87
17	5.0	4.1	5.0	10.6 84	—3.4 87	14.0	9.4	17.9 84	—0.6 87
18	4.9	4.0	5.1	11.5 84	—2.6 87	14.1	9.7	19.0 84	1.5 87
19	4.1	4.1	4.8	13.1 84	—2.7 88	15.8	9.8	19.7 84	—0.2 88
20	4.3	4.3	4.8	11.4 84	—6.6 85	15.0	9.2	18.8 84	—2.2 85
21	4.3	4.1	4.5	11.0 62,83	—5.0 85	16.0	8.6	17.8 82	0.5 85
22	4.3	4.6	4.1	13.1 71	—3.5 83	16.6	8.2	20.6 71	—0.9 83
23	5.1	5.3	4.2	14.8 71	—3.5 83	18.3	8.4	22.1 71	0.6 78
24	5.6	6.1	5.2	12.4 71	—1.4 83	13.8	10.0	19.8 71	1.6 79
25	5.9	4.5	6.0	12.0 64,71	0.4 79	11.6	10.4	20.0 62	2.8 79
26	6.0	4.8	6.3	13.4 62	0.4 79	13.0	10.7	20.0 67	2.2 79
27	3.6	5.0	7.0	14.2 88	0.8 85	13.4	11.4	19.5 71	3.1 70
28	6.6	5.6	7.3	14.9 84	—2.1 85	17.0	11.8	20.5 90	0.2 85
29	6.3	6.1	7.7	14.8 72	—1.9 85	16.7	12.3	22.5 90	1.2 85
30	6.4	6.4	7.5	15.2 72	—0.4 85	15.6	12.1	22.1 72	2.5 85
31	6.8	6.5	7.7	13.4 72	1.5 91	11.9	12.4	20.9 72	4.8 91
Mittel	5.5	4.0	4.7	12.0	—3.4	15.4	8.9	17.9	0.2

Monatsextreme 1857/92

Grössten Tagesmittel	14.8	am 23.71 u.29.72.
Kleinsten „	— 6.6	„ 20.85.
	Differenz:	21.4
Grösstes Tagesmaximum	22.5	. 29.90.
Kleinstes „	— 3.0	. 3.92.
	Differenz:	25.5
Grösstes Tagesminimum	11.9	. 13.59.
Kleinstes „	—11.0	. 2.77.
	Differenz:	22.9
Differenz des grössten Maximums und kleinsten Minimums	33.5	
Grösste Tagesamplitude	17.3	. 30.58.
Kleinste „	0.4	. 8.58.

Lufttemperatur. — Tageskalender.

°C.

Tabelle 4.

März

Tagesminimum 1857/92					Differenz d grössten Max u kleinsten Min.	Tagesamplitude 1857/92					Tag
mittleres	grösstes	Jahr	kleinstes	Jahr		mittlere	grösste	Jahr	kleinste	Jahr	
−0.2	9.0	78	−10.5	86	23.9	6.6	11.3	79	2.9	63	1
−0.2	9.2	78	−11.0	77	24.8	7.0	12.0	77	3.5	88	2
−0.3	6.3	80	−7.7	90	21.8	7.0	12.0	63	3.0	82	3
−0.4	6.5	76,80	−8.0	90,92	22.4	7.7	14.7	71	3.2	70	4
0.3	10.0	69	−7.9	91	21.9	7.0	13.0	71	0.4	68	5
0.9	8.5	89	−7.5	89	22.5	6.7	16.3	72	1.7	69	6
1.0	8.7	81	−7.2	92	22.7	7.0	13.6	71	3.6	78	7
1.0	7.8	84	−10.6	86	27.5	7.6	13.4	82	3.2	67	8
0.6	8.2	82	−10.2	86	26.4	7.5	13.7	72	3.2	74	9
0.3	8.1	81	−10.4	86	27.7	7.3	14.5	79	2.0	88	10
0.2	8.7	81	−9.6	86	27.1	7.4	14.2	80	2.4	89	11
0.9	9.8	84	−9.7	86	25.9	6.9	11.5	85	2.9	79	12
−0.3	11.9	89	−9.4	86	26.6	7.3	13.0	62	1.6	63,90	13
−0.3	10.1	89	−8.5	88	25.1	8.1	14.0	84	3.2	89	14
0.4	6.6	89	−6.0	87,89	28.8	7.8	14.9	82	1.5	71	15
0.0	5.6	88	−8.3	89	25.7	8.6	15.7	72	3.9	92	16
1.1	6.9	89	−10.0	83	27.9	8.3	11.9	82	3.5	63	17
1.0	6.2	74	−6.2	87	25.2	8.7	15.0	82	5.0	74	18
0.6	6.8	90	−7.9	85	27.6	8.5	14.3	79	3.8	61	19
0.8	6.8	84	−10.0	85	28.8	8.1	15.4	83	1.9	73	20
1.0	7.4	64	−10.0	85	27.8	7.6	14.5	60	3.2	87	21
0.4	6.4	68	−8.8	85	29.1	7.8	15.1	71	3.3	81	22
0.7	6.6	71	−8.0	83	30.1	7.7	15.5	71	1.6	48	23
0.5	6.2	73	−7.3	83	27.1	9.5	16.2	58	3.6	79	24
2.1	8.0	63	−3.7	86	23.7	8.3	15.0	86	3.8	47	25
2.5	8.5	67	−2.9	68	22.9	8.2	11.1	80	2.2	66	26
3.0	10.0	88	−3.0	85	22.5	8.4	15.6	74	2.6	70	27
3.4	11.1	88	−4.4	85	24.9	8.4	14.6	61	2.6	70	28
3.7	10.4	88	−5.0	86	27.5	8.6	15.2	90	3.8	63	29
3.7	8.4	72,74,90	−2.2	83	24.3	8.4	17.3	88	4.4	65	30
3.5	9.6	61	−1.2	71	22.1	8.9	16.0	76	4.0	88	31
1.0	8.2		−7.5		25.1	7.8	14.4		2.6		Mittel

Monatsmittel 1857/92

	Lufttemperatur					Zahl der	
	6 h a	2 h p	10 h p	Tagesmittel	Frosttage	Eistage	Sommertage
Mittlere	2.0	8.2	4.1	4.8	10.6	0.6	—
Grösste	5.3 59	12.4 67	7.2 59,61	8.2 61	27 83	4 90,91	
Kleinste	−1.5 81	3.8 75	−0.5 81	0.7 81	1 61,83 / 14,92	—	
Differenz	6.8	8.6	7.7	7.5	—	—	

Differenz der Mittel: 2hp - 6ha = 6.2
" " " 2hp-10hp = 4.1
Mittl. " " Extreme 7.8

Monatsm. der interdiurnen Veränderlichkeit:
1842.53 = 1.65
1883.92 = 1.69

Tabelle 4.   **Lufttemperatur. — Tageskalender.**
°C.

Tag	April							
	Mittl. Tagesmittel		Tagesmittel 1857 92				Tagesmaximum 1857 92	
	1758 77	1857.96	mittleres	grösstes	kleinstes	Differenz	mittleres	grösstes	kleinstes
				Jahr	Jahr			Jahr	Jahr
1	7.4	7.5	7.6	13.2 73,78,84	0.9 91	12.3	12.5	21.0 78	6.2 65
2	7.4	7.8	8.0	14.5 78	2.7 91	11.8	13.0	22.2 78	5.8 71
3	7.4	8.1	6.4	14.7 84	2.0 81	12.7	13.4	22.2 74	3.6 81
4	7.6	8.0	8.6	14.0 81	2.6 81	11.4	13.7	21.6 82	7.3 80
5	8.1	8.4	9.3	11.6 58	2.0 86	12.6	14.9	23.5 82	3.7 88
6	8.1	8.5	9.6	16.0 92	1.9 64	14.1	15.0	24.0 92	6.0 82
7	8.0	8.4	9.6	16.4 94	0.5 64	15.9	14.6	23.5 82	5.7 88
8	7.8	8.1	9.0	16.2 62	1.2 64	15.0	13.8	22.6 62	6.2 64,85
9	8.4	7.8	8.5	14.4 68,77	3.4 86,88	11.0	13.6	20.8 77	5.6 58
10	8.3	7.1	8.4	15.8 77	3.1 88	12.7	13.3	23.2 77	6.8 88
11	8.3	7.9	8.2	15.0 89	2.6 68,78	12.5	13.2	21.2 88	4.0 78
12	8.5	8.4	8.2	16.8 89	0.8 78	16.0	13.3	24.4 89	2.8 78
13	8.9	8.6	8.5	17.6 89	1.2 79	16.4	13.7	25.5 89	1.0 79
14	8.8	8.9	8.1	18.1 89	3.7 87	14.4	14.2	26.1 89	7.5 91
15	9.6	8.9	9.4	17.1 89	3.3 92	13.8	14.4	23.5 69	7.8 91
16	9.3	8.8	9.5	16.6 78	2.5 87	14.3	14.7	23.8 73	6.3 87
17	9.3	9.0	9.6	16.9 68,73	2.9 87	11.0	14.3	23.8 68	8.0 89
18	9.4	9.8	9.9	17.1 68	3.4 77	13.6	14.6	23.8 65	1.5 77
19	9.3	10.0	10.7	18.5 65	0.7 84	17.8	16.0	25.5 65	2.6 84
20	9.4	10.6	10.9	18.9 65	2.3 84	16.6	16.3	25.1 65	4.2 84
21	10.4	10.5	10.9	17.8 65	3.5 84	11.3	16.6	25.2 84	7.4 84
22	11.1	10.9	10.9	18.3 74	3.4 77	14.9	16.2	25.6 74	4.6 77
23	11.4	10.6	10.7	16.8 74	4.7 83,84	12.1	16.0	21.0 68,74	8.2 83
24	11.6	11.1	10.8	17.5 74	4.4 57	13.1	16.2	25.8 65	6.0 57
25	12.0	11.3	11.1	17.6 74	2.9 73	14.7	16.4	28.0 84	5.0 57
26	11.4	11.6	10.9	21.0 82	1.9 73	19.1	16.0	28.5 82	5.5 78
27	11.3	11.2	10.9	17.9 89	2.1 73	15.8	16.2	24.5 89	1.4 78
28	11.6	10.9	11.3	18.3 84	5.1 57	12.9	16.7	26.2 86	8.2 70
29	12.4	11.0	10.8	16.1 78	6.1 74	10.3	16.1	22.3 87	9.5 80
30	12.0	11.8	10.9	16.4 85	5.2 86	11.2	16.2	22.6 83 91	8.0 73 86
Mittel	9.6	9.6	9.7	16.7	2.8	13.9	14.8	21.0	5.8

Monatsextreme 1857/92

Grösstes Tagesmittel	. . . .	21.0 am 26. 82
Kleinstes „	. . . .	0.5 . 7. 64.
	Differenz:	20.5
Grösstes Tagesmaximum	. . . .	28.5 . 26. 82.
Kleinstes „	. . . .	2.6 . 19 84
	Differenz:	25.9
Grösstes Tagesminimum	. . . .	13.8 . 27. 82
Kleinstes „	. . . .	— 4.2 . 9 64.
	Differenz:	18.0
Differenz des grössten Maximums und kleinsten Minimums	32.7
Grösste Tagesamplitude	. . . .	20.8 . 25 64.
Kleinste „	. . . .	0.8 . 8. 74.

Lufttemperatur. — Tageskalender.

Tabelle 4.

° C.

April

Tagesminimum 1857/92			Differenz d. grössten Max u. kleinsten Min	Tagesamplitude 1857/92			Tag
mittlere	grösste	kleinste		mittlere	grösste	kleinste	
	Jahr	Jahr			Jahr	Jahr	
3.7	8.4	82	—3.2	91	24.2	8.8	16.2	92	3.1	77	1
3.2	9.5	78	—2.5	59	24.7	9.8	16.3	92	4.9	89	2
4.0	10.0	74,76	—0.4	79	22.6	9.4	15.1	83	0.8	72	3
4.5	11.0	86	—1.6	81	23.2	9.2	16.7	68	3.8	78	4
4.0	10.6	86	—1.7	81	25.2	10.9	17.2	92	2.4	88	5
5.0	11.0	59	—1.2	64	26.2	10.0	17.0	82	4.7	66	6
5.1	11.7	92	—1.9	64	25.1	9.5	15.9	82	5.6	87	7
4.6	11.5	64	—1.2	64	26.8	9.2	15.5	86	3.6	91	8
4.2	10.8	59	—1.0	64	21.8	9.4	15.6	76	2.5	84	9
4.4	10.5	87	—1.3	82	24.5	8.9	15.5	85	3.9	58	10
3.9	9.0	87	—1.9	71	24.1	9.3	15.2	92	3.5	79	11
3.4	8.8	86	—3.8	82	28.2	9.9	16.2	89	3.2	89	12
3.7	9.9	89	—1.6	79	27.1	10.0	17.3	72	5.1	84	13
4.3	10.4	89	—1.9	75	28.0	9.9	15.7	69	4.3	91	14
4.7	12.5	65	—2.2	87	25.7	9.7	17.6	90	3.4	91	15
5.1	10.2	80	—0.8	77	24.6	9.6	15.0	73	5.0	71	16
5.2	12.0	80	—2.3	67	26.1	9.1	15.7	85	2.0	79	17
5.4	11.2	80	—1.0	87	24.8	9.2	16.5	86	1.6	80	18
5.6	12.1	85	—1.2	84	26.7	10.4	17.3	75	3.0	73	19
5.8	13.0	85	—0.5	61,84	25.6	10.5	16.4	57	3.6	59	20
6.0	12.5	65	—0.8	61	26.0	10.6	19.8	75	6.2	84	21
6.0	12.0	68	—1.2	81	26.8	10.2	16.9	82	3.8	77	22
6.2	12.5	74	0.0	84	24.0	9.8	15.6	85	5.0	71	23
5.8	11.2	74	0.6	73	25.2	10.4	17.9	58	3.1	76	24
6.4	11.6	58	1.2	73	29.2	10.0	20.8	82	3.8	87	25
6.5	12.5	83	—1.8	73	30.3	9.5	16.0	82	3.5	78	26
5.8	13.8	82	—2.8	73	27.3	10.4	15.4	89	3.6	89	27
6.1	11.2	89	1.2	92	25.0	10.6	15.5	88	5.4	70	28
6.2	12.5	72	0.6	74	24.7	9.9	16.7	88	5.4	80	29
5.7	11.5	78	—0.9	81	23.5	10.5	15.8	76	3.3	78	30
5.0	11.2		—1.4		25.4	9.9	16.5		3.7		Mittel

Monatsmittel 1857/92

	Lufttemperatur				Zahl der		
	8 h a	2 h p	10 h p	Tagesmittel	Frosttage	Eistage	Sommertage
Mittlere	6.4	14.0	8.8	9.7	1.7	—	0.4
Grösste	8.6	19.2	12.0	13.1	6	—	5
Kleinste	4.2	10.6	6.7	7.2	—	—	—
Differenz	4.4	8.6	5.3	5.9	—	—	—

Differenz der Mittel: 2ʰp - 6ʰa = 7.6

,, ,, ,, 2ʰp - 10ʰp = 5.2

Mittl. ,, ,, Extreme 9.9

Monatsm. der interdiurnen Veränderlichkeit :

1842/58 = 1.62

1859/92 = 1.60

— 20 —

Tabelle 4. Lufttemperatur. — Tageskalender.
°C.

Mai

Tag	Mittl Tagesmittel		Tagesmittel 1857·92				Tagesmaximum 1857·92		
	1733·77	1837·54	mittleres	grösstes	Jahr	kleinstes	Jahr	Differenz	mittleres	grösstes	Jahr	kleinstes	Jahr
1	12.8	12.3	11.2	19.1 91	3.9 92	15.2	16.3	27.5 82	7.7 92
2	11.5	12.8	11.5	19.1 72	6.0 77	13.1	16.6	28.5 64	8.7 92
3	11.6	13.1	11.9	19.2 42	6.5 81	12.7	17.2	29.2 42	9.6 81
4	12.6	13.1	12.0	19.9 82	5.2 64	11.7	17.8	29.5 82	10.1 64
5	13.1	13.6	11.8	22.1 65	6.9 74	15.2	17.4	30.0 82	11.5 61
6	13.0	12.9	12.5	21.1 82	4.1 92	17.0	18.2	30.5 68	8.8 92
7	12.6	13.4	12.6	19.4 82	5.2 70	14.2	18.0	27.5 67	7.1 70
8	14.1	13.1	12.8	20.0 65	7.1 80	12.9	18.1	28.5 67	10.9 58
9	14.1	13.3	13.0	19.1 78	7.8 83	11.6	18.8	28.5 75	10.0 58
10	14.8	13.0	13.3	20.0 67	7.0 81	13.0	18.8	27.1 68	10.6 81
11	13.0	13.0	13.6	20.4 67	7.7 88	12.7	19.0	28.4 67	11.8 70
12	13.1	12.9	14.0	21.1 90	6.9 85	11.2	19.5	28.7 90	10.5 85
13	14.4	14.0	13.8	21.0 81	6.1 76	14.9	19.0	28.8 81	7.0 76
14	14.4	13.9	18.8	19.6 64	6.6 76	12.0	19.3	26.0 65	11.9 76
15	14.3	12.8	13.8	19.9 80	6.2 74	13.7	19.0	25.6 65	10.0 74
16	14.6	13.4	14.3	21.1 83	6.1 74	14.7	19.9	26.1 64	11.6 74
17	14.4	14.0	14.0	20.6 88	4.7 91	15.9	19.1	28.8 65	7.2 91
18	14.6	14.0	15.2	21.5 60	8.8 71	13.0	20.9	28.8 78	11.6 83
19	14.6	14.0	14.9	21.8 68.70	8.6 71	13.2	20.6	28.2 70	12.3 80
20	14.9	13.4	14.5	23.4 70	9.4 76	14.0	19.1	30.8 70	12.8 82,78
21	13.8	13.6	15.0	22.8 70	8.1 87	14.7	20.3	30.0 70	12.2 87
22	16.7	13.1	15.0	23.7 68	6.9 87	16.8	20.5	31.5 64	11.2 68
23	16.3	16.1	15.6	23.6 67	6.1 87	17.4	21.0	30.6 86	10.0 67
24	13.8	14.6	15.0	20.1 68	5.6 87	14.8	20.2	26.8 92	9.2 87
25	16.3	16.9	15.6	23.1 68	7.2 67	16.2	21.4	30.9 64	13.5 63
26	16.3	16.1	15.5	23.1 68	9.5 88	13.9	21.2	32.8 92	14.1 87
27	13.4	16.1	15.7	24.1 92	9.9 88	14.2	21.1	33.7 92	13.9 87
28	14.4	16.5	16.5	26.1 92	9.5 60,81	16.6	21.9	34.8 92	13.4 60
29	14.5	16.9	17.0	24.1 68	9.6 60	11.5	22.8	30.1 82	11.9 60
30	15.6	16.6	16.8	23.6 68	9.4 64	14.2	22.1	30.6 67	13.1 73
31	16.9	16.1	16.5	22.9 74	10.5 60,73	12.4	21.9	32.0 89	13.5 57
Mittel	14.4	14.3	14.4	21.5	7.2	11.3	19.6	29.1	10.9

Monatsextreme 1857·92

Grösstes Tagesmittel	26.1 am 28. 92.	
Kleinstes „	3.9 . 1. 92	
	Differenz:	22.2
Grösstes Tagesmaximum	34.8 . 28 92	
Kleinstes „	7.0 . 13. 76	
	Differenz:	27.8
Grösstes Tagesminimum	18.8 . 30 68	
Kleinstes „	0.0 . 9. 61. 18. 71.	
	Differenz:	18.8
Differenz des grössten Maximums und kleinsten Minimums	34.8	
Grösste Tagesamplitude	20.9 . 31. 64	
Kleinste „	1.2 . 22 63.	

Lufttemperatur. — Tageskalender.

°C.

Tabelle 4.

Mai

Tagesminimum 1857/92					Differenz d grössten Max u kleinsten Min	Tagesamplitude 1857/92					Tag
mittleres	grösstes	Jahr	kleinstes	Jahr		mittlere	grösste	Jahr	kleinste	Jahr	
6.6	12.8	74	0.6	79	26.9	9.7	20.1	62	3.6	88	1
6.9	13.0	91	1.3	84	27.2	9.7	18.5	62,65	3.5	87	2
6.8	14.5	74	0.8	84	28.4	10.1	17.9	65	4.2	84	3
7.0	12.6	62	0.4	77	29.1	10.8	17.7	65	4.7	81	4
6.9	15.8	86	1.6	77	28.4	10.5	20.0	62	5.1	84	5
7.2	16.2	86	1.9	81	28.6	11.0	18.1	87	5.7	72	6
7.3	15.6	86	1.2	70	26.3	11.1	18.4	82	3.0	79	7
7.7	15.0	85	0.8	92	27.7	10.4	16.7	67	3.5	91	8
7.4	13.0	86	0.0	81	28.5	11.4	17.0	65	3.2	78	9
8.4	14.6	87	3.4	85	24.0	10.4	17.1	70	4.6	84	10
8.2	15.0	87	1.9	79	26.5	10.8	15.5	61	4.2	89	11
8.7	15.6	91	2.4	79	26.3	10.8	17.0	80	4.0	74	12
9.1	14.8	84	2.4	85	26.4	9.9	15.9	62	2.9	78	13
8.3	11.6	84	2.0	74 85	24.0	11.0	19.0	78	3.9	86	14
8.7	14.4	62	0.5	74	25.0	10.3	15.6	87	5.0	72	15
9.0	11.5	89	2.2	85	24.2	10.9	17.7	90	4.4	89	16
9.1	14.4	64,88	1.8	71	27.0	10.0	17.2	82	3.0	62	17
9.6	16.2	86	0.0	71	24.8	11.3	17.0	71	3.4	89	18
9.7	15.5	86	0.6	71	27.6	10.9	18.9	77	5.1	83	19
9.5	15.6	86	2.4	74	28.1	9.9	16.3	70	3.6	63	20
9.6	15.9	70	2.1	74	27.9	10.7	17.4	88	3.4	72	21
9.6	16.5	86	2.8	87	28.7	10.9	17.6	70	1.2	48	22
9.7	17.0	85	3.1	66,67	27.5	11.3	17.8	83	5.5	83	23
10.3	16.6	89	2.8	87	24.0	9.9	16.0	89	3.7	87	24
10.0	15.5	86	1.9	64,67	29.0	11.4	16.6	92	1.0	83	25
10.2	18.4	86	2.5	87	30.3	11.0	19.5	67	6.6	79	26
10.3	16.9	86	3.4	86	30.3	10.8	17.7	61,92	2.6	57	27
10.8	18.1	86	5.4	73	29.1	11.1	18.0	77	5.8	90	28
11.5	18.4	92	4.1	60	26.0	11.3	18.4	87	6.8	61,79	29
11.5	18.8	86	5.2	64	25.3	10.6	16.8	74	5.0	87	30
11.6	17.1	67,92	3.5	80	28.5	10.5	20.9	64	1.0	57	31
9.0	15.6		2.1		27.3	10.6	17.7		4.0		Mittel

Monatsmittel 1857/92

	Lufttemperatur				Zahl der		
	6h a	2h p	10h p	Tagesmittel	Frosttage	Eistage	Sommertage
Mittlere	11.3	18.6	12.6	14.1	—	—	5.0
Grösste	15.6 66	25.1 65	16.8 86	19.2 86	—	—	21 66
Kleinste	8.1 66	14.9 57	9.2 74	11.3 74	—	—	0 66/74,57
Differenz	7.5	10.2	7.6	7.9	—	—	—

Differenz der Mittel: 2h p - 6h a = 7.3
" " " 2h p - 10h p = 6.0
Mittl. " " Extreme 10.6

Monatm. der interdiurnen Veränderlichkeit:
1842/53 = 1.72
1883/92 = 1.75

Tabelle 4. **Lufttemperatur. — Tageskalender.**
° C.

Juni

Tag	Mittl. Tagesmittel		Tagesmittel 1857,92				Tagesmaximum 1857,92		
	1756,77	1857,56	mittleres	grösstes (Jahr)	kleinstes (Jahr)	Differenz	mittleres	grösstes (Jahr)	kleinstes (Jahr)
1	16.6	16.8	16.9	23.4 74	9.5 90	13.9	22.5	32.2 89	15.5 69.90
2	16.6	18.0	17.8	25.1 89	11.6 71	13.5	29.3	32.8 89	16.0 71
3	16.3	17.5	18.2	24.6 74	10.4 71	14.2	23.7	31.0 46	13.1 71
4	16.5	17.0	18.1	25.9 58	9.8 71	16.1	23.5	33.8 58	11.2 71
5	17.1	16.4	17.7	25.2 58	10.6 71	14.6	23.5	33.0 58	13.1 71
6	17.0	16.9	18.0	23.8 58,62	9.1 71	11.7	23.6	30.5 85.89	9.6 71
7	17.5	17.6	18.1	21.8 68	11.2 71	13.6	23.7	32.5 62	11.8 71
8	17.3	17.8	17.7	24.9 58	10.5 71	14.4	23.0	32.0 62	12.5 73
9	17.3	17.3	17.7	25.5 58	11.4 81	14.1	23.0	32.6 58	15.0 71
10	17.8	17.6	17.1	25.6 77	9.9 91	15.7	22.9	32.1 77	13.4 91
11	17.9	18.0	16.7	25.4 77	10.8 81	14.6	21.6	32.2 77	13.8 82
12	17.8	18.4	16.8	26.2 77	10.5 91	15.7	21.6	33.6 77	15.0 91
13	17.5	19.1	17.2	23.5 58	11.0 83	12.5	22.7	31.9 58	16.2 63
14	16.6	18.3	16.9	25.9 58	11.8 83	14.1	22.0	33.0 58	15.0 82
15	17.9	18.4	16.8	25.6 58	12.1 90	13.5	21.9	31.0 58	14.6 90
16	16.9	18.1	16.9	25.6 58	10.5 87	15.1	22.2	32.1 70	14.3 88
17	18.0	18.8	17.0	26.5 58	10.8 86	15.7	22.1	33.1 84	15.0 86
18	17.8	17.9	16.9	24.9 58	11.5 86	13.4	21.9	31.2 58	12.5 88
19	17.6	18.3	17.0	23.6 61	11.3 86	12.3	22.4	30.0 81	15.5 91
20	17.4	17.6	17.7	25.2 61	11.5 86	13.7	23.2	32.1 77	14.0 75
21	17.1	18.1	18.3	27.0 61	12.1 84	14.9	23.3	33.2 61	13.8 84
22	17.0	19.0	18.8	26.8 61	11.9 86	14.9	24.3	31.6 61	16.4 86
23	17.6	18.4	18.8	23.1 61	11.9 62	11.2	24.1	29.1 48	14.4 62
24	18.1	17.6	18.8	24.1 62	13.6 88	10.5	21.5	30.4 91	17.6 69
25	19.3	18.1	18.8	24.8 82	12.1 70	12.7	21.2	31.0 63	19.0 71
26	18.6	18.4	18.8	24.2 85	13.1 71	11.1	24.2	31.0 85	14.2 71
27	19.8	18.3	18.7	23.2 87	10.0 71	13.2	24.1	30.0 57,89,62	10.2 71
28	18.4	18.8	18.8	25.2 67	13.5 64	11.7	23.6	32.2 92	18.1 82
29	17.8	18.4	18.6	25.2 57	13.2 69	12.0	24.0	32.0 57	15.4 89
30	17.0	18.1	18.2	23.8 83	14.3 86	9.5	23.8	29.8 83	16.9 84
Mittel	17.5	18.0	17.8	25.0	11.4	13.6	23.2	32.0	14.4

Monatsextreme 1857.92

Grösstes Tagesmittel	27.0	am 21. 61.
Kleinstes „	9.1 „ 6. 71.
	Differenz:	17.9
Grösstes Tagesmaximum	34.6	„ 22 61.
Kleinstes „	9.6	„ 6. 71.
	Differenz:	25.0
Grösstes Tagesminimum	21.0	„ 30 89.
Kleinstes „	3.6	„ 1. 73.
	Differenz:	17.2
Differenz des grössten Maximums und kleinsten Minimums		30.8
Grösste Tagesamplitude	19.3	„ 28. 76.
Kleinste „	2.0	„ 12. 70.

Lufttemperatur. — Tageskalender.

C.

Tabelle 4.

Juni

Tagesminimum 1857/92 mittleres	grösstes	kleinstes	Differenz d grössten Max u kleinsten Min.	Tagesamplitude 1857/92 mittlere	grösste	kleinste	Tag
11.6	17.0 67,68	3.8 73	28.4	10.9	15.9 89	5.4 73	1
11.7	18.6 89	3.9 69	28.9	11.6	15.0 92	4.6 61	2
12.8	18.5 47	5.0 71	28.0	10.9	17.5 77	4.9 59	3
13.1	18.9 88	6.2 71	27.6	10.4	18.0 90	4.8 72	4
12.8	18.5 58	6.9 71	26.1	10.7	17.5 62	6.2 84	5
12.5	18.6 62	5.9 80	21.6	11.1	16.3 89	3.0 71	6
12.9	17.6 62	6.6 71	25.9	10.8	17.0 58	4.4 61	7
12.5	16.4 58	5.9 73	26.1	10.5	15.8 78	4.5 79	8
12.5	18.5 58	6.8 90	26.8	10.5	15.1 40	4.4 44	9
12.3	18.0 58	5.2 81	26.9	10.6	16.1 93	5.0 84	10
11.8	18.2 17	5.2 81	27.0	9.8	15.7 73	4.0 63	11
12.0	19.0 77	6.1 89	27.5	9.6	18.3 67	2.0 70	12
12.1	16.9 89	6.2 71	25.7	10.6	16.2 77	3.5 80	13
11.8	17.5 58	6.5 57	26.5	10.2	17.4 70	4.0 80	14
12.0	19.4 58	7.8 57,74	26.2	9.9	17.4 70	2.5 68	15
12.2	19.8 58	7.5 40	24.6	10.0	17.1 75	4.0 88	16
11.7	20.0 58	4.8 82	28.6	10.1	11.8 77	4.5 88	17
11.8	19.5 58	6.0 82	25.2	10.1	17.3 82	4.8 85	18
12.2	17.5 58	7.1 86	22.9	10.2	16.3 65	3.5 91	19
12.4	18.1 81	6.2 69	25.9	10.8	16.2 70	2.6 71	20
13.1	19.8 41	5.5 69	27.7	10.2	15.9 68	2.3 80	21
13.7	19.5 81	9.0 83	25.6	10.6	15.2 88	1.5 72	22
13.7	18.1 68	9.6 74,83	19.8	10.7	14.9 69	4.3 62	23
13.7	17.5 82	8.6 82	21.8	10.6	16.2 91	1.6 70	24
13.6	17.7 88	9.8 84	21.2	10.6	11.5 84	2.5 71	25
13.9	18.1 43	8.4 70	22.6	10.3	16.6 89	4.1 84	26
13.7	17.4 78	8.1 71	21.9	10.4	15.0 92	2.1 71	27
13.7	18.1 57	9.8 71	22.4	10.9	19.3 76	5.3 82	28
13.7	19.5 87	7.5 84	21.5	10.3	18.0 65	4.5 71	29
13.4	21.0 89	8.5 90	21.3	10.4	17.7 67	3.6 65	30
12.7	18.5	6.8	25.2	10.5	16.5	4.0	Mittel

Monatsmittel 1857/92

	Lufttemperatur 6 h a	2 h p	10 h p	Tagesmittel	Zahl der Frosttage	Eistage	Sommertage
Mittlere	15.3	22.0	16.1	17.8	—	—	10.9
Grösste	18.6 77	28.0 54	20.5 54	22.2 54	—	—	25 54
Kleinste	12.6 90	17.6 71	13.3 81	14.6 71	—	—	3 71,90
Differenz	6.0	10.4	7.2	7.6	—	—	—

Differenz der Mittel: 2ʰp - 6ʰa = 6.7
" " " 2ʰp - 10ʰp = 5.9
Mittl. " " Extreme 10.5

Monatsm. der interdiurnen Veränderlichkeit:
1842/53 = 1.68
1880/92 = 1.68

Tabelle 4.   # Lufttemperatur. — Tageskalender.

° C.

Juli

Tag	Mittl. Tagesmittel 1758/77	Mittl. Tagesmittel 1878/94	Tagesmittel 1857/92 mittleres	grösstes Jahr	kleinstes Jahr	Differenz	Tagesmaximum 1857/92 mittleres	grösstes Jahr	kleinsten Jahr
1	17.0	17.6	18.3	25.4 77	11.4 61	14.0	23.4	32.2 91	14.4 63
2	18.0	17.9	18.3	25.6 89	13.6 65	12.0	23.5	32.0 89	16.0 63
3	17.8	18.4	18.8	27.9 59	14.9 78	13.0	24.3	35.2 89	17.5 79
4	17.8	18.2	19.2	28.2 59	14.4 78	13.8	24.9	36.2 89	18.4 78
5	18.1	19.3	19.0	26.2 81	14.0 79	12.2	24.8	32.5 81	18.0 60
6	18.6	19.0	19.0	24.9 65	12.9 81	12.0	24.4	33.6 81	17.0 90
7	18.1	19.0	18.7	25.8 85	12.7 90	13.1	24.0	32.5 85	15.6 79
8	18.1	20.0	18.9	25.1 14	12.2 87	13.2	24.1	31.2 74	14.1 64
9	18.0	19.5	18.9	25.4 74	13.2 87	12.2	24.3	33.4 74	16.8 64
10	18.1	19.1	18.8	24.2 89	12.9 79	11.3	24.5	33.0 74	17.5 79
11	18.4	18.6	18.9	28.6 70	11.6 88	17.0	24.1	35.0 70	15.2 88
12	18.9	19.1	19.4	24.5 68	11.4 88	13.1	25.2	32.5 89	15.0 88
13	19.5	19.8	19.7	27.0 81	12.7 88	14.3	25.2	35.8 89	16.2 88
14	19.3	19.6	19.7	25.1 59	12.3 88	12.8	25.0	32.5 64	16.2 88
15	18.6	20.1	20.2	26.1 81	15.0 79	11.1	25.0	33.5 57	19.1 79
16	19.0	19.3	20.0	27.9 68	12.4 83	15.5	25.7	35.2 68	17.0 83
17	19.0	18.9	19.9	28.1 68	13.7 83	14.1	25.4	36.2 63	16.5 83
18	19.1	19.4	19.8	26.5 59	13.9 83	12.6	25.4	38.8 59	19.0 93
19	29.0	19.6	19.9	28.5 59	13.3 92	15.2	25.4	35.4 59	17.8 92
20	19.0	18.7	19.9	28.5 81	11.2 90	14.3	25.2	36.2 81	16.3 90
21	18.8	18.9	19.5	27.5 59	13.7 90	13.8	25.2	36.6 68	17.0 90
22	18.9	18.3	19.7	25.2 59	14.6 79	10.6	25.1	32.5 59	16.8 79
23	18.8	19.8	20.1	25.8 73	14.7 83,92	11.1	25.8	33.8 68	19.5 83
24	19.0	18.5	19.3	25.2 89	15.0 83	10.2	24.3	33.4 89	18.5 83
25	19.4	19.1	19.3	24.5 73	14.6 90	9.9	24.7	32.5 87	17.5 71
26	19.1	18.8	19.1	24.8 78	13.3 83	11.5	24.3	30.9 76	17.4 82
27	19.6	18.3	19.0	25.5 73	14.7 83	10.8	24.5	33.0 68	18.5 71,92
28	18.2	19.0	19.0	24.5 67	13.8 87	10.7	24.6	34.1 73	18.6 87
29	18.9	18.5	19.1	25.5 87	12.9 87	12.6	24.4	31.9 87	18.2 89
30	18.9	18.6	19.1	25.4 87	12.9 87	12.5	24.8	32.8 87	15.7 88
31	12.9	18.9	19.1	25.0 87	13.4 66	11.6	24.1	32.5 89	16.2 88
Mittel	18.7	19.0	19.3	26.1	13.1	12.6	24.8	33.6	17.0

Monatsextreme 1857/92

Grösstes Tagesmittel	28.6	am 11. 70.
Kleinstes ,,	11.4	, 1. 81 u 12 88.
Differenz:	17.2	
Grösstes Tagesmaximum	36.6	, 21. 46.
Kleinstes ,,	14.1	, 8. 81
Differenz:	22.5	
Grösstes Tagesminimum	21.9	, 4. 59.
Kleinstes ,,	7.3	, 14 88.
Differenz:	14.6	
Differenz des grössten Maximums und kleinsten Minimums	29.3	
Grösste Tagesamplitude	20.0	, 8. 74
Kleinste ,,	2.6	, 1. 63.

Lufttemperatur. — Tageskalender.

Tabelle 4.

°C.

Juli

Tagesminimum 1857/92			Differenz d. grössten Max u. kleinsten Min	Tagesamplitude 1857/92			Tag
mittleres	grösstes	kleinstes	mittlere		grösste	kleinste	
13,5	19.0 91	9.1 98	23.1	9.9	16.5 72	2.6 85	1
13.8	18.8 59.77	7.5 44	25.4	9.7	16.3 83	1.0 86	2
13.9	20.0 65	8.8 58	26.4	10.4	19.5 92	4.9 71	3
14.3	21.9 69	9.8 78	26.4	10.6	14.4 87	4.4 91	4
14.2	20.0 59,83	8.6 76	23.9	10.6	17.1 88	3.2 85	5
14.2	20.0 81	10.0 61,79	23.6	10.2	16.4 77	5.7 93	6
13.8	18.0 48	8.2 60	24.3	10.2	14.9 78	5.4 79	7
13.9	19.2 69	8.2 77	23.0	10.2	20.0 14	2.9 64	8
11.7	18.4 70,83	9.2 77	24.2	9.6	19.1 74	3.1 83	9
11.7	17.8 73,83	9.5 67	23.5	9.8	19.2 74	5.5 91	10
13.6	19.9 65	9.0 88	26.0	10.6	18.8 70	5.1 58	11
14.1	18.2 78	8.6 88	23.9	11.1	16.1 59	1.8 82	12
14.7	18.4 69	8.9 65	26.9	10.5	18.8 83	5.8 83	13
14.6	19.0 59	7.3 88	25.2	10.4	16.6 65	5.2 88	14
14.7	19.7 87	9.8 84	23.7	11.2	17.0 65	5.5 92	15
15.1	20.0 84	9.8 79	25.4	10.6	16.3 87	6.3 87	16
14.8	19.6 65	7.8 68	28.4	10.6	16.6 65	5.7 87	17
14.8	20.2 65	9.3 59	24.5	10.6	16.8 59	5.5 90	18
14.7	21.4 59	9.7 64	25.7	10.7	16.5 46	3.2 90	19
14.7	21.3 81	8.4 63	27.8	10.5	16.2 74	3.3 90	20
14.8	21.8 59	9.8 77	26.8	10.4	17.1 88	3.6 61	21
14.2	19.5 59	9.1 62	23.4	10.9	17.7 74	4.6 79	22
11.9	20.0 46	9.7 92	24.1	10.9	17.6 76	6.1 64	23
14.9	19.2 74	10.3 80	23.1	9.1	17.6 89	3.8 86	24
14.6	17.8 68,69,78	10.0 71	22.5	10.1	16.9 57	4.4 77	25
14.9	20.1 87	9.6 90	21.8	9.4	14.6 68	3.6 87	26
14.3	19.1 68	9.5 82	23.5	10.2	16.5 92	1.6 67	27
14.3	20.5 59 72	10.0 60,71	21.1	10.3	16.6 57	5.4 58	28
15.4	20.0 59	9.6 67	22.3	9.0	17.0 92	1.1 68	29
14.1	19.5 87	10.9 68	21.0	10.7	16.4 61	2.7 82	30
14.4	21.2 87	8.6 67	23.9	10.0	19.8 87	5.1 86	31
14.4	19.7	9.2	24.4	10.3	17.1	4.5	Mittel

Monatsmittel 1857.92

	Lufttemperatur					Zahl der	
	6 h a	2 h p	10 h p	Tagesmittel	Frosttage	Eistage	Sommertage
Mittlere	16.6	23.5	17.7	19.3	—	—	14.9
Grösste	20.0 56	29.2 55	22.2 89	23.8 59	—	—	29 89
Kleinste	13.9 84	19 4 85	15.0 88	16.1 85	—	—	1 85
Differenz	6.1	9.8	7.2	7.7	—	—	—

Differenz der Mittel: 2ʰp - 6ʰa = 6.9
 „ „ „ 2ʰp - 10ʰp = 5.8
Mittl. „ „ Extreme 10.3

Monatsm. der interdiurnen Veränderlichkeit:
1857.53 = 1.60
1858.92 = 1.39

Tabelle 4.　　　Lufttemperatur. — Tageskalender.
°C.

August

Tag	Mittl. Tagesmittel		Tagesmittel 1857/92				Tagesmaximum 1857/92		
	1757/57	1857/56	mittleres	grösstes	Jahr	kleinstes	Jahr	Differenz	mittleres	grösstes	Jahr	kleinstes	Jahr
1	18.9	12.3	18.9	21.2 78	11.2 91	10.0	21.8	31.6 64	16.7 82
2	18.2	19.1	18.5	25.1 57	15.0 88	10.1	23.9	33.1 87	17.8 77
3	18.8	19.6	18.7	26.9 57	11.6 88	12.3	21.2	35.4 87	19.0 77
4	18.8	19.5	18.6	27.1 57	12.1 86	15.3	21.2	35.8 87	17.6 82
5	19.2	19.0	19.1	27.2 57	12.8 88	14.1	21.8	35.1 87	15.7 88
6	19.5	19.2	19.2	21.6 57	12.5 91	12.1	25.0	31.3 81	17.0 88
7	19.1	18.6	19.0	24.1 68	13.0 88	11.1	21.4	30.4 58	18.3 88
8	19.3	18.5	19.0	25.4 59	11.6 89	10.8	24.4	35.0 59	17.6 80
9	19.5	19.1	19.4	25.0 59	11.6 80	10.4	24.7	33.2 59	17.5 89
10	19.4	19.4	19.0	25.9 48	15.0 49	10.9	24.5	36.0 48	17.9 70
11	18.8	19.6	18.7	26.5 48	13.5 49	13.0	23.9	33.2 48	16.5 73
12	18.9	19.4	19.0	25.5 75	13.9 49,87	11.6	21.1	32.9 61	17.5 49
13	18.6	19.4	19.3	21.6 71	13.4 88	11.2	25.1	32.0 41	17.6 88
14	19.0	19.6	19.1	24.1 76	13.5 89	10.9	24.7	32.8 76	17.5 88
15	18.9	19.0	19.3	25.2 74	13.8 83	11.4	21.7	33.1 76	19.1 88
16	18.2	19.3	19.3	25.8 68	11.4 81	11.4	21.7	32.9 81	15.8 81
17	18.2	19.1	18.6	27.9 92	12.3 82	15.6	21.2	36.2 92	17.8 82
18	18.0	18.2	18.0	26.9 92	13.1 84	13.5	23.1	36.8 92	17.2 87
19	18.1	19.1	18.4	25.7 92	11.9 70	13.8	23.5	34.7 92	16.6 80
20	18.5	12.1	18.3	23.8 77	13.8 87,88	10.0	23.6	32.0 87	18.5 85
21	18.1	19.1	18.2	23.0 79	13.6 83	9.4	23.6	31.0 78	18.0 87
22	18.6	18.8	18.1	23.1 92	12.8 85	10.6	23.2	31.8 92	16.2 82
23	18.3	18.9	17.9	23.0 87	13.0 70	10.0	23.3	31.2 87	15.8 70
24	18.6	18.3	17.4	23.8 92	13.1 64	10.7	22.7	31.5 92	16.0 64
25	17.9	17.8	17.5	22.5 59	12.1 64	10.1	23.0	31.2 59	16.2 64
26	17.9	17.5	17.8	21.6 59	11.4 70	13.2	23.2	33.6 59	11.2 70
27	17.0	17.8	17.9	25.0 56	11.6 56	13.4	23.5	31.2 59	15.5 64
28	17.5	18.1	17.8	24.5 65	11.1 64	12.1	23.0	32.6 65	12.8 70
29	17.8	17.9	17.4	22.4 61	12.8 88	9.6	22.5	30.9 61	15.1 85
30	18.0	18.1	16.9	22.9 92	12.0 70	10.9	22.3	30.1 92	15.6 48
31	18.1	17.4	16.8	22.5 64	10.9 90	11.6	22.2	30.3 88	15.5 90
Mittel	18.5	18.8	18.4	24.8	13.1	11.6	23.9	32.9	16.8

Monatsextreme 1857/92

Grösstes Tagesmittel	. . . .	27.9	am 17. 92.
Kleinstes „	. . . .	10.9	, 31. 90.
	Differenz:	17.0	
Grösstes Tagesmaximum	. . . .	36.8	, 18. 92.
Kleinstes „	. . . .	12.8	, 26. 70.
	Differenz:	24.0	
Grösstes Tagesminimum	. . . .	21.3	, 18. 92.
Kleinstes „	. . . .	5.0	, 28. 64.
	Differenz:	16.3	
Differenz des grössten Maximums und kleinsten Minimums		31.8	
Grösste Tagesamplitude	. . . .	20.1	, 8. 59.
Kleinste „	. . . .	1.8	, 29. 64.

Lufttemperatur. — Tageskalender.

Tabelle 4.

°C.

August

Tagesminimum 1857/92			Differenz d grösaten Max u. kleinsten Min.	Tagesamplitude 1857/92			Tag
mittlere	grösste	kleinste		mittlere	grösste	kleinste	
		Jahr				Jahr		Jahr	
14.0	19.9 87	10.2 63	21.4	10.8	17.6 64	3.1 82	1
13.7	18.0 79,81	9.2 71	23.9	10.2	16.2 61	3.5 73	2
14.0	19.2 87	10.0 71	25.1	10.2	16.2 57	5.0 84	3
13.9	20.2 79	9.0 88	26.8	10.3	17.2 63	6.8 91	4
13.8	19.8 87	8.5 82	26.6	11.0	18.7 78	5.2 90	5
13.8	20.5 87	8.4 86	22.9	11.2	17.1 61	7.0 88	6
14.1	19.1 73	9.6 78	20.8	10.3	17.5 87	5.6 72	7
14.1	19.2 88	7.5 89	27.5	10.3	20.1 59	4.4 73,77	8
14.8	19.2 64	10.7 89	22.5	9.9	15.7 59,78	3.9 89	9
14.2	20.2 68	10.5 89	25.5	10.3	17.2 83	2.9 70	10
14.0	19.6 68	9.0 79	24.2	9.9	14.8 61	6.0 82	11
14.2	19.8 85	8.7 87	21.2	10.2	16.1 61	3.1 81	12
14.4	19.9 61	9.0 87	23.0	10.7	17.3 89	5.7 89	13
14.3	17.8 82	8.4 88	21.4	10.1	16.6 87	5.0 88	14
14.3	17.9 59	8.3 83	21.8	10.4	17.2 78	6.0 78	15
14.5	19.6 63	9.0 74,85	23.9	10.2	16.0 71	1.6 81	16
14.1	21.2 68	8.5 83	27.7	10.1	16.9 58	3.8 86	17
13.8	21.3 92	8.1 83	28.7	10.1	16.0 91	3.6 59	18
13.7	19.6 90	7.1 64	27.6	9.8	16.0 86	2.8 80	19
14.0	18.3 92	7.2 88	21.8	9.6	15.5 87	5.0 84	20
13.5	18.5 77	8.6 84	22.1	10.1	13.8 76	1.8 88	21
13.9	18.8 77	8.7 85	23.1	9.3	14.1 92	1.3 63	22
13.1	17.3 88	8.2 87	23.0	9.9	14.6 92	5.0 85	23
13.2	17.5 47	7.6 89	23.9	9.5	14.1 92	1.6 87	24
12.7	17.1 87	7.5 85	23.7	10.3	17.6 89	5.7 90	25
13.1	17.6 73	7.8 78	25.8	10.1	16.4 59	4.2 76	26
13.1	20.0 59	6.2 74	25.0	10.4	17.0 82	3.2 81	27
13.2	18.1 59	5.0 84	27.6	9.8	18.6 87	4.6 76	28
12.8	17.8 85	7.5 84	23.1	9.7	18.8 87	1.8 87	29
12.7	17.2 60	8.8 70	21.8	9.6	15.2 87	3.8 88	30
12.5	18.0 88	6.7 90	23.6	9.7	16.3 64	4.7 71	31
13.7	19.0	8.4	24.5	10.2	16.6	4.5	Mittel

Monatsmittel 1857/92

	Lufttemperatur				Zahl der		
	6 h a	2 h p	10 h p	Tagesmittel	Frosttage	Eistage	Sommertage
Mittlere	15.3	22.9	17.0	18.4	—	—	11.8
Grösste	18.0 59	27.8 87	20.6 87	22.0 87	—	—	26 87,90
Kleinste	12.7 88	19.8 70	14.9 89	16.3 85,88,91	—	—	2 72
Differenz	5.3	8.0	5.7	5.7	—	—	—

Differenz der Mittel: 2ʰp - 6ʰa = 7.6   Monatsm. der interdiurnen Veränderlichkeit:

Mittl.   „   „   „ 2ʰp - 10ʰp = 5.9   1842 53 = 1.34

Mittl.   „   „ Extreme . . . . 10.2   1843 92 = 1.43

Tabelle 4.　　　　Lufttemperatur. — Tageskalender.

°C.

September

Tag	Mittl. Tagesmittel		Tagesmittel 1857/92				Tagesmaximum 1857/92		
	1784/77	1857/86	mittleres	grösstes	Jahr	kleinstes	Jahr	Differenz	mittleres	grösstes	Jahr	kleinstes	Jahr
1	17.9	17.3	16.7	22.9 86	11.3 90	11.6	22.1	30.5 86	16.5 74
2	17.3	17.0	17.2	23.7 86	11.1 90	12.6	23.0	30.7 86	16.0 89
3	17.1	16.5	17.3	23.6 86	11.9 90	11.7	22.8	30.8 61	17.8 90
4	17.6	16.6	17.2	23.0 86	11.8 77	11.2	22.8	30.0 78	15.9 77
5	17.8	16.1	17.8	22.8 72	11.5 77	11.3	22.6	29.6 74	16.0 77
6	18.0	15.8	17.2	22.2 72	10.7 92	11.5	22.8	29.0 65	12.8 92
7	18.1	15.9	16.7	22.8 71	11.5 77	11.3	21.6	29.4 65	13.0 77
8	17.3	15.9	16.4	23.2 71	10.7 92	12.5	21.5	29.8 71	12.7 92
9	16.1	15.9	16.0	22.0 65	10.1 92	11.9	20.8	28.8 65	11.6 92
10	15.9	16.4	16.0	22.5 65	11.3 85	11.2	21.2	31.2 89	15.2 81
11	16.0	14.4	15.5	20.6 65	10.6 85	10.0	20.6	27.2 68	12.5 85
12	15.8	16.0	15.5	21.9 72	10.9 60	11.0	20.8	29.5 72	16.2 86
13	15.6	14.8	15.3	21.5 61	11.0 61,76	10.5	20.7	30.0 67	15.3 82
14	15.5	14.8	15.2	21.1 58	10.5 87	10.6	20.7	28.2 86	14.2 87
15	14.6	15.1	14.9	20.1 58	10.1 89	10.0	20.4	26.2 68	15.0 89
16	14.5	15.3	14.4	19.1 58	7.8 89	11.3	19.6	26.1 62	12.0 89
17	15.1	15.3	14.7	19.8 58	9.2 89	10.6	20.0	26.6 68	13.2 89
18	15.3	15.1	14.7	18.5 58	8.2 77	10.3	20.1	26.9 57	13.5 77
19	14.6	14.9	14.1	18.1 58,88	9.3 89	8.8	19.6	26.2 68	14.4 82
20	11.0	14.3	11.2	19.0 68	9.8 77	9.2	19.4	23.9 68	13.8 77
21	14.5	14.5	13.9	18.2 92	8.6 77	9.6	18.7	26.1 85	11.6 77
22	14.9	13.8	13.4	18.3 74	7.4 77	10.9	17.9	25.1 68	11.3 89
23	11.3	14.1	13.3	19.6 74	8.2 19	11.4	18.1	27.0 74	12.3 81
24	13.8	13.3	13.6	19.0 74	6.1 81	10.6	18.6	26.0 71	12.0 81
25	14.1	12.9	13.3	18.8 68	5.9 77	12.9	18.0	27.0 89	11.8 89
26	13.9	12.6	12.9	20.0 89	5.2 77	14.8	17.8	26.2 89	10.5 71
27	13.8	12.5	13.2	20.1 89	6.1 77	14.0	18.4	26.2 89	11.0 79
28	13.4	12.8	13.8	19.6 89	8.4 81,77	11.2	19.0	27.0 87	11.8 85
29	12.6	13.1	13.9	18.8 85	9.5 85,80	9.3	18.9	26.2 89	12.4 89
30	12.8	12.9	13.4	19.4 89	7.8 87	11.6	18.6	25.6 89	13.0 89
Mittel	15.4	14.6	15.0	20.7	9.5	11.2	20.2	27.8	13.5

Monatsextreme 1857/92

Grösstes Tagesmittel . . . . 23.7 am 2 86.
Kleinstes　　„　　. . . . . . . 5.2 „ 26. 77.
　　　　　　　　　　　Differenz: 18.5
Grösstes Tagesmaximum . . . . 31.2 „ 10. 89.
Kleinstes　　„　　. . . . . . . 10.5 „ 26 71
　　　　　　　　　　　Differenz: 20.7
Grösstes Tagesminimum . . . . 19.8 „ 4. 86.
Kleinstes　　„　　. . . . . . . 0.0 „ 27 77.
　　　　　　　　　　　Differenz: 19.8
Differenz des grössten Maximums und kleinsten Minimums 31.2
Grösste Tagesamplitude . . . . 21.2 „ 11. 77.
Kleinste　　„　　. . . . . . . 1.5 „ 31. 61.

Lufttemperatur. — Tageskalender.
°C.

Tabelle 4.

September

Tagesminimum 1857/92			Differenz d grössten Max u. kleinsten Min	Tagesamplitude 1857/92			Tag
mittleres	grösstes	kleinstes		mittlere	grösste	kleinste	
		Jahr				Jahr		Jahr	
12.2	17.2	88	4.5	70	26.0	9.9	11.9	71	2.2	89	1
12.2	19.0	84	5.6	89	25.1	10.8	17.6	41	6.8	81	2
12.6	18.3	88	5.4	90	25.4	10.2	19.2	41	1.9	89	3
13.1	19.8	88	5.0	89	25.0	9.2	16.5	89	3.2	74	4
12.5	17.6	88	7.2	77	22.6	10.1	17.8	89	5.0	91	5
12.7	18.3	86	5.9	89	23.1	10.1	16.9	76	4.4	98	6
12.9	18.1	76	6.2	76	21.2	8.7	11.2	65	3.0	77	7
12.5	17.3	88	8.8	72,75	21.0	9.0	15.2	75	3.3	92	8
11.9	17.8	57	8.1	88	20.7	8.9	15.6	87	3.0	92	9
11.5	17.5	65	6.5	92	21.7	9.7	17.4	89	4.0	81	10
11.3	17.0	65	7.1	81	20.1	9.1	21.2	77	2.6	82	11
11.0	15.7	86	6.2	60	23.3	9.8	14.2	68	3.1	80	12
10.7	16.6	88	5.0	88	25.0	10.0	16.0	75	4.3	88	13
10.7	15.4	87,88	5.5	81	22.7	10.0	14.9	65	3.7	85	14
10.6	15.8	88	4.8	74	21.4	9.8	13.6	82	4.4	88	15
10.1	14.5	84	5.0	89	23.1	9.5	14.6	66	4.0	80	16
10.5	11.5	82	5.0	86	21.6	9.5	16.6	62	2.2	59	17
10.5	15.8	79	5.5	89	21.4	9.6	15.6	78	4.2	89	18
9.5	14.0	88	2.5	89	23.7	10.1	17.0	76	4.0	87	19
9.6	15.4	91	2.0	74	21.9	9.8	15.5	66	4.1	77	20
9.8	15.0	78	4.1	70,71	22.0	8.9	15.2	65	1.5	82	21
9.7	14.4	81	4.4	87	20.7	8.2	18.9	65	3.8	84	22
8.9	14.6	65	1.2	78	25.8	9.3	14.5	74	2.0	68	23
9.2	15.0	89,74	3.0	89	25.0	9.1	11.5	82	4.8	76	24
9.4	11.5	88	2.3	81	24.7	8.6	14.7	74	2.1	79	25
8.7	15.0	88	0.1	77	25.8	9.1	14.1	74	2.3	79	26
8.8	16.0	89	0.0	77	26.2	9.6	13.9	71	3.2	79	27
9.4	16.1	89	0.8	87	26.2	9.6	11.5	57	1.2	71	28
9.6	13.8	72	3.8	77	22.4	9.3	15.7	89	2.1	72	29
9.0	14.4	88	1.9	87	23.7	9.6	14.2	88	1.8	89	30
10.7	16.1		4.5		23.1	9.5	16.7		3.5		Mittel

Monatsmittel 1857/92

	Lufttemperatur					Zahl der	
	6 h a	2 h p	10 h p	Tagesmittel	Frosttage	Eistage	Sommertage
Mittlere	11.7	19.5	13.9	15.0	—	—	3.9
Grösste	13.5	24.4	88	16.5	83	17.9	65	—	—	12	81,86
Kleinste	8.6	77	15.6	77	10.3	77	11.5	77	—	—	0
Differenz	4.9	8.8	6.2	6.4			

Differenz der Mittel: 2 h p - 6 h a = 7.8   Monatm. der interdiurnen Veränderlichkeit:
    „   „   „   2 h p - 10 h p = 5.6   1842 53 = 1.30
Mittl.   „   „ Extreme . . . . 9.5   1883 92 = 1.30

Tabelle 4. **Lufttemperatur. — Tageskalender.**
°C.

Oktober

Tag	Mittl. Tagesmittel 1750-77	1878-96	Tagesmittel 1857-92 mittleres	grösstes (Jahr)	kleinstes (Jahr)	Differenz	Tagesmaximum 1857-92 mittleres	grösstes (Jahr)	kleinstes (Jahr)
1	12.5	12.8	12.9	19.1 74	7.1 88	12.0	17.8	25.0 74	10.8 71
2	12.4	13.3	12.2	17.5 59,78	7.2 88	10.3	16.9	23.8 73	9.5 88
3a	12.5	13.1	11.7	17.5 58	1.8 44	12.7	16.2	23.5 78	9.8 84
4	11.5	11.1	11.6	18.6 77	3.2 44	15.3	16.1	23.5 69	8.6 84
5	11.3	11.8	11.7	17.1 76	4.4 81	12.7	16.1	23.4 55	6.6 81
6	10.9	12.9	11.2	17.1 69	4.9 88	12.5	15.9	21.8 55	9.1 81
7	11.3	12.8	11.8	17.0 55	5.8 88	11.2	16.2	23.1 55	9.6 88
8	11.4	11.9	11.4	16.5 41	5.4 88	11.1	15.7	22.0 61	8.7 88
9	11.4	11.3	10.8	17.8 61	5.1 88	12.7	14.8	22.8 74	6.0 88
10	11.1	11.1	10.2	18.3 61	3.9 77	14.4	14.3	25.0 61	7.0 88
11	10.8	11.3	10.1	17.8 61	4.9 84	12.9	14.3	25.0 76	7.8 84
12	10.5	11.0	10.1	18.1 76	4.9 84	13.2	13.9	22.5 76	8.1 87
13	10.5	9.3	9.9	17.4 76	3.1 87	14.0	13.8	23.4 76	8.0 87
14	10.3	9.0	10.2	17.1 76	3.9 87	13.5	14.3	23.8 76	9.2 87
15	9.6	9.3	9.9	16.2 63,78	1.7 87	14.5	14.2	23.8 68	6.8 87
16	9.1	9.1	9.5	14.6 59,76	3.7 87	10.9	13.5	20.6 59	5.8 88
17	9.3	9.8	9.7	13.8 83	3.2 77	10.6	13.1	18.0 74	7.5 79
18	9.6	9.8	9.4	14.9 59	3.0 69,81	11.9	13.7	20.4 74	6.7 94
19	9.8	10.1	8.9	15.9 74	3.0 69,77	12.0	13.0	20.6 64,74	7.0 81
20	9.3	9.8	8.9	11.7 91	3.0 68	11.7	12.3	18.4 91	7.5 68,88
21	8.8	8.3	7.9	14.0 91	2.4 90,92	11.6	11.4	16.9 78	6.1 90
22	8.0	8.0	8.1	15.5 78	2.6 69	12.9	11.8	19.1 78	5.0 90
23	7.9	8.8	8.0	13.9 73	2.9 92	11.0	11.1	17.0 91	4.8 90
24	7.8	8.5	8.1	12.4 57	0.6 90	11.8	11.3	16.6 64	4.1 90
25	8.6	8.4	7.8	12.2 85,88	1.8 94	10.9	10.8	16.2 84	3.2 92
26	9.3	8.3	7.3	11.6 85,64,88	0.1 87	11.5	10.6	16.8 88	4.5 81,87
27	9.4	8.8	7.1	13.7 80	0.1 87	13.6	10.3	15.8 88	4.5 87
28	8.3	8.3	6.6	13.9 80	0.4 69	13.5	9.9	13.9 80	1.5 89
29	8.3	8.0	6.5	10.7 89	−1.6 89	12.3	9.6	15.0 88	2.3 69,81
30	8.4	7.8	6.8	13.9 69	0.1 89	12.9	10.0	15.2 89	1.2 89
31	8.3	6.9	6.7	12.9 77	0.3 81	12.6	9.3	15.2 88	2.1 69
Mittel	9.9	10.1	9.4	15.5	3.1	12.4	13.3	20.3	6.4

Monatsextreme 1857-92

Grösstes Tagesmittel	19.1	am 1.74.
Kleinstes	− 1.6	29.89.
Differenz:	20.7	
Grösstes Tagesmaximum	25.0	1.74.
Kleinstes „	1.2	30.69.
Differenz:	23.8	
Grösstes Tagesminimum	15.6	5.73.
Kleinstes „	− 6.9	31.89.
Differenz:	22.5	
Differenz des grösten Maximums und kleinsten Minimums	31.9	
Grösste Tagesamplitude	16.8	8.85.
Kleinste „	1.3	24.90.

Lufttemperatur. — Tageskalender.

Tabelle 4.

*C.

Oktober

Tagesminimum 1857/92			Differenz d. grössten Max u. kleinsten Min	Tagesamplitude 1857/92			Tag
mittlere	grösste	kleinste		mittlere	grösste	kleinste	
	Jahr	Jahr			Jahr	Jahr	
8.6	15.2 ₈₇	2.5 ₈₁	22.5	9.2	14.9 ₈₆	3.2 ₆₆	1
8.3	14.6 ₈₉	1.5 ₈₇	22.3	8.6	13.6 ₆₃	3.5 ₉₁	2
8.0	13.5 ₈₆	1.2 ₆₄	22.6	8.2	12.9 ₆₈	4.4 ₈₉	3
7.6	14.8 ₇₈	—0.2 ₈₄	21.0	8.8	15.4 ₆₃	4.4 ₆₈	4
7.6	15.6 ₇₈	—1.0 ₆₄	24.4	8.5	14.6 ₆₄	2.8 ₈₇	5
7.2	13.2 ₆₈	1.0 ₈₈	23.8	8.7	14.3 ₇₈	3.9 ₈₇	6
6.6	12.7 ₈₆	0.2 ₇₇	22.9	9.6	16.1 ₇₄	3.8 ₈₇	7
7.4	12.4 ₈₀	1.8 ₆₆	20.2	8.3	16.8 ₆₆	3.8 ₈₇	8
7.5	14.1 ₆₁	2.9 ₉₀	19.9	7.3	13.7 ₇₆	2.4 ₈₉	9
6.9	15.0 ₆₁	—0.8 ₇₇	23.8	7.4	12.4 ₈₉	2.5 ₇₅,₈₉	10
6.2	13.5 ₆₁	0.6 ₇₇	22.4	8.1	12.6 ₈₉	3.1 ₆₀	11
6.5	14.1 ₇₄	1.0 ₇₀	21.5	7.4	12.0 ₆₁	3.7 ₈₇	12
6.2	12.9 ₆₂	0.8 ₈₇	22.6	7.6	13.0 ₉₀	2.9 ₈₁	13
6.5	12.2 ₆₃	—1.6 ₈₇	25.1	7.8	14.2 ₇₇	2.0 ₇₉	14
6.8	13.0 ₇₆	0.6 ₇₁	23.2	7.9	14.5 ₇₇	2.2 ₇₈	15
5.8	13.5 ₇₄	—1.3 ₈₇	21.9	7.7	12.4 ₇₆	2.1 ₇₆	16
6.1	13.0 ₈₃	1.5 ₆₆	16.5	7.3	11.9 ₆₄,₇₁	3.4 ₆₆	17
5.9	12.4 ₅₉	—3.0 ₈₁	23.4	7.8	13.4 ₈₄	3.0 ₉₀	18
5.1	11.2 ₆₉	—2.1 ₆₉	22.7	7.9	16.2 ₈₄	3.1 ₈₅	19
5.9	12.0 ₇₄	—1.8 ₆₆	20.2	6.4	14.7 ₆₆	1.6 ₆₆	20
4.9	12.6 ₉₁	—1.0 ₇₇	17.9	6.5	13.0 ₇₇	2.0 ₈₃	21
4.7	12.2 ₇₈	—1.9 ₉₂	20.1	7.1	13.1 ₆₆	3.2 ₈₀	22
4.8	10.6 ₇₃	—3.0 ₈₇	20.0	6.3	11.3 ₈₇	2.6 ₆₆	23
5.1	10.8 ₇₃	—2.0 ₈₀	18.6	6.2	10.4 ₈₄	1.3 ₉₀	24
4.1	10.4 ₄₈	1.2 ₆₈	17.4	6.7	12.0 ₈₁	2.6 ₇₆	25
4.1	8.8 ₈₄,₆₅	—2.9 ₈₇	19.7	6.5	11.4 ₈₈	1.6 ₈₀	26
3.8	9.6 ₆₇	—3.5 ₈₇	19.3	6.5	12.4 ₆₁	3.2 ₆₈	27
3.4	9.7 ₈₀	4.9 ₈₇	20.8	6.5	11.7 ₆₉	2.7 ₄₉	28
3.1	7.8 ₈₇	—4.4 ₈₉	19.1	6.5	11.7 ₇₁	2.1 ₇₅	29
3.9	11.9 ₄₃	—6.9 ₆₉	22.1	6.1	12.2 ₇₁	1.8 ₇₉	30
4.0	10.0 ₆₈	—2.8 ₆₈	18.0	5.3	9.7 ₅₇	1.6 ₇₃	31
5.9	12.3	—1.9	21.3	7.4	13.2	2.8	Mittel

Monatsmittel 1857/92

	Lufttemperatur				Zahl der	
	6 h a	2 h p	10 h p	Tagesmittel	Frosttage	Eistage	Sommertage
Mittlere	7.0	12.7	8.6	9.4	1.6	—	0.0
Grösste	9.2 ₄₇,₇₄	16.1 ₄₇	11.1 ₈₁	12.0 ₈₇	10 ₆₉	—	1 ₇₄
Kleinste	3.9 ₇₁	8.8 ₈₇	5.2 ₈₁	6.0 ₈₁	0	—	
Differenz	5.3	7.3	5.9	6.0	—	—	—

Differenz der Mittel: 2ʰp - 6ʰa = 5.7   Monatsm. der interdiurnen Veränderlichkeit:

", ", ", 2ʰp - 10ʰp = 4.1   1842/53 — 1.38

Mittl. ", ", Extreme . . . 7.4   1883/92 — 1.37

Tabelle 4. Lufttemperatur. — Tageskalender.
°C.

Tag	Mittl. Tagesmittel		Tagesmittel 1857-92				Tagesmaximum 1857-92			
	1750/77	1847/66	mittleres	grösstes	Jahr	kleinstes	Jahr	Differenz	mittleres	grösstes	Jahr	kleinstes	Jahr

(November)

Tag	1750/77	1847/66	mittleres	grösstes	kleinstes	Differenz	mittleres	grösstes	kleinstes
1	7.8	7.4	6.5	11.6 ⁶⁷	0.9 ⁸¹	10.7	9.4	16.0 ⁵⁹	2.0 ⁸¹
2	4.5	7.3	6.0	12.9 ⁵⁸	0.1 ⁷⁸	12.8	8.8	13.7 ⁸⁸	1.5 ⁸¹
3	7.1	6.6	5.6	10.0 ⁶⁷	— 1.0 ⁵⁸	11.0	8.3	12.8 ⁸²	1.4 ⁸⁸
4	7.4	6.1	5.9	10.9 ⁶³	— 2.0 ⁵⁸	12.9	8.6	13.5 ⁶⁹	1.0 ⁹¹
5	7.5	6.3	6.2	11.9 ⁶⁸	— 0.6 ⁷⁶	12.5	9.1	15.8 ⁸⁷	1.4 ⁵⁸
6	7.3	5.8	6.2	12.8 ⁵⁹	— 1.3 ⁸⁸	14.1	8.8	16.2 ⁵⁹	1.5 ⁸⁸
7	6.8	5.8	6.2	14.2 ⁵⁹	— 2.2 ⁶⁴	16.4	8.9	17.5 ⁵⁹	1.6 ⁸⁸
8	7.0	5.8	6.0	11.0 ⁵⁹,⁷⁷	— 2.1 ⁵⁸,⁶⁴	13.4	8.4	16.9 ⁷⁷	0.0 ⁵⁸
9	7.6	6.0	5.3	11.2 ⁷⁷	— 1.6 ⁵⁸	12.8	7.7	18.2 ⁷⁷	0.8 ⁵⁸
10	7.6	5.4	4.7	11.4 ⁷⁷	— 4.8 ⁵⁹	16.2	7.3	14.8 ⁷⁵	— 1.0 ⁵⁸
11	4.9	5.1	4.7	10.8 ⁷⁷	— 3.8 ⁷⁶	11.6	7.6	13.2 ⁷⁷	— 0.4 ⁷⁶
12	4.6	4.5	3.9	10.5 ⁸¹	— 1.9 ⁷⁶	12.4	6.5	12.2 ⁸¹	— 0.8 ⁷⁶
13	6.0	4.5	4.1	13.1 ⁴⁶	— 1.0 ⁵⁸	14.1	6.9	15.2 ⁶⁴	2.0 ⁷³
14	5.6	5.1	4.5	11.1 ⁸⁰	— 0.2 ⁵⁸,⁷¹,⁸⁹	11.3	7.3	16.5 ⁷⁵	1.6 ⁸⁹
15	5.6	4.9	4.3	10.6 ⁶⁹	— 1.0 ⁸⁷	11.6	6.7	13.5 ⁸¹	1.0 ⁷⁹
16	5.0	4.9	4.5	10.5 ⁶⁹,⁸⁰	— 5.5 ⁸²	16.0	6.8	12.8 ⁴⁹	— 3.0 ⁸⁷
17	5.2	4.9	4.3	9.6 ⁹⁰	— 5.3 ⁸⁷	14.9	6.4	12.2 ⁹⁰	— 1.2 ⁸⁷
18	4.9	4.3	4.2	9.8 ⁷⁵	— 1.3 ⁸⁷	11.1	7.4	11.6 ⁷⁵	0.4 ⁵⁸
19	3.6	3.8	3.6	9.9 ⁸⁶,⁹¹	— 3.4 ⁵⁸	13.3	6.1	11.9 ⁷⁰,⁹¹	— 0.8 ⁵⁸
20	3.1	4.0	2.7	9.8 ⁸⁸	— 4.9 ⁵⁸	14.7	5.4	13.4 ⁸⁸	— 1.4 ⁵⁸
21	2.5	4.0	2.5	10.2 ⁷²	— 3.2 ⁵⁸	13.4	4.4	12.2 ⁷²	— 1.1 ⁵⁸
22	2.3	4.1	3.2	11.7 ⁶¹	8.8 ⁵⁸	20.5	5.3	11.8 ⁴⁶	— 5.8 ⁵⁸
23	2.6	4.0	3.7	11.7 ⁸¹	— 11.1 ⁵⁸	22.8	6.1	14.2 ⁸¹	— 6.5 ⁵⁹
24	2.8	4.1	3.0	10.5 ⁶⁵	— 9.6 ⁵⁸	20.1	5.3	15.8 ⁶⁵	— 7.5 ⁵⁸
25	2.6	3.6	3.5	11.1 ⁶⁵	— 4.6 ⁶⁹	15.7	5.7	16.2 ⁴⁵	— 2.2 ⁶⁹
26	2.6	3.4	3.7	11.5 ⁷²	— 7.0 ⁹⁰	18.5	5.7	12.1 ⁸⁸	— 2.2 ⁹⁰
27	3.0	3.3	4.1	12.8 ⁷²	— 9.7 ⁹⁰	22.5	6.1	11.5 ⁷²	— 6.2 ⁹⁰
28	2.8	2.8	3.7	12.0 ⁷²	— 9.3 ⁹⁰	21.3	5.5	14.2 ⁷²	— 7.5 ⁹⁰
29	3.0	2.6	3.1	10.4 ⁷³	— 6.4 ⁹⁰	16.8	5.0	12.9 ⁷³	— 5.5 ⁹⁰
30	3.4	2.9	2.8	14.0 ⁸⁵	— 5.5 ⁹⁰	19.5	4.8	15.1 ⁸⁵	— 3.5 ⁷⁵
Mittel	5.1	4.8	4.4	11.2	— 4.0	15.0	6.9	14.2	— 1.4

Monatsextreme 1857-92

Grösstes Tagesmittel		14.2 am 7. Nv.
Kleinstes "		—11.1 . 23. 58.
	Differenz:	25.3
Grösstes Tagesmaximum		17.5 . 7. 9v.
Kleinstes "		— 8.5 . 19. 58
	Differenz:	26.0
Grösstes Tagesminimum		12.0 . 7. 59.
Kleinstes "		—14.6 . 24. 58.
	Differenz:	26.6
Differenz des grössten Maximums und kleinsten Minimums		32.1
Grösste Tagesamplitude		21.1 . 23. 58.
Kleinste "		0.7 . 2. 83 u 16.59.

Lufttemperatur. — Tageskalender.

°C.

Tabelle 4.

November

Tagesminimum 1857/92			Differenz d. grössten Max. u. kleinsten Min.	Tagesamplitude 1857/92			Tag
mittleres	grösstes	kleinstes		mittlere	grösste	kleinste	
	Jahr	Jahr			Jahr	Jahr	
3.8	9.8 72	— 2.0 58	18.0	5.6	10.8 58	1.6 74	1
3.4	8.5 82	— 2.5 78	16.2	5.4	10.0 60	0.7 88	2
2.9	9.4 82	— 3.1 58	15.9	5.4	11.5 87	1.3 74	3
2.9	10.0 82	— 5.9 58	19.4	5.7	10.0 84,75	1.1 85	4
3.1	10.8 88	— 4.8 76	20.6	6.0	10.6 77	2.5 82	5
3.3	10.2 88	— 3.7 91	19.9	5.5	10.3 71	1.2 76	6
3.4	12.0 58	— 5.0 64	22.5	5.5	9.9 67	1.7 60	7
3.2	9.1 57	— 6.4 58	23.8	5.2	11.4 77	2.2 89	8
2.8	9.8 77	— 5.2 91	18.4	4.9	9.0 61	1.5 67,82	9
1.7	9.1 77	—11.6 58	26.4	5.6	13.0 75	1.7 92	10
2.0	9.4 77	— 6.0 76	19.2	5.6	10.4 91	2.5 70	11
1.3	8.3 81	— 6.5 78	16.7	5.2	8.0 78,84	1.3 91	12
1.2	8.4 81	— 5.0 58	20.2	5.7	9.5 76	2.4 68,92	13
1.6	10.3 80	— 3.4 59	19.9	5.7	11.8 76	1.3 66	14
1.8	7.4 81	— 3.8 67	17.3	4.9	8.7 57	2.0 64	15
2.0	8.8 49	— 7.8 67	20.6	4.8	10.8 87	0.7 59	16
1.8	7.6 90	—10.2 67	22.4	4.6	11.4 87	1.5 58,59	17
1.7	7.6 65	— 6.0 81	17.6	5.7	8.8 79	1.7 77	18
0.8	7.8 68	— 8.5 58	20.4	5.3	9.6 88	2.8 72	19
0.2	7.8 91	—11.2 58	24.6	5.2	12.6 58	1.2 89	20
0.0	8.0 78,90	— 7.6 58	19.8	4.4	9.8 81	1.8 46	21
0.5	6.9 46	—10.8 58	25.6	4.8	16.6 58	1.2 89	22
1.3	9.0 81	—14.6 58	28.8	4.8	21.1 58	1.2 66	23
0.3	9.0 82	—13.2 58	29.0	5.0	20.7 58	1.4 71	24
1.0	8.2 88	— 8.8 49	25.0	4.7	10.2 89	1.4 88	25
1.1	7.5 46	—11.4 90	23.8	4.6	10.7 81	1.1 59	26
1.7	8.8 77	—12.0 90	26.5	4.4	7.9 64	1.4 73	27
1.1	8.8 73	—12.2 90	26.4	4.1	6.8 74	1.9 73	28
0.9	6.1 46,78	— 8.5 90	21.4	4.1	8.3 77	1.1 65,92	29
0.6	7.5 81	— 8.4 90	23.5	4.2	9.0 74	1.2 69	30
1.8	8.7	— 7.5	21.7	5.1	11.0	1.8	Mittel

Monatsmittel 1857/92

	Lufttemperatur				Zahl der		
	6 h a	2 h p	10 h p	Tagesmittel	Frosttage	Eistage	Sommertage
Mittlere	3.0	6.3	4.0	4.4	8.6	0.9	—
Grösste	6.1 77	9.2 77	6.8 91	7.2 77,78	23 58	7 54	—
Kleinste	-3.0 58	1.2 58	-1.2 58	-1.0 58	0 77	—	—
Differenz	9.1	8.0	8.0	8.2	—	—	—

Differenz der Mittel: 2ʰp - 6ʰa = 3.3

" " 2ʰp-10ʰp = 2.3

Mittl. " " Extreme 5.0

Monatsm. der interdiurnen Veränderlichkeit:

1842 53 = 1.45

1863/92 = 1.51

Tabelle 4. Lufttemperatur. — Tageskalender.
°C.

December

Tag	Mittl. Tagesmittel 1788-71	1857/94	Tagesmittel 1857/92 mittleres	grösstes (Jahr)	kleinstes (Jahr)	Differenz	Tagesmaximum 1857/92 mittleres	grösstes (Jahr)	kleinstes (Jahr)
1	3.3	2.9	2.0	9.1 61	— 5.2 75	14.3	4.2	13.8 86	— 4.4 75
2	3.1	2.6	1.5	11.5 76	— 7.9 79	19.4	3.6	12.9 76	— 5.2 79
3	2.9	1.9	1.2	10.0 76	— 9.2 79	19.2	3.5	12.9 76	— 5.9 79
4	3.0	1.8	1.2	9.8 76	— 9.1 70	18.9	3.3	11.5 76	— 6.2 70
5	2.0	2.0	1.5	11.4 91	— 6.5 70	17.9	3.2	14.8 86	— 4.5 70
6	1.5	2.5	1.9	13.1 68	— 7.9 71	21.0	4.0	15.6 68	— 3.3 71,75
7	1.4	2.6	1.5	11.5 88	—14.1 75	24.6	3.9	15.2 88	— 9.6 75
8	1.1	1.4	0.7	10.2 68	—14.9 79	25.1	2.6	12.5 68	—11.8 79
9	1.9	1.4	0.8	8.6 84	—10.8 79	19.4	2.8	10.5 87	— 9.4 71
10	1.8	2.0	0.7	8.9 91	—15.2 79	24.1	2.9	11.5 91	—13.1 79
11	2.0	0.6	0.7	7.2 80	—12.6 71	19.8	3.0	12.0 91	— 7.8 71
12	1.9	—1.4	1.0	8.1 68	—11.7 85	19.8	3.3	10.8 68	— 8.8 85
13	1.9	—0.3	1.3	9.2 68	— 9.5 71	19.0	3.3	11.5 91	— 8.0 71
14	1.8	—0.4	1.6	9.0 88	—11.5 79	20.5	3.4	10.5 86	— 8.8 79
15	1.6	0.9	1.8	8.8 70	—11.4 79	20.2	3.7	12.5 70	— 7.9 79
16	2.3	1.3	1.7	9.0 68	—12.5 79	21.5	3.6	11.0 70	— 7.5 69,64,79
17	2.1	1.1	1.4	7.9 67	— 8.5 89	16.4	3.4	9.5 67	— 6.0 89
18	1.6	0.6	1.4	8.0 79	—10.0 89	18.0	3.2	11.4 81	— 6.1 89
19	2.5	0.1	1.0	9.6 49	—11.9 89	21.5	2.8	12.5 68	— 8.8 89
20	2.0	—0.4	1.0	9.2 80	— 9.4 89	18.6	2.6	10.0 80	— 6.1 89
21	1.8	— 0.3	0.5	6.1 78	—10.4 79	16.5	2.6	9.0 76	— 6.0 70
22	2.4	0.1	0.6	9.6 68	—14.4 79	24.0	2.4	12.0 68	—11.6 79
23	2.0	0.0	0.6	9.3 80	—12.6 70	21.9	2.6	10.2 76	—10.0 70
24	1.1	0.4	0.1	9.4 80	—14.8 70	24.2	2.0	10.6 80	—11.8 70
25	1.4	1.3	—0.6	7.1 66	—12.5 70	19.6	1.4	8.8 89	— 9.5 70
26	1.6	0.6	0.1	7.8 82,88	—10.4 84	18.2	1.8	10.4 82	— 8.5 70
27	1.1	0.0	—0.1	8.9 83	— 8.8 64	17.7	2.1	12.2 86	— 7.5 70
28	—0.1	0.6	0.0	11.3 83	—10.1 74	21.4	2.1	12.3 87	— 7.0 74
29	0.8	—1.0	0.2	9.3 83	—10.9 87	20.2	2.1	11.9 80	— 6.8 87
30	1.1	—0.5	0.2	9.8 82	—10.3 90	20.1	2.1	11.8 80	— 8.6 70
31	1.9	0.3	0.0	10.2 89,78	—13.0 87	23.2	2.0	11.5 78	— 8.0 87
Mittel	1.8	1.1	0.9	9.3	—10.9	20.2	2.9	11.7	— 8.0

Monatsextreme 1857/92

Grösstes Tagesmittel . . . . 13.1 am 6 88
Kleinstes „ . . . . —15.2 , 10.79
  Differenz: 28.3
Grösstes Tagesmaximum . . . . 15.6 , 6 88
Kleinstes „ . . . . —13.1 , 10.79
  Differenz: 28.7
Grösstes Tagesminimum . . . . 10.9 , 6 88
Kleinstes „ . . . . —18.8 , 10.79
  Differenz: 29.6
Differenz des grössten Maximums und kleinsten Minimums 34.4
Grösste Tagesamplitude . . . . 15.8 , 21.89
Kleinste „ . . . . 0.6 , 6.58 u 76 15, 6? u 73, 31 64

Lufttemperatur. — Tageskalender.
°C.

Tabelle 4.

Dezember

Tagesminimum 1857.92			Differenz d. grössten Max. u. kleinsten Min.	Tagesamplitude 1857.92			Tag
mittleres	grösstes (Jahr)	kleinstes (Jahr)		mittlere	grösste (Jahr)	kleinste (Jahr)	
—0.1	6.9 85	— 7.3 84	21.1	4.8	12.6 67	1.4 89	1
—1.1	6.6 74	— 9.6 79	22.5	4.9	11.8 67	1.2 64	2
—1.5	6.0 74	—12.8 79	25.7	5.0	8.3 70	1.8 90	3
—1.2	7.2 74	—12.5 76	24.0	4.5	9.2 62	1.0 86	4
—0.9	10.7 91	—11.0 70	25.8	4.1	10.9 68	1.7 90	5
—0.3	10.8 68	—12.1 79	27.7	4.3	10.0 79	0.6 68,74	6
—0.9	7.5 73	—15.2 75	30.4	4.6	8.3 68	1.0 87	7
—1.8	9.0 84	—18.2 71	30.7	4.4	8.2 51	1.1 68	8
—1.9	6.8 94	—15.9 79	26.4	4.7	8.7 79	0.8 85	9
—2.2	6.3 80	—18.8 79	30.3	5.1	11.2 67	1.4 85	10
—1.8	5.0 80	—15.8 71	27.8	4.8	9.0 73	0.7 67	11
—1.8	6.2 82	—16.9 71	27.7	5.1	10.7 71	1.6 58	12
—1.1	8.8 88	—12.5 71	21.0	4.4	10.5 91	0.7 58	13
—0.8	5.5 91	—14.0 79	24.5	4.2	7.6 70	0.8 58	14
—0.3	6.2 70	—13.5 79	26.0	4.0	6.6 68,87	0.6 60,78	15
—0.6	6.9 86	—17.8 79	28.8	4.2	10.8 79	1.0 58	16
—0.8	6.0 87	—15.2 79	24.7	4.2	13.2 79	1.2 84	17
—0.8	4.8 73	—13.8 89	25.2	4.0	8.1 68	1.4 89	18
—1.2	7.0 68	—14.0 89	26.5	4.0	10.0 90	1.7 71,86	19
—1.3	6.0 86	—13.1 89	23.1	3.9	13.0 70	0.7 83	20
—1.8	2.8 68,80,88	—14.9 89	23.9	4.4	15.8 89	0.8 92	21
—1.4	6.9 88	—17.5 79	29.5	3.8	9.7 75	1.3 83	22
—1.7	7.5 87	—14.9 79	25.1	4.3	9.0 79	2.0 89	23
—2.1	8.1 80	—16.9 76	27.5	4.1	8.7 83	1.0 87	24
—2.9	6.9 88	—18.2 70	27.0	4.3	9.8 70	0.9 88	25
—2.5	5.0 88	—12.2 64	22.6	4.3	8.9 82	1.1 90	26
—2.5	6.2 88	—12.5 64	24.7	4.6	8.0 81	1.4 83	27
—2.4	9.9 68	—15.2 79	27.5	4.5	12.2 79	1.4 68	28
—2.5	7.5 80	—17.6 87	29.5	4.6	10.8 87	1.0 62	29
—2.1	7.5 82	—15.2 90	27.0	4.2	10.2 78	1.1 68	30
—2.1	8.8 89,78	—16.7 87	28.2	4.1	8.7 87	0.6 64	31
—1.5	7.0	—14.6	26.3	4.4	10.0	1.1	Mittel

Monatsmittel 1857.92

	Lufttemperatur				Zahl der		
	6 h a	2 h p	10 h p	Tagesmittel	Frosttage	Eistage	Sommertage
Mittlere	-0.2	2.2	0.6	0.9	16.6	7.5	--
Grösste	5.2 78	7.3 88	6.0 88	6.1 88	29 78	27 78	—
Kleinste	-10.0 79	-5.6 79	-6.2 79	-7.9 79	1 68	0 68,85	—
Differenz	15.2	12.9	14.2	14.0	—	—	—

Differenz der Mittel: 2ʰp - 6ʰa = 2.4
„   „   „   2ʰp - 10ʰp = 1.6
Mittl. „   „   Extreme 4.4

Monatam. der interdiurnen Veränderlichkeit:
1842.58 = 1.76
1883.92 = 1.85

Tabelle 5. **Lufttemperatur. — Pentadenübersicht.**
° C.

	Pentade	Pentadenmittel 1857/92				Mittl. Maximum 1857/92	Mittl. Minimum 1857/92	Mittl. Maximum 1768/77	Mittl. Minimum 1768/77	Interd. Veränderlichkeit 1857/92
		mittleres	grösstes (Jahr)	kleinstes (Jahr)	Differenz					
1	Jan. 1.— 5. Jan.	0.0	8.8 80	−11.2 71	20.0	2.1	−2.8	1.2	−1.8	2.0
2	„ 6.—10. „	0.0	7.5 77	−11.6 61	19.1	2.1	−3.6	0.8	−3.1	1.8
3	„ 11.—15. „	−0.3	6.8 72	−7.8 61	14.6	1.8	−2.6	1.3	−1.2	1.6
4	„ 16.—20. „	−0.2	6.9 76	−8.7 68	15.6	1.9	−2.8	0.8	−2.3	1.9
5	„ 21.—25. „	0.3	6.2 66	−9.8 81	16.0	2.5	−2.3	1.8	−2.0	1.9
6	„ 26.—30. „	0.9	6.3 80	−7.2 83	13.5	3.3	−1.7	2.0	−1.8	1.6
7	Jan. 31.— 4. Febr.	1.7	8.5 68	−6.6 88	15.1	4.8	−1.2	2.8	−1.0	1.9
8	Febr. 5.— 9. „	1.3	8.6 69	−6.4 79	15.0	3.9	−1.5	3.2	−0.3	1.6
9	„ 10.—14. „	0.8	8.0 77	−8.4 65	16.4	3.6	−2.3	3.0	0.9	1.7
10	„ 15.—19. „	2.7	7.8 69	−3.9 92	11.7	5.7	−0.3	5.9	1.4	1.7
11	„ 20.—24. „	2.6	7.6 61	−3.6 75	11.2	5.7	−0.3	6.4	1.8	1.3
12	„ 25.— 1. März	3.3	9.0 78	−3.8 89	12.8	6.7	0.0	7.3	2.1	1.3
13	März 2.— 6. März	3.4	8.9 80	−4.2 92	13.1	7.1	0.1	7.9	1.9	1.6
14	„ 7.—11. „	4.2	9.9 82	−4.4 86	11.3	8.0	0.6	7.6	1.2	1.7
15	„ 12.—16. „	3.7	10.8 69	−2.9 68	13.7	7.9	0.1	8.1	1.8	1.7
16	„ 17.—21. „	4.8	10.6 86	−0.9 87	11.5	9.2	0.9	9.8	2.4	1.7
17	„ 22.—26. „	5.2	12.7 71	−0.7 88	13.4	9.5	1.2	10.0	2.0	1.7
18	„ 27.—31. „	7.4	12.3 76	−0.5 65	12.8	12.0	3.5	11.0	1.6	1.8
19	April 1.— 5. April	8.4	12.7 84	3.9 88	8.8	13.5	3.9	12.2	2.9	1.5
20	„ 6.—10. „	9.0	14.6 82	2.4 64	12.2	14.1	4.7	13.0	3.5	1.7
21	„ 11.—15. „	8.7	16.9 49	4.0 79	12.9	13.8	4.0	14.8	4.8	1.5
22	„ 16.—20. „	10.1	17.5 65	4.3 84	13.2	15.2	5.4	13.8	4.9	1.8
23	„ 21.—25. „	10.9	17.0 85	4.6 84	12.4	16.3	6.1	16.5	6.1	1.9
24	„ 26.—30. „	11.0	15.7 82	4.6 78	11.1	16.2	6.1	17.4	8.5	1.8
25	Mai 1.— 5. Mai	11.7	18.9 62	6.7 77	12.2	17.1	6.8	17.4	7.1	1.6
26	„ 6.—10. „	12.6	18.4 48	9.2 92	9.2	18.5	7.6	19.8	8.4	1.8
27	„ 11.—15. „	13.8	18.5 60	7.8 85	10.7	19.2	8.6	18.9	8.2	1.8
28	„ 16.—20. „	14.6	20.7 68	9.0 71	11.7	20.0	9.4	19.9	9.6	1.8
29	„ 21.—25. „	15.2	20.7 68	8.3 87	12.4	20.7	9.8	21.9	10.5	1.7
30	„ 26.—30. „	16.3	23.6 68	10.6 84	13.0	21.6	10.9	20.5	10.9	1.7
31	Mai 31.— 4. Juni	17.5	23.0 74	11.8 71	11.2	23.0	12.2	21.8	11.0	2.1
32	Juni 5.— 9. „	17.8	24.8 68	10.8 71	14.0	23.4	12.6	22.8	11.8	1.3
33	„ 10.—14. „	16.9	23.6 89	11.5 91	12.1	22.2	12.0	22.8	12.2	2.2
34	„ 15.—19. „	16.9	25.1 88	11.8 86	13.3	22.1	12.0	23.8	11.8	1.4
35	„ 20.—24. „	18.5	23.7 61	13.0 84	10.7	23.9	13.3	22.8	12.6	1.5
36	„ 25.—29. „	18.7	23.7 57	13.1 71	10.6	24.2	13.7	23.6	13.2	1.7

Lufttemperatur. — Pentadenübersicht. Tabelle 5.
°C.

Pentade		Pentadenmittel 1857 92				Mittl. Maximum	Mittl. Minimum 1857 92	Mittl. Maximum	Mittl. Minimum 1755 77	Interd. Veränderlichkeit 1857/92
		mittleres	grösstes	kleinstes	Differenz					
37	Juni 30. - 4. Juli	18.6	25.6 89	12.5 90	13.1	21.0	13.8	22 1	12 8	1.5
38	Juli 5.— 9. „	18.9	23.8 89	14.2 84	9.6	24.3	14.3	23 1	13 1	1.4
39	„ 10. - 14. „	19.3	25.8 89	12.5 88	11.3	24.9	14.3	24 1	13 8	1.8
40	„ 15.—19. „	20.0	26.0 85	14.2 83	11.8	25.6	14.8	24 4	11 1	1.5
41	„ 20. 24. „	19.7	24.6 89	15.0 82	9.6	25.1	14.7	24 8	14 0	1.2
42	„ 25.—29. „	19.1	24 0 72	14.4 83	9.6	24.5	14.7	24 5	14 1	1.2
43	Juli 30.— 3. Aug.	18.9	24.1 87	11.6 87	9.5	24.4	14.0	24 8	13 8	1.3
44	Aug. 4.— 8. „	19.0	24.0 87	13.8 84	10.2	24.6	13.9	24 4	13 2	1.4
45	„ 9.—13. „	19.1	24.2 68	14.6 88	9.6	24.5	14.3	24 2	13 8	1.4
46	„ 14.—18. „	18.9	24.5 92	15.1 85	9.4	24.3	14.1	24 4	14 5	1.6
47	„ 19.—23. „	18.2	23.0 92	13.5 78	9.5	23.4	13.7	23 5	13 1	1.2
48	„ 24.—28. „	17.6	22.6 89	12.1 64	10.5	23.1	13.1	23 0	12 8	1.5
49	„ 29.— 2. Sept.	17.0	22.5 88	11.8 90	10.7	22.4	12.5	22 8	13 0	1.2
50	Sept. 3.— 7. Sept.	17.1	22.2 88	12.2 77	10.0	22.4	12.8	22 4	13 0	1.4
51	„ 8.—12. „	15.9	20.5 68	12.1 76	8.4	20.9	11.6	20 6	11 8	1.1
52	„ 13.—17. „	14.9	20.2 88	11.4 89	8.8	20.3	10.5	19 3	10 5	1.3
53	„ 18.—22. „	14.1	17.7 89	9.0 89	8.7	19.1	9.8	19 0	10 2	1.6
54	„ 23.—27. „	13.3	18.9 89	7.0 77	11.3	18.2	9.0	17 9	10 0	1.4
55	„ 28.— 2. Okt.	13.2	17.8 74	9.0 87	8.8	18.2	9.0	16 6	8 8	1.4
56	Okt. 3.— 7. Okt.	11.5	17.0 89	5.5 44	11.5	16.2	7.4	14 9	8 0	1.0
57	„ 8.—12. „	10.5	17.0 61	6.1 87	10.9	14.6	6.9	14 1	7 9	1.4
58	„ 13.—17. „	9.8	15.8 76	4.0 87	11.8	13.8	6.2	13 0	6 5	1.4
59	„ 18.—22. „	8.6	12.6 61	3.6 69	9.0	12.4	5.3	12 3	5 9	1.4
60	„ 23.—27. „	7.6	11.6 84	1.9 87	9.7	10.8	4.1	11 2	5 8	1.3
61	„ 28.— 1. Nov.	6.6	11.2 88	0.6 89	10.6	9.6	3.6	10 9	5 6	1.8
62	Nov. 2.— 6. Nov.	6.0	10.5 62	0.2 88	10.3	8.7	3.1	9 3	5 0	1.5
63	„ 7.—11. „	5.4	11.1 77	— 1.7 88	12.8	8.0	2.6	8 9	5 0	1.3
64	„ 12.—16. „	4.3	9.9 61	— 0.1 88	10.0	6.8	1.6	7 4	4 2	1.5
65	„ 17. 21. „	3.5	8.1 88	— 2.5 88	10.6	5.9	0.9	5 6	2 2	1.1
66	„ 22.—26. „	3.4	10.6 65	— 5.8 88	16.4	5.6	0.8	4 1	1 0	1.8
67	„ 27.— 1. Dez.	3.1	9.9 72	— 6.6 90	16.5	5.1	0.9	4 5	1 4	1.9
68	Dez. 2.— 6. Dez.	1.5	10.4 74	— 7.7 79	18.1	3.6	-1.0	3 9	1 1	2.1
69	„ 7.—11. „	0.9	7.5 84	— 12.7 79	20.2	3.0	-1.7	2 5	0 2	1.9
70	„ 12.—16. „	1.5	7.3 84	— 8.7 79	16.0	3.5	0.9	3 2	0 5	2.2
71	„ 17.—21. „	1.1	6.7 73	— 9.4 89	16.1	2.9	-1.2	3 2	0 5	1.8
72	„ 22.—26. „	0.1	7.5 68	—11.7 79	19.2	2.0	-2.1	3 0	0 5	1.5
73	„ 27.—31. „	0.1	9.0 82	— 9.5 87	18.5	2.1	-2.3	2 1	-0 3	1.6

Tabelle 6. Lufttemperatur. — Monats- und Jahres-Uebersicht.

° C.

Monatsmittel.

	6 h a	2 h p	10 h p	mittl.	grösstes	Jahr	kleinstes	Jahr	Diff	1837/56 mittl	grösstes	Jahr	kleinstes	Jahr	Diff	1756/83 mittl
Januar	-1.3	1.8	0.1	0.17	4.3	66	-4.3	71	8.6	-0.8	4.2 52		-7.9 38		12.1	-0.1
Februar	0.0	4.5	1.6	2.02	6.8	69	-2.5	70	9.3	1.4	5.1 50		-3.4 45		10.5	2.8
März	2.0	8.2	4.1	4.76	8.2	62	0.7	63	7.5	4.0	7.5 66		-2.3 64		9.7	5.6
April	6.4	14.0	6.8	9.68	13.1	65	7.2	91	5.9	9.4	13.0 40		5.8 57		6.3	9.9
Mai	11.3	18.6	12.6	14.15	19.2	68	11.3	74	7.9	14.3	17.0 47		11.4 51		5.6	14.6
Juni	15.3	22.0	16.1	17.80	22.2	68	14.6	71	7.6	18.0	24.4 43		16.1 41		4.3	17.5
Juli	16.6	23.5	17.7	19.27	23.8	59	16.1	68	7.7	19.6	23.2 52		14.6 63		3.6	19.0
August	15.3	22.9	17.0	18.41	22.0	57	16.3 95,96,91		5.7	18.6	22.1 42		15.8 43		6.3	18.8
Septbr.	11.7	19.5	13.9	15.03	17.9	68	11.5	77	6.4	14.4	17.6 66		13.1 67		4.5	15.5
Oktober	7.0	12.7	8.6	9.43	12.0	57	6.0	81	6.0	10.1	12.1 55		7.9 40		4.2	10.0
Novbr.	3.0	6.3	4.0	4.41	7.2 72 71		1.0	58	8.2	4.4	7.2 50		1.2 56		6.0	5.0
Dezbr.	-0.2	2.2	0.6	0.88	6.1	68	-7.9	79	14.0	1.1	5.4 82		-4.9 39		10.4	2.0

Monatsextreme.

	Mittel der monatlichen höchsten Temperaturen	niedrigsten	Differenz	Höchste Temperatur	Jahr	Niedrigste Temperatur	Jahr	Differenz	Höchste Temperatur	Jahr	Niedrigste Temperatur	Jahr	Differenz
Januar	9.5	-10.9	20.4	16.2	77	-21.2	61	37.4	13.9 54		-26.2 38		40.1
Februar	11.2	-8.4	19.6	15.7	85	16.7	89	32.4	14.9 46		-17.9 38		44.8
März	16.5	-5.3	21.8	22.5	90	-11.0	71	33.5	27.6 36		-18.1 31		40.7
April	22.9	-0.9	23.8	28.5	62	4.2	64	32.7	27.5 27		-6.2 44		33.7
Mai	28.1	2.8	26.3	34.8	92	0.0 61,71		34.8	36.0 27		-1.1 32		37.1
Juni	30.6	7.4	23.2	31.6	61	3.3	73	30.8	34.3 26		3.1 32		31.1
Juli	31.9	9.7	22.2	36.6	85	7.3	88	29.3	37.5 26		2.5 32		35.0
August	31.0	9.0	22.0	36.8	92	5.0	84	31.8	36.2 26		4.2 44		31.0
Septbr.	26.9	4.7	22.2	31.2	69	0.0	77	31.2	29.8 37,40		0.6 26		29.2
Oktober	20.5	-0.4	20.9	25.0	74	-6.9	89	31.9	25.4 41		-3.3 32		28.8
Novbr.	13.5	-5.1	18.6	17.5	59	14.6	88	32.1	17.0 40		-18.8 35		35.8
Dezbr.	10.2	-9.6	19.8	15.6	68	18.8	79	34.4	13.1 27,40		-20.0 62		33.1

Monatsmittel der interdiurnen Veränderlichkeit.

	Januar	Februar	März	April	Mai	Juni	Juli	August	Septbr.	Oktober	Novbr.	Dezbr.
1842/58	1.88	1.58	1.65	1.62	1.72	1.68	1.60	1.34	1.30	1.38	1.45	1.76
1883/92	1.81	1.54	1.60	1.60	1.75	1.68	1.39	1.43	1.30	1.37	1.54	1.88

Mittel der monatlichen grössten positiven und negativen Werthe der interdiurnen Veränderlichkeit.

	Januar	Februar	März	April	Mai	Juni	Juli	August	Septbr.	Oktober	Novbr.	Dezbr.
1883/92	+6.6	+5.0	+4.5	+4.1	+4.8	+4.0	+3.4	+3.6	+2.6	+3.5	+4.2	+5.5
	-4.1	-4.4	-5.2	-4.3	-6.1	-5.4	-4.2	-4.0	-3.9	-4.0	-4.7	-5.0
Mittel	+5.4	+4.7	+4.8	+4.2	+5.0	+4.7	+3.8	+3.8	+3.2	+3.8	+4.4	+5.4

Lufttemperatur. — Monats- und Jahres-Uebersicht. Tabelle 6.

° C.

Mittel der Jahreszeiten.

	1857 92						1837/56				1758 83
	6 h a	2 h p	10 h p	mittl.	grösstes	kleinstes	Diff.	mittl.	grösstes	kleinstes	Diff.	mittl.
Winter . .	-0.5	2.6	0.8	1.02	4.6 76.77	-2.9 79 80	7.5	0.5	5.5 45 46	-2.2 37 38	5.7	1.6
Frühling .	6.6	13.6	8.5	9.53	12.4 68	7.7 87	4.7	9.2	12.0 41	5.2 37	5.8	10.0
Sommer .	15.7	22.6	16.9	18.49	21.6 59	16.6 90	5.0	18.2	20.1 46	16.8 44	4.3	18.4
Herbst . .	7.2	12.8	8.8	9.62	11.8 66	7.8 87	4.0	9.8	11.4 64	8.0 42	3.4	10.2

Extreme der Jahreszeiten.

	1857 92						1826/56		
	Mittel der höchsten / niedrigsten Temperaturen		Differenz	Höchste / Niedrigste Temperatur		Differenz	Höchste / Niedrigste Temperatur		Differenz
Winter . . .	12.6	-13.3	25.9	16.2 77	-21.2 61	37.4	16.9 46	-27.9 30	44.5
Frühling . .	28.4	-5.4	33.8	31.8 92	-11.0 77	45.8	35.0 27	-18.1 31	54.1
Sommer . .	33.1	7.1	26.0	36.8 92	3.8 13	33.0	37.8 26	2.3 32	35.0
Herbst	26.9	-5.2	32.1	31.2 89	-14.6 58	45.8	29.8 27, 40	-18.8 35	48.6

Jahresübersicht.

	1857/92	1837/56	1758 83
Mittleres Jahresmittel .	9.67	9.5	10.0
Grösstes Jahresmittel	11.3 64	11.1 46	—
Kleinstes „	8.2 71	8.2 38	—
Differenz	3.1	2.9	—
Grösstes Monatsmittel	23.8 Juli 59	22.9 2 Juli 53	—
Kleinstes „	-7.9 Dez. 79	-7.9 9. Jan 38	—
Differenz	31.7	30.1	—
Grösstes Pentadenmittel	26.0 40. P. 65	—	—
Kleinstes „	-12.7 69. P. 79	—	—
Differenz	38.7	—	—
Grösstes Tagesmittel	28.6 11. Juli 70	28.2 7. Juli 45	—
Kleinstes „	-15.4 8. Jan 61	-20.0 16 Jan 38	—
Differenz	44.0	48.2	—
			1826/97
Höchste beobachtete Lufttemperatur	36.8 18 Aug 92	33.0 7 Juli 45	36.0 23 Juli 79
Niedrigste „ „	-21.5 4 Jan. 61	-25.0 16. Jan. 38	-27.9 2. Febr. 39
Differenz	58.3	58.0	63.9
Mittel der höchsten Sommertemperaturen . .	33.1	—	
„ „ niedrigsten Wintertemperaturen . .	-13.6	—	
Differenz	46.7	—	
		1863/92	1842/53	
Jahresmittel der interdiurnen Veränderlichkeit .	1.58	1.58	—
Mittel der jährlich grössten positiven u. negativen Werthe der interdiurnen Veränderlichkeit	+7.6 / -7.1	—	—
Grösste Werthe der interdiurnen Veränderlichkeit	+9.5 21 22 Jan. 92 / -9.1 28/29 März 92	—	—

Tabelle 7.

Lufttemperatur.

Häufigkeit des Vorkommens der einzelnen Temperaturen nach Gruppen in Promille. 1857/92.

Temperaturgruppe	Jan.	Febr.	März	April	Mai	Juni	Juli	Aug.	Sept.	Okt.	Nov.	Dez.
Von 27.9 bis 28.0	—	—	—	—	—	—	5	—	—	—	—	—
„ 27.9 „ 27.0	—	—	—	—	—	1	4	3	—	—	—	—
„ 26.9 „ 26.0	—	—	—	—	1	6	4	—	—	—	—	—
„ 25.9 „ 25.0	—	—	—	—	—	11	22	13	—	—	—	—
„ 24.9 „ 24.0	—	—	—	—	2	29	41	16	—	—	—	—
„ 23.9 „ 23.0	—	—	—	—	10	32	56	48	5	—	—	—
„ 22.9 „ 22.0	—	—	—	—	15	51	78	56	12	—	—	—
„ 21.9 „ 21.0	—	—	—	1	21	69	91	77	22	—	—	—
„ 20.9 „ 20.0	—	—	—	—	28	81	99	80	26	—	—	—
„ 19.9 „ 19.0	—	—	—	—	39	95	116	123	46	1	—	—
„ 18.9 „ 18.0	—	—	—	5	65	106	110	109	69	4	—	—
„ 17.9 „ 17.0	—	—	—	13	65	118	105	128	92	14	—	—
„ 16.9 „ 16.0	—	—	—	22	91	99	100	116	109	14	—	—
„ 15.9 „ 15.0	—	—	1	37	82	91	78	100	119	31	—	—
„ 14.9 „ 14.0	—	—	4	51	100	91	51	70	127	29	2	—
„ 13.9 „ 13.0	—	—	9	56	90	59	19	38	120	58	1	1
„ 12.9 „ 12.0	—	1	11	89	76	33	11	13	89	72	6	
„ 11.9 „ 11.0	—	4	22	92	70	26	3	5	83	103	22	4
„ 10.9 „ 10.0	5	16	33	109	71	8	—	1	31	130	33	8
„ 9.9 „ 9.0	7	18	64	92	62	4	—	—	30	129	61	16
„ 8.9 „ 8.0	10	31	69	103	53	—	—	11	95	61	21	
„ 7.9 „ 7.0	25	47	73	87	21	—	—	4	91	98	32	
„ 6.9 „ 6.0	39	57	101	78	18	—	—	2	72	93	51	
„ 5.9 „ 5.0	41	70	107	66	4	—	—	2	53	85	67	
„ 4.9 „ 4.0	77	91	110	48	2	—	—	—	45	85	74	
„ 3.9 „ 3.0	81	97	79	25	1	—	—	—	40	96	82	
„ 2.9 „ 2.0	85	116	75	16	—	—	—	—	11	91	83	
„ 1.9 „ 1.0	108	101	68	5	—	—	—	—	9	87	91	
„ 0.9 „ 0.0	93	68	52	4	—	—	—	—	8	71	94	
„ — 0.1 „ — 1.0	68	68	33	—	—	—	—	—	—	15	68	
„ — 1.1 „ — 2.0	61	57	29	—	—	—	—	—	1	25	66	
„ — 2.1 „ — 3.0	73	40	22	—	—	—	—	—	—	16	53	
„ — 3.1 „ — 4.0	54	37	17	—	—	—	—	—	—	8	46	
„ — 4.1 „ — 5.0	46	33	11	—	—	—	—	—	—	5	30	
„ — 5.1 „ — 6.0	29	18	5	—	—	—	—	—	—	4	21	
„ — 6.1 „ — 7.0	26	15	1	—	—	—	—	—	—	3	21	
„ — 7.1 „ — 8.0	22	4	—	—	—	—	—	—	—	—	18	
„ — 8.1 „ — 9.0	18	3	—	—	—	—	—	—	—	1	15	
„ — 9.1 „ — 10.0	6	4	—	—	—	—	—	—	—	3	11	
„ — 10.1 „ — 11.0	9	5	—	—	—	—	—	—	—	—	9	
„ — 11.1 „ — 12.0	9	—	—	—	—	—	—	—	—	1	5	
„ — 12.1 „ — 13.0	4	—	—	—	—	—	—	—	—	—	6	
„ — 13.1 „ — 14.0	2	1	—	—	—	—	—	—	—	—	1	
„ — 14.1 „ — 15.0	3	—	—	—	—	—	—	—	—	—	3	
„ — 15.1 „ — 16.0	1	—	—	—	—	—	—	—	—	—	1	

Tabelle 8. Lufttemperatur. — Frost-, Eis- und Sommertage.

Mittel und Extreme. 1857.92.

	Zahl der Frosttage Min. unter 0°			Zahl der Eistage Max. unter 0°			Zahl der Sommertage Max. 25° u. darüber		
	mittlere	grösste Jahr	kleinste Jahr	mittlere	grösste Jahr	kleinste Jahr	mittlere	grösste Jahr	kleinste Jahr
Januar . .	18.8	31 87	3 68	8.6	20 81	0 68 66	—	—	—
Februar . .	14.5	26 75.88	1 89	3.3	12 70	—	—	—	—
März . . .	10.6	27 83	1 61.63, 73, 92	0.6	1 90.92	—	—	—	—
April . . .	1.7	6 87	—	—	—	—	0.4	5 63	—
Mai . . .	—	—	—	—	—	—	5.0	21 68	0 66.80, 73.87
Juni . . .	—	—	—	—	—	. .	10.9	25 58	3 71 84
Juli . . .	—	—	—	—	—	—	14.9	29 59	1 68
August . .	—	—	—	—	—	—	11.8	26 61,89	2 72
September .	—	—	—	—	—	—	3.9	12 68 86	—
Oktober . .	1.6	10 89	—	—	—	—	0.0	1 74	—
November .	8.6	23 58	0 77	0.9	7 58	—	—	—	—
Dezember .	16.6	29 79	1 68	7.5	27 79	0 69 88, 72,80	—	—	—
Winter .	49.9	78 90 91	19 76/77	19.4	46 70.71	1 82/83	—	—	—
Frühling .	12.3	28 83	1 89	0.6	1 90,92	—	5.4	21 68	—
Sommer . .	—	—	—	—	—	—	37.6	70 69	20 82,91
Herbst . .	10.2	25 58	1 86	0.9	7 58	—	3.9	12 65,86	—
Ganze kalte bezw. warme Periode	72.3	98 84/85, 90/91	37 65/66	20.6	49 70,80	3 63 68	47.0	89 68	21 88

Tab. 9. Lufttemperatur.

Monatsmittel der Differenz Innenstadt — Aussenstadt in °C.

	Tagesmax. 1889.93	Tagesmin. 1872.95
Januar . .	1.3	1.2
Februar . .	1.4	1.3
März . .	1.3	1.0
April . .	1.6	1.0
Mai . .	2.0	0.9
Juni . .	2.3	0.9
Juli . .	2.3	0.7
August .	2.0	0.7
September .	1.8	0.5
Oktober . .	1.6	0.3
November .	1.0	0.7
Dezember .	1.6	1.0
Jahr . .	1.68	0.83

Tabelle 10. Temperatur

eines unbeschatteten. Max.-Therm., des Main- u. d. Grundwassers, verglichen mit der Lufttemperatur. 1871.80. Monatsm. °C.

	Max.-Therm.	Main-wasser	Grund-wasser	Lufttemperatur Mittl.	Tagesmittel	u. -extr.
Januar . .	7.3	2.0	7.9	0.5	2.8	—2.4
Februar . .	11.8	2.6	7.2	2.0	4.8	—1.0
März . .	18.0	5.5	7.5	5.4	9.6	1.4
April . .	23.3	10.2	8.1	10.0	14.8	5.2
Mai . .	27.8	13.9	9.1	13.0	18.1	7.6
Juni . .	31.7	18.4	10.3	18.0	22.5	12.1
Juli . .	34.0	20.4	11.6	19.7	25.1	14 1
August . .	33.7	19.9	12.2	19.0	24.4	13.8
September .	29.3	16.8	12.5	15.0	20.1	10.4
Oktober . .	20.6	10.8	12.3	9.5	13.1	5 8
November .	11.9	4.9	10.9	4.3	6.8	1.6
Dezember .	6.1	2.4	9.3	0.5	2.5	—2 2
Jahr . .	21.2	10.6	9.9	9.7	13.7	5.5

Tabelle 11.   **Absolute Feuchtigkeit.**
Dampfspannung in mm Quecksilber. 1880/92.

	Mittel						Extreme			
	6 h a	2 h p	10 h p	mittleres	grösstes	kleinstes	mittlere		absolute	
					Jahr	Jahr			Datum	Datum
Januar	3.8	4.0	3.9	3.9	5.3 94	3.2 87	7.0	1.8	9.6 1.93	0.9 1.84
Februar	4.0	4.3	4.3	4.2	5.2 85	3.3 86,90	7.1	1.9	8.9 28.83	1.2 1.89
März	4.4	4.7	4.7	4.6	5.7 87	3.5 88	9.0	2.0	11.1 11.80	1.2 23.84
April	5.5	5.2	5.8	5.5	6.2 85	4.9 81 92	9.0	2.6	11.3 30.85	1.6 17.87
Mai	7.8	7.4	8.0	7.7	9.6 89	6.5 80	12.8	3.8	14.6 30.82	1.6 1.80
Juni	9.9	9.6	10.3	9.9	11.3 89	8.6 90	14.6	5.4	17.1 34.88	4.3 1.90
Juli	11.1	10.6	11.4	11.1	11.9 82	9.7 92	16.2	6.9	18.5 5.83	5.9 6.87
August	10.7	10.2	11.3	10.6	12.5 88	9.2 85 87	15.7	6.6	16.9 10.86	5.0 15.87
September	9.1	9.5	9.8	9.5	10.1 84	8.2 89	14.0	5.6	17.1 2 86	4.1 16.86,26,89
Oktober	6.7	7.2	7.1	7.0	8.1 91	5.3 81	11.4	3.6	14.2 7.90	2.0 24.87
November	5.4	5.7	5.6	5.6	6.4 81	5.0 84	8.9	2.7	10.6 30.86	1.2 26.90
Dezember	4.4	4.5	4.5	4.4	5.8 80	3.0 90	7.7	2.0	9.5 27.83	1.1 29.87,30.90
Winter	4.0	4.3	4.2	4.2	5.0 83/84	3.4 79 86	8.2	1.1	9.8 27.12.83	0.9 1.1.84
Frühling	5.9	5.8	6.2	5.9	6.7 89	5.3 92	12.8	1.9	11.6 30.5.82	1.2 23.3.84
Sommer	10.6	10.1	11.0	10.5	11.4 89	10.0 81	15.4	5.4	18.5 5.7.83	4.3 1.6.90
Herbst	7.1	7.5	7.5	7.4	8.2 84	6.9 89	14.0	2.7	17.4 2.9.86	1.2 26.11.90
Jahr	6.9	6.9	7.2	7.0	7.6 83	6.5 87	16.6	1.1	18.5 5.7.83	0.9 1.1.84

Tabelle 12.   **Relative Feuchtigkeit.**
Procente. 1880/92.

	Mittel						Extreme			
	6 h a	2 h p	10 h p	mittleres	grösstes	kleinstes	mittlere		absolute	
					Jahr	Jahr			Datum	
Januar	86	77	85	83	86 82,90	76 81	99	51	100	36 20.92
Februar	86	69	83	79	82 85,89,92	75 86,90	97	43	100	28 16.84
März	83	57	76	72	78 88	60 80	97	31	99	14 24.80
April	73	47	71	65	72 89	59 92	95	24	98	14 10.92
Mai	76	46	71	65	75 87	53 80	94	25	98	11 1.80
Juni	79	52	77	69	77 91	62 81	95	31	98	22 20.87
Juli	81	53	78	71	76 82	62 81	95	34	98	27 2.81,4.87
August	84	53	79	72	78 82,90	64 87	96	32	99	22 17.92
September	86	60	81	78	84 82	72 86	96	38	100	33 25.87
Oktober	90	69	86	83	86 82	76 81	99	43	100	33 18.80,26,88
November	88	77	86	84	87 92	76 88	99	50	100	37 9.86
Dezember	88	79	87	85	88 88	80 90	98	57	100	49 29.90
Winter	87	75	85	82	85 88,89	80 79,90	99	40	100	28 18.2.84
Frühling	79	50	73	67	72 89	59 80	97	21	98	11 1.6.80
Sommer	81	53	78	71	76 91	64 87	97	28	98	22 20.6.87,17.8.92
Herbst	89	69	85	81	85 82	78 88	99	36	100	27 17.9.86,18.9.80
Jahr	84	62	80	75	79 82	72 80 81	100	21	100	11 1.5.80

Tabelle 13.

Bewölkung.

Bewölkung 0—10. für „heitere Tage" kleiner als 2, für „trübe Tage" grösser als 8. 1880/92.

	Bewölkung					Zahl der heiteren Tage			Zahl der trüben Tage		
	6 h a	2 h p	10 h p	mittl.	grösste	kleinste	mittl.	grösste	kleinste	mittl.	grösste	kleinste
Januar	7.2	6.9	6.5	6.9	8.6 86	5.0 80	4.5	10 80	0 84	15.5	23 86,87	8 91
Februar	6.5	6.2	5.7	6.1	7.2 89	3.5 91	5.2	11 91	1 89	11.8	16 84	3 91
März	5.4	5.7	4.6	5.3	7.6 88	3.1 86	7.7	14 86	1 86	8.5	17 88	3 80,92
April	5.2	6.1	4.6	5.3	6.6 88	3.7 92	5.8	12 92	0 89	7.0	11 84	2 92
Mai	4.9	5.6	4.1	4.9	7.0 87	4.0 83,94	7.3	12 84	1 87,91	6.0	13 87	3 83,92
Juni	5.4	6.1	4.6	5.4	7.7 88	3.7 83	5.0	13 87	1 88,91	6.3	16 86	2 88
Juli	5.3	5.9	4.6	5.2	7.5 89	3.8 86,87	5.3	12 81 83	0 89	6.3	14 86	1 87
August	5.2	5.4	4.2	4.9	6.8 88	3.5 87	6.6	13 87	1 81	5.2	12 88	3 83,87 91,92
September	5.4	5.6	4.4	5.1	6.8 82	3.2 88	7.3	15 88	2 82 89	7.0	18 85	3 88,89,90
Oktober	7.0	6.8	5.9	6.6	7.8 84	4.8 91	2.8	9 86	0 89	11.5	17 83,85 84,87	3 91
November	7.7	7.3	6.9	7.3	8.2 86	6.1 85	2.5	7 86	0 82 83	15.4	18 86,89	12 84
Dezember	7.6	7.5	7.4	7.5	8.8 84	4.7 90	2.5	12 90	0 83, 86,87	17.2	25 84	10 90,91 92
Winter	7.1	6.9	6.5	6.8	7.9 83/84	4.7 90/91	12.2	31 90,91	4 83/84	44.5	56 83/84	21 90,91
Frühling	5.2	5.8	4.4	5.2	6.1 88	3.9 92	20.8	35 92	6 91	21.8	31 88	8 92
Sommer	5.3	5.8	4.5	5.2	6.5 82	3.8 87	16.9	35 87	1 91	17.8	31 88	11 87,92
Herbst	6.7	6.6	5.7	6.3	7.6 83	5.1 91	12.6	25 86	3 82	33.9	43 83	22 91
Jahr	6.1	6.3	5.3	5.9	6.6 82	5.2 92	62.6	82 92	38 89	118.0	144 86	80 92

Tabelle 14.

Thau, Reif und Nebel.

	Zahl der Tage mit Thau 1882/95			Zahl der Tage mit Reif 1857/92			Zahl der Tage mit Nebel 1857/92		
	mittlere	grösste	kleinste	mittlere	grösste	kleinste	mittlere	grösste	kleinste
Januar	—			3.0	12 89	—	4.2	13 76	—
Februar	0.1	1 83 92	—	4.9	16 89	—	3.2	10 78	—
März	1.6	6 88,84	—	4.7	12 95	—	1.5	6 77,79	—
April	3.0	8 94	—	1.4	4 70	—	0.7	2 64,65,71 76,77,84	—
Mai	2.6	6 94,95	—	0.2	3 64	—	0.5	3 78,77	—
Juni	3.1	7 94	—	—	—	—	0.5	3 64	—
Juli	3.7	9 85,90	—	—	—	—	0.6	4 62	—
August	10.4	15 95	1 80,81	—	—	—	1.1	6 75	—
September	13.8	20 95	3 86 91	0.1	2 67 77	—	2.3	5 63,88	—
Oktober	8.7	17 89,91	2 84,87	2.8	12 86	—	4.3	12 74	—
November	1.7	4 85,94	—	4.5	11 59,60	—	4.4	10 76	1 66,71, 88
Dezember	—	—	—	4.0	16 90	—	4.9	15 76	0 83,84
Winter	0.1	1	—	11.9	39 90/91	2 65 66, 69 70	12.3	29 78/76	3 84 85
Frühling	7.2	16 94	1 91	6.3	12 85 92	0 74	2.7	11 77	0 64,65, 71,52
Sommer	17.2	31 95	8 86 87	—	—	—	2.2	7 69,78	0
Herbst	24.2	34 91	14 87	7.4	15 84	1 83	11.0	21 63	4 72
Jahr	48.7	56 90	24 87	25.6	50 91,92	13 83	28.2	63 76	12 83

Tabelle 15.

Winde.

Häufigkeit der Winde in Procenten. 1859.92.

	N	NE	E	SE	S	SW	W	NW	Stille
Januar	4.4	13.7	13.7	5.6	11.4	30.7	9.1	2.8	8.2
Februar . . .	7.9	13.6	15.4	5.2	7.2	26.7	13.2	3.6	7.2
März	11.7	14.5	13.4	4.4	6.7	23.5	15.0	6.4	4.4
April	13.9	18.1	15.1	4.0	5.5	18.4	13.2	7.1	4.7
Mai	15.5	16.6	12.8	2.6	7.1	19.7	13.1	6.5	6.0
Juni	14.7	12.4	11.9	2.5	7.2	19.7	16.0	7.4	8.2
Juli	11.3	9.3	9.2	3.1	8.6	25.0	17.1	6.3	10.1
August	9.8	10.6	9.1	2.9	7.9	26.9	15.7	5.7	11.4
September . .	8.0	8.4	13.5	3.8	10.0	27.5	10.1	3.3	15.0
Oktober . . .	6.5	10.5	12.1	4.7	10.1	27.0	10.4	2.9	15.7
November . .	7.6	12.1	13.8	4.6	10.5	28.3	10.2	2.4	10.3
Dezember . .	6.9	13.9	11.2	4.8	9.5	32.7	10.2	2.8	8.0
Winter	6.5	13.7	13.4	5.2	9.4	30.0	10.8	3.0	7.8
Frühling . . .	13.7	16.4	13.8	3.7	6.4	20.5	13.8	6.7	5.0
Sommer . . .	11.9	10.8	10.1	2.8	7.9	23.9	16.3	6.5	9.9
Herbst	7.4	10.5	13.1	4.4	10.2	27.6	10.2	2.9	13.7
Jahre	9.9	12.8	12.6	4.0	8.5	25.5	12.8	4.8	9.1

	Lage der Luvseite 1859.92	Windstärke 0—12 1859/79	1880/92	Zahl der Sturmtage 1859.93 mittlere	grösste	kleinste
Januar	E SE Sn SW	2.2	2.1	1.2	5	—
Februar . . .	E SE SW N	2.4	2.3	0.7	4	—
März	SW W NW N	2.5	2.5	1.1	8	—
April	E SW NW N	2.4	2.4	0.6	3	—
Mai	SW W NW N	2.4	2.4	1.2	5	—
Juni	SW W NW N	2.3	2.3	0.7	4	—
Juli	SW W NW N	2.3	2.3	1.4	7	—
August	SW W NW N	2.2	2.3	1.2	5	—
September . .	E SE Sn SW	2.1	2.0	0.3	1	—
Oktober . . .	E SE Sn SW	2.1	2.2	1.6	5	—
November . .	E SE Sn SW	2.2	2.2	0.8	3	—
Dezember . .	E SE Sn SW	2.2	2.2	2.0	9	—
Winter	E SE S SW	2.3	2.2	3.9	10	—
Frühling . . .	SW W NW N	2.4	2.4	2.9	9	—
Sommer . . .	SW W NW N	2.3	2.3	3.3	11	—
Herbst	E SE Sn SW	2.1	2.1	2.7	7	—
Jahre	SW W NW N	2.3	2.3	12.8	27	6 92,94,95

Tabelle 16.

Niederschlagshöhe.

Messungen im Botanischen Garten. — mm.

	Mittlere				Grösste	Kleinste	Grösste Höhe eines Tages 1866/95		
	1856/65	1866/95	1856/95	1857/92	1856/95	1856/95	Mittlere	Absolute	
					Jahr	Jahr			Datum
Januar	49.9	39.0	44.1	42.4	123.2 44	5.0 89	9.7	23.2	1.83
Februar	36.7	32.9	34.8	32.6	102.2 89	0.8 96	8.8	19.0	2.93
März	37.7	41.7	39.7	43.0	110.2 78	5.4 80	10.8	26.5	4.80
April	36.0	34.1	35.0	33.0	115.5 18	0.0 83	11.5	33.2	29.71
Mai	57.5	46.0	51.8	49.5	156.0 58	4.4 84	13.8	32.0	13.98
Juni	72.9	63.7	68.3	69.0	196.3 61	11.6 58	18.4	64.0	17.63
Juli	70.3	80.5	75.4	77.1	208.1 82	19.3 63	22.7	60.5	4.78
August	70.8	56.6	63.7	58.0	173.2 80	(10.8) 51	17.4	62.7	10.70
September	51.4	45.3	48.3	44.8	91.3 76	0.7 83,90	14.4	36.3	17.79
Oktober	50.1	63.9	57.0	57.3	117.4 80	2.0 61	18.1	44.4	23.94
November	55.2	53.6	54.4	53.9	153.8 72	10.7 67	12.1	24.2	10.72
Dezember	47.2	56.1	51.2	51.1	111.7 45	1.1 90	11.8	21.4	18.69 u. 4.84
Winter	133.8	127.0	130.4	126.1	319.8 65/66	35.4 90/91	14.1	23.2	1.83
Frühling	131.2	121.8	126.5	125.5	279.2 56	35.5 80	18.7	33.2	29.71
Sommer	214.0	200.8	207.4	204.1	366.8 64	83.8 69	28.2	64.0	17.83
Herbst	156.7	162.8	159.8	156.0	325.9 82	93.2 88	22.5	44.4	23.94
Jahr	635.7	612.4	621.0	611.7	937.0 82	366.4 64	31.9	64.0	17.83

Tabelle 17.

Niederschlagshöhe.

Messungen an 3 verschiedenen Stellen, 1889/95. — mm.

K. Kanalschleuse bei Niederrad, B. Botanischer Garten, F. Friedberger Warte.

	Mittlere Summen			Grösste Summen			Kleinste Summen		
	K.	B.	F.	K.	B.	F.	K.	B.	F.
				Jahr	Jahr	Jahr	Jahr	Jahr	Jahr
Januar	25.0	40.6	37.9	63.8 90	88.5 90	79.9 90	4.4 89	5.0 89	4.2 89
Februar	19.4	32.5	25.7	58.9 93	86.1 93	79.4 93	1.1 91	1.1 90	1.0 90
März	24.1	32.7	30.0	35.0 91	50.8 91	46.6 91	11.9 93	17.8 93	12.7 93
April	19.7	23.9	24.7	42.0 91	45.1 91	43.6 91	0.0 93	0.0 93	0.4 93
Mai	36.6	46.6	47.2	51.2 88	70.8 89	81.5 90	14.2 92	16.1 92	11.5 93
Juni	53.3	63.9	66.2	93.5 91	127.2 91	103.0 91	35.5 93	46.2 93	45.6 93
Juli	60.4	69.1	70.6	95.5 93	113.1 93	113.6 93	36.9 92	35.9 92	40.6 89
August	45.7	49.9	45.7	84.3 90	92.7 90	92.7 90	29.3 92	29.4 92	16.6 92
September	29.1	35.5	34.1	61.1 94	71.6 94	59.6 94	0.8 90	0.7 90	0.5 90
Oktober	58.3	67.4	70.2	106.4 94	108.8 94	114.0 94	40.9 88	45.6 89	41.7 89
November	37.2	47.0	48.4	63.8 93	66.8 93	82.3 93	18.9 92	20.7 92	20.8 92
Dezember	30.7	43.9	38.5	59.3 95	75.0 95	63.2 95	0.8 90	1.1 90	1.9 90
Jahr	439.5	553.0	538.2	496.2 91	628.8 91	623.0 90	363.6 92	418.6 92	395.9 92

Tab. 18. Zahl d. Niederschlagstage u. Niederschlagsdichtigkeit.

	Zahl der Tage mit Niederschlag							Mittlere Niederschlagshöhe eines Tages m. mehr als 0.3mm Niederschl. 1906/28
	ohne untere Grenze, 1857/92			mehr als 0.2 mm, 1866/95				
	mittlere	grösste	kleinste	mittlere	grösste	kleinste		
		Jahr	Jahr		Jahr	Jahr		
Januar	14.3	24	84	5	81	11.5	22	95	5	76,80, 82,89	3.5
Februar	12.6	26	77,89	3	87	10.9	20	77,93	1	90	3.3
März	15.4	27	78	7	71	11.4	21	88	5	71,80, 92	3.8
April	11.9	24	87	4	65,88	9.0	23	87	0	93	3.9
Mai	14.8	22	78,87	7	80	10.6	20	87	4	80	4.5
Juni	14.4	23	71,86	7	58,77, 87	11.5	21	86	5	77,87	5.5
Juli	15.0	25	83,88	7	59,74	13.1	24	88	5	87	6.2
August	13.9	26	60	5	67,69, 73,87	11.5	19	90	7	67,69,76, 81,87	4.9
September	12.3	26	76	3	65	9.9	18	76	2	95	4.6
Oktober	14.4	21	67,80	3	66	12.9	20	82	3	66	5.0
November	15.9	25	72	6	87	12.7	22	82	6	81	4.2
Dezember	15.6	27	80	5	65	13.9	24	86	2	90	4.0
Winter	42.7	65	76,77, 78,79	28	87/88	36.3	54	76,77	21	90	3.6
Frühling	41.6	63	78	26	80	31.0	48	87	17	75,92	4.0
Sommer	43.8	64	80	24	87	36.1	51	90	17	87	5.6
Herbst	42.6	57	78,92	28	87	35.5	54	82	21	74	4.6
Jahr	170.2	230	78	118	87	138.9	232	88	107	74	4.5

Tabelle 19. Vertheilung der Niederschlagstage nach der Menge.

Häufigkeit des Vorkommens der einzelnen Niederschlagshöhen nach Gruppen in Procenten. 1866/95.

	0.0	0.1—0.2	0.3—1.0	1.1—5.0	5.1—10.0	10.1—15.0	15.1—20.0	20.1—25.0	25.1—30.0	> 30 mm
Januar	13.5	10.6	18.3	40.7	13.5	2.2	0.8	0.4	—	—
Februar	13.0	9.7	21.4	38.8	10.6	2.6	1.0	0.2	—	—
März	14.7	11.4	18.4	36.8	13.8	3.6	0.9	0.2	0.2	—
April	18.1	9.4	19.1	35.9	13.3	1.9	0.3	0.8	0.5	0.3
Mai	20.1	7.9	17.8	33.4	13.0	4.6	1.6	0.7	0.4	0.2
Juni	14.9	7.0	18.1	31.5	15.2	7.2	3.4	0.9	0.9	0.9
Juli	11.6	6.9	15.3	31.4	19.3	4.1	4.3	2.7	0.4	1.0
August	11.9	8.1	17.9	38.1	11.7	7.2	3.0	1.1	0.7	0.2
September	15.9	7.0	19.8	33.6	15.1	5.7	1.6	1.0	—	0.3
Oktober	9.7	8.8	16.6	39.1	15.3	5.2	2.7	1.9	—	0.6
November	13.9	9.6	19.5	35.1	13.7	4.0	3.1	0.8	—	—
Dezember	12.3	7.7	21.7	34.4	17.5	4.8	1.2	0.4	—	—
Winter	12.9	9.3	21.4	38.0	13.9	3.2	1.0	0.3	—	—
Frühling	17.7	9.6	18.5	35.1	13.4	3.4	0.9	0.6	0.4	0.2
Sommer	12.8	7.3	17.1	34.7	15.4	6.2	3.6	1.6	0.7	0.7
Herbst	13.2	8.5	18.6	35.9	14.7	5.0	2.6	1.2	—	0.3
Jahr	11.2	8.7	18.9	36.0	14.1	4.4	2.0	0.9	0.3	0.3

Tabelle 20. Niederschläge u. Gewitter. — Pentadenübersicht.
1857/92.

Pentade		Mittl. Zahl der Tage		Pentade		Mittl. Zahl der Tage	
		mit Niederschlag	mit Gewitter			mit Niederschlag	mit Gewitter
1	Jan. 1.— 5. Jan.	2.4	—	37	Juni 30.— 4. Juli	2.7	0.92
2	„ 6.—10. „	2.3	0.03	38	Juli 5.— 9. „	2.7	0.86
3	„ 11.—15. „	2.0	—	39	„ 10.—14. „	2.4	0.78
4	„ 16.—20. „	2.1	0.03	40	„ 15.—19. „	2.0	0.72
5	„ 21.—25. „	2.6	—	41	„ 20.—24. „	2.4	0.86
6	„ 26.—30. „	2.2	—	42	„ 25.—29. „	2.5	0.67
7	Jan. 31.— 4. Febr.	2.3	—	43	Juli 30.— 3. Aug.	2.2	0.75
8	Febr. 5.— 9. „	2.2	0.03	44	Aug. 4.— 8. „	2.0	0.47
9	„ 10.—14. „	2.2	0.03	45	„ 9.—13. „	2.4	0.81
10	„ 15.—19. „	2.4	—	46	„ 14.—18. „	2.1	0.67
11	„ 20.—24. „	2.1	0.03	47	„ 19.—23. „	2.4	0.56
12	„ 25.— 1. März	2.4	—	48	„ 24.—28. „	2.2	0.61
				49	„ 29.— 2. Sept.	2.1	0.56
13	März 2.— 6. März	2.6	—	50	Sept. 3.— 7. Sept.	2.4	0.74
14	„ 7.—11. „	2.7	0.06	51	„ 8.—12. „	2.1	0.39
15	„ 12.—16. „	2.4	0.03	52	„ 13.—17. „	1.9	0.31
16	„ 17.—21. „	2.2	—	53	„ 18.—22. „	2.3	0.04
17	„ 22.—26. „	2.4	0.03	54	„ 23.—27. „	1.8	0.06
18	„ 27.—31. „	2.8	0.14	55	„ 28.— 2. Okt.	1.9	0.17
19	April 1.— 5. April	1.8	0.03	56	Okt. 3.— 7. Okt.	1.9	0.06
20	„ 6.—10. „	2.0	0.14	57	„ 8.—12. „	2.7	0.08
21	„ 11.—15. „	1.9	—	58	„ 13.—17. „	2.3	0.05
22	„ 16.—20. „	1.8	0.14	59	„ 18.—22. „	2.5	—
23	„ 21.—25. „	2.5	0.28	60	„ 23.—27. „	2.4	0.06
24	„ 26.—30. „	2.0	0.22	61	„ 28.— 1. Nov.	2.2	0.03
25	Mai 1.— 5. Mai	2.1	0.44	62	Nov. 2.— 6. Nov.	2.6	—
26	„ 6.—10. „	2.1	0.42	63	„ 7.—11. „	2.6	0.03
27	„ 11.—15. „	2.4	0.58	64	„ 12.—16. „	2.4	0.03
28	„ 16.—20. „	2.6	0.69	65	„ 17.—21. „	2.7	—
29	„ 21.—25. „	2.0	0.50	66	„ 22.—26. „	2.8	—
30	„ 26.—30. „	2.4	0.64	67	„ 27.— 1. Dez.	2.8	—
31	Mai 31.— 4. Juni	2.4	1.00	68	Dez. 2.— 6. Dez.	2.6	0.03
32	Juni 5.— 9. „	2.6	0.83	69	„ 7.—11. „	2.6	—
33	„ 10.—14. „	2.7	0.83	70	„ 12.—16. „	2.7	0.03
34	„ 15.—19. „	2.3	0.58	71	„ 17.—21. „	2.6	0.03
35	„ 20.—24. „	2.2	0.86	72	„ 22.—26. „	2.6	0.03
36	„ 25.—29. „	2.3	0.58	73	„ 27.—31. „	2.5	

Tabelle 21.

Regen, Schnee und Schneedecke.

	Zahl der Tage mit **Regen** 1857/92						Zahl der Tage mit **Schnee** 1857/92						Zahl der Tage mit **Schneedecke** 1857/95		
	mittlere	grösste		kleinste			mittlere	grösste		kleinste			mittlere	grösste	
			Jahr		Jahr				Jahr		Jahr				Jahr
Januar	9.6	17	77,84	2	61 64, 83		6.1	17	86	0	64		10.5	31	71
Februar	8.4	22	77	1	73,86, 91		5.0	21	89	0	68,84		4.9	27	95
März	11.5	20	76	2	88		5.3	14	65	0	64 73, 80,92		2.2	20	86
April	11.1	24	67	4	65,83		1.2	5	71				—	—	—
Mai	14.1	22	78,87	7	80		0.1	1	63,64, 92				—	—	—
Juni	14.4	23	71,86	7	58,77, 87			—			—		—	—	—
Juli	14.8	25	88	7	59,74		—	—			—		—	—	—
August	13.7	25	60	8	57,61 69 78,87		—	—			—		—	—	—
September	12.1	26	76	3	65		—	—			—		—	—	—
Oktober	13.7	21	67	2	66		0.3	3	69,92				0.1	3	89
November	13.9	23	72,94	4	84		2.9	9	74				1.3	6	87
Dezember	11.0	27	80	0	71		5.9	16	78	0	64 73, 86		8.7	30	79
Winter	28.9	59	76/77	11	90 91		17.0	38	78 79	2	64/65		24.4	57	70/71, 94/95
Frühjahr	36.7	55	67,78	20	83		6.6	11	65	0	80,92		2.2	20	86
Sommer	42.9	64	90	24	87		—				—		—	—	—
Herbst	39.7	55	87	23	87		3.2	9	74	0	63,67,85, 86,88		1.4	7	89
Jahr (bezw. kalte Per.)	148.2	186	79	101	87		26.8	54	78/79	7	91/92		28.7	61	85/86

Tabelle 22.

Graupeln u. Hagel. Gewitter u. Wetterleuchten.

	Mittl. Zahl d. Tage mit **Graupln.** 1880/95	mit **Hagel**	Zahl der Tage mit **Hagel** 1842/95				Zahl d. Tage m. **Gewitter** 1857/92				Zahl der Tage mit **Wetterlcht.** 1880/95	
			Insges.	mittl.	grösste	mittl.	Insges.	mittl.	grösste		Insgesammt	mittlere
										Jahr		
Januar	1.3	0.1	5	0.1	2	89	0.1	3	0.1	1	63,72, 73	2	0.1
Februar	0.8	0.1	8	0.1	1		0.1	3	0.1	2	66	1	0.1
März	1.1	0.3	41	0.8	5	81	0.7	10	0.3	2	87	1	0.1
April	0.2	0.2	56	1.0	4	57,67	0.9	29	0.8	4	71	6	0.4
Mai	0.2	0.9	37	0.7	4	87	0.8	128	3.6	8	77	19	1.2
Juni	—	0.2	18	0.3	3	43	0.2	166	4.6	10	89	16	1.0
Juli	—	0.4	19	0.3	2	70,71	0.5	178	4.9	10	73	31	1.9
August	—	0.2	12	0.2	3	45	0.2	139	3.8	11	78	25	1.6
September	0.1	0.1	9	0.2	2	66	0.1	55	1.6	6	57,76	15	0.9
Oktober	0.4		6	0.1	2	44	0.1	14	0.4	2		4	0.2
November	0.8	0.2	12	0.2	1		0.3	2	0.1	1	70,82	—	—
Dezember	1.0	0.1	8	0.1	1		0.2	4	0.1	1	63 89, 83,91	1	0.1
Winter	3.1	0.3	21	0.4	2	46.47, 48 49, 62,63	0.4	10	0.3	2	66	4	0.2
Frühling	1.5	1.4	134	2.5	9	66	2.4	167	4.7	11	77	26	1.6
Sommer		0.8	49	0.9	4	46	0.9	482	13.1	24	78	72	4.5
Herbst	1.3	0.3	27	0.5	3	66	0.5	74	2.1	8	76	19	1.2
Jahr	6.0	2.9	231	4.3	11	46	1.2	733	20.1	34	78	121	7.6

4

Tabelle 23.   **Trockne, nasse und Gewitter-Perioden.**

Häufigkeit des Vorkommens in den Jahren 1857/92.

Mittlere Zahl der Perioden von	1	2	3	4	5	6	7	8	9	10	11	12 Tagen
ohne Niederschl.	26.8	13.5	7.2	4.5	3.2	2.2	1.7	1.6	1.2	0.5	0.7	0.4
mit Niederschl.	26.5	14.6	9.0	4.8	3.6	2.2	1.1	0.8	0.8	0.3	0.4	¹⁄₃₆
mit Gewittern	11.9	2.8	0.5	0.2	—	—	¹⁄₃₆	—	—	—	—	—

Gesamtzahl der Perioden von	13	14	15	16	17	18	19	20	21	25	28	35 Tagen
ohne Niederschl.	12	8	7	3	4	2	4	1	2	—	1	1
mit Niederschl.	3	6	5	—	2	—	—	1	—	1	—	—

Tabelle 24.   **Sommer- und Winter-Grenzen.** 1857/92.

Periode mit	Beginn der Periode			Ende der Periode		
	mittlerer	frühester	spätester	mittlerer	frühester	spätester
Sommertagen	12. Mai	13. April 69	3. Juni 73	10. Sept.	13. Aug. 88	1. Okt. 74
Frosttagen	1. Nov.	4. Okt. 64	29. Nov. 86	4. April	1. März 63	30. April 61
Eistagen	8. Dez.	10. Nov. 58	1. Febr. 73	11. Febr.	17. Dez. 62	22. März 83
Reif	20. Okt.	16. Sept. 68	13. Nov. 82, 83	14. April	26. Febr. 71	27. Mai 58
Schneefall	16. Nov.	5. Okt. 81	12. Jan. 80	6. April	10. Febr. 80	8 Mai 59

Periode mit	Dauer der Periode in Tagen			Zahl der Tage	
	mittlere	grösste	kleinste	nach Tab. 8, 14, 21	in Procenten der Periodendauer
Sommertagen	122	171 Jahr 89	89 Jahr 73	47.0	38.5
Frosttagen	155	181 64 65, 80 81	101 62 63	72.3	46.6
Eistagen	69	125 87 88	15 69, 89	20.8	30.4
Reif	176	227 66, 67	121 73 74	25.6	14.5
Schneefall	142	181 85 79	91 80 89	26.8	18.9

Tabelle 25.   **Grund- und Mainwasserstand.**

In Centimetern über dem Nullpunkt des städtischen Mainpegels.

	Niederschlagshöhe mm 1869 95	Grundwasserstand Stiftstrasse 30 — cm — 1863/95				Mainwasserstand cm		
		mittlerer	Abweichung v. Jahresmittl.	höchster Datum	tiefster Datum	1826/56	1857,81	1882 95
Januar	37.1	549.9	+10.4	672 8. 83	406 28. 74	108	80	56
Februar	33.7	567.7	+17.2	677 13. 77	401 12, 13.74	131	107	93
März	41.2	559.8	+ 9.3	678 14. 81	384 30. 74	130	116	118
April	36.3	557.3	+ 6.8	662 5. 80	370 26. 74	101	83	108
Mai	47.0	554.0	+ 3.5	693 15. 76	340 30. 70	68	47	103
Juni	64.8	540.7	9.8	654 12 80	320 27. 70	57	33	88
Juli	79.0	562 1	+ 1.6	692 24 82	307 25. 70	43	32	88
August	57.0	545.1	— 5.1	684 7 82	303 1. 70	36	23	89
September	45.7	539.2	—11.3	662 25. 82	382 5. 70	35	21	86
Oktober	65.0	537.5	13.0	678 16 82	389 3. 70	39	26	101
November	54.9	540.4	10.1	679 27 82	426 1. 69	58	48	115
Dezember	53.3	551.5	+ 1.0	678 1. 82	422 29. 73	92	75	110
Jahr	648.8	550.5		693 15.2.76	303 1.8 70	71	59	97

Tabelle 26. **Mittlere Vegetationszeiten zu Frankfurt a. M.**
1867/95.

Bl. s. = Blattoberfläche sichtbar; *a. Blb.* = allgemeine Belaubung, über die Hälfte der Blätter entfaltet; *e. Bth.* = erste Blüthe offen; *Vbth.* = Vollblüthe, über die Hälfte der Blüthen offen; *e. Fr.* = erste Frucht reif; *a. Fr.* = allgemeine Fruchtreife, über die Hälfte der Früchte reif; *a. Lbr.* = allgemeine Laubverfärbung, über die Hälfte der Blätter verfärbt; *a. Lbf.* = allgemeiner Laubfall, über die Hälfte der Blätter abgefallen.

Mittlere Eintrittszeit Monat	Tag	Name der Pflanze	Vegetations- stufe	Frühester Tag	Spätester Tag	Zahl der Beobacht- Jahre
Februar	2	Corylus Avellana, Haselnuss	e. Blth. [1]	20. XII.	15. III.	26
	26	Galanthus nivalis, Schneeglöckchen	e. Bth.	2. II.	15. III.	26
	28	Alnus glutinosa, Schwarzerle	e. Blth. [2]	21. I.	27. III.	13
März	3	Leucojum vernum, Frühlingsknotenblume	e. Bth.	3. II.	25. III.	23
	13	Cornus mas, gelber Hartriegel, Kornelkirsche	e. Bth.	11. II.	6. IV.	20
	25	Anemone nemorosa, Windröschen, Anemone	e. Bth.	9. III.	8. IV.	22
	28	Salix Caprea, Sahlweide	e. Bth.	12. III.	8. IV.	13
April	5	Aesculus Hippocastanum, Rosskastanie	Bo. s.	17. III.	22. IV.	28
	6	Prunus armeniaca, Aprikose	e. Bth.	15. III.	23. IV.	21
	7	Ribes rubrum, Johannisbeere	e. Bth.	19. III.	23. IV.	20
	7	Acer platanoides, spitzblättriger Ahorn	e. Bth.	19. III.	23. IV.	19
	8	Buxus sempervirens, Buxbaum	e. Bth.	25. III.	22. IV.	18
	10	Betula alba, weisse Birke	Bo. s.	21. III.	21. IV.	14
	11	Prunus avium, Süsskirsche	e. Bth.	21. III.	27. IV.	28
	11	Betula alba, weisse Birke	e. Bth.	27. III.	26. IV.	22
	12	Prunus spinosa, Schlehe	e. Bth.	19. III.	28. IV.	26
	13	Ribes aureum, goldgelbe Johannisbeere	e. Bth.	24. III.	26. IV.	15
	14	Persica vulgaris, Pfirsich	e. Bth.	19. III.	29. IV.	21
	15	Pyrus communis, Birne	e. Bth.	30. III.	1. V.	28
	16	Fagus silvatica, Buche (Rothbuche)	Bo. s.	3. IV.	28. IV.	15
	16	Aesculus Hippocastanum, Rosskastanie	a. Blb.	31. III.	1. V.	28
	16	Ribes rubrum, Johannisbeere	Vbth.	3. IV.	29. IV.	20
	18	Acer platanoides, spitzblättriger Ahorn	Bo. s.	3. IV.	29. IV.	12
	18	Prunus Padus, Traubenkirsche	e. Bth.	2. IV.	1. V.	18
	18	Prunus Cerasus, Sauerkirsche	e. Bth.	3. IV.	1. V.	19
	18	Prunus avium, Süsskirsche	Vbth.	4. IV.	1. V.	20
	20	Persica vulgaris, Pfirsich	Vbth.	2. IV.	3. V.	21
	20	Tilia parvifolia, kleinblättrige Linde	Bo. s.	5. IV.	2. V.	29
	22	Quercus pedunculata, Stieleiche	Bo. s.	8. IV.	4. V.	14
	23	Pyrus Malus, Apfel	e. Bth.	8. IV.	8. V.	29
	24	Lonicera tatarica, tatarisches Geisblatt	e. Bth.	4. IV.	9. V.	16
	24	Pyrus communis, Birne	Vbth.	8. IV.	8. V.	27
	27	Syringa vulgaris, Syringe, Nägelchen	e. Bth.	12. IV.	11. V.	20
	27	Aesculus Hippocastanum, Rosskastanie	Bth.	13. IV.	11. V.	29
	29	Fagus silvatica, Buche	a. Blb.	18. IV.	12. V.	11
Mai	3	Spartium scoparium, Besenginster	e. Bth.	4. IV.	17. V.	16
	3	Sorbus aucuparia, Vogelbeere	e. Bth.	16. IV.	15. V.	23
	4	Quercus pedunculata, Stieleiche	a. Blb.	18. IV.	15. V.	12
	6	Pyrus Malus, Apfel	Vbth.	18. IV.	21. V.	29
	6	Crataegus Oxyacantha, Weissdorn	e. Bth.	18. IV.	22. V.	21
	7	Cytisus Laburnum, Goldregen	e. Bth.	20. IV.	20. V.	22
	7	Cydonia vulgaris, Quitte	e. Bth.	22. IV.	18. V.	16
	9	Aesculus Hippocastanum, Rosskastanie	Vbth.	21. IV.	22. V.	29
	9	Syringa vulgaris, Syringe, Nägelchen	Vbth.	21. IV.	24. V.	29

[1] Kätzchen staubend. [2] Kätzchen staubend.

Mittlere Eintrittszeit Monat	Tag	Name der Pflanze	Vegetations- stufe	Frühester Tag	Spätester Tag	Zahl der Beobacht. Jahre
Mai	16	Evonymus europaeus, gemeiner Spindelbaum	e. Blth.	29. IV.	29. V.	21
	17	Rubus idaeus, Himbeere	e. Blth.	30. IV.	31. V.	19
	21	Sambucus nigra, schwarzer Hollunder	e. Blth.	4. V.	30. V.	29
	24	Symphoricarpos racemosa, Schneebeere	e. Blth.	12. V.	4. VI.	13
	25	Secale cereale hibernum, Winter-Roggen	e. Blth.	10. V.	6. VI.	23
	24	Cornus sanguinea, rother Hartriegel	e. Blth.	15. V.	9. VI.	19
Juni	8	Prunus avium, Süsskirsche	e. Fr.	24. V.	21. VI.	29
	8	Ligustrum vulgare, gemeine Rainweide	e. Blth.	24. V.	25. VI.	19
	9	Sambucus nigra, schwarzer Hollunder	Ybth.	25. V.	22. VI.	29
	12	Tilia grandifolia, grossblättrige Linde	e. Blth.	31. V.	23. VI.	23
	14	Vitis vinifera, Weinrebe	e. Blth.	25. V.	30. VI.	28
	16	Ribes rubrum, Johannisbeere	e. Fr.	1. VI.	5. VII.	29
	19	Castanea vesca, zahme Kastanie	e. Blth.	8. VI.	1. VII.	26
	19	Lonicera tatarica, tatarisches Geisblatt	e. Fr.	8. VI.	3. VII.	15
	23	Tilia parvifolia, kleinblättrige Linde	e. Blth.	11. VI.	4. VII.	29
	23	Lilium candidum, weisse Lilie	e. Blth.	11. VI.	7. VII.	29
	26	Vitis vinifera, Weinrebe	Ybth.	5. VI.	14. VII.	29
	26	Castanea vesca, zahme Kastanie	Ybth.	13. VI.	11. VII.	26
	26	Prunus avium, Süsskirsche	a. Fr.	14. VI.	10. VII.	27
	27	Rubus idaeus, Himbeere	e. Fr.	14. VI.	7. VII.	19
	30	Ribes rubrum, Johannisbeere	a. Fr.	14. VI.	17. VII.	27
	30	Lilium candidum, weisse Lilie	Ybth.	17. VI.	12. VII.	29
Juli	1	Tilia parvifolia, kleinblättrige Linde	Ybth.	18. VI.	12. VII.	29
	3	Catalpa syringaefolia, Trompetenbaum	e. Blth.	16. VI.	21. VII.	29
	10	Secale cereale hibernum, Winter-Roggen	e. Fr.	27. VI.	26. VII.	21
	12	Catalpa syringaefolia, Trompetenbaum	Ybth.	21. VI.	4. VIII.	29
	13	Symphoricarpos racemosa, Schneebeere	e. Fr.	30. VI.	29. VIII.	14
	22	Sorbus aucuparia, Vogelbeere	e. Fr.	12. VII.	5. VIII.	16
August	3	Sambucus nigra, schwarzer Hollunder	e. Fr.	14. VII.	26. VIII.	29
	13	Cornus sanguinea, rother Hartriegel	e. Fr.	31. VII.	30. VIII.	17
	26	Sambucus nigra, schwarzer Hollunder	a. Fr.	8. VII.	8. IX.	28
	27	Colchicum autumnale, Herbstzeitlose	e. Blth.	5. VIII.	14. IX.	29
September	2	Vitis vinifera, Weinrebe	e. Fr.	4. VIII.	22. IX.	27
	5	Ligustrum vulgare, gemeine Rainweide	e. Fr.	22. VIII.	20. IX.	19
	10	Colchicum autumnale, Herbstzeitlose	Ybth.	21. VIII.	28. IX.	21
	12	Aesculus Hippocastanum, Rosskastanie	e. Fr.	1. IX.	25. IX.	29
	23	Aesculus Hippocastanum, Rosskastanie	a. Fr.	12. IX.	11. X.	29
Oktober	12	Acer platanoides, spitzblättriger Ahorn	a. Lbr.	28. IX.	20. X.	13
	16	Tilia parvifolia, kleinblättrige Linde	a. Lbr.	26. IX.	1. XI.	29
	17	Aesculus Hippocastanum, Rosskastanie	a. Lbr.	2. X.	28. X.	29
	18	Vitis vinifera, Weinrebe	a. Fr.	21. IX.	5. XI.	14
	18	Fagus silvatica, Buche	a. Lbr.	4. X.	27. X	14
	20	Vitis vinifera, Weinrebe	a. Lbr.	30. IX.	1. XI.	27
	23	Prunus avium, Süsskirsche	a. Lbr.	4. X.	31. X.	23
	29	Aesculus Hippocastanum, Rosskastanie	a. Lbf.	15. X.	8. XI.	29
	31	Fagus silvatica, Buche	a. Lbf.	14. X.	13. XI.	13

*) Beere vollständig roth und durchscheinend. *) Vollständig ro-blig. *) Vollständig gelbroth, innen weich. *) Beere vollständig schwarz *) Vollständig schwarz. *) Grüne Kapsel aufgesplzt.

Tafel 1.

Luftc

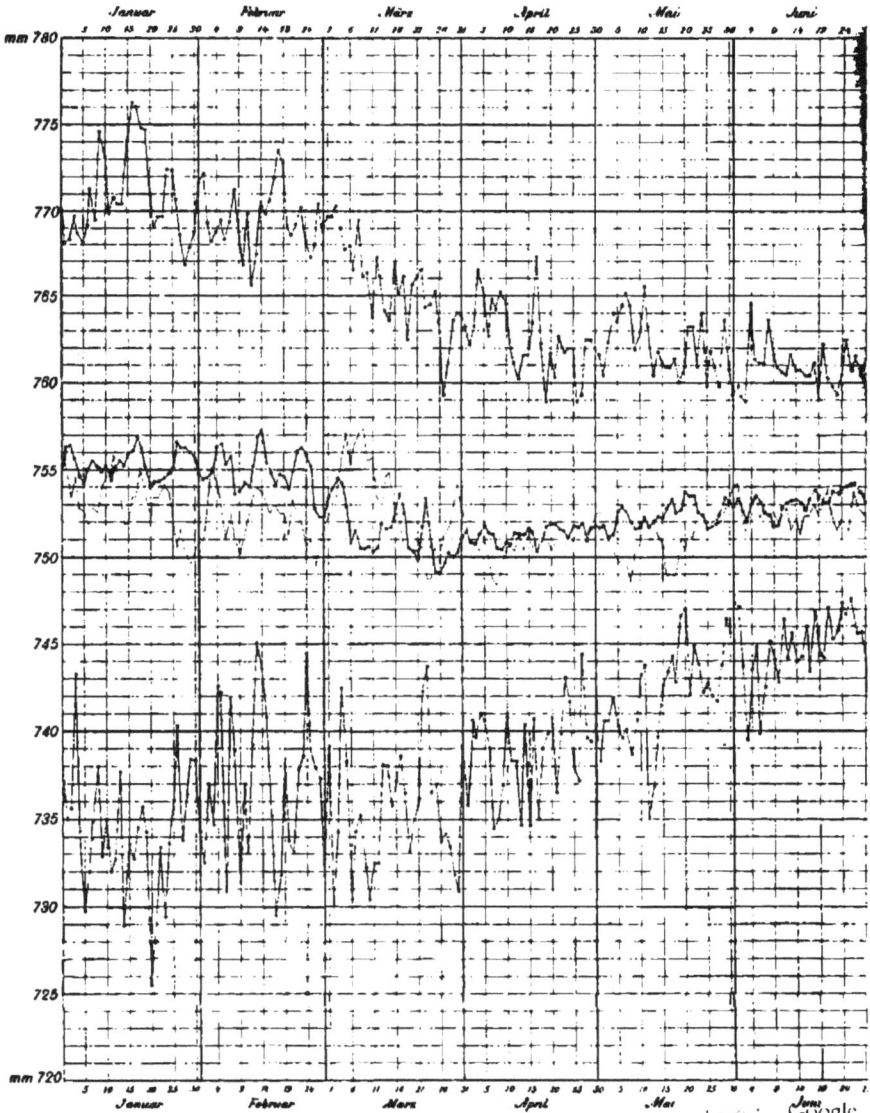

Mittlere, grösste und kleinste Tagesmittel für 1857/... nach T

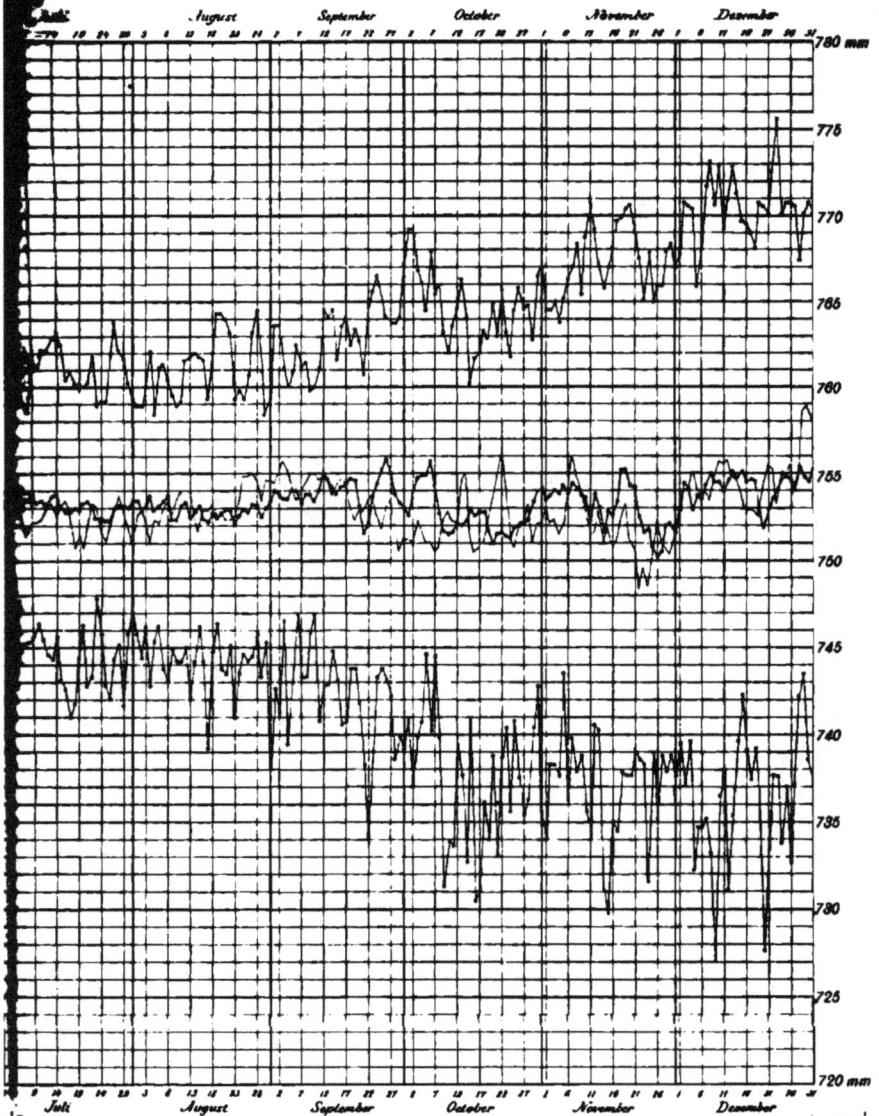

Klima von Frankfurt a. M.

TT Mittlere Tagesmittel für 1837/56 nach Greiss.

Winc

Häufigkeit der Winde und Windstiller

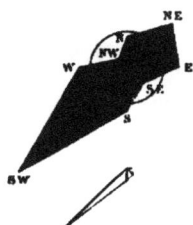

Decomber

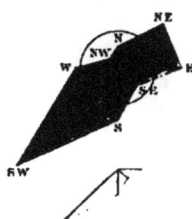

Januar

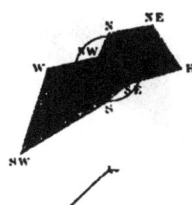

Februar

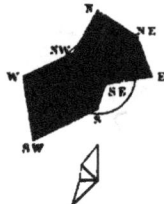

Juni

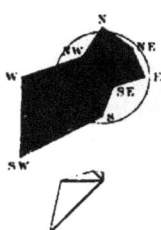

Juli

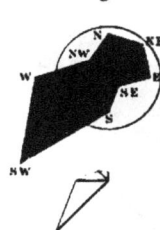

August

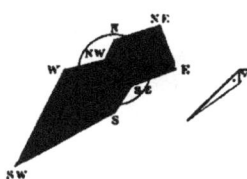

Winter

Frühling

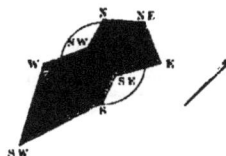

Jahr

ǀ❡ Lage der Luvseite nach Tabelle 15.   Klima von Frankfurt a. M.

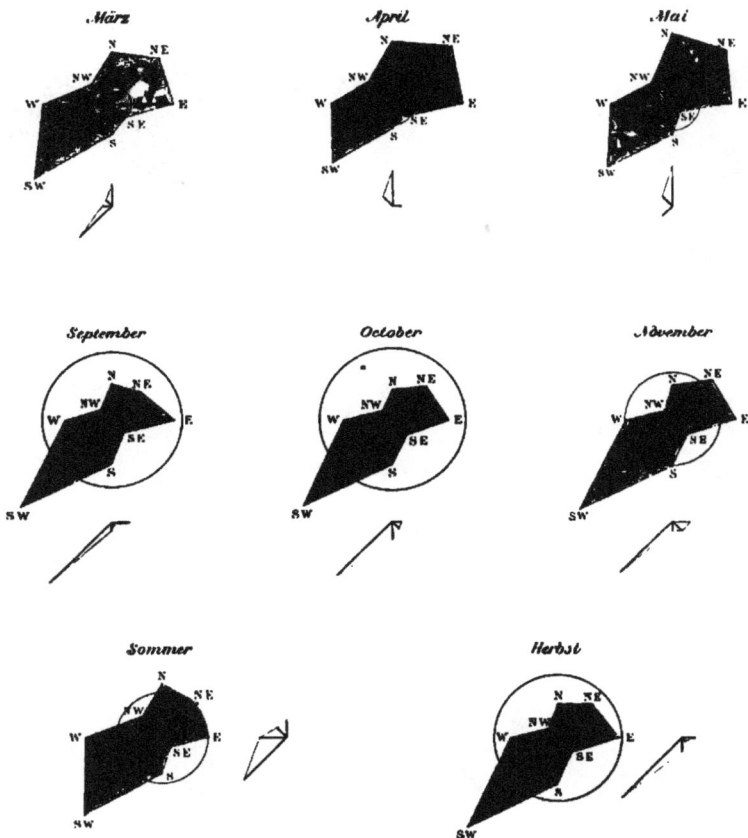

März

April

Mai

September

October

November

Sommer

Herbst

In der schraffirten Figur entspricht die Länge der Strahlen, vom Mittelpunkt
aus in mm gemessen, den Procenten der Häufigkeit der betreffenden Windrichtung,
die Länge des Radius des Kreises den Procenten der Häufigkeit der Windstillen.
Die nicht schraffirten Figuren enthalten nur die vorherrschenden Windrichtungen; die Länge der Strahlen entspricht dabei dem Betrag des Ueberschusses
der betreffenden Windrichtung über die entgegengesetzte.

Lufttem

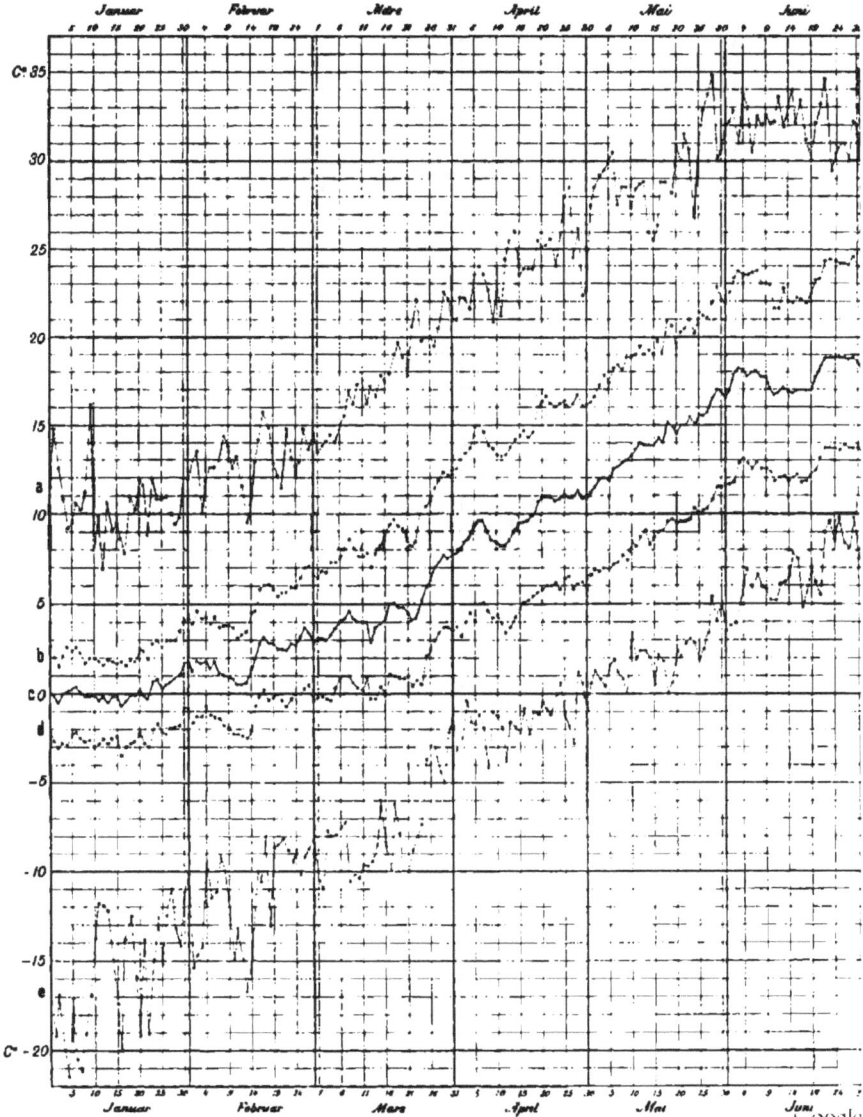

Mittlere Tagesmittel (C), mittlere (b) und grösste (a) T

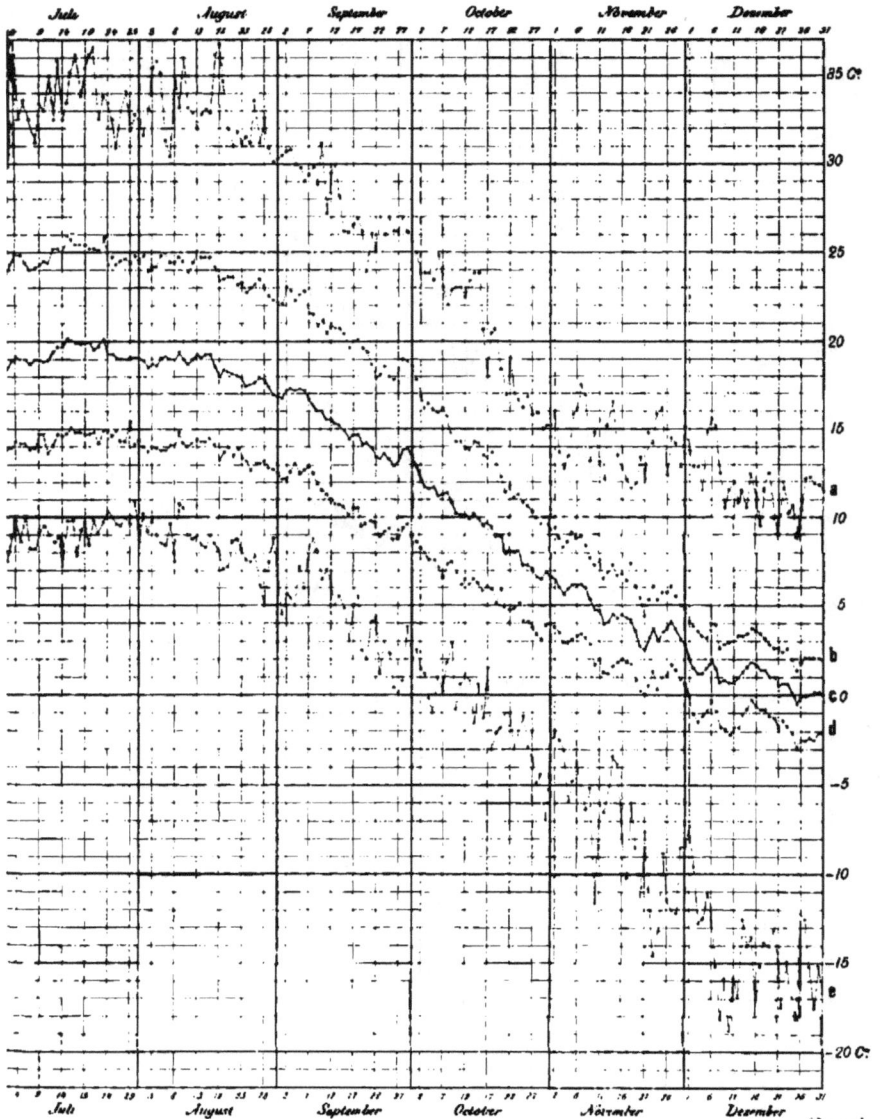

geamaxima, mittlere (◉) und kleinste (◉) Tagesminima.

Lufttem

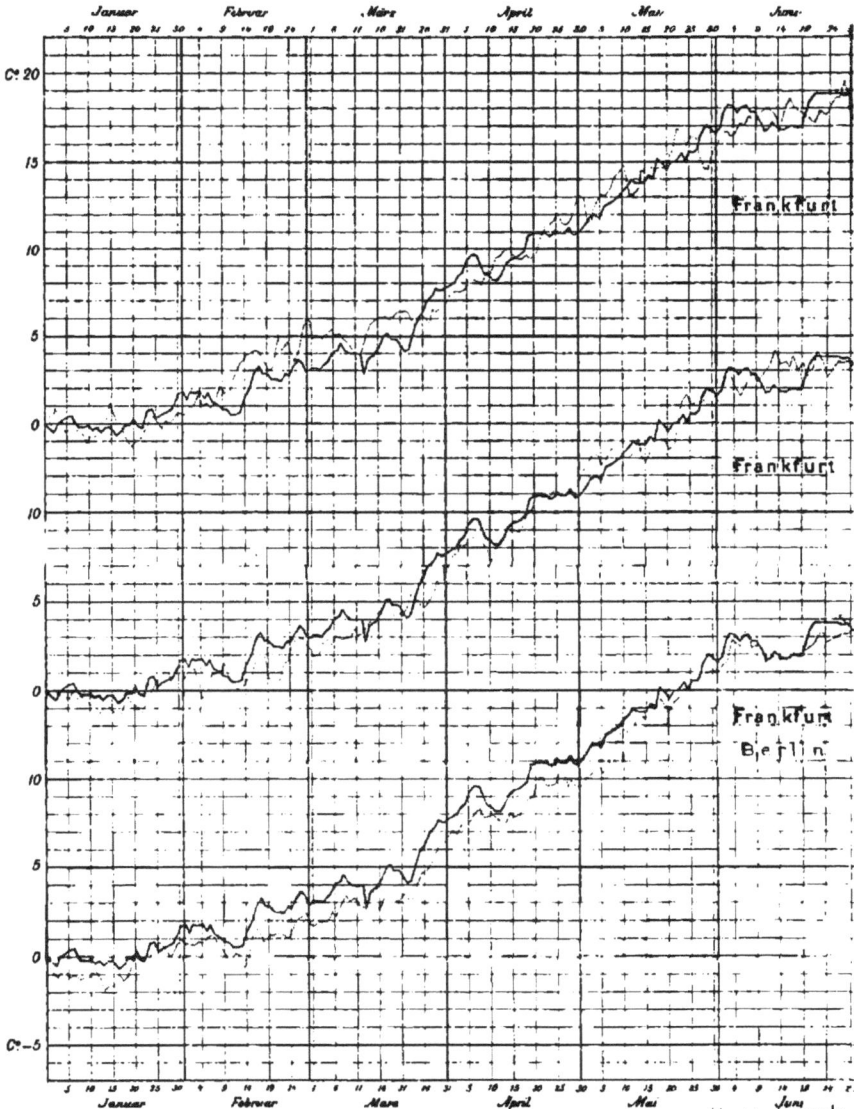

Vergleichung der Frankfurter Tagesmittel für 1857/92 mit den Frankfurter Tages

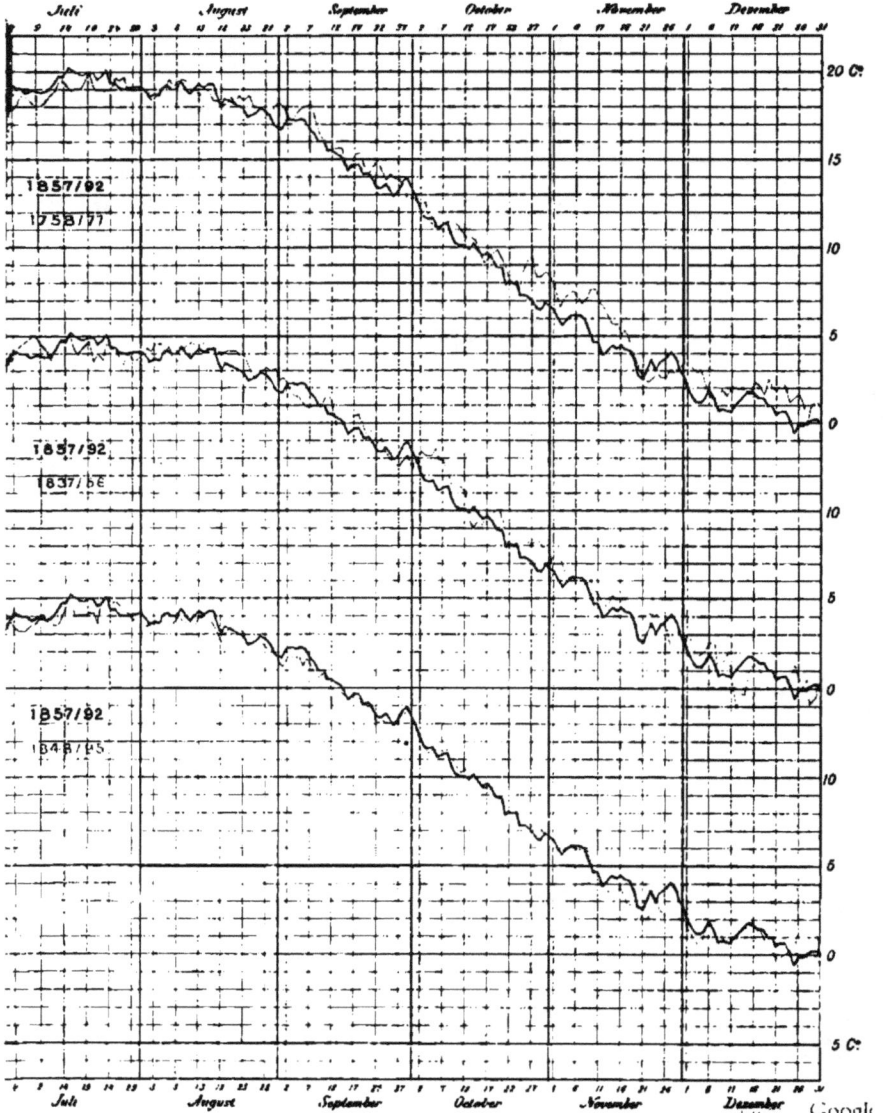

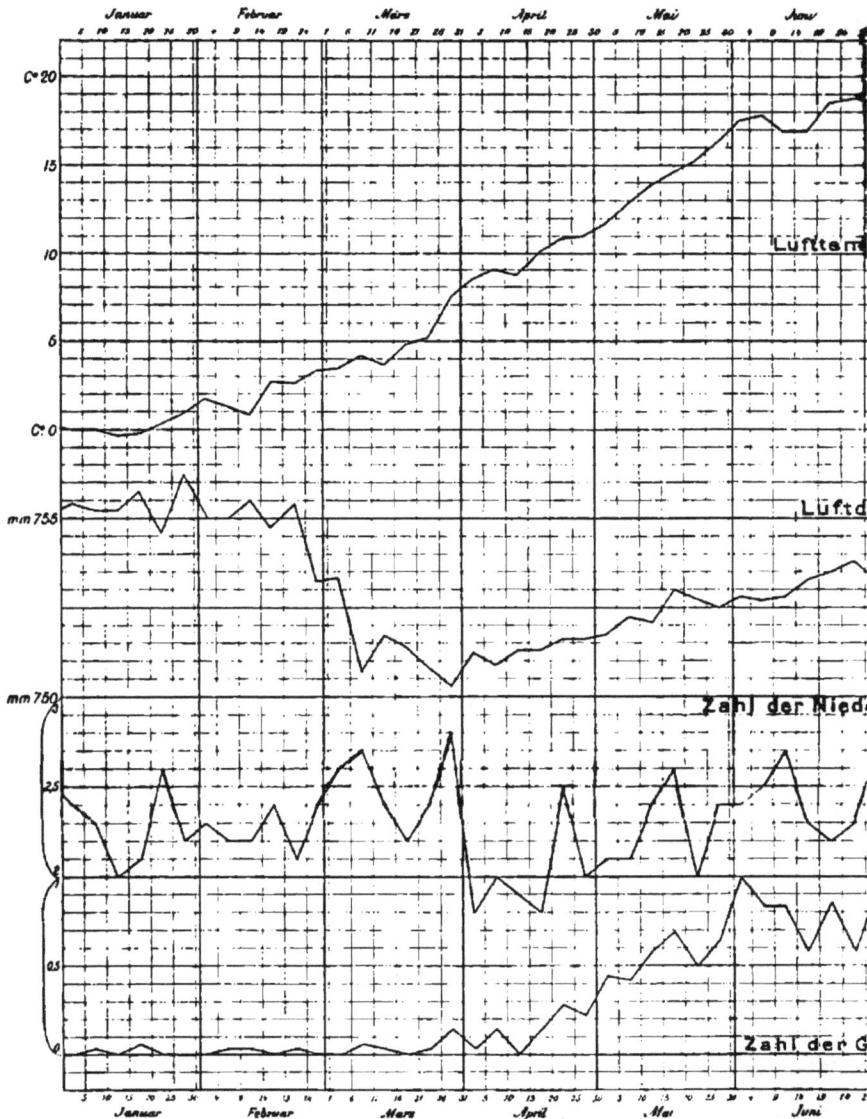

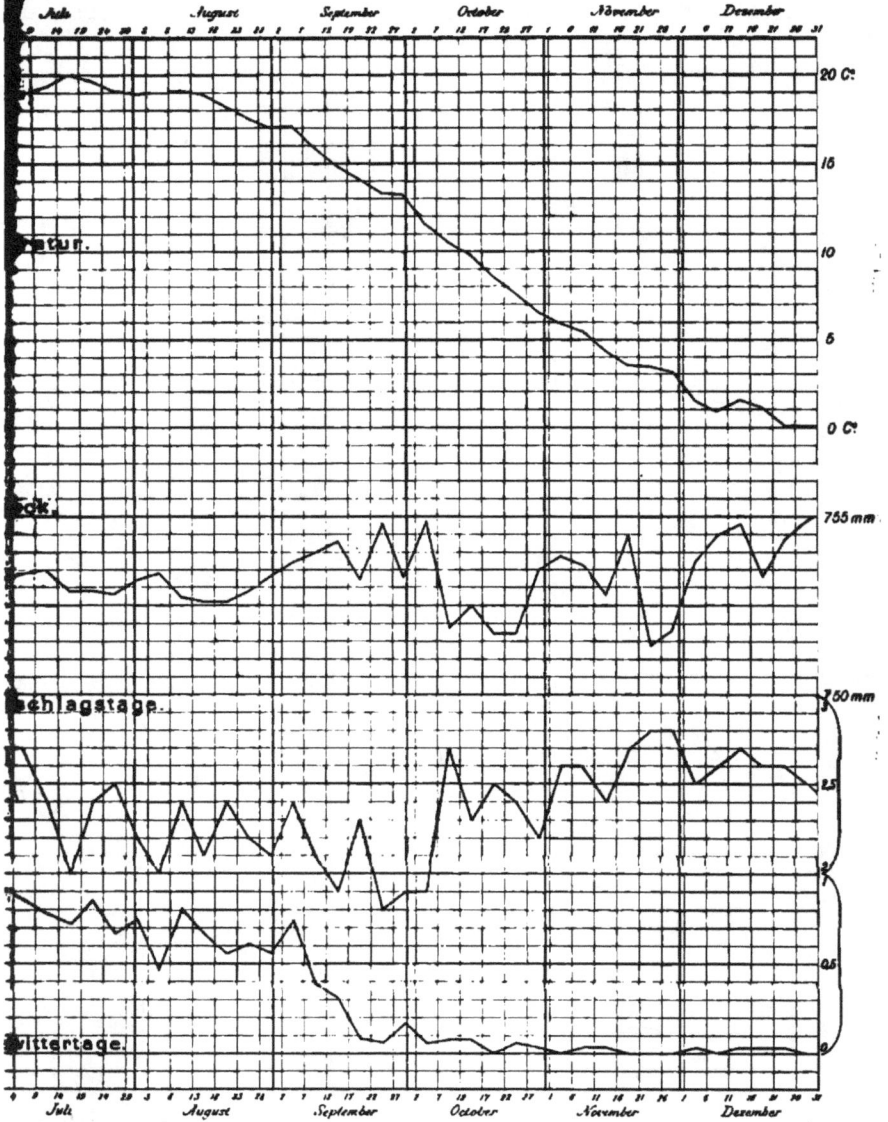

Klima von Frankfurt a. M.

und der Zahl der Tage mit Gewitter für 1857/92, nach den Tabellen 2, 5 und 20.

Lufttemperatur.

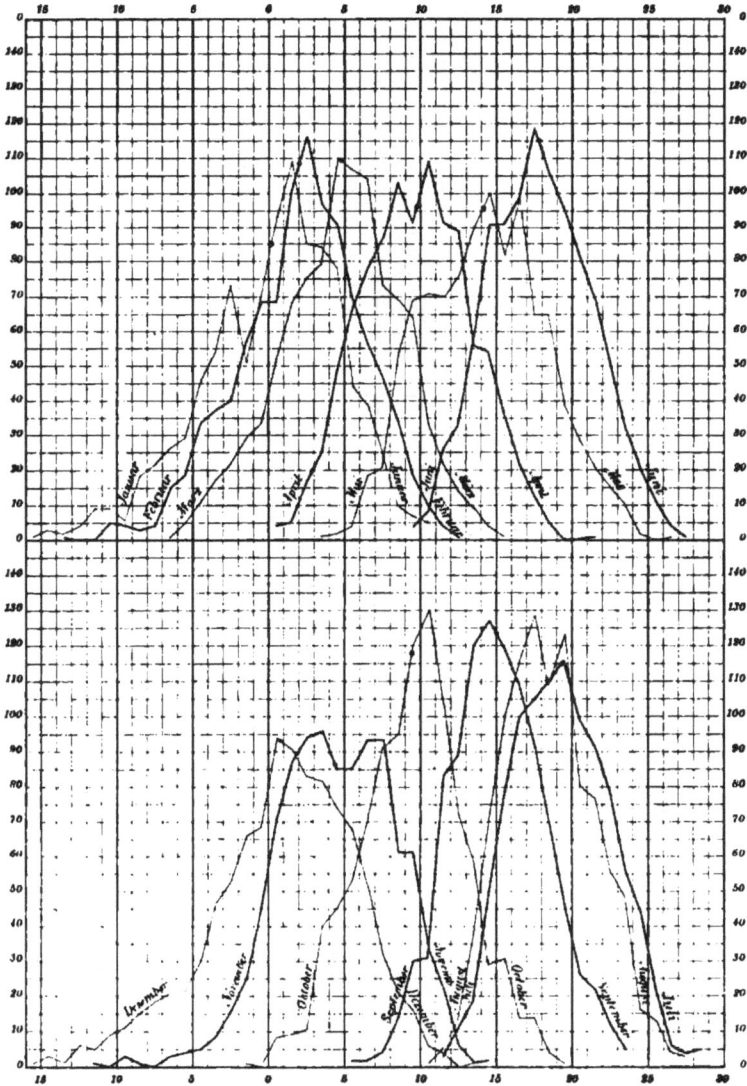

Häufigkeit des Vorkommens der einzelnen Temperaturgruppen für 1857/92 nach Tabelle 7.

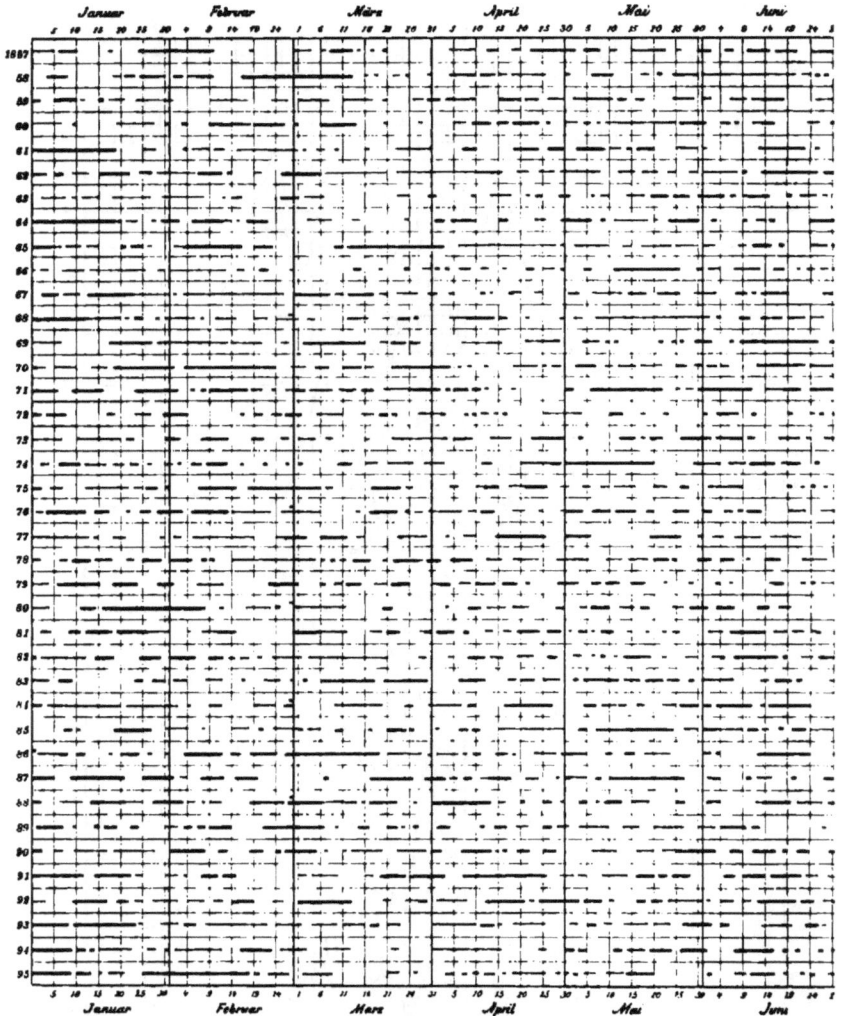

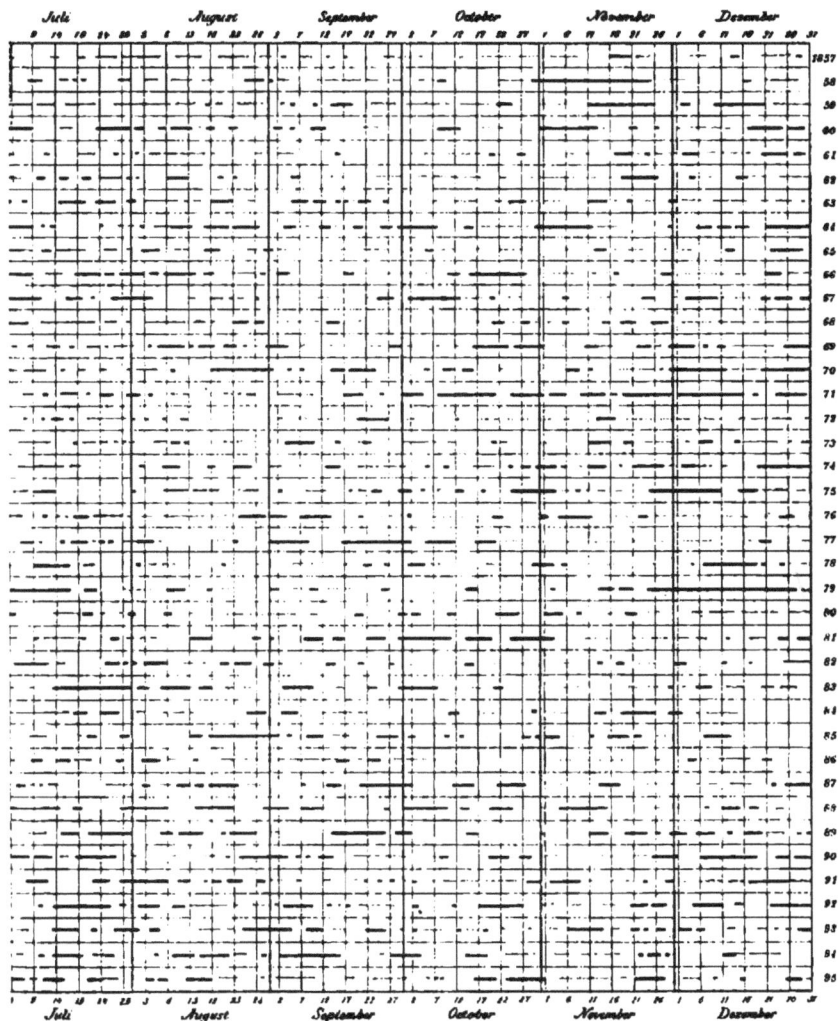

Juli   August   September   October   November   Dezember

Juli   August   September   October   November   Dezember

litteltemperatur um mehr als 2° $\left\{\begin{array}{c} \text{über} \\ \text{unter} \end{array}\right\}$ der Normalen lag.

Nasse und trc

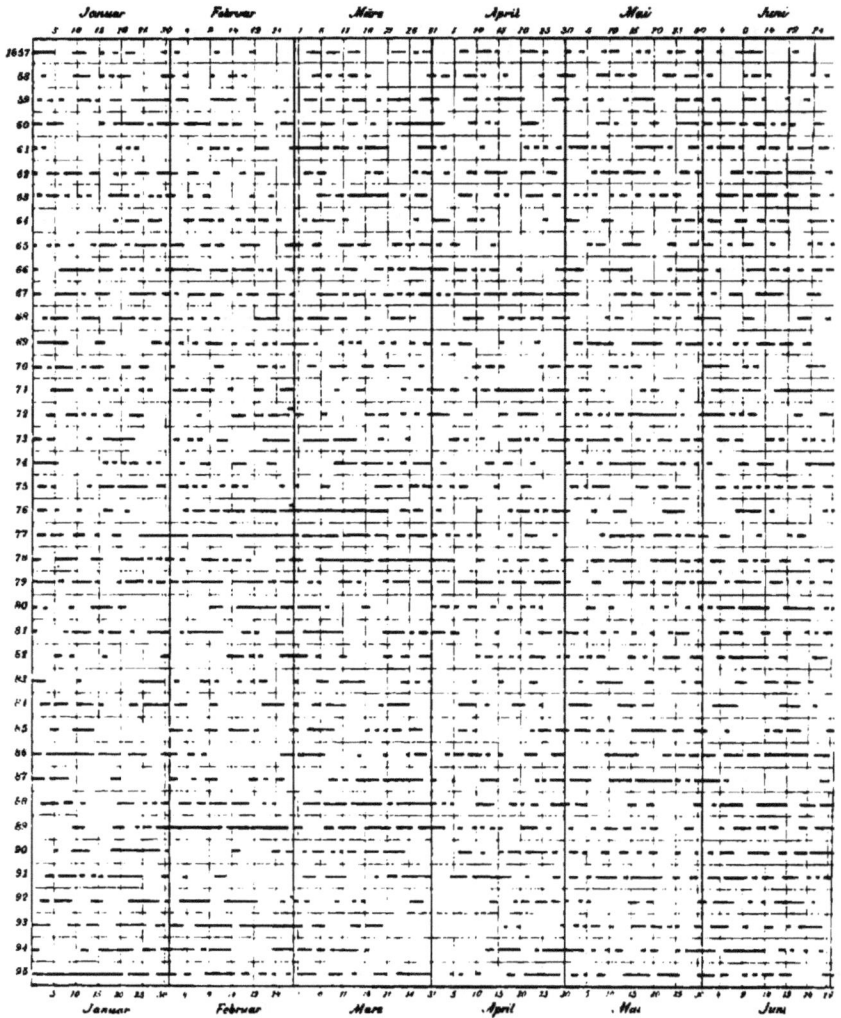

	Januar	Februar	März	April	Mai	Juni

Januar   Februar   Mars   April   Mai   Juni

Die schwarzen Punkte und Striche bedeuten

kene Perioden.

Klima von Frankfurt a. M.

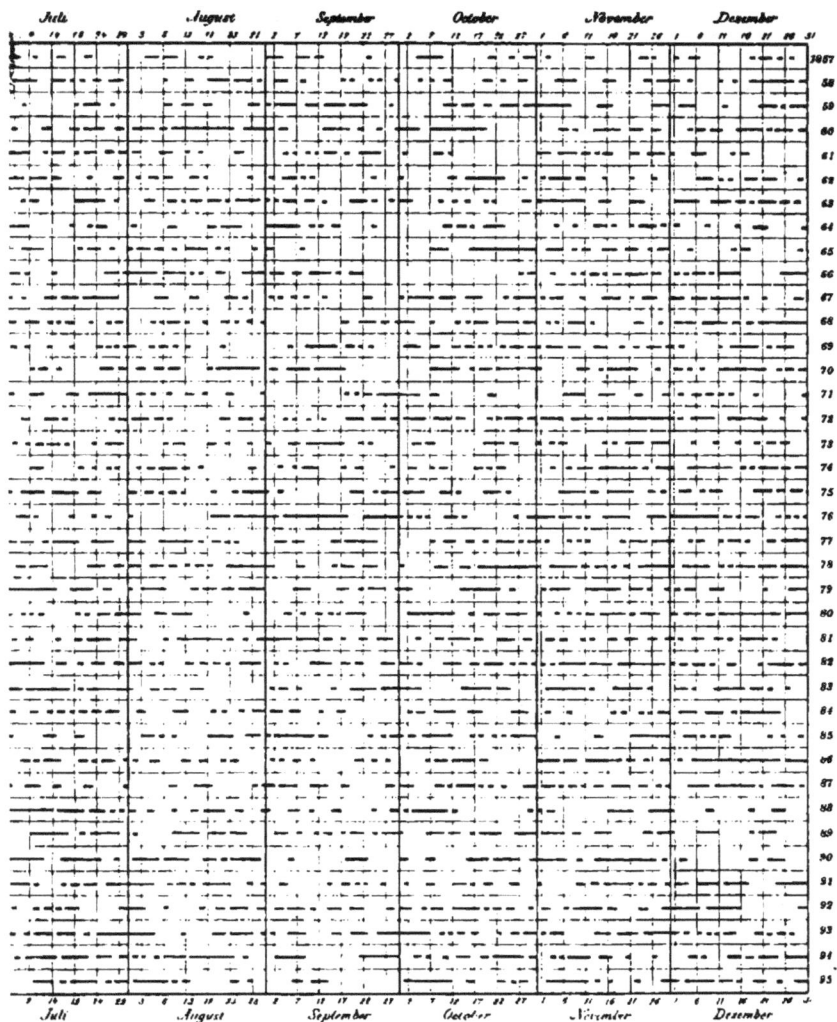

ge mit Niederschlag (ohne untere Grenze).

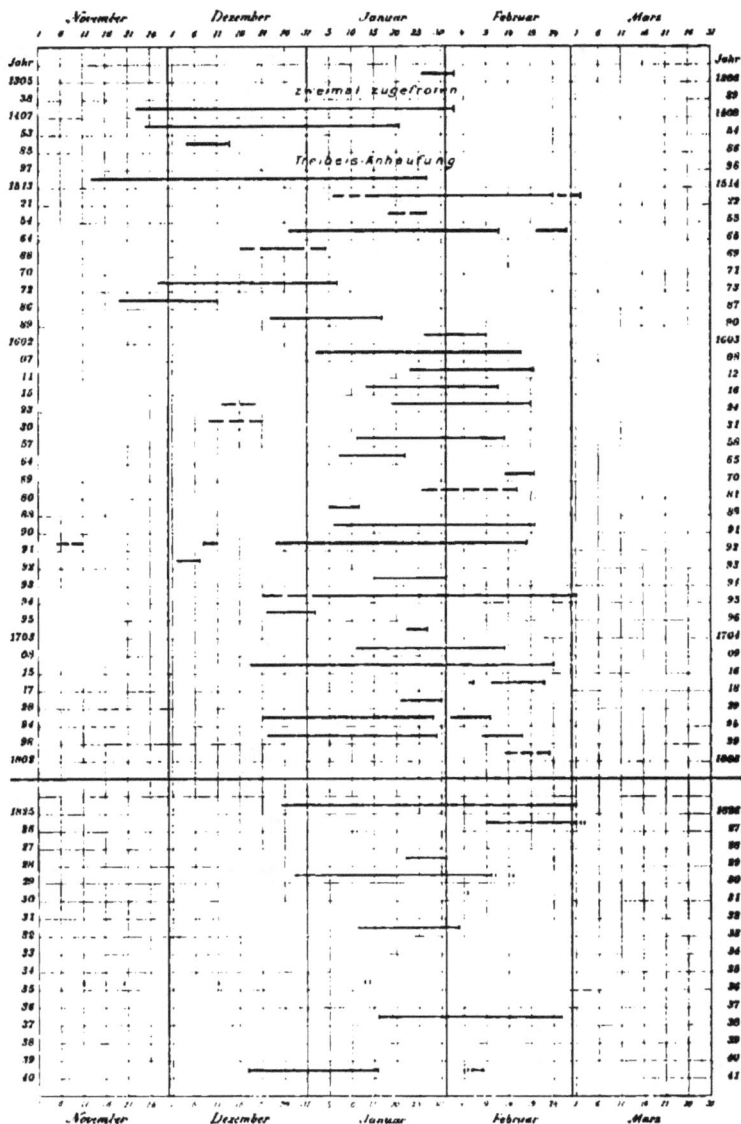

Tafel 9. Eisdecke des Mains bei Frankfurt.

Eisdecke des Mains bei Frankfurt.

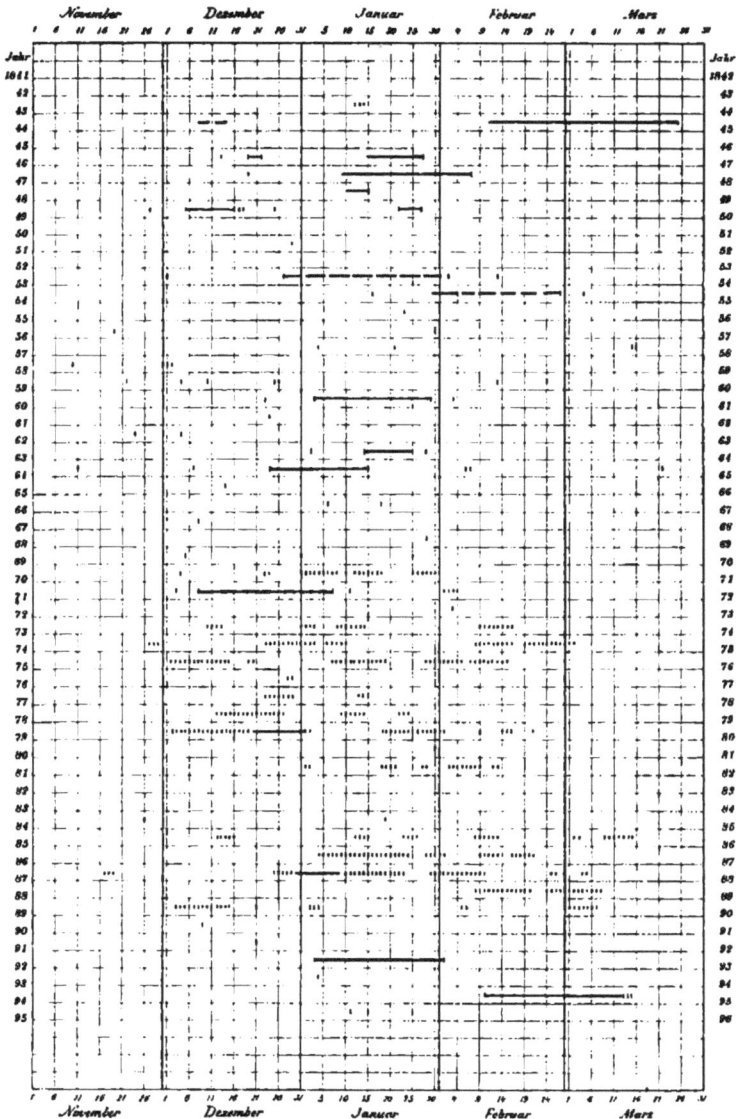

_____ von einem Ufer bis zum andern, _ _ _ _ unsicher ob vollständig und anhaltend.

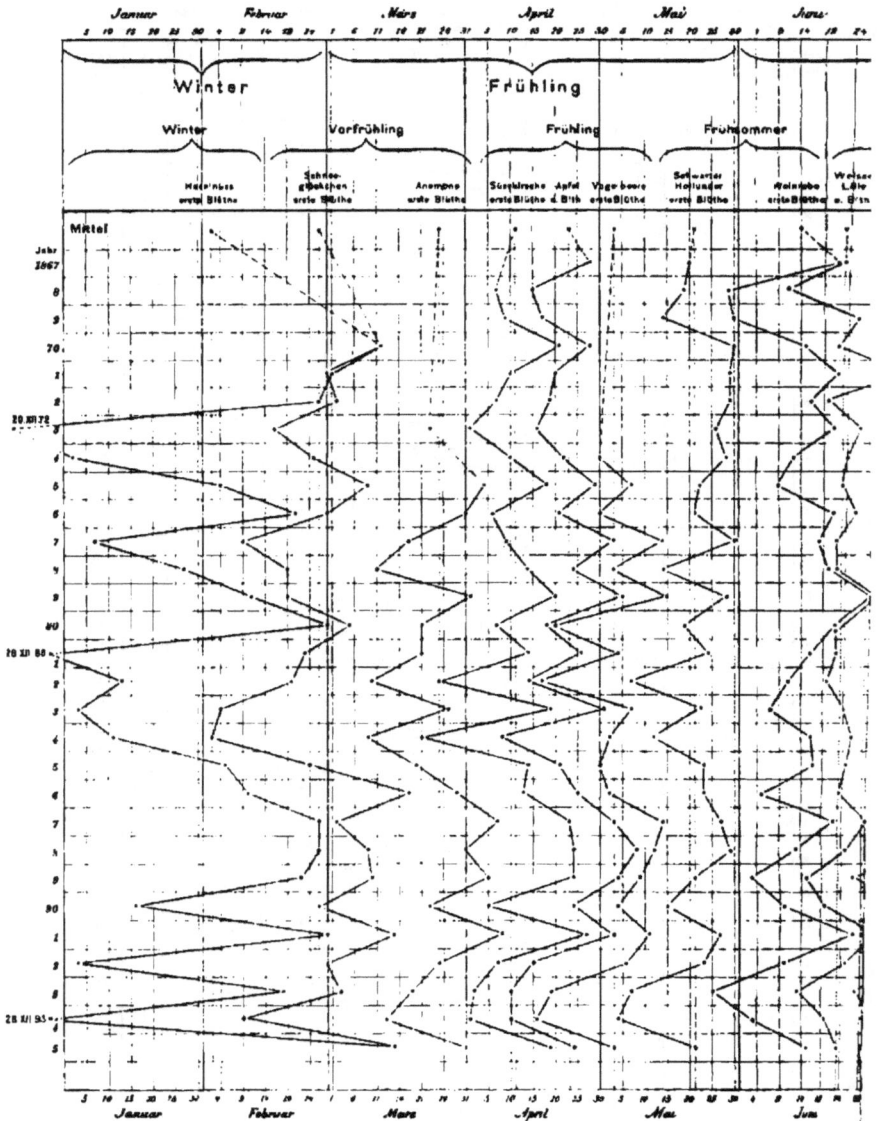

Tafel 10.　　　Vergleichende Uebersicht der Vegetationszeiten einiger Pflanzen in den

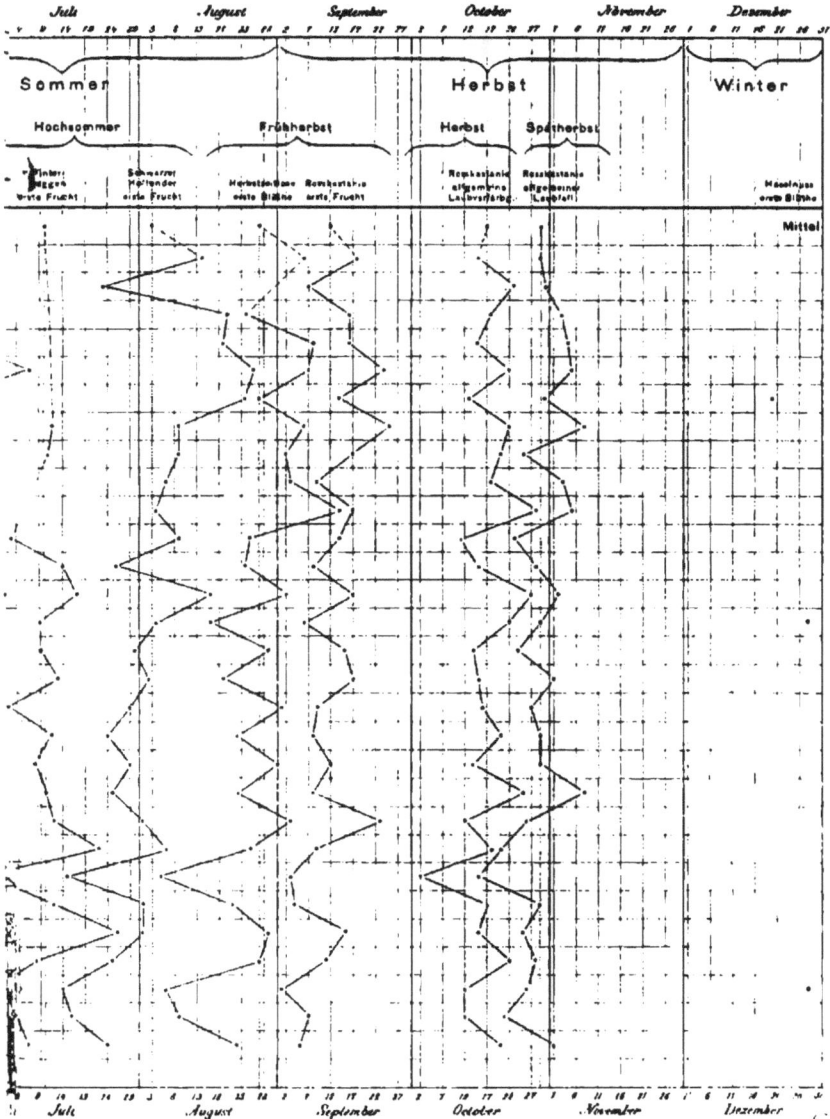

Juli	August	September	October	November	Dezember

S o m m e r   H e r b s t   W i n t e r

Hochsommer   Frühherbst   Herbst   Spätherbst

Mittel

Jahr
1867
8
9
70
1
2
3
4
5
6
7
8
9
80
1
2
3
4
5
6
7
8
9
90
1
2
3
4
5

Juli	August	September	October	November	Dezember

Das

Klima von Frankfurt am Main.

Eine Zusammenstellung

der

wichtigsten meteorologischen Verhältnisse von Frankfurt a. M.

nach vieljährigen Beobachtungen

im Auftrag des Physikalischen Vereins

bearbeitet von

Dr. Julius Ziegler und Professor Dr. Walter König.

Nachtrag.

Mit 2 Tafeln in Steindruck.

Inhaltsübersicht.

Tafeln.

Vorwort.

Das vorliegende Heft bildet einen Nachtrag zu dem im Jahre 1896 herausgegebenen „Klima von Frankfurt am Main" und enthält die dort auf Seite XXIII versprochene und von verschiedener Seite gewünschte ausführliche Mittheilung sämmtlicher Monats- und Jahresmittel und -Extreme des Luftdrucks, der Lufttemperatur u. s. w., sowie die Monats- und Jahressummen der atmosphärischen Niederschläge, der Anzahl der Tage mit solchen u. a.

Die Tabellen reihen sich an die früheren an und beginnen mit Tabelle 27.

Beigefügt sind noch einige Angaben zur Vervollständigung und Berichtigung.

Zusätze und Ergänzungen

zum ersten Theil.

Zur Einleitung

Seite I/II.

v. Lersner erwähnt auf Seite 764/5 des 2. Theils seiner Chronik eine im Jahre 1721 hier erschienene Schrift (auf der Senckenbergischen Bibliothek) von Johann Christian Heuson, betitelt: „Kurze Betrachtung über zwei Phaenomena oder Lufft-Geschichte, welche sonsten lumen boreale seu aurora borealis das ist der Nord-Schein genennet werden, deren das erste zwischen dem 17. und 18. Februar . . ., das andere zwischen dem 1. und 2. Mertz 1721 um und über der Stadt Frankfurth am Mayn . . . sind gesehen worden." Der beigegebene Kupferstich gibt 4 Abbildungen.

Abgesehen von den bei den von J. Ch. Heuson und J. G. Keck beschriebenen Nordlichtern wahrgenommenen Erscheinungen enthält die Schrift zwar keine eigentlichen meteorologischen Beobachtungen, wohl aber eine in ihrer Art eingehende und planmässige, mit Citaten und anderen Hinweisen versehene Besprechung der atmosphärischen Verhältnisse und Vorgänge im Allgemeinen.

Aus der von v. Lersner, Bd. 2, S 765 erwähnten Schrift von J. Ch. Henson und J. G. Keck über das im Jahre 1729 in der Nacht vom 16 auf 17. November beobachtete Nordlicht kennen wir nur die zugehörigen zwei Abbildungen (zum Theil kolorirte Kupferstiche der Gerning'schen Sammlung im Historischen Museum).

Ueber die von Henson S. 9 erwähnten Beobachtungen von J Th. Klumpff haben wir nichts ermitteln können.

S. II.

Zu unserer grossen Freude sind die beiden Bände der Meermann'schen Handschrift im Jahre 1898 wieder aufgefunden worden. Wie aus dem Nachstehenden ersichtlich ist, hat ein weiterer Theil derselben seine Bearbeitung erfahren.

S. III.

Das „Handbuch der Experimental-Physik" von Professor Dr. Beat Friedrich von Tscharner (neue Auflage mit 4 Tafeln in Steindruck, Frankfurt a. M. 1830, gedr. b. Karl Naumann, im Verl. d. Verf.) enthält in seinem meteorologischen Theil (S. 426 bis 464) keine Beobachtungen von hier, obgleich der Verfasser 1823 (?) und 1828/29 seiner Vorlesungen halber, sowie 1830 (?) daselbst verweilte.

S. IV.

Seit 1893 enthalten die Jahresberichte des Physikalischen Vereins ausser der „Jahres-Uebersicht" eine eingehende Darlegung des Gangs der „Witterung des Jahres" von Walter König.

Statt der früheren grösseren Witterungstafel sind seit 1896 alljährlich zwei kleinere Tafeln beigegeben, deren eine neben dem mittleren Tagesmittel (Normalmittel) des Luftdrucks nach den sechsunddreissigjährigen Beobachtungen von 1857/92, den täglichen mittleren Luftdruck, die andere neben dem mittleren Tagesmittel der Lufttemperatur nach den sechsunddreissigjährigen Beobachtungen von 1857/92, die tägliche mittlere Lufttemperatur und neben den mittleren Monatssummen der Niederschläge nach den sechzigjährigen Beobachtungen vom Juli 1836 bis Juli 1896, die monatliche Höhe der atmosphärischen Niederschläge zu Frankfurt a. M. darstellt.

S. VII.

Während das „Klima von Frankfurt a. M." als Festgabe zur 68. Versammlung Deutscher Naturforscher und Aerzte dahier (vom 21. bis 26. September 1896) bestimmt war und auch den Theilnehmern an der 8. allgemeinen Versammlung der Deutschen meteorologischen Gesellschaft dahier (vom 13. bis 16. April 1898) überreicht worden ist, brachte der Jahresbericht des Physikalischen Vereins für 1895/96, S. 70 bis 79 einen, auch als besonderer Abdruck erschienenen Auszug aus dieser Schrift.

Der Jahresbericht des Physikalischen Vereins für 1897/98 bringt auf S. 100 bis 110 eine Abhandlung von W. Schaper über „Die erdmagnetischen Elemente für Frankfurt a. M." und S. 114 bis 144 (Sonderabdruck S. 3 bis 33) eine Arbeit von Julius Ziegler über „Peter Meermann's Lufttemperatur-Beobachtungen," 2. Theil. Dieselbe enthält die einzelnen täglichen Mitteltemperaturen der 20 Jahre 1758 bis 1777; auch sind ihr die zum Theil noch nicht bekannt gewesenen Monats- und Jahresmittel aus den 28 (30) Jahren 1758 (57) bis 1786 entnommen.

Zu

Die Lage von Frankfurt a. M.

S. IX.

Die magnetische Deklination betrug hier (Mühlberg) im Juli 1898 nach den Messungen von W. Schaper*) 12° 8.4' westlich, die magnetische Inklination 65° 18'.

Zu

Die Beobachtungs-Instrumente und ihre Aufstellung.

S. XIV/XVI.

Im Besitz des Herrn Mechaniker Eugen Albert befindet sich ein älteres Quecksilber-Thermometer (— 20 b. +80 °R.) auf versilberter Theilung, mit welchem sein Grossvater J. V. Albert, sein Vater J. W. Albert und sein Onkel Friedrich Albert seit dem Jahre 1840, vielleicht schon seit 1836 in der Schäfergasse und vor dem Friedberger Thor beobachtet haben. Der Nullpunkt liegt jetzt (Februar 1901) bei +1.7 °R.

Ob diese Beobachtungen, wie naheliegend, bei den Mittheilungen des Physikalischen Vereins Verwendung gefunden haben, kann mit Sicherheit nicht angegeben werden.

Um eine von der näheren Umgebung noch weniger beeinflusste Aufstellung der Instrumente und eine möglichst grosse Uebereinstimmung mit der neuen im Palmengarten, d. h. in der Aussenstadt eingerichteten Beobachtungsstation zu erreichen, wurde im Jahre 1898 dasolbst, wie im botanischen Garten, eine sogenannte „Englische Hütte" errichtet und mit neuen geprüften Thermometern von R. Fuess ausgestattet. Unsere Monatstabellen enthalten die an denselben im botanischen Garten angestellten Beobachtungen vom 1. Januar 1899 an.

S. XX.

Mit Ausnahme der Stationen des Mainkanals sind seit 1899 unsere sämmtlichen Niederschlags-Stationen, sowie die neuerrichtete des Palmengartens mit Hellmann'schen Regenmessern (meist Modell 1886) ausgerüstet, der Feldberg seit dem 6. November 1899 ausserdem mit einem verbesserten Glycerin-Regenmesser (nach J. Ziegler).

*) Vergl. oben zu S. VII.

Zu

Ergebnisse der Beobachtungen.

S. LIV.

Dem Schluss des obersten Absatzes ist anzufügen: am 18. und 19. Juli 1871. Am 20. Juli 1881 stieg dasselbe auf 54.8 °C., desgleichen am 29. Juni 1883.

S. LVII und Tafel 9.

Für Februar auf März 1740 tragen wir nach, dass der Main, wenigstens am 1. März hier zugefroren war, indem an diesem Tage, wie ein Kupferstich im städtischen historischen Museum bekundet. die „Bender" einen Zug auf dem zugefrorenen Flusse veranstaltet haben.

Nach der Berliner „Vossischen Zeitung" vom 2. Januar 1800 wurde am 24. December 1799 vom Main gemeldet, dass derselbe am 21. dieses Monats zugegangen sei und mit dem Rhein dies wohl nächstens auch der Fall sein werde. Darnach dürfte es auch bei Frankfurt a. M. so gewesen sein.

S. LXXVII. Fussbemerkung.

Unter Soyka ist noch anzuführen „Zur Epidemiologie und Klimatologie von Frankfurt a. M." Deutsche Vierteljahrsschrift für öffentliche Gesundheitspflege, 19. 1887. Heft 2, S. 290 b. 310.

S. 39, Tab. 6.

In der Jahresübersicht der Lufttemperatur ist nach den neueren Ermittelungen (s. o.) an die Stelle des Zeitraumes 1758/83 derjenige von 1758/86 einzusetzen Dabei bleibt das mittlere Jahresmittel 10.0 °C.; das grösste betrug 11.1 (79 und 81), das kleinste 8.6 (85), die Differenz derselben 2.5 °C. Das grösste Monatsmittel, 21.4 °C., wurde im Juli 59 und 78, sowie im August 80, das kleinste, --6.8 im Januar 67 erreicht; die Differenz betrug 28.2. 1757/77 fiel das grösste Tagesmittel von 27.5 auf den 14. Juli 57, das kleinste von —17.5 auf den 28. Januar 76; die Differenz beider beträgt 45.0 °C In den Jahren 1758/67 belief sich das Jahresmittel der interdiurnen Veränderlichkeit auf 1.6, die grössten Werthe derselben wurden mit +10.2 am 1./2. Februar 61 und —11.2 am 27./28. Juni 67 erreicht.

S. 49, Tab. 24.

Frühester 1869/95 in der Aussenstadt beobachteter Frost am 26. September 1877, desgleichen spätester am 19. Mai 1871.

Ergebnisse der Beobachtungen.

(II. Theil.)

Bei der Berechnung der in den Tabellen des ersten Theiles enthaltenen Zahlen haben wir uns aus Gründen, die im ersten Theile dargelegt worden sind, auf den Zeitraum 1857/92 als Frankfurter Normalperiode beschränkt. Für die in den nachfolgenden Tabellen enthaltene ausführliche Mittheilung des Beobachtungsmateriales schien uns dagegen eine möglichst vollständige Verwerthung des ganzen vom Physikalischen Vereine seit seinem Bestehen gesammelten meteorologischen Materiales wünschenswerth. Freilich sind diese älteren Beobachtungen, wie einige der Tabellen lehren, zum Theil ziemlich lückenhaft, und die vorhandenen und in den Tabellen mitgetheilten älteren Zahlen werden auch ohne Frage den späteren Beobachtungen durchaus nicht gleichwerthig sein, einmal wegen der Mangelhaftigkeit der älteren Instrumente und ihrer Aufstellung und dann wegen des Wechsels der Beobachter und ihrer Auffassung der Erscheinungen. Wir haben uns aber trotzdem entschlossen, auch dieses ältere Material zu verarbeiten und mitzutheilen; zusammenhängende und einigermassen vollständige Beobachtungsreihen von 70 Jahren sind ja immerhin nicht allzu häufig, und wenn sie im vorliegenden Falle auch keine in sich homogene Reihe bilden, so geben sie doch zum mindesten ein charakteristisches und nützliches Bild des Witterungsverlaufes in den einzelnen Jahren.

Die Durchführung dieser Absicht erforderte allerdings wesentlich umfangreichere Berechnungen, als wir anfangs gedacht hatten. Für den ältesten Zeitraum, von 1826 bis 1841 lag eine für unsere Tabellen verwerthbare Bearbeitung der Beobachtungen überhaupt noch nicht vor. Von 1842 an wäre in den Monats- und Jahresübersichten der Vereinsberichte das nothwendige Zahlenmaterial eigentlich gegeben gewesen. Aber diese Zahlen erwiesen sich zum Theil wegen unzweckmässiger Form der Mittelbildung als unbrauchbar und andererseits als ziemlich unsicher, indem die Tabellen zahlreiche Druck- oder Rechenfehler enthielten und eine beständige Controle erforderten. Es hat daher eine vollständige Neuberechnung des gesammten Beobachtungsmateriales für die Jahre 1826/56 auf Grund der handschriftlich oder — wenn in dieser Form nicht mehr vorhanden — der gedruckt vorliegenden Einzelbeobachtungen stattgefunden. Um andererseits die ganze Reihe mit einem vollen Lustrum abzuschliessen, sind an die Jahre

der Normalreihe noch die drei Jahre 1893, 1894 und 1895 angefügt worden. Für die
Mittelwerthe des ersten Theiles waren diese Jahre nicht mehr verwerthet worden, weil
mit Beginn des Jahres 1893 ein Wechsel der Beobachtungstermine eingetreten war.
Solche Wechsel haben auch im Jahre 1827 und im Jahre 1853 stattgefunden. Um
auf diese Ungleichmässigkeit des Materiales in den Tabellen selber hinzuweisen, haben
wir die Art der Mittelbildung für die einzelnen Perioden mit verschiedenen Beobachtungs-
terminen in den Tabellen für den Luftdruck und die Lufttemperatur in einer Fussnote
mitgetheilt.

Luftdruck und Winde.

Bei der Neuberechnung der älteren Luftdruck-Beobachtungen sind wir
nicht dem Vorgange von Greiss gefolgt, der die Tagesmittel nur aus Morgen- und
Mittagbeobachtung ableitete (vgl. I. Theil, S XXVI), sondern wir haben auch die Abend-
beobachtung in der sonst üblichen Weise benutzt und haben die Tagesmittel aus den
Terminbeobachtungen so berechnet, wie es in der Fussnote zu Tabelle 27 angegeben
ist. Die Mittelwerthe, die sich aus den Zahlen dieser Tabelle für den Zeitraum 1837/56
berechnen lassen, würden daher von den Zahlen von Greiss, die wir im ersten Theile
mitgetheilt haben, ein wenig abweichen, z. B. das Jahresmittel 752.6 statt 752.5
(vgl. I. Theil, S. 11). — Sämmtliche Beobachtungen der früheren Jahre sind auf mm
umgerechnet und auf 0° reducirt worden. Aber die Vergleichbarkeit dieser Beobachtungen
mit denen der späteren Jahre ist leider aus einem anderen Grunde eine sehr ungenügende.
Wie schon im I. Theile (S. XI) erwähnt wurde, ist der Aufstellungsort der Barometer
für die ersten Jahrzehnte nicht mit Sicherheit bekannt. Es ist daher unmöglich, die
älteren Beobachtungen auf dasselbe Niveau zu reduciren, auf das sich die Mittel der
Normalperiode und unsere jetzigen Beobachtungen beziehen. Der Versuch, die Grösse
der erforderlichen Correctionen durch Vergleichung mit den Beobachtungen anderer
Stationen zu ermitteln, ist leider wegen Mangels genügend naher Stationen nicht aus-
führbar. Die von Hann in seiner „Vertheilung des Luftdruckes über Mittel- und
Süd-Europa" aufgeführten Stationen mit genügend langen Beobachtungsreihen liegen
zu weit ab, als dass man berechtigt wäre, den Gang der Differenzen ausschliesslich
auf die wechselnde Meereshöhe des Frankfurter Barometers zu schieben. Um aber eine
Vorstellung von der möglichen Grösse der Fehler der Frankfurter Beobachtungen zu
geben, stellen wir in der folgenden Tabelle die Differenzen der Lustrenmittel für Paris
und Frankfurt einerseits, für Frankfurt und Warschau andererseits zusammen und fügen
zum Vergleich diejenigen für Paris und Warschau hinzu. Wir bemerken noch, dass
Frankfurt ungefähr auf der Linie Paris - Warschau liegt und diese Strecke sehr nahe

im Verhältniss von 1:2 theilt, indem die Entfernung Paris-Frankfurt ungefähr 64, diejenige Frankfurt-Warschau ungefähr 120 deutsche geographische Meilen beträgt.

Differenzen der Lustrenmittel:

	1826/30	31/35	36/40	41/45	46/50	51/55	56/60	61/65	66/70	71/75	76/80	81/85
Paris-Frankfurt a. M.:	2.63	1.33	3.32	3.04	3.40	2.33	2.65	2.88	3.16	1.75	2.61	3.39
Frankfurt a. M.-Warschau:	3.49	4.70	2.37	2.64	2.76	3.82	2.97	2.89	3.11	4.11	3.44	2.08
Paris-Warschau:	6.12	6.03	5.69	5.68	6.16	6.15	5.62	5.77	6.57	5.86	6.05	5.47

Diese Tabelle zeigt einerseits, dass die Differenzen der Frankfurter Beobachtungen gegen die Pariser und Warschauer erheblich stärkere Schwankungen aufweisen, als die Differenzen Paris-Warschau. Aber diese Variationen kommen nicht blos in den ersten, sondern in wenig geringerer Stärke auch in den letzten, der homogenen Periode angehörigen Lustren vor, so dass sie keinenfalls ausschliesslich auf Rechnung einer wechselnden Aufstellung des Barometers zu setzen sind. Auch zeigen die Differenzen einen ausgesprochen periodischen Gang, der mit dem von Hann für andere Stationen nachgewiesenen übereinstimmt. Andererseits lassen aber doch die ersten beiden Lustren besonders grosse Abweichungen erkennen. Das tritt noch deutlicher hervor, wenn man die Mittel für Jahrzehnte bildet:

	1826/35	36/45	46/55	56/65	66/75	76/85
Paris-Frankfurt a. M.:	1.98	3.18	2.86	2.76	2.60	3.00

Da das Barometer im ersten Jahrzehnt anfangs in der Töngesgasse und später in der Schäfergasse gestanden hat, so ist es nicht unwahrscheinlich, dass seine Meereshöhe etwas geringer war, als die des jetzigen Standortes; die Ablesungen würden dann also zu hoch, die Differenzen gegen Paris zu klein ausgefallen sein. Würde die obige Abweichung ausschliesslich davon herrühren, so würde die Correction auf das jetzige Niveau auf etwa − 0.9 mm zu veranschlagen sein.

Die vollständige Reihe der Luftdruckbeobachtungen weist zwei Lücken auf. Es fehlen im Mai 1836 die 8 Tage vom 14. bis 21. Der mittlere Barometerstand der übrigen 23 Tage ist 753.2. Nimmt man als mittleren Barometerstand für die 8 fehlenden Tage das Mittel aus der letzten Beobachtung am 14. und der ersten am 22., so erhält man als vollständiges Monatsmittel 754.3. Hiermit stimmt fast vollständig der Werth überein, den man aus den Beobachtungen von Paris einerseits, Krakau und Warschau andererseits für Frankfurt a. M. ableiten kann, indem man an dem Mittelwerth dieser Stationen für Mai 1836 diejenigen Correctionen anbringt, die sich als Differenzen zwischen Frankfurt a. M. und den genannten Stationen für den Monat Mai aus einer langjährigen Reihe ergeben. Benutzt wurde für diese Interpolationsrechnung die Reihe 1827/52 ohne das Jahr 1836, und es wurde dem Werthe für Paris, als der näheren Station ein grösseres Gewicht bei der schliesslichen Mittelbildung beigelegt. Eine entsprechende Interpolationsrechnung wurde für den September 1840 durchgeführt, von dem die Beobachtungen für die Tage vom 2. bis 17. fehlen. Die auf diese Weise errechneten Mittelwerthe für die beiden Monate sind zur Ausfüllung der Lücke in die Tabelle 27 aufgenommen worden, als interpolirte Werthe durch eckige Klammern besonders gekennzeichnet.

Tabelle 28 enthält die Abweichungen der Monats- und Jahresmittel des Luftdrucks von den Mittelwerthen der Normalperiode. Eine Auszählung dieser Abweichungen ihrer Grösse und ihrem Vorzeichen nach schien uns für den ganzen Zeitraum nicht von Bedeutung zu sein, da die Mittelwerthe ja nicht für diesen ganzen Zeitraum gebildet sind. Wir haben sie daher nur für die Jahre der Normalperiode durchgeführt und geben ihr Resultat in der folgenden kleinen Tabelle:

Häufigkeit der Abweichungen der einzelnen Monatsmittel von den Gesammtmitteln für die Normalperiode 1857/92.

	Jan.	Febr.	März	April	Mai	Juni	Juli	Aug.	Sept.	Okt.	Nov.	Dez.
+ > 9.9	—	—	—	—	—	—	—	—	—	—	—	2
7.5—9.9	4	3	1	—	—	—	—	—	—	—	—	2
5.0—7.4	2	2	3	2	—	—	—	—	1	—	3	—
2.5—4.9	4	6	5	4	5	6	4	4	4	7	7	7
0.0—2.4	7	8	9	13	14	10	15	15	13	15	6	7
— 0.1—2.5	7	6	9	12	12	20	14	14	13	8	13	6
2.6—5.0	6	6	4	4	5	1	3	3	5	4	4	6
5.1—7.5	3	4	5	1	—	—	—	—	—	2	3	3
7.6—10.0	3	—	—	—	—	—	—	—	—	—	—	3
> 10.0	—	1	—	—	—	—	—	—	—	—	—	—

Diese Tabelle bestätigt noch einmal mit grosser Schärfe die Thatsache, für die wir schon im I. Theile verschiedene Belege gefunden hatten (vergl. I. Theil, S. XXVIII und XXIX), dass die Luftdruckschwankungen in der kalten Jahreszeit viel grösser sind als in der warmen. Die positiven und negativen Abweichungen vertheilen sich für die meisten Monate sehr gleichmässig; nur im Juni und November sind die negativen und im Oktober die positiven zahlreicher. Die Jahresmittel dagegen gruppiren sich ausgesprochen unregelmässig um die Mittelwerthe, wie folgende Zusammenstellung zeigt:

Abweichung der	+ 2.99—2.00	1.99—1.00	0.99—0.00	—0.01—1.00	1.01—2.00
Jahresmittel:	2	6	8	14	6

Positive Abweichungen kommen also seltener und entsprechend mit grösseren Beträgen vor, als die negative.

Die Tabellen 29 und 31 enthalten die höchsten und niedrigsten Barometerstände, wie sie in den Terminbeobachtungen eines jeden Monats vorgekommen sind. Für den September 1840 sind die betreffenden Zahlen wegen der grossen Lücke in den Beobachtungen zweifelhaft, während es für den Mai 1836 weniger wahrscheinlich ist, dass in den fehlenden 8 Tagen die für die übrigen 21 Tage gefundenen Grenzwerthe überschritten worden sind. In Bezug auf Tabelle 31 müssen wir noch im besonderen darauf aufmerksam machen, dass diejenige Zahl, die in allen früheren meteorologischen Zusammenstellungen — auch noch im I Theile dieses Werkes — als absolutes Minimum des Luftdrucks für Frankfurt a. M. angegeben worden ist, in dieser Tabelle nicht mehr vorkommt. Der betreffende Werth, 712.0 mm für den 10. Oktober 1835 = 26″ 4.3‴ in den handschriftlichen Aufzeichnungen — beruht offenbar, wie der Verlauf der Luftdruckschwankung vom 9. bis 11. Oktober erkennen lässt, auf einem Ablese- oder Schreibfehler des Beobachters. Aus einem Vergleich mit den gleichzeitigen Beobachtungen

in Basel, von denen uns Herr Professor Riggenbach freundlichst eine Abschrift
übersandte, kann man den Schluss ziehen, dass die Ablesung 26″ 10.3‴ oder 26″ 11.3‴
lauten musste. Jedenfalls trat der niedrigste Barometerstand des Oktober 1815 mit
725.1 mm an einem anderen Tage ein.

Da für die Extreme eine Berücksichtigung der Lustren nicht von Interesse
erschien, haben wir den Raum dafür mit zwei anderen Tabellen ausgefüllt. Die eine
— Tabelle 30 — enthält die Monatsmittel der interdiurnen Veränderlichkeit für
die beiden Perioden 1842/53 und 1883/92, für die Berechnungen dieser Grösse vorliegen.
Die andere — Tabelle 32 — soll dazu dienen, die Veränderlichkeit der Form der
Jahrescurve des Luftdrucks durch eine Darstellung des Verlaufs der Jahresperiode in
den einzelnen Lustren zu veranschaulichen. Der einzige Monat, der in allen Lustren
dasselbe Vorzeichen für seine Abweichung vom Jahresmittel aufweist, ist der Mai; er
liegt immer unter dem Jahresmittel. Ein starkes Ueberwiegen der negativen Abweichungen zeigen ferner März und April, während Dezember, Januar und Februar
mit wenigen Ausnahmen positive Abweichungen aufweisen. Wir erläutern den
wechselnden Verlauf der Jahrescurve auch noch durch die folgende kleine Tabelle,
welche angibt, wie oft in den 70 Jahren das höchste und das niedrigste Monatsmittel
des Jahres auf die einzelnen Monate fiel. Fand sich bei dieser an Tabelle 31 vorgenommenen Auszählung der höchste oder der niedrigste Werth an zwei Monaten
desselben Jahres vertreten, so wurde jeder Monat mit ½ gerechnet. In dieser Weise
ergaben sich folgende Zahlen:

Es fiel auf den:	Jan.	Febr.	März	April	Mai	Juni	Juli	Aug.	Sept.	Okt.	Nov.	Dez.
das höchste Monatsmittel:	14	14½	3	2	—	1	2	—	1	9	7½	18 mal
„ niedrigste „	: 6	6½	17	11½	2	1	1	1	—	6½	0½	6 „

Darnach kann man sagen, dass die Lage des Maximums der Jahrescurve stabiler ist,
als die des Minimums; sie beschränkt sich mehr als es beim Minimum der Fall ist,
auf bestimmte Monate.

Von einer Wiedergabe der ausführlichen Beobachtungen über Windrichtungen
und Windstärken, deren Mittelwerthe wir in Tabelle 15 des I. Theiles zusammengestellt hatten, haben wir Abstand genommen. Die Windstärken sind ja nur geschätzt
und nicht gemessen und die Windrichtungen sind zwar an der Wetterfahne abgesehen,
dürften aber auch nicht allzu genau sein. Vor allem aber würde ihre ausführliche
Wiedergabe sehr viel Platz beanspruchen.

Lufttemperatur.

Bei den Temperatur-Beobachtungen haben wir nicht nur die Monatsmittel und die höchsten und niedrigsten Thermometerstände eines jeden Monats, sondern auch die mittleren Maxima, die mittleren Minima und die Differenz beider, die mittlere Tagesamplitude, in Tabellen zusammengestellt. Letztere Grösse wurde besonders von dem Gesichtspunkte aus aufgenommen, dass sie einen gewissen Maasstab für die Bewölkungsverhältnisse gewährt (vergl. I. Theil, S. L), für die uns verwerthbare Beobachtungen aus den älteren Jahren nicht vorliegen. Ausserdem gestatten die Tabellen der mittleren Maxima und Minima die Monatsmittel, so wie es Greiss und Meermann thaten, nach der Formel (M + m)/2 zu berechnen und mit den aus den Terminbeobachtungen gewonnenen Zahlen der Tabelle 35 zu vergleichen. Doch sehen wir von einer ausführlichen Mittheilung dieses Vergleiches ab. Die betreffenden Werthe der mittleren Maxima und Minima konnten natürlich nur da aufgestellt werden, wo Beobachtungen an Thermometrographen vorlagen. Solche fehlen für den 1. bis 9. Januar 1826 ganz; für die Jahre 1827/37 fehlen die Beobachtungen am Maximum-Thermometer. In die Tabellen 40 und 42 der absoluten Extreme eines jeden Monats dagegen sind für diejenigen Monate, für die Beobachtungen an Thermometrographen nicht vorlagen, die aus den Terminbeobachtungen entnommenen höchsten und tiefsten Stände eingesetzt worden.

Die Monatsmittel in Tabelle 35 sind nach den in der Fussnote zu dieser Tabelle angegebenen Formeln berechnet. Durchaus unvollständig und daher in ihrem Mittelwerthe zweifelhaft sind nur die Beobachtungen für Mai 1836; hier fehlen für den 14. bis 21. alle Beobachtungen, für die übrigen Tage auch der grösste Theil der Ablesungen am Minimum-Thermometer; die angegebene Zahl ist das nach der Formel (9 a + 10 p)/2 berechnete Mittel der Tage vom 1. bis 13 und 22. bis 31. Auch für den Dezember 1834 musste wegen Fehlens der Minimal-Temperaturen das Mittel aus Morgen- und Abendbeobachtungen allein gebildet werden. Ausserdem fehlen die Extrembeobachtungen für einige Tage in folgenden Monaten:

Januar	1826,	Maximum und Minimum für den	1. bis 9.
März	1830,	Minimum	" " 27. " 31.
April	1830,	"	" " 1. und 2.
November	1834,	"	" " 15. bis 30.
Juni	1836,	"	" " 1. " 4.

In diesen Fällen erschien es zweckmässig, die fehlenden Extrembeobachtungen durch eine Interpolationsrechnung zu ergänzen. Es wurde für die Tage mit vollständigen Beobachtungen das Verhältniss zwischen dem aus allen Beobachtungen und dem aus Morgen- und Abendbeobachtungen allein gebildeten Mittelwerthe berechnet, dieses Verhältniss auf die Tage mit unvollständigen Beobachtungen übertragen und mit den in dieser Weise reducirten Zahlen das Gesammtmittel des Monats berechnet. Diese

Zahlen sind in die Tabelle eingesetzt. Die Abweichungen von den Mitteln aus Morgen-
und Abendbeobachtungen sind übrigens in allen diesen Fällen nur geringfügig.

Die in Tabelle 36 enthaltene Zusammenstellung der Abweichungen der Monats-
und Jahresmittel von den Mittelwerthen der Normalperiode vervollständigen wir wieder,
wie oben beim Luftdruck, durch eine Auszählung der Abweichungen nach Grösse und
Vorzeichen, die sich aber wieder nur auf die Normalperiode bezieht.

Häufigkeit der Abweichungen der einzelnen Monatsmittel von den Gesammtmitteln für die
Normalperiode 1857/92.

	Jan.	Febr.	März	April	Mai	Juni	Juli	Aug.	Sept.	Okt.	Nov.	Dez.
+ >4.9	—	—	—	—	1	—	—	—	—	—	—	1
4.0—4.9	1	2	—	—	—	1	1	—	—	—	—	1
3.0—3.9	5	3	2	1	3	—	—	2	—	—	—	2
2.0—2.9	3	5	4	2	—	3	3	2	2	4	4	4
1.0—1.9	3	2	6	7	4	6	9	5	5	9	5	9
0.0—0.9	6	7	7	8	14	8	3	9	13	4	10	1
— 0.1—1.0	8	5	4	9	4	10	7	7	10	11	10	7
1.1—2.0	2	3	8	8	2	3	9	3	4	5	6	
2.1—3.0	2	6	3	1	8	4	3	3	2	3	1	—
3.1—4.0	4	2	2	—	—	1	1		1	1	—	1
4.1—5.0	1	1	—	—	—	—	—	—	—	—	—	2
>5.0	1	—	—	—	—	—	—	—	—	—	1	2

Auch diese Tabelle zeigt, dass die grösseren Abweichungen besonders in der
kalten Jahreszeit vorkommen. Die Zahl der positiven und der negativen Abweichungen
ist für die meisten Monate ganz oder nahezu gleich gross. Eine Ausnahme macht der
Mai, in dem die Zahl der positiven Abweichungen 1½ mal grösser ist, als diejenige
der negativen. Auch im September überwiegt, jedoch nicht in so hohem Grade, die
Zahl der positiven, im Juli in eben solchem Masse die Zahl der negativen Abweichungen.
Die Jahresmittel weisen 20 positive gegen 16 negative Abweichungen auf, mit folgender
Vertheilung nach der Grösse:

+ 1.9—1.5   1.4—1.0   0.9—0.5   0.4—0.0   —0.1—0.5   0.6—1.0   1.1—1.5
1   2   8   9   5   6   5.

Zu den Tabellen über die mittleren und absoluten Extreme ist ausser dem
oben bereits Gesagten nichts zu bemerken. Der Raum unter den Tabellen 40 und 42 ist
mit 2 kleinen Tabellen ausgefüllt, welche angeben, wie oft der höchste, bezw. tiefste
Thermometerstand des Jahres auf einen bestimmten Tag gefallen ist. Das hierbei ver-
arbeitete Material konnte auf eine Reihe von 140 Jahren ausgedehnt werden und ist
in den Tabellen 70, 71 und 72 ausführlich enthalten. Fasst man das Resultat dieser
Auszählung nach Monaten zusammen, so ergibt sich Folgendes:

Der höchste Thermometerstand fiel

auf den Mai   Juni   Juli   August   September
4   32   86   42   3 mal,

der tiefste Thermometerstand fiel

auf den Januar   Februar   März   November   Dezember
66   35   6   5   37 mal.

Wir stellen daneben noch eine an Tabelle 35 ausgeführte Auszählung über die
Lage der höchsten und tiefsten Monatsmittel in der 70 jährigen Reihe 1826/95. Es fiel
das höchste Monatsmittel des Jahres

	auf den Mai	Juni	Juli	August	September
	1	10½	38½	20	0 mal.

das niedrigste Monatsmittel des Jahres

	auf den Januar	Februar	März	November	Dezember
	34	13	1	½	21½ mal.

Rechnet man aber die tiefsten Monatsmittel nicht für das Jahr, sondern für den
Winter, so ergeben sich folgende Zahlen:

Das tiefste Monatsmittel des Winters fiel

	auf den November	Dezember	Januar	Februar	März
	2	16	37	13	1 mal.

Für die interdiurne Veränderlichkeit der Lufttemperatur liegen ausser
den beiden im I. Theile bereits verarbeiteten Reihen 1842/53 und 1883/92 noch die
von V. Kremser gerechnete fünfjährige Reihe 1860/64 [1]) und die von P. Meermann
ausgeführten Berechnungen für die Jahre 1758/67 [2]) vor. Die Monatsmittel aller dieser
Werthe sind in Tabelle 44 vereinigt. Zur bequemeren Vergleichung haben wir die
Mittelwerthe für die einzelnen Reihen am Fuss der Tabelle unter einander gestellt.
Die vier Reihen stimmen in der Charakteristik des Jahresverlaufes der interdiurnen
Veränderlichkeit auf das Deutlichste überein. Sie zeigen alle ein Hauptmaximum in
der kältesten Zeit (Dezember bis Januar), darauf einen schnellen Abfall, dann ein
secundäres Maximum im Frühling (April bis Mai) und endlich das Hauptminimum
im Spätsommer (August bis September) (vergl. die Curvendarstellung im I. Theil,
S. XLVI, Fig. 8).

In den Tabellen 45 und 46 ist endlich eine Uebersicht über die Zahl der
Sommertage, der Eistage und der Frosttage gegeben. Die ursprünglich nur für
die Normalperiode durchgeführte Auszählung ist auf die ganze 70 jährige Reihe ausgedehnt
worden. Dabei sind die Beobachtungen an den Extremthermometern, so weit sie vorhanden waren, der Berechnung zu Grunde gelegt worden. Wo aber solche fehlten,
also für die Sommertage und die Eistage der Jahre 1827/37, ist die Auszählung auf
Grund der Terminbeobachtungen vorgenommen worden. Dadurch wird die Anzahl
der Sommertage zu klein, diejenige der Eistage zu gross ausgefallen sein. Um ein
Urtheil über die Grösse des hieraus entspringenden Fehlers zu erhalten, haben wir
eine Auszählung der Sommer- und der Eistage auf Grund der Terminbeobachtungen
für die 10 Jahre 1838/47 ausgeführt und das Resultat mit den richtigen, aus den
Extremtemperaturen gewonnenen Zahlen verglichen. Es ergeben sich auf diese Weise
im Ganzen für die 10 Jahre 325 Eistage statt 278 und 331 Sommertage statt 427.
Demnach müsste man von den aus den Terminbeobachtungen ermittelten Zahlen
14.4 Procent abziehen, um die wahre Anzahl der Eistage zu erhalten und zu ihnen

[1]) V. Kremser. Die Veränderlichkeit der Lufttemperatur in Norddeutschland, Abhandlungen
des Kgl. Preuss. Met. Inst. I. S. 14, 1890.
[2]) J. Ziegler. Ueber Peter Meermann's Lufttemperatur-Beobachtungen. Jahresbericht des
Physikalischen Vereins 1897/98, S. 140—142.

29.0 Procent hinzufügen, um die wahre Anzahl der Sommertage zu erhalten. Es ist vielleicht von Interesse, wenn wir erwähnen, dass die gleiche Auszählung für die Jahre 1887/96 folgendes Ergebniss gehabt hat: Zahl der Eistage 314 statt 267, Zahl der Sommertage 256 statt 369, daher Correction von den Termin- auf die Extrembeobachtungen für die Eistage —15.0 Procent, für die Sommertage +44.1 Procent. Für die Eistage ergeben also beide Reihen nahezu die gleiche Correction, für die Sommertage dagegen beträchtlich verschiedene Reductionswerthe. Es dürfte auch leicht verständlich sein, dass diese Beziehungen besonders im Sommer von der Art der Thermometeraufstellung stark beeinflusst werden. Wir haben daher auch davon Abstand genommen, die Zahlen für die Jahre 1827/37 in den Tabellen mit Hülfe der obigen Correctionswerthe zu reduciren. Doch wollen wir für die Jahressummen eine Vergleichung der nicht reducirten und der reducirten Werthe in der folgenden kleinen Tabelle zusammenstellen; die Reduction ist für die Eistage durch Abzug von 14.4 Procent, für die Sommertage durch Hinzufügung von 29 Procent bewerkstelligt, unter Abrundung auf ganze Zahlen.

	Zahl der	1827	28	29	30	31	32	33	34	35	36	37
Eistage	nicht reducirt ...	36	18	64	43	21	31	24	1	25	18	23
	reducirt	31	15	55	37	18	27	21	1	21	15	20
Sommertage	nicht reducirt .	74	39	35	54	42	17	48	47	49	35	32
	reducirt	95	50	45	70	54	22	55	61	63	45	41

Für die Lustrenmittel würden sich dann die folgenden Werthe ergeben:

		1826/30	1831/35	1836/40
Eistage	nicht reducirt ...	38.4	20.4	27.0
	reducirt	33.8	17.6	25.8
Sommertage	nicht reducirt .	52.2	39.6	36.6
	reducirt	63.8	51.0	40.4

Eine Ergänzung finden die Tabellen 45 und 46, besonders durch die Angabe der „Eintrittszeiten", in den Tabellen 70 und 71 am Schluss des Buches. Hier ist auch die naturgemässere Zusammenfassung der Eis- und Frosttage nach Wintern durchgeführt, während in Tabelle 46 mit Rücksicht auf die Vergleichbarkeit mit den anderen Tabellen und die mit jenen gleichartige Zusammenfassung der Lustren die Gruppirung nach Jahren beibehalten ist. Natürlich sind auch in diesen Tabellen die Angaben über die Eistage und die Sommertage für die Jahre 1827/37 nicht ganz richtig, und die Unsicherheit bezieht sich nicht bloss auf die Zahlen, sondern möglicherweise auch auf die Eintrittszeiten. Hinsichtlich dieser müssen wir uns darauf beschränken, auf die Unsicherheit hinzuweisen. Hinsichtlich der Zahlen würden die reducirten Zahlen der obigen Tabelle für die Sommertage auch hier gelten. Für die Eistage, die in Tabelle 71 nach Wintern zusammengefasst sind, würde die Tabelle die folgende Form annehmen:

		1826/27	27/28	28/29	29/30	30/31	31/32	32/33	33/34	34/35	35/36	36/37	37/38
Zahl der	nicht red.	37	15	36	64	18	30	34		2	34	24	43
Eistage	red. ...	32	13	31	55	16	26	29	—	2	29	21	42

Feuchtigkeit und Bewölkung.

Die in den Jahren 1826/37 mit einem Haarhygrometer angestellten Feuchtigkeitsmessungen zeigen im Vergleich mit unseren modernen Beobachtungen so geringe Schwankungen in den Angaben des Instrumentes, dass der Werth dieser Beobachtungen sehr fragwürdig ist. Auch die in den 70er Jahren theils mit einem Psychrometer, theils mit einem Klinkerfues'schen Hygrometer ausgeführten Messungen bilden noch ein unsicheres Material. Wir haben uns daher darauf beschränkt, nur diejenigen Jahre ausführlich mitzutheilen, die im I. Theile des Werkes der Mittelberechnung zu Grunde gelegt worden sind, unter Anfügung der Jahre 93, 94, 95 zur Vervollständigung des Lustrums. So enthalten die Tabellen 47, 48, 50 die Monatsmittel und Monatsextreme der absoluten Feuchtigkeit, die Tabellen 49 und 51 die Monatsmittel und die niedrigsten Werthe der relativen Feuchtigkeit. Von einer Zusammenstellung der höchsten Werthe der relativen Feuchtigkeit haben wir abgesehen, da diese Werthe sämmtlich zwischen 98 und 100 liegen und keine charakteristische Bedeutung haben.

Der gleichen Beschränkung unterliegen die Mittheilungen über die Bewölkung. Der Versuch, die älteren Angaben über die Bewölkung (vergl. I. Theil, S XVII) zahlenmässig auszudrücken, um Mittelwerthe darnach berechnen zu können, hat zu keinem brauchbaren Resultate geführt, weder für die Mittelwerthe, noch für die Auszählung der heiteren und trüben Tage.

Für eine weitere Verarbeitung der mitgetheilten Zahlen der Feuchtigkeit und Bewölkung ist die Reihe zu kurz.

Die Zahl der Tage mit Nebel dagegen haben wir bis zurück zum Jahre 1826 aus den Beobachtungsbüchern ausziehen können und haben geglaubt sie (in Tabelle 67) vollständig mittheilen zu sollen, da dieses Material, abgesehen von einigen grossen Lücken in den 30er Jahren, durchaus den Eindruck einer sorgfältigen und vollständigen Beobachtung macht. Wir bemerken dazu, dass als Nebeltage alle Tage gerechnet worden sind, an denen Nebel beobachtet wurde, ohne Rücksicht auf seine Stärke, wie es auch heute noch in den Monatstabellen des Physikalischen Vereins geschieht, während die Instructionen für die preussischen Stationen vorschreiben, als Nebeltage nur solche mit stärkeren Graden des Nebels zu zählen. Dass eine gewisse Unsicherheit in der Beurtheilung des Vorkommens bei den schwächsten Graden der Erscheinung besteht, ist ohne Frage zuzugeben. Doch dürfte eine derartige Unsicherheit auch in der Beurtheilung der Grenze bestehen, wenn man eine solche zieht.

Beim Thau (Tabelle 65) haben wir die älteren Beobachtungen unbenutzt gelassen, weil dem Material kein grösserer Werth zukommt; die Beobachtungen sind
vornehmlich innerhalb der Stadt angestellt und es ist ihnen überhaupt nur zeitweilig
mehr Aufmerksamkeit geschenkt worden.

Viel zuverlässiger erscheinen die Beobachtungen des Reifs (Tabelle 66), dem
im ganzen grössere Beachtung zugewandt worden ist. Nur in den Jahren 1827 bis
1839 sind die Beobachtungen hierüber durchaus lückenhaft und unbrauchbar. Die
naturgemässere Zusammenfassung der Beobachtungen nach Wintern, nicht nach Jahren,
findet sich in Tabelle 71, in die ausser der Zahl der Reiftage vor allem die Eintrittszeiten des ersten und des letzten Reifs als Kennzeichen des beginnenden und des verschwindenden Frostes und damit als wichtige Elemente der Wintercharakteristik aufgenommen worden sind.

Niederschläge und Gewitter.

Ueber das den Niederschlagsbeobachtungen zu Grunde liegende Material ist das
Wesentlichste bereits im ersten Theile (S. LXVI u. f.) mitgetheilt worden. Tabelle 54,
welche die Monats- und Jahressummen der Niederschläge enthält, ist in der
Hauptsache ein Abdruck der von J. Ziegler schon früher veröffentlichten Zusammenstellung für die Jahre 1836/85[1]) unter Vervollständigung bis zum Jahre 1895. Ausserdem ist in diese Tabelle alles aufgenommen, was sich aus dem offenbar viel weniger
zuverlässigen und sehr lückenhaften Beobachtungsmateriale des Vereins für das Jahr
1826 bis 1835 hat gewinnen lassen. Eine Zusammenfassung der Monatsummen nach
Jahreszeiten und nach Jahreshälften ist in der Sommer- und Winter-Charakteristik
(Tabelle 70 und 71) am Schlusse des Buches enthalten.

Wie beim Luftdruck und der Lufttemperatur geben wir auch für die Niederschlagshöhe in Tabelle 55 die Abweichungen von den Mittelwerthen der
Normalperiode, aber nicht ihrem absoluten Betrage nach, sondern dem Vorgange
Hellmann's im Klima von Berlin folgend, in Procenten. Auch an dieser Tabelle
liesse sich eine Auszählung über die Häufigkeit des Vorkommens bestimmter Abweichungen nach Grösse und Vorzeichen durchführen. Aber man erhält ein anschau-
licheres Bild, wenn man bei dieser Auszählung auf die Niederschlagshöhen selber
zurückgeht. Die Resultate einer solchen Auszählung sind in der folgenden Tabelle
enthalten.

[1]) J. Ziegler. Jahresb. d. Phys. Vereins. 1884/85 S. 57—116.
[2]) Hellmann. Abhandlung d. K. Preuss. Met. Inst. 1, S. 75—113. 1891

Häufigkeit des Vorkommens bestimmter Werthe für die monatlichen Niederschlagshöhen in den Jahren 1837/95.

	Jan.	Febr.	März	April	Mai	Juni	Juli	Aug.	Sept.	Okt.	Nov.	Dez.
0 — 9.9	2	5	1	11	2	—		—	6	2	—	6
10.0 — 19.9	9	13	12	10	6	4	1	1	1	3	8	6
20.0 — 29.9	8	13	9	9	8	7	2	7	6	4	5	3
30.0 — 39.9	9	8	14	8	9	4	9	5	8	5	7	5
40.0 — 49.9	11	3	6	10	6	7	14	7	10	9	6	
50.0 — 59.9	6	6	7	4	7	10	8	7	12	9	11	15
60.0 — 69.9	8	8	2	3	7	4	4	4	11	7	4	1
70.0 — 79.9	4	8	8	—	4	7	4	5	4	9	5	6
80.0 — 89.9	4	4	3	—	5	8	4	3	—	3	3	3
90.0 — 99.9	1	—	—	1	2	1	4	3	3	1	2	2
100.0 — 109.9	1	1	1	1	2	3	6	2	—	2	2	5
110.0 — 119.9	—	—	1	1	—	2	2	3	—	—	1	1
120.0 — 129.9	1	—	—	—	—	3	2	—	1	—	—	
130.0 — 139.9	—	—	—	—	—	2	2	1	—	1	—	
140.0 — 149.9	—	—	—	1	—	2	2	1	—	1	—	
150.0 — 159.9	—	—	—	—	1	—	—	1	—	—	2	
160.0 — 169.9	—	—	—	—	—	—	—	—	—	—	—	
170.0 — 179.9	—	—	—	—	—	—	—	1	—	—	—	
180.0 — 189.9	—	—	—	—	—	—	—	—	—	—	—	
190.0 — 199.9	—	—	—	—	—	1	—	—	—	—	—	
200.0 — 209.9	—	—	—	—	—	—	2	—	—	—	—	
Mittlere Niederschlagshöhe	44	35	40	35	52	68	75	64	48	57	54	51

Um das Verhältniss der Mittelwerthe zu den wahrscheinlichsten Werthen bequem beurtheilen zu können, sind der Tabelle in der untersten Reihe die Monatsmittel der Niederschlagshöhen beigefügt. Der Vergleich lehrt, dass im Allgemeinen die wahrscheinlichsten Werthe der Niederschlagshöhe kleiner sind als die mittleren Werthe. Nur im September ist das Umgekehrte der Fall, während im Januar, November und Dezember die Mittelwerthe in die Gruppe der häufigsten Werthe hineinfallen. Ausserdem kommt in der Tabelle die jährliche Periode in der Art und Vertheilung der Niederschläge, der Regenreichthum des Sommers, die relative Trockenheit des Frühlings und des Septembers noch einmal in sehr eigenthümlicher Weise zum Ausdruck.

Wenn man die gleiche Auszählung für die Jahressummen durchführt und dabei derjenigen Abgrenzung der Stufen folgt, welche Hellmann für Berlin benutzt hat, so erhält man folgende Werthe. In den 58 Jahren von 1837/95 (unter Ausfall des Jahres 1849) lagen die Jahressummen:

Zwischen 360 und 400 mm	1 mal.	Zwischen 680 und 720 mm	5 mal.
„ 400 „ 440 „	2 „	„ 720 „ 760 „	8 „
„ 440 „ 480 „	4 „	„ 760 „ 800 „	3 „
„ 480 „ 520 „	3 „	„ 800 „ 840 „	3 „
„ 520 „ 560 „	11 „	„ 840 „ 880 „	1 „
„ 560 „ 600 „	4 „	„ 880 „ 920 „	— „
„ 600 „ 640 „	6 „	„ 920 „ 960 „	1 „
„ 640 „ 680 „	6 „		

Wie für Berlin so hat auch für Frankfurt a. M. diese Reihe der Häufigkeitszahlen zwei Maxima, die zu beiden Seiten der durchschnittlichen Jahressumme (624 mm) liegen. Während aber in Berlin das grössere Maximum der Häufigkeit auf höhere Werthe der Niederschlagshöhe fällt, ist es in Frankfurt a. M. umgekehrt. Hier sind trockenere Jahre, mit nur 520—560 mm Niederschlag, am häufigsten, und demnächst nasse Jahre von 720—760 mm Regenhöhe.

Ueber die Häufigkeit des Vorkommens der verschiedenen Grössenstufen der täglichen Niederschlagshöhe ist schon im ersten Theil unter Tabelle 19 eine Zusammenstellung gegeben worden.

Eine gleiche Auszählung, wie für die Niederschlagshöhen könnte auch für die Zahl der Niederschlagstage durchgeführt werden. Doch beschränken wir uns hier darauf, die Jahressummen der Niederschlagstage in Bezug auf die Häufigkeit ihres Vorkommens zu klassificiren. Für eine Zählung der Niederschlagstage ohne untere Grenze der Niederschlagshöhe gestattet Tabelle 58 eine Auszählung für denselben Zeitraum 1837/95, für den oben die Niederschlagshöhen ausgezählt worden sind. Für Tage mit mehr als 0.2 mm Niederschlag ist die Auszählung nur für die Jahre 1866/95 möglich. Des Vergleiches halber ist eine Auszählung auch noch an Tabelle 58 für die beiden Hälften 1837/65 und 1866/95 ausgeführt worden. Sämmtliche Zahlen sind auf Procente umgerechnet worden.

Die Jahressummen der Niederschlagstage lagen in 100 Fällen:

Zwischen	für Tage ohne untere Grenze			für Tage mit >0.2 mm
	1837/95	1837/65	1866/95	1866/95
100—109	1.7 mal	3.5 mal	— mal	3.3 mal
110—119	1.7 „	3.5 „	— „	0.0 „
120—129	3.4 „	6.9 „	— „	23.3 „
130—139	5.1 „	10.3 „	— „	26.7 „
140—149	16.9 „	34.5 „	— „	23.3 „
150—159	15.3 „	10.3 „	20.0 „	10.0 „
160—169	15.3 „	17.2 „	13.3 „	13.3 „
170—179	8.5 „	10.3 „	6.7 „	— „
180—189	18.6 „	— „	36.7 „	— „
190—199	8.5 „	3.5 „	13.3 „	— „
200—209	1.7 „	— „	3.3 „	— „
210—219	1.7 „	— „	3.3 „	— „
220—229	1.7 „	— „	3.3 „	— „
Mittelwerthe	164	149	179	139

Rechnet man die Niederschlagstage ohne untere Grenze, so zeigt ihre 59 jährige Reihe einen sehr regelmässigen Verlauf mit zwei deutlich ausgesprochenen Maximas. Das eine liegt zwischen 140 und 170 — 47 Procent aller Jahressummen fallen in diese drei Gruppen — das andere liegt zwischen 180 und 190, während die dazwischen liegenden Werthe sehr selten vorgekommen sind. Höchst auffallend ist es, dass die beiden Hälften dieses Zeitraums sich ganz verschieden verhalten. Die niedrigeren Jahressummen der Niederschläge kommen ausschliesslich in der ersten Hälfte, die höheren Werthe ausschliesslich in der zweiten Hälfte vor. In der ersten Hälfte gruppiren sich die Zahlen ziemlich regelmässig um ein Maximum, das auf die Gruppe 140—149 fällt. In der zweiten Hälfte liegt das Maximum in der Gruppe 180—189, aber die Vertheilung ist nicht regelmässig, sondern ein zweites Maximum fällt auf die Gruppe 150—169. Im Gegensatz hierzu zeigt die Reihe der Niederschlagstage mit mehr als 0.2 mm einen ziemlich regelmässigen Verlauf mit einem flachen Maximum bei 130—139. Dass der bemerkte Unterschied der beiden Hälften der 59jährigen Reihe eine merkliche Zunahme der Regenhäufigkeit in den letzten 30 Jahren bedeutet, erscheint uns freilich zweifelhaft. Gerade die Regenhäufigkeit ist, wenn man nicht nach der Zahl der gemessenen Regenmengen fragt, ein von der Aufmerksamkeit des Beobachters ausserordentlich abhängiges Element, und es ist wohl nicht unwahrscheinlich, dass die zweite Hälfte der Jahresreihe ihre grössere Niederschlagshäufigkeit nur einer schärferen Beachtung schwacher Niederschläge verdankt. (Vgl. hierzu auch I. Theil, Seite LXXII). Diese Vermuthung dürfte eine Stütze auch noch in dem Umstande finden, dass die mittleren Jahressummen der Niederschlagshöhen für die beiden Hälften des genannten Zeitraums nicht wesentlich von einander verschieden sind (für 1837/65: 636.2, für 1866/'95: 619.8). An den Lustrenmitteln der Tabelle 58 lässt sich das Anwachsen der Zahlen für die Niederschlagshäufigkeit noch genauer verfolgen, während die Lustrenmittel der Niederschlagshöhe in dem letzten Jahrzehnt statt dessen sogar einen auffallenden Rückgang aufweisen.

In Betreff der übrigen Tabellen über die Niederschläge haben wir dem im I. Theile Gesagten keine weiteren Bemerkungen hinzuzufügen.

— — —

Sommer- und Winter-Charakteristik.

Der in Tabelle 24 des ersten Theiles ausgeführte Gedanke, die mittleren und extremen Sommer- und Winter-Grenzen zusammenzustellen, ist in den beiden Schlusstabellen des Werkes (70 und 71) zu einer ausführlicheren Charakteristik der einzelnen Sommer und Winter erweitert worden. Diese Tabellen enthalten nicht bloss — entsprechend der Tab. 24 — die Eintrittszeiten, Periodendauer und Zahl der Tage einerseits für die Sommertage und die Sommergewitter, andererseits für Reif-, Frost-, Eis- und Schneetage, sondern es sind hinzugefügt: 1) Die höchsten Sommer- und die tiefsten Winter-Temperaturen; 2) Für die Winter Angaben über die Eisbedeckung des Mains und — vom Winter 1867/68 an — die Zahl der Tage mit Schneedecke; endlich sind zur weiteren Charakterisirung in diese Tabellen noch aufgenommen die jahreszeitlichen Mittelwerthe der Temperatur und jahreszeitlichen Summen der Niederschlagstage und der Niederschlagshöhe. Für die Temperatur erschien es anschaulicher, nicht die Mittelwerthe selbst, sondern ihre Abweichungen von den langjährigen Mitteln der

Normalperiode anzugeben; die in den ersten drei Spalten der Tabelle 70 und der ersten Spalte der Tabelle 71 enthaltenen Zahlen sind demgemäss aus den Zahlen der Tabelle 36 als jahreszeitliche Mittelwerthe berechnet. Die Zusammenfassung nach Jahreszeiten geschah dabei, in der sonst üblichen Weise; die Mittelwerthe für Frühling und Herbst sind zur Vervollständigung in die Sommer-Charakteristik mit aufgenommen worden. In derselben Weise sind die jahreszeitlichen Summen für die Zahl der Niederschlagstage und die Niederschlagshöhe auf die beiden Tabellen vertheilt worden; nur sind in diesen Fällen die Zahlen selbst und nicht ihre Abweichungen von den langjährigen Mitteln verwendet worden. Endlich ist noch dem Umstande Rechnung getragen, dass die Jahresperiode der Niederschläge, sowohl der Niederschlagshöhe, als auch der Niederschlagstage, eine unverkennbare Doppelperiode aufweist, mit einem Maximum in den Winter-, einem zweiten in den Sommermonaten und dazwischen liegenden trockneren Perioden, die auf den April und den September fallen. Mit Rücksicht hierauf erschien es von Interesse, auch eine Zusammenfassung der Niederschlags-Beobachtungen nach Jahreshälften durchzuführen. Dementsprechend enthält Tabelle 70 noch zwei Spalten mit den Summen der Niederschlagstage und der Niederschlagshöhen für die 6 Monate April bis September, und Tabelle 71 desgleichen für die 6 Monate Oktober bis März.

An der Hand dieser Daten mögen hier noch einige Bemerkungen über das Verhältniss der Niederschläge in diesen beiden Jahreshälften Platz finden.

Nimmt man für die Niederschlagstage das Mittel aus allen 70 Sommern oder 69 Wintern, so erhält man für die Sommerhälfte 79.7, für die Winterhälfte 82.6 Niederschlagstage. Beschränkt man sich auf die Normalperiode 1857/92, so erhält man für die Sommerhälfte 81.8, für die Winterhälfte 88.4 Niederschlagstage. Die Abweichung der Mittel der beiden Reihen von einander ist offenbar durch den schon mehrfach erwähnten Umstand bedingt, dass die Tage mit nur geringer Niederschlagsmenge, die im Winter häufiger sind, im Laufe der letzten Jahrzehnte sorgfältiger als früher aufgezeichnet worden sind. In Bezug auf die Zahl der Nieder-schlagstage sind also die beiden Jahreshälften nahezu gleich. Auch vertheilen sich die Einzelwerthe sehr gleichmässig um die angegebenen Mittelwerthe; es kamen 36 Sommer mit weniger, 34 Sommer mit mehr als 80 Niederschlagstagen vor; ebenso 35 Winter mit 82 oder weniger, 34 Winter mit 83 oder mehr Niederschlagstagen. Fragt man endlich darnach, wie oft ein Winter mehr Niederschlagstage enthielt, als der voraufgegangene oder der folgende Sommer, so trat das erstere in 55, das letztere in 58 unter 100 Fällen ein, während in 45 unter 100 Fällen der Winter sowohl den voraufgegangenen, als den folgenden Sommer in der Zahl der Niederschlagstage übertraf.

Viel grösser sind diese Verschiedenheiten, wenn man die Niederschlagshöhen dem Vergleiche zu Grunde legt. Für die 65 Sommer, für die Beobachtungen vorliegen, ergibt sich eine mittlere Niederschlagshöhe von 350.8, für 62 Winter eine solche von 285.2 mm. Die Niederschlagshöhe der Winterhälfte beträgt also nur 44.8 Procent der Jahressumme. Um diese Mittelwerthe vertheilen sich die Einzelwerthe ziemlich unsymmetrisch, namentlich im Sommer; denn 39 Sommer hatten weniger und nur 26 mehr als 350 mm Niederschlagshöhe, während 33 Winter über, 29 Winter unter den

Mittelwerthen lagen. Vergleicht man auch hier die Winter mit den voraufgegangenen und den nachfolgenden Sommern, so findet man den Winter niederschlagsärmer als den voraufgegangenen Sommer in 66.7 und niederschlagsärmer als den folgenden Sommer in 70.5 unter 100 Fällen, während er in 56 unter 100 Fällen niederschlagsärmer als die beiden ihn einschliessenden Sommer gewesen ist. Diese Zahlen für die Wahrscheinlichkeit in der Aufeinanderfolge niederschlagsreicherer Sommer und niederschlagsärmerer Winter hängen in leicht ersichtlicher Weise von zwei Umständen ab, einerseits von der Grösse der Differenz der beiden Mittelwerthe und andererseits von der Breite des Spielraums, in dem sich die Einzelwerthe um die Mittelwerthe gruppiren, bezw. von der Art der Vertheilung der Einzelwerthe um die Mittelwerthe. Doch lässt sich die Frage, ob die gefundenen Wahrscheinlichkeiten einer durchaus zufälligen Vertheilung der Einzelwerthe entsprechen, nicht ohne ausführlichere mathematische Betrachtungen beantworten und soll deswegen an dieser Stelle unerörtert bleiben.

Die Tafeln.

Um den gesammten Verlauf der Witterung in den 70 Jahren zu veranschaulichen, haben wir dem Werke schliesslich noch weitere 2 Tafeln beigegeben. Tafel 11 enthält in fortlaufenden Curven die sämmtlichen Jahresmittel des Luftdrucks, der Lufttemperatur, die Jahressummen der Niederschlagshöhen und der Zahl der Niederschlagstage. Endlich ist eine Curve der Jahresmittel der Tagesamplitude der Lufttemperatur eingefügt, als Ersatz für die bis 1880 fehlenden Bewölkungs-Mittel, denen die Tagesamplitude annähernd umgekehrt proportional verläuft. Dass Letzteres nahezu der Fall ist, erhellt aus dem Umstande, dass die Curve der Jahresmittel der Bewölkung für 1880/95 annähernd als Spiegelbild der Curve der Jahresmittel der Tagesamplitude für den gleichen Zeitraum erscheint (vgl im übrigen hierüber Theil 1, S L und LI).

Tafel 12 enthält ebenfalls in fortlaufenden Curven die wichtigsten Daten zur Sommer- und Winter-Charakteristik.

Bei Betrachtung dieser Curven fällt die regelmässige Periodicität auf, welche besonders einige dieser Curven für gewisse Zeiträume zeigen, aber eben auch nur für gewisse Intervalle und für andere nicht. So zeigt die Luftdruckcurve auf Tafel 11 in ihrem mittleren Theile eine Schwankung in ziemlich regelmässiger Wiederholung. Noch auffallender ist dieser periodische Charakter in der Curve der Niederschlagshöhen ausgeprägt; von 1856/78 wiederholen sich die grössten und kleinsten Werthe der Jahressummen in regelmässigen Abständen von 5—6 Jahren. Und dieselbe Periodicität zeigt sich zwischen 1860 und 1880 in Bezug auf die Wiederkehr kalter und warmer Winter an den Curven der Tafel 12. Aber mit dem Beginn der achtziger Jahre erlischt dieser Charakter. An die Stelle der regelmässigen grossen Schwankungen tritt ein viel gleichmässigerer Verlauf mit kleineren Unregelmässigkeiten, und ähnliches gilt für das Intervall 1835/60, während der Beginn des ganzen Zeitraumes wieder einer Periode mit stärkeren und regelmässigeren Schwankungen angehört zu haben scheint. Aber trotz der 70 jährigen Beobachtungen ist der ganze Zeitraum offenbar doch noch zu kurz, um auf die Frage, ob man mit einiger Sicherheit von einer periodischen Wiederkehr irgend welcher Art in dem Witterungsverlaufe sprechen kann, eine Antwort finden zu lassen. Wir sehen daher davon ab, diesen Betrachtungen hier weiteren Raum zu gewähren, um so mehr, als die vielfachen Bemühungen, klimatische Perioden aufzustellen, bisher noch keinen unbestrittenen Erfolg gehabt haben. Am eingehendsten ist bekanntlich die Frage von Brückner behandelt worden [1]), und es ist bei der

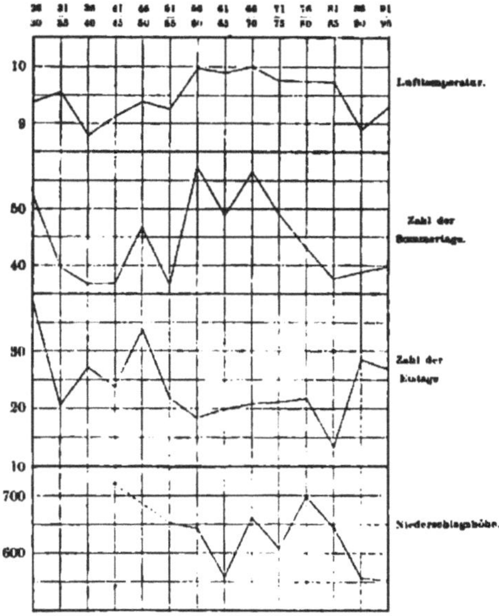

Figur 20. Verlauf der Lustrenmittel der Temperatur- und Niederschlags-Verhältnisse.

Bedeutung, die seiner Arbeit zukommt, vielleicht von Interesse, die von ihm auf Grund eines ausgedehnten Materiales aufgestellten nassen, kalten und trockenen, warmen Perioden, die sich in Zeiträumen von ungefähr 35 Jahren wiederholen sollen, hier für

[1]) E. Brückner. Klimaschwankungen seit 1700. Geogr. Abhdlg., Band IV, Heft 2. Wien, Ed. Hölzel. 1890.

die Zeit der in Frankfurt a. M. vorliegenden Beobachtungen zusammenzustellen. Nach Brückner sind im verflossenen Jahrhundert als warme und trockene Perioden anzusehen die Jahre 1826/35 und 1856/70, als kalte und nasse Perioden die Jahre 1841/50 und 1871/85. Eine Vergleichung der Witterung in Frankfurt mit diesen Brückner'schen Perioden lässt sich am besten mit Hülfe der in den Tabellen angegebenen Lustrenmittel ausführen. Zur besseren Uebersicht geben wir noch eine kleine Zeichnung des Verlaufs der Lustrenwerthe für die Wärme- und die Niederschlags-Verhältnisse.

Darnach stellt sich der Verlauf der Temperatur-Verhältnisse in den Lustrenwerthen folgendermassen: Von 1826/55 sind alle Lustren zu kalt, von 1858/85 sind alle Lustren zu warm; die beiden Lustren 1886/95 sind wieder zu kalt. Des genaueren aber zeigt sich, dass der grösste Werth der negativen Abweichungen auf die Lustren 1836/45, der der positiven Abweichungen auf die Lustren 1856/70 fällt. Ferner ist der Zeitraum 1836/55 ausgezeichnet durch niedrige Zahl der Sommertage und hohe Zahl der Eistage, also durch kalte Sommer und kalte Winter, der Zeitraum 1856/75 dagegen durch hohe Zahl der Sommertage und niedrige Zahl der Eistage, also durch warme Sommer und warme Winter. Die abermalige Umkehrung dieses Verhältnisses findet dann aber erst wieder in den letzten beiden Lustren mit niedriger Jahrestemperatur, kalten Sommern und kalten Wintern statt. Für die Niederschlagshöhen sind die Reihen leider nicht vollständig. Doch ist auch hier zu sehen, dass die Maxima der Jahressummen auf die Lustren 1841/45 und 1876/80, also in die nassen Brückner'schen Perioden, das Minimum auf das Lustrum 1861/65, also in eine Brückner'sche Trockenperiode fällt. Aber die annähernd reciproken Beziehungen zwischen Wärme und Niederschlag finden sich in den letzten beiden Lustren nicht mehr bestätigt. Denn diese haben niedrige Jahresmittel der Temperatur, kalte Sommer und kalte Winter, aber zugleich die geringsten Niederschlagssummen der ganzen Lustrenreihe. Die Wiederkehr trockener und zugleich warmer Lustren, wie sie nach der Brückner'schen Periode für die 90er Jahre zu erwarten wäre, kommt also in den Frankfurter Beobachtungen vorläufig wenigstens noch nicht zum Ausdruck. Im Uebrigen aber kann man wohl sagen, dass sich auch die specielle Form des Frankfurter Witterungsverlaufs bis zu einem gewissen Grade in das allgemeine Brückner'sche Schema einordnen lässt.

Tabellen.

Tabelle 27. **Luftdruck. — Monats- und Jahresmittel.**

Barometerstände in mm auf 0° C. reducirt.

Jahre	Jan.	Febr.	März	April	Mai	Juni	Juli	Aug.	Sept.	Okt.	Nov.	Dez.	Jahr
1826	757.7	758.9	754.5	753.8	751.2	756.8	752.8	754.1	753.4	753.9	749.6	753.1	754.15
1827	48.4	53.0	46.1	53.1	49.3	51.7	55.8	52.6	54.9	50.9	54.4	54.7	52.29
1828	56.5	51.2	51.4	50.5	51.2	54.2	46.9	52.1	54.8	57.8	55.7	58.0	53.55
1829	49.2	57.0	50.3	45.6	53.9	53.2	51.2	52.6	50.5	54.4	55.0	58.6	52.62
1830	54.6	53.3	58.5	51.8	53.1	51.7	55.5	53.1	52.0	61.6	56.1	48.8	54.13
1831	53.5	55.6	53.6	47.8	52.5	53.3	55.0	52.8	52.8	56.3	52.1	53.7	53.25
1832	58.1	59.4	54.5	55.7	54.8	52.9	56.4	55.1	60.0	60.8	56.4	56.2	56.63
1833	63.8	50.6	52.5	51.4	58.5	51.7	55.6	54.3	53.8	55.0	59.2	55.2	55.47
1834	52.9	60.0	62.3	57.4	54.8	55.2	54.3	53.0	58.2	55.6	55.3	62.8	57.15
1835	59.7	52.2	52.3	54.5	51.0	54.7	55.8	53.4	50.9	50.3	57.0	59.9	54.83
1836	58.1	51.4	47.4	48.0	[54.3]	53.2	53.6	53.2	51.2	52.2	47.9	49.2	[51.72]
1837	52.9	55.9	50.8	47.2	50.5	52.9	51.7	53.4	52.0	57.6	50.7	55.7	52.59
1838	53.0	46.4	50.1	47.2	50.1	51.3	52.8	52.0	53.1	55.3	46.1	58.0	51.14
1839	50.6	55.8	51.1	53.9	49.9	51.5	53.3	53.8	49.5	54.4	49.1	50.4	51.90
1840	53.1	55.1	56.6	53.2	50.6	53.3	51.6	52.4	51.8	52.0	48.6	54.1	[53.05]
1841	49.1	50.6	54.6	49.8	52.2	51.5	50.0	53.1	51.8	45.7	51.5	48.4	50.70
1842	55.2	57.8	51.4	52.7	52.1	54.2	52.8	54.8	50.7	53.8	50.2	60.4	53.84
1843	50.5	44.0	52.7	50.9	49.7	49.7	52.5	54.8	57.4	50.1	58.0	61.2	52.42
1844	53.1	45.5	49.9	57.1	51.6	52.5	51.4	50.5	54.1	49.6	50.9	55.8	51.88
1845	62.7	51.6	52.9	50.0	48.6	52.4	52.9	51.6	53.2	55.9	51.7	49.6	51.92
1846	53.0	53.8	51.5	47.8	52.6	54.3	53.1	51.4	52.8	46.6	55.4	48.8	51.94
1847	51.3	51.5	54.2	47.4	53.0	52.2	53.9	62.0	53.3	54.4	57.1	53.9	53.18
1848	51.0	48.5	46.0	46.6	54.4	48.5	48.0	52.2	53.3	50.6	52.0	57.6	50.98
1849	53.7	60.5	54.0	45.4	51.9	53.0	53.1	54.0	52.7	52.7	52.3	52.0	52.99
1850	53.7	53.8	56.5	48.7	50.0	53.7	52.1	52.4	55.4	48.7	51.9	56.6	52.79
1851	54.1	54.9	49.1	49.2	52.5	55.0	50.0	53.8	54.7	53.0	49.6	51.9	53.15
1852	52.9	51.9	56.4	54.4	51.4	49.3	53.1	50.4	51.9	51.4	48.2	52.0	51.94
1853	49.3	42.6	51.4	49.3	49.6	49.5	53.1	53.6	52.1	50.4	56.9	51.8	50.80
1854	56.0	60.1	65.0	59.2	53.4	54.2	56.1	57.5	61.6	55.6	51.8	53.8	57.05
1855	59.8	50.1	49.1	56.5	52.0	56.0	65.0	57.7	59.1	48.2	54.7	53.8	54.43
1856	47.2	56.0	57.4	49.0	48.6	54.5	54.5	61.8	51.5	59.4	53.8	61.3	52.90
1857	49.6	59.4	45.0	49.4	52.0	55.0	54.8	53.5	54.9	53.0	58.4	65.1	54.17
1858	62.9	55.7	51.4	52.8	52.9	55.4	52.2	53.2	56.4	55.0	53.0	55.0	54.66
1859	61.4	55.1	54.4	49.1	50.5	51.9	56.4	54.1	52.9	49.6	56.0	61.9	53.63
1860	49.8	52.6	50.8	51.3	52.2	51.2	52.7	50.0	52.6	56.1	51.6	45.9	51.39
1861	59.2	52.9	48.9	55.3	53.4	52.0	50.0	55.1	52.2	55.7	49.8	58.6	53.63
1862	52.3	56.1	47.8	54.5	52.1	51.1	53.3	52.7	54.5	54.1	51.3	56.0	52.94
1863	52.1	62.4	50.7	52.9	52.8	52.6	56.1	53.2	53.0	52.9	57.2	57.0	54.40
1864	62.2	52.1	47.0	55.1	52.5	52.7	53.7	54.6	54.6	50.9	51.5	57.2	53.07
1865	45.3	51.5	48.9	56.6	53.6	56.8	54.0	52.0	59.9	47.8	53.3	61.9	53.42
1866	51.4	45.6	45.0	51.6	52.1	52.4	50.8	49.3	50.1	56.0	51.8	53.9	51.37
1867	46.7	56.8	48.2	49.0	51.2	53.9	51.6	53.8	55.8	54.7	58.3	51.3	52.50
1868	52.6	59.0	53.2	52.1	55.0	56.0	53.3	52.6	51.2	53.1	53.6	48.6	53.29
1869	59.2	55.2	45.6	58.5	49.2	53.8	54.6	55.4	52.1	54.7	51.9	51.2	53.03
1870	56.4	53.3	53.7	57.6	54.9	55.0	53.8	50.9	57.4	50.6	51.7	51.4	53.89

Tabelle 27.   Luftdruck. — Monats- und Jahresmittel.

Barometerstände in mm auf 0° C. reducirt.

Jahr	Jan.	Febr.	März	April	Mai	Juni	Juli	Aug.	Sept.	Okt.	Nov.	Dez.	Jahr
1871	752.2	757.9	757.1	751.0	754.8	751.1	752.9	757.7	752.4	755.6	753.3	758.8	54.40
1872	51.1	53.9	50.2	51.1	51.3	52.5	53.5	53.7	52.3	49.8	50.5	49.2	51.62
1873	53.6	56.0	50.9	51.4	53.1	54.0	55.2	55.0	55.3	53.3	53.6	63.2	54.54
1874	59.6	58.0	59.5	52.2	52.4	57.0	55.5	55.7	56.2	56.2	51.8	49.4	55.56
1875	57.4	56.2	57.8	55.8	55.8	54.1	54.0	56.0	57.2	52.1	50.3	58.2	55.89
1876	63.1	51.6	45.9	52.1	55.4	53.0	55.9	53.2	50.2	53.6	52.6	16.3	52.72
1877	53.7	52.2	49.1	48.9	51.4	56.2	53.6	53.2	55.2	56.8	51.2	55.6	53.05
1878	57.2	62.3	53.4	50.7	50.8	53.2	53.8	60.0	53.6	51.0	47.6	47.2	52.57
1879	53.9	43.1	53.8	45.2	52.0	51.4	50.4	52.0	53.8	56.1	56.0	64.2	52.60
1880	64.1	54.0	58.0	51.2	54.1	51.4	52.5	51.8	51.6	50.7	54.8	52.5	54.17
1881	52.7	50.5	52.2	51.7	55.4	62.8	53.5	50.3	52.3	52.1	56.8	55.7	53.00
1882	64.5	60.3	54.1	49.5	54.0	51.6	51.3	51.4	49.5	51.1	47.1	47.8	52.71
1883	54.1	58.8	49.5	52.3	51.2	51.9	50.6	54.0	50.6	58.7	52.1	55.1	52.82
1884	57.4	54.7	52.7	47.5	58.4	52.1	52.9	53.6	54.7	54.0	57.1	50.9	53.42
1885	43.2	50.8	53.3	47.2	49.6	53.1	55.8	51.1	51.5	46.9	52.1	57.8	51.87
1886	46.0	55.3	53.7	51.2	52.7	50.4	52.1	53.0	51.8	51.5	52.6	46.3	51.66
1887	56.4	61.7	53.6	51.7	51.4	55.6	54.0	52.6	52.3	53.4	47.5	49.5	53.31
1888	59.4	48.9	44.3	49.2	54.3	51.3	48.7	51.0	56.1	55.0	52.4	56.2	52.48
1889	57.6	47.4	51.9	46.6	49.3	51.8	51.5	51.8	52.8	48.7	59.2	59.1	52.31
1890	54.5	58.4	50.2	47.6	48.1	53.5	51.5	51.0	58.0	54.6	50.1	54.0	52.62
1891	55.9	64.4	47.6	50.6	48.0	52.2	52.0	51.1	56.5	51.4	51.7	55.5	52.99
1892	50.0	47.5	52.2	51.6	52.4	52.6	52.5	52.2	54.0	48.5	56.9	53.3	51.98
1893	54.5	48.9	56.8	55.6	53.2	52.3	50.9	54.4	50.9	52.4	51.8	56.8	53.17
1894	53.9	55.7	58.0	50.4	49.9	55.0	51.0	52.8	51.0	51.2	55.7	54.2	52.93
1895	44.7	52.3	47.7	50.9	52.9	53.5	51.0	52.9	57.0	60.0	54.7	49.9	51.42

Lustren

Jahr	Jan.	Febr.	März	April	Mai	Juni	Juli	Aug.	Sept.	Okt.	Nov.	Dez.	Jahr
1826/30	753.34	754.80	752.56	750.96	751.74	753.52	752.84	752.90	753.12	755.72	754.16	754.54	753.85
1831/35	57.60	56.96	55.04	53.42	54.46	54.16	55.42	53.72	55.14	55.00	56.00	57.96	55.41
1836/40	53.54	52.90	51.24	50.08	51.08	52.44	52.60	52.96	51.52	53.86	48.51	54.28	52.08
1841/45	52.24	49.90	52.30	52.10	50.84	52.08	51.92	52.86	53.44	51.02	51.46	55.68	52.15
1846/50	53.74	53.62	52.14	47.18	52.36	52.34	52.10	52.58	53.50	51.00	53.86	53.78	52.88
1851/55	54.42	51.92	54.20	53.72	51.74	52.98	53.46	54.06	55.94	51.72	52.24	54.06	53.47
1856/60	54.18	55.82	51.80	50.32	51.24	53.66	54.12	52.52	53.66	51.62	54.46	53.84	53.05
1861/65	54.22	55.00	48.56	51.94	52.88	53.04	53.42	53.52	54.84	52.18	52.62	58.12	53.61
1866/70	53.86	54.38	49.52	52.76	52.48	54.22	52.86	52.40	53.82	53.42	53.86	51.42	52.82
1871/75	54.78	56.40	55.10	52.20	53.48	53.80	54.22	55.22	54.68	53.46	52.56	55.76	54.50
1876/80	58.40	52.61	52.64	49.62	52.74	53.01	53.24	52.04	53.48	53.51	52.44	53.22	53.03
1881/85	56.38	55.02	52.36	49.70	52.72	52.50	52.82	52.04	51.72	51.56	55.04	53.46	52.76
1886/90	54.78	54.34	50.74	49.26	51.16	52.52	51.62	52.48	54.80	52.61	52.36	53.02	52.48
1891/95	51.80	53.76	51.36	51.82	51.28	52.72	51.78	52.58	54.28	50.70	54.16	53.74	52.50

Die angegebenen Werthe sind die Mittel folgender Terminbeobachtungen:

für das Jahr 1826 .... (9 a + 2 p + 9 q) 3.

„ den Zeitraum von 1. Januar 1847 bis 31. März 1863 (9 a + 3 p + 10 p) 3.

„ „ „ „ 1. April 1863 „ 31. Dezember 1892 (8 a + 2 p + 10 p) 3.

„ „ „ „ 1. Januar 1893 an. (7 a + 2 p + 9 p) 3.

Tabelle 28.

Luftdruck. — Abweichungen

von den Mittelwerthen der Normalperiode 1857/92 — mm.

Jahre	Jan.	Febr.	März	April	Mai	Juni	Juli	Aug.	Sept.	Okt.	Nov.	Dez.	Jahr
1826	2.4	4.1	3.3	2.5	−1.2	8.7	−0.3	1.3	−0.5	1.2	−3.4	−1.1	0.99
1827	−0.9	−1.2	−3.1	1.8	−3.1	−1.4	2.7	−0.2	1.0	−1.8	1.4	0.5	−0.37
1828	1.5	−3.6	0.3	−0.8	−1.2	1.1	−4.2	−0.7	0.9	5.1	2.7	3.8	0.39
1829	−6.1	2.2	−0.9	−5.7	1.5	0.1	−1.9	−0.2	−3.4	1.7	2.0	4.4	−0.54
1830	−0.7	−1.5	7.3	0.5	0.7	−1.4	2.4	0.3	−1.9	8.9	3.1	−5.9	0.97
1831	−1.8	0.8	2.4	−3.5	0.1	0.2	1.9	0.0	−1.1	3.6	−0.9	−0.5	0.09
1832	3.8	4.6	3.3	4.4	2.1	−0.2	3.3	2.3	6.1	8.1	3.4	4.0	3.67
1833	8.5	−4.2	1.3	0.1	7.1	1.6	2.5	1.5	−0.1	2.3	6.2	1.0	2.31
1834	−2.4	0.2	11.1	6.1	2.4	2.1	1.2	0.2	4.3	2.0	2.3	8.6	3.99
1835	4.4	−2.6	1.1	3.5	−1.4	1.6	2.7	0.6	−3.0	−2.4	4.0	5.7	1.17
1836	2.8	−3.4	−3.8	−2.4	[1.9]	0.1	0.5	0.4	−2.7	−0.5	−5.1	−5.0	[−1.44]
1837	−2.4	1.0	−0.4	−4.1	−1.9	−0.2	−1.4	0.6	−1.9	4.8	−2.3	1.5	−0.57
1838	−2.3	−8.4	−1.1	−4.1	−2.3	−1.8	−0.3	−0.8	−0.8	0.6	−6.6	3.8	−2.02
1839	−4.7	1.0	−0.1	2.6	−2.5	−1.6	0.2	0.5	−4.4	1.7	−3.9	−3.8	−1.26
1840	−2.2	0.3	5.6	1.9	−1.8	0.2	−1.5	−0.4	[−2.1]	−0.7	−4.4	3.9	[−0.11]
1841	−5.9	−4.2	3.4	−1.5	−0.2	−1.8	−3.1	0.3	−2.1	−7.0	−1.5	−5.8	−2.46
1842	−0.1	3.0	0.2	1.4	−0.3	1.1	−0.3	2.0	−3.2	1.1	−2.8	6.2	0.64
1843	−4.8	−10.8	1.5	−0.4	−2.7	−5.4	−0.6	1.5	3.5	−2.6	−0.0	10.0	−0.74
1844	1.9	−9.3	−1.3	5.8	−0.8	−0.3	−1.7	−2.3	0.2	−3.1	−2.1	1.6	−1.28
1845	−2.6	−3.2	1.7	−1.8	−3.3	−0.7	−0.2	−1.2	−0.7	3.2	−1.3	−4.6	−1.24
1846	−2.3	−1.0	0.3	−3.5	0.1	1.2	0.3	−1.4	−1.1	−4.1	2.4	−5.4	−1.22
1847	−1.0	−3.3	3.0	−3.9	0.6	−0.9	0.8	0.1	−0.6	1.7	4.1	−0.8	0.02
1848	−1.3	−6.3	−5.2	−4.7	2.0	−4.6	−5.1	−0.6	−0.6	−2.1	−1.0	3.4	−2.18
1849	−1.6	5.7	2.8	−5.9	−0.5	−0.1	0.0	1.2	−1.2	−0.0	−0.1	−2.2	−0.17
1850	−1.6	−1.0	5.3	−2.6	−2.4	0.6	−1.0	−0.4	1.5	−4.0	−1.1	2.4	−0.37
1851	−1.2	0.1	−2.1	−2.1	0.1	1.9	−3.1	1.0	0.8	0.3	−3.4	7.7	−0.01
1852	−2.4	−2.9	5.2	3.1	−1.0	−8.8	0.0	−2.4	−2.0	−1.3	−4.8	−2.2	−1.22
1853	−6.0	−12.2	0.2	−2.0	−2.8	−3.6	0.0	0.8	−1.8	−2.3	3.9	−2.4	−2.36
1854	0.7	5.3	13.5	7.9	1.0	1.1	3.0	8.0	7.7	2.9	−1.2	−0.4	3.89
1855	4.5	−4.7	−2.1	5.2	−0.4	3.8	1.9	4.9	5.5	4.5	1.7	−0.4	1.27
1856	−8.1	1.2	6.2	−2.3	−3.8	1.7	1.4	−1.0	−2.4	6.7	0.3	−2.9	−0.26
1857	−5.7	4.6	−6.2	−1.9	−0.4	1.9	1.7	0.7	1.0	0.3	5.4	10.9	1.01
1858	7.6	0.9	0.2	1.5	0.5	2.3	−0.9	0.4	2.5	2.3	0.0	0.8	1.50
1859	6.1	0.6	3.2	−2.2	−1.9	−1.2	3.3	1.3	−1.0	−3.1	3.0	−2.3	0.47
1860	−5.5	−2.2	−0.4	0.0	−0.2	−1.9	−0.4	−2.8	−1.3	3.4	−1.4	−8.3	−1.77
1861	3.9	−1.9	−2.3	4.4	1.0	−1.1	−3.1	2.3	−1.7	3.0	−3.2	4.3	0.47
1862	−3.0	1.3	−3.9	3.2	−0.3	−2.0	0.2	−0.1	0.6	1.4	−1.7	1.8	−0.22
1863	−3.2	7.6	−0.5	1.5	0.4	−0.5	3.0	0.4	−0.9	0.2	4.2	2.8	1.34
1864	6.9	−2.7	−4.2	3.8	0.1	−0.4	0.6	1.8	0.7	−1.8	−1.6	3.0	0.51
1865	−10.0	−3.3	−2.3	5.3	1.2	3.7	0.9	−0.6	6.0	−5.4	0.3	7.7	0.26
1866	−0.9	−6.2	−5.3	0.3	−0.3	−0.7	−2.3	−3.5	−3.8	3.3	−1.7	−0.3	−1.79
1867	−8.0	2.0	−3.0	−2.5	−1.2	0.8	−1.3	1.0	1.9	0.0	5.3	−2.4	−0.66
1868	−2.7	3.2	2.0	0.9	2.6	2.9	0.2	−0.2	−2.7	0.4	0.6	−5.4	0.13
1869	3.9	0.4	−5.6	2.2	−3.2	0.7	1.5	2.6	−1.8	2.0	−1.1	−3.0	−0.13
1870	1.1	−1.5	2.5	6.3	2.5	1.9	0.7	−1.9	3.5	−2.1	−1.3	−2.8	0.73

Tabelle 28.   # Luftdruck. — Abweichungen
von den Mittelwerthen der Normalperiode 1857/92 — mm.

Jahre	Jan.	Febr.	März	April	Mai	Juni	Juli	Aug.	Sept.	Okt.	Nov.	Dez.	Jahr
1871	—3.1	3.1	5.9	—0.3	2.4	—2.0	—0.2	2.9	—1.5	2.9	0.3	4.6	1.24
1872	—4.2	—0.9	—1.0	—0.2	—1.1	—0.3	0.4	0.9	—1.6	—2.9	—2.5	—5.0	—1.54
1873	—1.7	1.2	—0.3	0.1	0.7	0.9	2.1	2.2	1.4	0.6	0.6	9.0	1.38
1874	4.3	3.2	8.3	0.9	0.0	3.9	2.4	2.9	2.3	3.5	1.8	—4.8	2.40
1875	2.1	1.4	6.6	4.0	3.4	1.0	0.9	3.2	3.3	—0.3	—2.7	4.0	2.23
1876	7.8	—3.2	—5.3	0.8	0.0	—0.1	2.8	0.4	—3.7	0.9	—0.4	—7.9	—0.41
1877	—1.6	—2.6	—2.1	—2.4	—1.0	3.1	0.5	0.4	1.3	3.6	—1.8	1.4	—0.11
1878	1.9	7.5	2.2	—0.6	—1.6	0.1	0.7	—2.8	—0.3	—1.7	—5.4	—7.0	—0.59
1879	—1.4	—11.7	2.6	—6.1	—0.4	—1.7	—2.7	—0.8	—0.1	3.4	8.0	10.0	—0.50
1880	8.6	—0.8	6.8	—0.1	1.7	—1.7	—0.6	—1.0	0.7	2.0	1.6	—1.4	1.01
1881	—2.6	—4.3	1.0	0.1	3.0	—0.3	0.4	—2.5	—1.6	—0.6	3.8	1.5	—0.16
1882	9.2	5.5	2.9	—1.5	1.6	—1.5	—1.8	—1.4	—4.4	—1.6	—5.9	—6.4	—0.45
1883	—1.2	4.0	—1.7	1.0	—1.2	—1.2	—2.5	1.2	—3.3	1.9	—0.9	0.9	—0.34
1884	2.1	—0.1	1.5	—3.8	1.0	—1.0	—0.2	0.8	0.8	1.3	4.1	—3.3	0.26
1885	—2.1	—4.0	2.1	—4.1	—2.8	0.0	2.7	—1.7	—2.4	—5.8	—0.9	3.6	—1.29
1886	—9.3	0.5	2.5	—0.1	0.3	—2.7	—0.7	0.2	0.9	—1.2	—0.4	—7.0	—1.50
1887	1.1	6.9	2.4	0.4	—1.0	2.5	0.9	—0.2	—1.6	0.7	—5.5	—4.7	0.15
1888	4.1	—5.9	—6.9	—2.1	1.9	—1.8	—4.4	1.2	2.2	2.3	—0.6	2.0	—0.68
1889	2.3	—7.4	0.7	—4.7	—3.1	—1.3	—1.6	—1.0	—1.1	—4.0	6.2	4.9	—0.85
1890	—0.8	3.6	—1.0	—3.7	—4.3	0.4	—1.6	—1.8	4.1	1.9	—2.9	—0.3	—0.54
1891	0.6	9.6	—3.6	—0.7	—4.4	—0.9	—1.1	—1.7	1.6	—1.3	—1.3	1.3	—0.17
1892	—5.3	—7.3	1.0	0.3	0.0	—0.5	—0.6	—0.6	0.1	—4.2	3.9	—0.9	—1.18
1893	—0.8	—5.9	5.1	4.3	0.8	—0.8	—2.3	1.6	—3.0	—0.3	—1.2	2.6	0.01
1894	—1.4	0.9	1.8	—0.9	—2.5	—0.1	—1.2	—0.5	0.1	—1.5	2.7	0.0	—0.28
1895	—10.6	—3.5	—3.5	—0.4	0.5	0.4	—1.5	0.1	3.1	—2.7	1.7	—5.3	—1.74

Lustren

	Jan.	Febr.	März	April	Mai	Juni	Juli	Aug.	Sept.	Okt.	Nov.	Dez.	Jahr
1826/30	—1.09	—0.08	1.40	—0.35	—0.63	0.39	—0.26	0.05	0.79	3.01	1.13	0.38	0.19
1831/35	2.27	1.53	3.84	2.11	2.09	1.06	2.92	0.87	1.25	2.89	2.97	3.75	2.25
1836/40	—1.79	—1.93	0.06	—1.23	—1.29	—0.89	—0.50	0.01	—2.89	1.17	—4.49	0.07	—1.08
1841/45	—3.00	—4.93	1.14	0.79	—1.53	—1.05	—1.18	0.01	—0.47	—1.60	—1.57	1.47	—1.01
1846/50	—1.59	—1.21	1.28	—4.13	—0.01	—0.79	—1.00	—0.27	—0.41	—1.71	0.53	—0.43	—0.78
1851/55	—0.91	—2.91	3.04	2.41	—0.59	—0.15	0.36	1.81	2.03	—0.99	—0.79	0.45	0.31
1856/60	—1.15	0.99	0.64	—0.99	—1.13	0.53	1.02	—0.33	—0.25	1.91	1.43	—0.97	0.19
1861/65	—1.11	0.17	—2.60	3.63	0.51	—0.09	0.32	0.67	0.98	—0.53	—0.41	3.91	0.45
1866/70	—1.17	0.45	—1.84	1.45	0.11	1.09	—0.24	—0.45	—0.50	0.71	0.33	—2.79	—0.34
1871/75	—0.55	1.57	3.91	0.89	1.11	0.67	1.12	2.37	0.77	0.75	—0.53	1.55	1.14
1876/80	3.07	2.19	0.88	1.69	0.37	—0.09	0.14	0.81	—0.48	0.83	—0.59	—0.99	—0.13
1881/85	1.05	0.19	1.20	—1.61	0.35	0.83	0.24	0.77	—2.19	1.15	0.01	—0.75	—0.40
1886/90	—0.55	0.49	—0.42	—2.05	—1.21	—0.61	—1.48	0.87	0.89	—0.07	—0.67	—1.19	0.04
1891/95	—3.53	—1.07	0.20	0.51	—1.09	—0.41	—1.32	—0.27	0.37	—2.01	1.13	—0.47	—0.66

Mittelwerthe der Normalperiode.

	Jan.	Febr.	März	April	Mai	Juni	Juli	Aug.	Sept.	Okt.	Nov.	Dez.	Jahr
1857/92	755.33	751.83	751.16	751.31	752.37	753.13	753.10	752.85	753.91	752.71	753.03	754.21	753.16

Tabelle 29.

Luftdruck. — Höchste Barometerstände.

In mm auf 0° C. reducirt. - Den Terminbeobachtungen entnommen.

Jahre	Jan.	Febr.	März	April	Mai	Juni	Juli	Aug.	Sept.	Okt.	Nov.	Dez.	Jahr
1826	773.0	767.0	767.9	763.8	757.6	763.3	758.3	763.0	761.2	760.7	763.9	767.0	773.0
1827	61.9	66.7	64.5	62.3	56.2	56.5	63.2	61.0	61.2	61.7	67.2	69.0	69.0
1828	69.7	66.1	64.9	61.5	60.3	60.7	54.7	62.1	67.0	70.8	65.8	69.0	70.8
1829	58.3	69.0	59.1	54.7	60.3	61.2	61.4	60.5	60.3	66.5	61.5	69.4	69.1
1830	67.9	66.1	67.1	61.7	60.7	63.1	62.5	61.7	67.4	67.9	65.6	67.6	67.9
1831	71.7	68.8	61.0	59.6	62.1	60.1	62.3	60.7	64.7	66.1	68.8	66.1	71.7
1832	69.9	67.6	66.1	69.4	62.8	63.1	63.2	66.1	69.6	71.3	67.6	68.8	71.8
1833	71.2	61.4	61.9	61.1	65.8	63.8	61.2	63.2	61.7	61.9	60.3	66.1	74.2
1834	61.7	72.1	73.3	72.2	64.6	63.6	61.2	56.7	64.9	69.2	74.3	72.1	74.3
1835	75.1	70.3	61.0	66.1	59.7	61.7	59.4	60.5	60.3	61.1	63.6	67.2	75.1
1836	75.3	66.8	64.6	56.6	60.7	62.2	58.6	59.1	60.4	65.0	62.0	61.3	75.3
1837	63.8	68.6	59.1	54.1	56.6	58.9	58.6	59.3	58.2	68.3	64.0	65.8	68.6
1838	62.0	63.8	64.5	60.0	60.2	57.5	58.6	59.1	63.8	62.5	63.2	66.5	68.5
1839	66.3	69.0	63.2	63.2	59.1	61.3	58.2	59.5	59.5	58.9	59.8	64.5	69.0
1840	70.4	70.8	69.5	62.2	61.3	60.1	61.6	59.1	(58.4)	68.1	69.1	73.1	73.1
1841	65.4	60.7	68.3	60.4	61.3	61.3	57.7	62.2	59.1	61.6	68.3	84.6	68.3
1842	63.6	69.2	66.5	61.6	60.0	60.9	62.7	64.7	61.6	65.6	67.9	67.1	69.2
1843	69.7	57.3	68.6	60.7	58.9	56.1	62.2	61.1	61.5	63.6	60.4	69.7	69.7
1844	69.0	58.2	66.5	65.2	61.3	59.8	61.1	61.8	63.6	60.0	69.8	64.0	69.0
1845	61.0	64.5	71.9	63.6	57.3	60.2	59.5	60.7	58.9	70.1	61.7	63.6	71.9
1846	71.3	63.4	67.7	61.3	63.2	61.8	62.0	57.0	61.3	57.5	69.1	70.1	71.3
1847	65.8	63.3	68.1	55.0	64.3	62.2	59.8	60.2	69.2	61.3	66.5	61.0	66.5
1848	63.6	67.2	61.6	58.1	60.1	57.7	51.6	58.9	64.3	62.0	63.6	67.4	67.4
1849	66.1	72.2	69.2	50.5	59.5	58.2	61.1	63.4	59.5	70.1	66.3	64.5	72.2
1850	70.8	65.2	67.2	58.6	59.3	60.7	57.3	60.7	62.7	58.9	60.0	69.2	70.8
1851	66.2	63.2	61.6	58.6	61.3	61.1	57.7	62.7	66.3	61.3	65.2	69.2	69.2
1852	64.3	66.1	71.3	61.3	60.0	58.0	59.8	57.5	66.3	65.6	61.8	65.4	71.3
1853	62.0	57.7	61.3	57.5	57.5	55.0	69.0	71.3	58.9	62.2	63.9	63.4	71.3
1854	76.0	73.5	77.7	70.1	61.1	61.6	62.5	67.0	68.8	71.5	69.2	70.4	77.7
1855	72.4	60.0	65.0	62.1	61.8	66.1	62.5	63.2	68.8	62.7	62.0	60.7	72.4
1856	70.8	66.1	65.8	59.1	56.5	62.5	61.3	59.6	60.5	67.3	67.4	69.1	70.6
1857	70.2	67.3	67.0	59.8	59.1	62.8	63.6	61.3	63.5	61.5	71.5	73.9	73.9
1858	68.8	61.1	66.6	64.3	65.2	60.2	58.8	62.1	66.3	67.9	66.6	65.4	68.8
1859	75.1	67.0	67.0	62.8	60.6	59.9	62.9	59.2	61.2	62.5	73.9	78.8	75.4
1860	67.5	64.6	62.0	63.8	60.9	57.5	61.9	55.2	63.7	63.3	61.0	66.0	67.5
1861	66.0	70.0	62.1	66.6	61.8	60.8	57.8	60.4	61.3	62.3	68.8	67.9	70.0
1862	61.6	67.0	57.7	63.2	60.1	58.0	60.0	61.2	61.4	65.2	60.3	69.5	69.5
1863	66.5	70.7	65.6	60.7	60.6	61.1	63.4	59.9	61.3	60.1	63.9	65.9	70.7
1864	69.5	64.5	61.7	65.1	59.6	62.2	61.0	63.1	64.6	62.8	68.4	68.2	69.5
1865	61.2	65.3	61.9	63.1	60.7	64.2	61.8	62.4	65.6	62.6	67.4	69.6	69.6
1866	69.2	59.2	62.0	62.9	62.5	59.9	60.6	55.2	59.0	61.9	61.4	69.5	69.5
1867	69.5	67.7	70.7	63.1	59.2	62.0	68.9	60.4	65.1	63.4	67.8	63.2	70.7
1868	65.0	68.5	65.4	63.1	63.2	60.7	61.0	59.4	60.8	63.0	65.6	65.2	68.5
1869	69.6	65.7	54.2	62.2	57.1	61.3	63.3	60.8	60.8	64.1	68.2	68.6	69.6
1870	65.4	63.2	65.1	67.0	62.7	61.8	60.5	58.8	68.8	69.8	61.7	66.4	69.8

Tabelle 29. **Luftdruck. — Höchste Barometerstände.**

In mm auf 0° C. reducirt. — Den Terminbeobachtungen entnommen.

Jahre	Jan.	Febr.	März	April	Mai	Juni	Juli	Aug.	Sept.	Okt.	Nov.	Dez.	Jahr
1871	763.9	765.7	770.0	759.9	761.8	756.7	762.1	765.5	759.8	766.4	766.7	769.6	770.0
1872	64.1	60.8	65.1	62.1	60.7	60.8	59.4	60.0	61.4	63.4	65.8	60.5	65.8
1873	63.8	74.0	58.3	60.1	61.5	60.8	62.0	60.8	65.5	64.7	63.9	73.2	74.0
1874	69.0	72.2	69.6	63.5	61.8	65.0	61.8	66.7	65.0	66.1	68.4	64.0	72.2
1875	73.2	67.9	67.3	63.5	65.6	59.5	65.2	64.6	64.0	67.6	62.0	67.4	73.2
1876	73.4	67.3	54.1	66.6	64.0	59.3	63.7	61.8	61.8	60.9	62.1	63.3	73.4
1877	70.4	66.0	66.4	58.0	61.0	61.7	62.0	55.8	61.0	63.1	67.1	70.3	70.4
1878	70.5	70.2	69.8	60.2	59.8	61.1	61.0	59.4	61.1	63.4	62.8	63.2	70.5
1879	64.5	58.6	70.2	57.4	61.3	58.2	59.0	58.6	64.8	65.1	67.8	77.3	77.3
1880	72.0	64.2	66.7	60.9	64.5	60.3	58.3	59.4	64.7	61.8	69.6	70.9	72.0
1881	70.1	59.4	66.3	60.9	60.1	62.1	60.8	66.1	62.1	62.9	65.0	70.0	70.1
1882	76.7	73.8	67.3	61.7	62.8	59.7	62.5	58.6	60.9	60.9	56.9	62.5	76.7
1883	68.4	71.1	70.9	66.4	58.1	60.3	57.1	58.6	58.5	66.2	67.9	67.6	71.1
1884	69.7	66.3	61.1	54.2	64.1	59.5	59.0	59.2	61.2	65.6	66.9	61.1	69.7
1885	62.2	60.1	64.3	59.8	58.1	60.6	62.8	59.7	62.2	56.8	64.3	66.8	66.8
1886	56.8	72.8	65.0	61.8	64.3	55.7	59.9	58.1	63.3	64.5	68.3	62.6	72.8
1887	69.2	70.7	66.5	68.5	61.7	62.9	58.9	60.9	60.7	66.5	62.9	66.5	70.7
1888	69.2	57.5	58.1	54.8	62.4	61.3	55.6	59.7	64.9	65.9	64.8	66.8	69.2
1889	70.6	64.2	64.6	59.3	54.5	58.4	58.1	60.8	62.6	57.0	71.2	69.2	71.2
1890	70.7	65.7	63.6	60.5	57.2	60.3	57.5	57.5	64.9	65.4	65.4	62.1	70.7
1891	68.4	70.9	60.5	57.7	54.6	62.3	58.5	57.0	62.3	68.8	65.7	71.0	71.0
1892	61.9	63.5	65.4	62.7	59.2	59.4	59.9	58.2	60.8	57.3	67.5	64.6	67.5
1893	66.1	67.4	63.7	63.0	63.0	60.4	57.8	59.1	60.2	63.2	63.5	72.9	72.9
1894	62.3	66.6	62.8	55.8	56.8	60.9	60.8	59.3	61.8	61.1	63.4	68.8	68.8
1895	59.9	61.4	63.1	59.1	64.0	62.8	58.8	81.2	64.4	64.3	66.8	66.9	66.9

Tabelle 30. **Luftdruck. — Interdiurne Veränderlichkeit.**

Jahre	Jan.	Febr.	März	April	Mai	Juni	Juli	Aug.	Sept.	Okt.	Nov.	Dez.	Jahr
1842	3.2	2.7	4.5	3.2	2.3	2.0	2.9	2.0	2.3	4.3	3.8	2.5	3.0
1843	4.5	3.6	2.9	3.2	2.9	2.5	3.6	2.0	2.3	3.8	3.2	2.3	3.1
1844	4.3	5.0	4.1	2.7	2.5	2.9	2.7	2.5	3.2	4.1	3.2	2.3	3.3
1845	4.3	5.0	4.1	3.4	2.7	2.9	2.5	2.3	2.3	3.1	2.5	6.8	3.5
1846	3.9	2.8	3.5	3.2	2.7	2.3	2.8	1.8	2.4	2.6	2.6	5.3	3.0
1847	1.0	3.9	2.7	2.8	2.6	2.1	1.7	2.4	2.6	3.5	4.1	3.5	2.8
1848	3.6	6.3	3.8	2.9	2.0	2.7	2.9	2.3	2.9	3.2	4.7	3.2	3.4
1849	5.0	3.6	4.1	3.2	2.0	2.5	2.3	2.0	2.5	4.7	1.3	4.3	3.4
1850	6.8	4.5	3.6	4.1	2.7	2.7	1.6	2.3	1.8	3.2	3.8	3.2	3.1
1851	3.4	3.6	3.2	2.5	2.0	2.5	3.2	2.5	2.5	3.4	3.4	2.5	2.9
1852	4.5	5.0	3.1	2.7	2.3	1.8	1.6	2.3	2.9	3.4	3.6	3.8	3.1
1853	1.3	4.1	3.4	3.2	2.7	2.0	2.3	3.2	2.7	2.5	2.3	3.2	3.0
1883	4.1	2.4	1.8	3.2	2.3	2.0	1.7	2.3	2.4	3.6	3.6	4.9	3.1
1884	3.6	2.8	2.1	1.8	2.9	2.1	2.0	1.8	2.4	3.1	3.2	5.6	2.8
1885	3.2	3.8	3.5	2.8	2.6	2.7	1.7	2.0	2.6	3.5	3.2	3.8	3.0
1886	3.8	2.9	3.7	3.2	2.4	1.7	2.0	2.4	2.2	3.3	3.5	5.0	3.1
1887	3.3	2.8	2.8	3.9	2.2	1.6	2.0	1.9	2.9	4.4	4.1	4.3	3.0
1888	3.9	2.6	5.7	2.1	2.6	2.1	3.1	2.7	2.2	3.2	3.6	2.9	2.9
1889	3.6	6.1	1.7	2.2	2.0	1.8	1.9	2.7	2.7	2.5	2.7	3.9	3.1
1890	1.3	3.1	3.8	3.5	3.2	2.1	2.3	2.0	1.7	4.4	3.9	2.7	3.1
1891	3.4	2.2	3.5	2.4	2.4	2.2	2.2	2.3	2.6	3.5	3.2	1.8	2.9
1892	3.2	4.1	3.5	3.1	2.2	2.4	2.4	2.4	2.8	3.2	2.6	3.3	2.9

Tabelle 31. **Luftdruck. — Niedrigste Barometerstände.**

In mm auf 0° C. reducirt. — Den Terminbeobachtungen entnommen.

Jahre	Jan.	Febr.	März	April	Mai	Juni	Juli	Aug.	Sept.	Okt.	Nov.	Dez.	Jahr
1826	746.3	748.8	740.9	739.1	745.6	748.8	747.7	747.2	742.0	746.3	729.8	735.7	729.8
1827	29.6	41.1	34.1	39.8	41.1	47.2	49.9	44.9	46.5	37.7	42.5	35.5	29.8
1828	39.3	34.6	36.4	38.9	42.7	45.6	29.7	42.0	44.5	44.3	45.2	45.6	29.7
1829	36.8	44.9	33.5	34.8	46.3	40.2	43.1	39.8	37.7	37.7	43.1	46.5	33.5
1830	37.3	43.1	47.9	42.7	40.9	39.8	41.1	46.1	11.8	43.4	44.5	35.5	33.5
1831	39.4	36.2	42.0	38.2	43.1	44.3	46.3	43.6	42.7	40.2	36.6	37.1	36.2
1832	44.5	44.7	37.7	40.0	44.9	42.5	51.0	46.3	40.0	46.1	42.3	43.4	37.7
1833	11.8	32.5	38.9	38.4	52.9	44.7	45.6	35.9	29.3	41.6	39.3	38.4	29.3
1834	44.5	88.4	43.8	40.7	40.3	46.8	47.0	45.4	16.8	52.5	41.8	44.9	32.5
1835	41.1	34.1	32.5	37.5	41.1	41.6	51.0	43.6	41.6	25.1	45.9	46.5	25.1
1836	27.7	34.0	32.9	34.5	39.9	46.2	41.5	47.6	41.7	30.9	32.5	29.5	27.7
1837	37.7	35.4	42.2	32.2	38.3	48.0	44.6	39.3	85.4	41.3	31.8	41.3	31.8
1838	36.1	28.4	34.7	36.1	40.1	43.1	45.1	41.0	38.6	40.6	34.7	41.5	28.4
1839	36.1	43.8	38.1	45.3	39.7	42.6	45.1	43.3	39.2	47.8	39.9	34.0	34.0
1840	34.3	34.8	46.9	41.9	86.8	45.3	44.9	43.1	(84.5)	37.0	35.8	43.1	34.3
1841	30.2	38.1	36.5	41.5	41.9	39.7	40.6	41.3	44.2	28.4	29.8	35.4	28.4
1842	35.8	37.4	34.5	34.0	42.6	47.8	45.8	47.1	41.5	38.4	34.7	45.8	33.4
1843	25.0	28.7	39.7	38.8	42.2	42.6	39.5	16.0	43.1	38.6	41.0	50.7	25.0
1844	39.5	26.2	34.7	49.6	42.8	41.9	43.6	36.3	46.2	33.6	34.3	41.0	26.2
1845	29.5	40.1	42.2	30.2	40.4	41.0	44.4	48.5	42.3	41.9	41.3	23.7	23.7
1846	34.3	44.0	34.0	32.5	38.6	39.5	41.5	44.9	39.9	38.3	36.5	23.2	23.2
1847	38.3	55.4	37.7	29.1	45.1	44.4	45.6	42.8	41.0	41.7	39.0	24.2	24.2
1848	36.5	28.6	28.6	34.0	37.7	38.3	38.8	41.3	40.4	36.3	34.5	40.8	28.6
1849	33.6	44.2	38.3	36.1	43.3	44.6	44.9	48.5	35.8	37.4	34.0	30.4	30.4
1850	35.6	26.8	33.6	39.0	41.7	42.4	45.3	44.4	41.5	35.8	34.0	34.3	26.8
1851	40.8	40.8	36.8	38.3	41.9	43.1	38.6	41.9	46.2	34.7	39.9	52.3	34.7
1852	37.1	34.7	42.4	41.9	39.9	38.8	47.6	40.1	40.4	34.8	32.7	36.6	32.7
1853	33.8	28.6	39.9	39.7	39.9	40.8	43.5	44.9	35.8	37.4	43.8	30.4	28.6
1854	35.0	40.9	54.6	40.8	42.9	44.0	49.2	48.6	54.4	38.1	31.1	29.6	29.6
1855	46.1	31.8	20.2	37.5	42.0	45.2	45.9	51.8	47.4	30.8	40.3	34.6	29.2
1856	23.8	46.5	48.1	38.5	39.1	46.7	43.0	35.7	39.2	46.8	32.4	25.4	23.4
1857	29.1	46.6	39.1	33.4	41.6	46.6	47.8	43.5	47.6	40.1	41.0	50.7	29.1
1858	16.1	43.1	27.7	38.6	39.6	46.6	43.4	45.8	49.0	44.1	35.4	37.8	27.7
1859	42.9	39.2	35.1	31.4	40.2	42.7	45.6	46.0	38.1	30.4	32.0	31.4	30.4
1860	29.1	32.2	35.7	37.9	43.0	44.4	46.3	42.4	42.8	39.1	33.9	29.1	29.1
1861	13.5	11.2	34.9	45.8	41.6	45.3	42.3	45.0	42.9	47.1	36.7	39.8	34.9
1862	40.4	46.3	83.6	46.8	44.8	44.2	42.1	47.3	48.2	34.7	35.7	33.1	33.1
1863	31.5	46.8	34.7	43.6	44.1	42.9	43.4	46.7	33.3	41.1	41.0	37.8	31.5
1864	50.1	38.5	29.9	46.5	41.5	43.7	47.7	37.4	11.2	31.3	29.6	43.6	29.6
1865	28.0	31.2	35.1	50.7	43.6	38.7	41.5	43.8	53.1	31.9	41.1	44.6	28.0
1866	28.2	31.1	29.0	40.7	86.6	89.5	40.4	42.7	40.3	46.1	32.3	35.8	28.2
1867	32.6	28.6	36.1	35.0	37.6	45.2	42.8	47.5	45.5	38.8	42.5	31.0	28.6
1868	29.2	44.1	28.7	31.7	19.5	48.0	41.6	44.6	42.1	39.8	43.8	30.1	28.4
1869	43.4	42.8	28.4	33.5	39.1	13.3	18.9	41.7	40.8	39.3	34.9	38.7	28.4
1870	44.9	36.7	40.4	16.2	15.8	45.6	43.3	40.8	40.7	30.5	35.7	30.9	30.5

Tabelle 31. ## Luftdruck. -- Niedrigste Barometerstände.

In mm auf 0° C. reducirt. — Den Terminbeobachtungen entnommen.

Jahre	Jan.	Febr.	März	April	Mai	Juni	Juli	Aug.	Sept.	Okt.	Nov.	Dez.	Jahr
1871	738.1	743.7	746.1	740.1	746.1	746.1	740.7	746.9	740.6	735.9	741.3	746.6	735.9
1872	35.3	41.3	36.8	35.5	41.8	46.9	46.6	44.2	44.7	42.0	37.6	30.7	30.7
1873	24.8	35.9	36.4	41.6	44.0	42.8	48.9	48.5	45.1	39.2	33.6	46.5	24.8
1874	46.4	42.1	40.2	36.7	43.1	47.4	46.9	47.1	46.7	40.4	37.5	29.5	29.5
1875	36.7	44.0	46.0	41.4	46.2	48.4	42.6	44.3	47.0	31.1	28.7	44.4	28.7
1876	52.6	42.0	26.7	38.8	46.1	43.9	46.1	37.5	38.3	39.9	41.9	31.3	26.7
1877	37.9	33.4	34.8	37.7	44.6	46.8	42.0	45.8	44.0	41.7	31.9	36.7	31.9
1878	35.6	51.9	28.3	32.9	41.7	42.5	47.4	42.3	43.8	38.4	35.2	36.8	28.3
1879	40.1	27.8	43.8	34.0	40.1	43.5	42.4	46.5	46.7	37.3	42.4	32.7	27.8
1880	52.2	42.2	42.6	39.0	44.6	45.6	44.5	40.8	43.3	33.6	30.6	36.6	30.6
1881	33.0	30.9	37.9	43.4	45.9	37.8	36.6	37.4	39.7	37.4	39.9	30.9	30.9
1882	41.6	36.5	30.7	35.3	44.5	42.1	43.7	41.0	40.0	35.0	36.4	32.5	30.7
1883	39.1	39.4	32.7	38.0	39.5	43.3	44.9	45.2	37.9	37.8	34.0	54.1	32.7
1884	33.2	44.7	42.4	42.6	40.6	39.5	44.7	46.7	39.0	38.6	43.6	23.8	23.8
1885	31.2	36.6	32.5	34.3	37.2	44.6	50.9	46.4	37.5	31.6	37.4	30.4	30.4
1886	32.7	34.0	32.4	40.6	36.7	42.7	43.9	44.8	42.8	26.5	39.0	24.0	24.0
1887	31.4	53.7	41.5	39.6	39.6	40.3	46.7	44.0	37.7	34.4	36.2	36.1	31.4
1888	39.2	37.9	30.0	48.6	43.1	42.8	39.2	44.9	37.5	34.2	37.8	38.5	30.0
1889	39.6	30.2	34.5	35.5	41.8	43.3	43.2	41.7	39.1	36.3	40.6	36.4	30.2
1890	26.3	48.9	31.4	33.5	31.9	41.0	41.1	42.5	50.9	36.4	28.7	39.8	26.3
1891	37.4	57.0	35.8	41.0	40.5	44.3	43.9	41.8	47.4	39.5	37.4	31.1	31.1
1892	34.9	31.9	35.4	38.9	43.7	44.1	43.2	46.2	46.9	37.6	43.9	30.5	31.9
1893	41.9	26.0	45.6	47.5	44.0	39.6	43.8	48.0	39.8	38.0	32.6	36.0	26.0
1894	40.0	40.6	39.6	44.0	37.4	43.6	38.4	46.2	46.7	37.7	39.6	31.8	31.8
1895	30.5	39.6	33.3	36.8	37.6	45.5	41.6	40.4	49.8	36.7	54.8	29.0	29.0

Tabelle 32. ## Luftdruck. — Jahresperiode.

Abweichungen der Monatsmittel von den zugehörigen Jahresmitteln.

Jahre	Jan.	Febr.	März	April	Mai	Juni	Juli	Aug.	Sept.	Okt.	Nov.	Dez.
1826/30	−0.01	1.45	−0.79	−2.39	−1.61	0.17	−0.51	0.45	−0.23	2.37	0.81	1.19
1831/35	2.19	0.95	−0.87	−1.99	−0.95	1.25	0.01	1.69	−0.27	0.19	0.59	2.55
1836/40	1.46	0.82	0.84	2.00	−1.80	0.36	0.52	0.78	−0.56	1.80	−3.51	2.20
1841/45	0.99	−2.25	0.16	−0.05	−1.31	−0.07	0.23	0.71	1.29	−1.13	−0.69	3.53
1846/50	1.36	1.24	0.06	−5.20	−0.02	−0.04	0.28	0.20	1.12	−1.38	1.18	1.40
1851/55	0.95	−1.55	0.73	0.25	−1.69	−0.49	−0.01	1.19	2.47	−1.75	−1.23	1.19
1856/60	0.83	2.47	−1.55	−3.03	−2.11	0.31	0.77	−0.83	0.31	1.27	1.11	0.19
1861/65	0.61	1.39	−5.05	1.93	−0.73	−0.57	−0.19	−0.69	1.23	−1.43	−0.09	1.51
1866/70	1.04	1.55	−3.50	−0.06	−0.34	1.40	0.04	−0.44	0.50	0.60	0.51	−1.40
1871/75	0.48	2.10	0.80	2.10	−0.82	−0.50	0.08	0.92	0.38	−0.84	−1.80	1.46
1876/80	5.37	−0.39	0.99	−3.41	−0.29	0.01	0.21	0.93	0.45	0.51	−0.59	0.19
1881/85	3.62	2.26	−0.40	−3.06	0.01	−0.46	0.06	0.68	−1.04	−1.20	0.28	0.70
1886/90	2.30	1.86	−1.74	−3.22	1.92	0.04	−0.86	0.00	1.52	0.46	−0.12	0.54
1891/95	−0.70	1.26	−1.11	−0.68	−1.22	0.22	−0.72	0.05	1.78	1.80	1.66	1.21

Tabelle 33. **Lufttemperatur. — Monats- und Jahresmittel**
der Jahre 1757/86 nach Peter Meermann.
°C.

Jahre	Jan.	Febr.	März	April	Mai	Juni	Juli	Aug.	Sept.	Okt.	Nov.	Dez.	Jahr
1757	—	—	[3.6]	10.5	11.3	16.5	22.0	[21.5]	—	—	—	[—5.0]	—
1758	—2.6	2.2	5.8	8.6	16.0	18.9	16.5	18.8	13.2	8.9	5.1	3.4	9.6
1759	3.4	4.6	6.8	10.2	13.6	17.9	21.1	18.8	15.5	11.8	2.2	—0.4	10.5
1760	—0.1	1.9	6.0	11.0	15.1	18.8	19.5	18.1	16.5	11.6	6.5	6.1	10.9
1761	0.0	5.1	6.0	10.2	16.0	19.0	19.2	20.0	17.4	8.8	5.5	—1.1	10.6
1762	3.1	2.6	2.8	13.0	16.2	17.9	19.9	17.0	14.9	8.5	4.5	—1.6	9.9
1763	—1.6	5.1	4.1	8.8	12.9	17.1	19.1	19.6	11.5	8.1	5.2	4.6	9.6
1764	5.1	5.4	4.0	9.5	16.1	16.5	20.2	17.2	13.2	8.9	5.2	2.1	10.1
1765	3.2	1.8	7.6	10.6	13.4	18.2	17.2	19.1	14.6	11.4	5.2	0.8	10.0
1766	—2.1	1.1	5.6	12.1	15.4	17.2	18.6	18.5	16.0	10.0	4.6	—0.2	9.8
1767	—6.8	6.9	5.6	8.6	13.0	16.2	18.2	18.9	15.8	10.1	7.6	—0.4	9.5
1768	—2.9	2.6	3.6	9.6	15.1	16.9	19.1	18.5	14.5	9.6	6.0	1.9	9.6
1769	2.2	2.6	5.0	10.2	11.0	16.0	19.2	17.4	11.9	5.8	5.4	1.9	9.6
1770	—0.1	0.9	3.1	7.9	11.8	15.8	17.5	19.1	17.0	9.6	6.2	1.0	9.8
1771	—0.1	0.6	2.5	6.1	16.9	16.6	17.9	16.5	15.5	9.9	2.9	3.5	9.1
1772	0.4	4.2	6.8	8.1	11.8	18.5	18.2	18.2	16.6	12.0	7.5	3.2	10.1
1773	3.1	1.2	5.4	9.9	14.1	16.8	17.6	18.5	15.6	11.6	7.0	4.5	10.5
1774	0.2	3.2	7.5	11.2	14.1	18.1	18.5	19.5	11.5	10.1	0.8	—0.2	9.9
1775	1.0	5.9	6.5	8.8	13.2	20.1	19.6	18.9	17.6	10.5	3.6	1.9	10.6
1776	—5.4	4.9	7.0	10.2	12.2	17.8	19.6	18.5	11.9	10.1	3.9	1.4	9.6
1777	—0.8	0.0	6.6	7.9	13.5	16.9	18.0	18.9	14.9	11.0	6.8	0.6	9.5
1778	0.9	1.0	6.0	12.0	15.3	16.9	21.1	19.6	13.1	8.5	6.1	5.2	10.5
1779	—3.0	3.6	7.4	12.0	15.6	16.1	19.2	20.0	17.1	13.1	6.5	5.2	11.1
1780	—2.8	0.4	8.9	8.2	14.9	16.6	18.6	21.4	15.8	11.9	4.9	0.0	9.9
1781	—0.5	4.2	7.2	12.8	16.5	18.9	19.5	20.4	17.1	10.0	4.9	2.6	11.1
1782	2.9	—1.2	4.2	8.1	12.4	18.8	20.1	17.5	15.4	7.6	1.0	0.5	9.0
1783	3.9	5.0	2.9	10.6	15.2	19.5	20.8	19.0	16.2	11.4	1.5	—2.4	10.6
1784	—5.5	—0.9	3.2	6.8	16.1	18.5	18.6	17.4	17.1	7.1	5.5	—0.2	8.7
1785	—0.4	0.9	—0.5	6.9	13.5	16.6	18.1	17.4	17.0	9.8	5.1	1.1	8.6
1786	1.6	1.8	1.5	—	—	—	—	—	—	—	—	—	—
Lustren													
1761 65	1.4	3.3	5.4	10.4	14.9	17.7	19.1	18.6	14.9	9.1	5.1	1.0	10.1
1766 70	—1.9	2.6	4.6	9.7	14.5	16.4	18.6	18.5	15.6	9.1	6.0	1.4	9.7
1771 75	0.8	3.0	5.7	8.9	14.0	18.1	18.4	18.3	16.0	10.9	4.1	2.6	10.1
1776 80	—2.2	2.0	7.2	10.1	14.3	16.9	19.4	19.7	15.2	11.0	5.7	2.5	10.1
1781 85	0.1	1.2	3.4	9.1	14.8	18.5	19.5	18.3	16.6	9.2	4.2	0.3	9.6

Die augegebenen Werthe sind die Mittel der täglich beobachteten niedrigsten und höchsten Thermometerstände. Im Dezember und Januar wurde um 8. Februar 7½, März 7½, April 7, Mai 6½, Juni und Juli 6½, August 6½, September 7, Oktober 7½ und November 7½ Uhr Morgens und im Winter um 2 und im Sommer um 3 Uhr Nachmittags beobachtet.

Tabelle 34.   **Lufttemperatur. — Abweichungen**
der Meermann'schen Beobachtungen von den Mittelwerthen der Normalperiode 1857/92.
°C.

Jahre	Jan.	Febr.	März	April	Mai	Juni	Juli	Aug.	Sept.	Okt.	Nov.	Dez.	Jahr
1757	—	—	[4.0]	0.6	0.0	0.7	3.7	[3.1]	—	—	—	[—3.9]	—
1758	—2.8	0.2	1.0	—1.1	1.8	1.1	—2.8	0.4	—1.8	—0.5	0.7	2.5	—0.1
1759	3.2	2.6	2.0	0.5	—0.6	0.1	2.1	0.4	0.5	2.4	—2.2	—1.3	0.8
1760	—0.3	—0.1	0.2	1.3	0.9	1.0	0.2	—0.3	1.5	2.2	2.1	5.2	1.2
1761	—0.2	3.1	3.2	0.5	1.8	1.2	—0.1	1.6	2.4	—0.6	1.1	—2.0	0.9
1762	2.9	0.6	—2.0	3.3	2.0	0.1	0.6	—1.4	—0.1	—0.9	0.1	—2.5	0.2
1763	—1.8	3.1	—0.4	—0.9	—1.3	—0.7	—0.2	1.2	—0.5	—1.3	0.8	3.7	—0.1
1764	4.9	3.4	—0.8	—0.2	1.9	—1.3	0.9	—1.2	—1.8	—0.5	0.8	1.2	0.7
1765	3.0	—3.8	2.8	0.9	—0.8	0.4	—2.1	0.7	—0.1	2.0	0.8	—0.1	0.3
1766	—2.3	—0.9	0.8	2.4	1.2	—0.6	—0.8	0.1	1.0	0.6	0.2	—1.1	0.1
1767	—7.0	4.9	0.8	—1.1	—1.2	—1.6	—1.1	0.5	0.8	0.7	3.2	—1.3	—0.2
1768	—3.1	0.6	—1.2	—0.1	0.9	—0.9	—0.2	0.1	—0.5	0.4	1.6	1.0	—0.1
1769	2.0	0.6	0.2	0.5	—0.2	—1.8	—0.1	—1.0	—0.1	—3.6	1.0	1.0	—0.1
1770	—0.3	—1.1	—1.7	—1.8	0.6	—2.0	—1.8	0.7	2.0	0.2	1.8	3.1	0.1
1771	—0.3	—1.4	—2.3	—3.6	2.7	—1.2	—1.4	—1.9	0.5	0.5	—1.5	2.9	—0.6
1772	—0.6	2.2	2.0	—1.3	—2.4	0.7	—1.1	—0.2	1.6	2.6	3.1	2.3	0.7
1773	2.9	—0.8	0.6	0.2	—0.1	—1.0	—1.7	0.1	0.6	2.2	2.6	3.6	0.8
1774	0.0	1.2	2.7	1.5	—0.1	0.6	—0.8	1.1	—0.5	1.0	—3.6	—1.1	0.2
1775	0.8	3.9	1.7	—0.9	—1.0	2.3	0.3	0.5	2.6	1.1	—0.8	1.0	0.9
1776	—5.6	2.9	2.2	0.5	—2.0	0.0	0.3	0.1	—0.1	1.0	—0.5	0.5	—0.1
1777	1.0	2.0	1.8	—1.8	—0.7	—0.9	—1.3	0.5	—0.1	1.6	2.4	—0.3	—0.2
1778	0.7	—1.0	1.2	2.3	1.1	—0.9	2.1	1.2	—1.9	—0.3	2.0	4.3	0.8
1779	—3.2	1.6	2.6	2.3	1.1	—1.7	—0.1	1.6	2.1	3.7	2.1	4.3	1.1
1780	—3.0	—1.6	1.1	—1.5	0.7	—1.2	—0.5	3.0	0.8	2.5	0.5	—0.9	0.2
1781	—0.7	2.2	2.4	3.1	2.3	1.1	0.2	2.0	2.1	0.6	0.5	1.7	1.1
1782	2.7	—3.2	—0.6	—1.3	—1.8	1.0	0.8	—0.9	0.4	—1.8	—3.1	—0.4	—0.7
1783	3.7	3.0	—1.9	0.9	1.0	1.7	1.5	0.6	1.2	2.0	0.1	—3.3	0.9
1784	—5.7	—2.9	—1.6	—2.9	2.2	0.7	—0.5	—1.0	2.1	—2.3	1.1	—1.1	—1.0
1785	—0.6	—2.9	—5.5	—2.8	—0.7	—1.2	—1.2	—1.0	2.0	0.4	0.7	0.2	—1.1
1786	1.4	—0.2	—3.3										
Lustren													
1761/65	1.2	1.3	0.6	0.7	0.7	—0.1	—0.2	0.2	—0.1	—0.3	0.7	0.1	0.4
1766/70	—2.1	0.8	0.2	0.0	0.3	—1.1	—0.8	0.1	0.6	—0.3	1.6	0.5	0.0
1771/75	0.6	1.0	0.9	0.8	—0.2	0.3	—0.9	—0.1	1.0	1.5	0.0	1.7	0.4
1776/80	—2.1	0.9	2.4	0.4	0.1	—0.9	0.1	1.8	0.2	1.6	1.3	1.6	0.4
1781/85	—0.1	—0.8	—1.4	—0.6	0.6	0.7	0.2	—0.1	1.6	—0.2	—0.2	—0.6	—0.1

Tabelle 35. Lufttemperatur. — Monats- und Jahresmittel.
°C.

Jahre	Jan.	Febr.	März	April	Mai	Juni	Juli	Aug.	Sept.	Okt.	Nov.	Dez.	Jahr
1826	[—0.5]	1.9	5.2	9.5	12.2	17.1	20.3	20.4	14.7	11.8	3.6	2.5	[9.4]
1827	—3.5	—7.3	5.7	12.6	16.9	19.3	21.1	18.8	16.3	11.0	1.8	5.6	9.9
1828	1.3	1.4	6.1	10.4	15.7	19.5	20.7	17.6	15.7	10.0	4.5	3.4	10.5
1829	—5.3	—2.5	3.5	10.4	14.4	17.2	20.3	17.3	14.2	9.3	1.4	—7.2	7.8
1830	—9.4	—3.7	[6.8]	[12.6]	16.0	19.0	20.6	18.8	14.0	8.9	6.2	0.3	[9.2]
1831	—2.3	1.8	6.7	11.5	18.7	16.7	20.0	18.9	18.8	12.8	4.7	2.2	10.0
1832	—1.9	0.6	4.0	9.1	11.3	14.9	15.5	17.6	11.8	8.2	1.8	0.5	7.8
1833	—4.5	5.3	3.4	8.8	18.9	20.2	19.1	16.0	14.3	8.8	4.3	5.5	10.0
1834	5.3	0.7	4.7	7.4	16.0	17.9	21.6	18.8	15.5	9.2	[5.8]	[3.9]	[10.5]
1835	2.2	4.0	4.8	8.4	13.6	17.8	20.8	18.7	15.2	8.6	—0.2	—1.5	0.4
1836	—0.8	0.6	7.8	8.6	[11.6]	[18.0]	19.4	18.4	13.2	10.7	4.1	2.7	[9.5]
1837	0.6	1.0	1.7	5.5	11.6	17.9	18.0	19.5	12.9	9.5	4.1	0.9	8.6
1838	—7.9	—2.8	4.4	6.3	13.8	16.5	18.2	16.7	15.5	9.8	3.9	0.6	7.9
1839	—0.6	0.8	2.4	6.0	13.5	19.7	19.5	16.7	15.4	10.8	6.1	3.1	9.4
1840	—0.8	0.8	1.6	11.6	13.5	16.7	16.7	18.0	13.8	7.5	6.4	—5.2	8.4
1841	—1.0	—2.3	6.6	9.9	17.6	15.6	16.3	17.2	15.6	10.6	5.4	4.0	9.6
1842	—3.9	—1.4	5.5	8.0	15.1	18.4	17.9	21.2	14.0	7.2	1.0	1.1	8.8
1843	1.2	2.7	4.8	10.9	13.8	16.0	18.0	18.7	11.8	9.6	6.1	2.8	10.0
1844	—0.5	0.0	4.1	11.0	13.4	17.5	16.2	15.4	15.0	9.6	6.7	—2.6	8.8
1845	0.3	—5.6	—2.7	10.0	12.1	18.4	19.0	15.6	13.6	9.8	6.2	3.8	8.4
1846	1.8	1.6	7.1	9.5	14.2	20.2	20.9	21.0	17.0	11.5	4.2	—3.1	10.7
1847	—2.2	—0.2	3.5	6.6	16.5	15.9	20.2	19.8	12.4	9.1	4.6	0.0	8.8
1848	—6.2	4.0	5.7	10.9	15.2	18.2	19.8	17.5	11.4	10.6	4.3	1.0	9.6
1849	—0.5	4.2	4.1	8.4	14.7	18.1	17.9	16.9	14.4	9.4	2.4	—1.4	9.0
1850	—5.4	4.5	1.4	9.6	12.5	17.6	17.6	17.2	12.7	7.7	6.9	1.7	8.7
1851	1.5	1.2	4.9	9.8	10.8	17.4	17.9	18.6	12.7	10.6	1.8	1.1	9.0
1852	2.7	3.2	2.8	7.1	14.8	16.7	21.7	18.8	11.7	8.1	8.2	5.4	10.4
1853	3.9	—0.9	0.0	7.8	13.2	17.8	20.0	19.3	14.3	9.8	8.9	—3.9	8.8
1854	—0.7	0.3	6.0	9.5	14.0	16.6	19.6	17.7	14.8	10.4	3.1	3.3	9.6
1855	—2.7	—3.5	3.8	8.5	12.5	18.0	18.5	19.6	11.8	11.9	3.3	—3.0	8.5
1856	1.2	4.2	3.7	10.3	12.5	18.2	18.0	20.4	14.1	10.5	1.4	2.2	9.7
1857	0.0	0.6	4.9	8.8	11.9	18.8	21.2	22.0	16.5	12.0	4.7	2.5	10.6
1858	—1.7	—1.0	3.5	9.7	12.9	22.2	19.0	19.1	17.1	9.8	—1.0	2.3	9.4
1859	1.7	4.2	7.9	9.9	15.1	19.5	23.8	21.6	15.3	11.7	3.8	—1.0	11.1
1860	3.1	—0.6	3.1	8.7	15.6	17.8	17.6	17.0	14.5	9.5	2.6	0.5	9.1
1861	—5.2	4.2	6.5	8.3	13.4	19.9	19.5	20.4	15.2	11.5	5.1	1.1	10.0
1862	0.5	2.8	7.6	12.2	17.3	16.7	18.7	18.2	15.8	11.4	5.0	2.6	10.6
1863	3.5	2.9	5.8	10.1	14.2	17.2	18.0	19.8	13.4	10.7	4.6	3.6	10.3
1864	—3.5	0.2	6.4	8.5	13.2	17.0	18.2	16.6	14.1	8.8	3.1	—2.9	8.3
1865	0.8	—1.4	0.8	13.1	17.9	17.3	21.2	17.8	17.9	11.1	6.5	0.1	10.3
1866	1.8	5.1	4.8	10.7	11.4	19.3	17.7	16.8	15.8	8.4	5.9	5.8	10.3
1867	0.1	6.0	3.7	9.7	13.9	17.2	17.1	18.8	15.8	8.6	4.4	0.1	9.6
1868	—0.1	5.0	5.1	9.3	19.2	19.1	21.1	20.0	16.9	9.6	3.4	6.1	11.3
1869	—0.2	6.8	2.8	12.6	14.6	15.3	20.8	17.0	16.3	7.6	4.8	0.2	9.8
1870	0.5	—2.5	3.2	10.3	15.1	18.1	21.2	16.9	13.4	9.1	5.1	—3.6	8.9

Tabelle 35. **Lufttemperatur. — Monats- und Jahresmittel.**
°C.

Jahre	Jan.	Febr.	März	April	Mai	Juni	Juli	Aug.	Sept.	Okt.	Nov.	Dez.	Jahr
1871	—4.2	1.3	6.8	9.3	11.8	14.6	19.4	19.1	15.8	6.9	1.8	—4.4	8.2
1872	1.5	3.0	6.4	10.9	14.2	17.2	20.3	17.5	15.8	10.6	7.2	4.3	10.7
1873	3.6	1.1	7.2	9.0	12.0	18.7	21.3	19.6	14.1	11.1	5.1	2.2	10.4
1874	2.5	1.0	5.7	11.6	11.6	18.1	22.0	17.2	16.6	9.5	2.5	—0.5	9.8
1875	2.6	—1.8	3.0	9.7	15.5	19.1	19.2	20.6	16.5	8.5	4.2	—0.8	9.6
1876	—2.4	3.7	5.8	10.7	11.3	18.8	20.4	20.0	14.0	11.6	8.4	4.7	10.1
1877	4.0	5.1	4.0	8.5	11.9	20.6	18.6	19.0	11.5	8.2	7.2	2.0	10.0
1878	1.0	3.7	4.8	10.7	15.3	17.7	18.4	18.6	15.6	10.4	4.3	—0.2	10.0
1879	—0.5	2.4	4.1	8.6	12.2	17.8	17.0	19.0	15.8	9.2	2.7	—7.9	8.3
1880	—2.6	1.7	6.7	10.6	14.4	16.9	20.1	19.2	15.9	9.1	4.9	5.5	10.2
1881	—3.7	2.8	5.7	8.2	14.6	17.8	21.4	18.0	13.5	6.0	7.1	2.0	9.4
1882	0.6	2.9	8.2	9.9	14.4	16.5	18.1	16.7	14.0	10.6	5.8	2.4	10.0
1883	1.3	4.6	0.7	8.8	15.0	18.7	17.0	17.9	14.4	9.3	5.8	2.3	9.7
1884	4.1	4.1	7.0	8.0	14.5	15.0	20.5	19.1	15.7	9.1	3.2	3.2	10.3
1885	—1.3	4.5	4.4	11.8	11.4	18.4	19.0	16.3	14.0	8.4	4.1	0.2	9.2
1886	0.6	—0.5	2.4	10.8	14.4	15.7	18.5	18.9	16.9	11.0	6.3	2.3	9.8
1887	—3.0	0.9	2.6	8.9	11.7	17.8	20.9	17.5	12.9	6.6	3.9	0.3	8.4
1888	—0.7	—0.2	3.5	7.8	13.6	17.7	16.1	16.3	14.0	7.3	5.4	0.8	8.5
1889	—0.6	—0.8	2.8	8.8	17.2	20.0	17.9	16.7	12.6	9.0	3.5	—0.7	8.0
1890	3.4	—0.3	5.7	8.2	15.4	15.7	16.4	17.7	14.6	8.3	4.6	—3.2	8.9
1891	—2.9	1.2	4.7	7.2	14.0	16.1	17.5	16.3	15.1	11.1	3.9	3.2	9.0
1892	—0.1	2.4	2.5	9.1	14.2	16.8	17.5	19.7	14.7	8.1	4.6	—1.0	9.0
1893	—5.4	4.1	6.8	12.0	14.9	18.0	18.9	18.5	13.8	10.8	3.2	1.1	9.7
1894	—0.6	3.6	6.7	12.4	12.8	16.2	19.3	17.0	12.5	9.5	5.7	1.6	9.7
1895	—2.5	—1.9	3.5	10.5	14.0	17.6	18.8	18.0	17.4	8.2	6.5	1.6	9.1
Lustren													
1826/30	[—4.7]	—2.0	[5.5]	[11.1]	15.0	18.4	20.6	18.6	15.2	10.2	3.5	0.9	[9.36]
1831/35	—0.2	2.5	4.7	9.0	14.7	17.5	19.5	18.0	14.1	9.5	[3.3]	[2.0]	[9.55]
1836/40	—1.9	—0.1	3.6	7.6	[12.8]	[17.8]	18.4	17.9	14.2	9.7	4.9	0.4	[8.78]
1841/45	—0.8	—1.3	3.7	10.0	14.4	17.2	17.5	17.6	14.6	9.4	5.3	1.8	9.12
1846/50	—2.5	3.4	4.4	9.0	14.6	18.0	19.2	18.5	14.2	9.7	4.5	—0.4	9.38
1851/55	0.9	0.1	3.5	8.5	13.1	17.3	19.5	18.8	14.3	10.2	4.1	0.6	9.24
1856/60	0.9	1.5	4.7	9.5	14.2	19.2	19.9	20.0	15.6	10.7	2.3	1.3	9.98
1861/65	—1.0	1.6	5.4	10.4	15.2	17.6	19.1	18.6	15.3	10.7	4.9	0.9	9.89
1866/70	1.0	4.1	4.0	10.5	14.8	17.9	19.6	17.9	15.6	8.7	4.6	1.3	10.00
1871/75	1.2	0.9	5.8	10.1	13.0	17.5	20.4	18.8	15.6	9.3	4.2	0.2	9.75
1876/80	—0.1	3.1	5.1	9.8	13.0	18.4	18.9	19.2	14.5	9.7	4.5	0.6	9.74
1881/85	0.2	3.7	5.2	9.2	14.0	17.3	19.4	17.6	14.3	8.7	5.2	2.0	9.73
1886/90	—0.1	—0.2	3.4	8.9	14.5	17.4	18.0	17.4	14.2	8.4	4.7	—0.1	8.88
1891/95	—2.3	1.3	4.8	10.2	14.0	16.9	18.4	17.9	14.7	9.5	4.8	1.3	9.29

Die angegebenen Werthe sind die Mittel folgender Terminbeobachtungen:

für das Jahr 1826 .... (6 a + 5 p + M + m) : 4.
den Zeitraum vom 1. Januar 1827 bis 31 März 1853 . (7 a + 3 p + 10 p + m) 4.
„ „ „ „ 1. April 1853 „ 31. Dezember 1872 (6 a + 2 p + 10 p) : 3.
„ „ „ „ 1. Januar 1863 an ...... (7 a + 2 p + 2×9 p) : 4.

Tabelle 36.

Lufttemperatur. — Abweichungen
von den Mittelwerthen der Normalperiode 1857/92.

Jahre	Jan.	Febr.	März	April	Mai	Juni	Juli	Aug.	Sept.	Okt.	Nov.	Dez.	Jahr
1826	-6.7	-0.1	0.4	-0.2	-2.0	-0.7	1.0	2.0	-0.3	2.4	-0.8	1.6	-0.3
1827	-3.7	-9.2	0.9	3.1	2.7	1.5	1.8	0.4	1.3	1.6	-2.6	4.7	0.2
1828	1.1	-0.6	1.3	0.7	1.5	1.7	1.4	-0.8	0.7	0.6	0.1	2.5	0.8
1829	-5.5	-4.5	-1.3	0.7	0.2	-0.6	1.0	-1.1	-0.8	-0.1	-3.0	-8.1	-1.9
1830	-9.6	-5.7	[2.0]	[2.9]	1.8	1.2	1.8	0.4	-0.1	-0.5	1.8	-0.6	[-0.5]
1831	-2.5	-0.2	1.9	1.8	-0.5	-1.1	0.7	0.5	-1.2	3.1	0.3	1.3	0.3
1832	-2.1	1.4	-0.8	-0.6	-2.9	2.9	-3.5	-0.8	-3.2	-1.2	-2.6	-0.4	-1.9
1833	-4.7	3.3	1.4	-0.9	4.7	2.4	0.1	-2.4	-0.7	-0.6	-0.1	4.6	0.3
1834	5.1	1.3	0.1	2.3	1.8	0.1	2.3	0.4	0.5	-0.2	[1.4]	[2.4]	[0.5]
1835	2.0	2.0	0.0	1.3	-0.6	0.0	1.5	0.3	0.2	-0.8	-4.6	-2.1	-0.3
1836	-1.0	-1.1	3.0	-1.1	[-2.6]	[0.2]	0.1	0.0	-1.8	1.3	-0.3	1.8	[-0.2]
1837	0.4	-1.0	-3.1	-4.2	-2.6	0.1	-1.3	1.1	-2.1	0.1	-0.3	0.0	-1.1
1838	-8.1	4.8	-0.4	-3.4	-0.1	-1.8	-1.1	-1.7	0.5	0.4	-0.5	-0.3	-1.8
1839	-0.8	-1.2	-2.1	-3.7	-0.7	1.9	0.2	-1.7	0.4	1.4	1.7	2.2	-0.3
1840	-1.0	-1.2	-3.2	1.9	-0.7	-1.1	-2.6	-0.4	-1.2	-1.9	2.0	-6.1	-1.3
1841	-1.2	-4.3	1.8	0.2	3.4	-2.2	-3.0	-1.2	0.6	1.2	1.0	3.1	-0.1
1842	-4.1	-3.4	0.7	-1.7	0.9	0.6	-1.4	2.8	-1.0	-2.2	-2.5	0.2	-0.9
1843	1.0	0.7	0.0	1.2	-0.4	-1.8	-1.9	0.3	-0.2	0.2	1.7	1.9	0.3
1844	-0.7	-2.0	-0.7	1.8	-0.6	-0.3	-3.1	3.0	0.0	0.2	2.3	-3.5	-0.9
1845	0.1	-7.6	-7.5	0.9	-2.1*	0.6	0.3	-2.8	-1.4	0.4	1.8	2.9	-1.3
1846	1.6	2.6	2.3	-0.2	0.0	2.4	1.6	2.6	2.0	2.1	-0.2	-4.0	1.0
1847	-2.1	-2.2	-1.3	-3.1	2.9	-1.9	0.9	1.4	-2.6	-0.3	0.2	-0.9	-0.9
1848	-6.4	2.0	0.9	1.2	1.0	0.4	0.0	-0.9	-0.6	1.2	-0.1	0.1	-0.1
1849	-0.7	2.2	-0.6	-1.3	0.5	0.3	-1.4	-1.5	-0.6	0.0	-2.0	-2.3	-0.7
1850	-5.6	2.5	-3.1	-0.1	-1.7	-0.2	-1.7	-1.2	-2.3	-1.7	2.5	0.8	-1.0
1851	1.3	-0.8	0.1	0.1	-8.4	-0.4	-1.4	0.2	-2.3	1.2	-2.6	0.2	-0.7
1852	2.5	1.2	-2.0	-2.6	0.6	-1.1	2.4	0.4	-0.3	-1.3	3.8	4.5	0.7
1853	3.7	-2.9	-4.8	-1.9	-1.0	0.0	0.7	0.9	-0.7	0.4	-0.5	-4.8	-0.9
1854	-0.9	-1.7	1.2	-0.2	-0.2	-1.2	0.3	-0.7	-0.2	1.0	-1.3	2.4	-0.1
1855	-2.9	-5.5	-1.0	-1.2	-1.7	0.2	-0.8	1.2	-0.2	2.5	-1.1	-3.9	-1.2
1856	1.0	2.2	-1.1	0.6	-1.7	0.4	-1.3	2.0	-0.9	1.1	-3.0	1.3	0.0
1857	-0.2	-1.4	0.1	-0.9	0.7	1.0	1.9	3.6	1.5	2.6	0.3	1.6	0.9
1858	-1.9	3.0	-1.3	0.0	-1.3	4.4	-0.3	0.7	2.4	0.4	-5.4	1.4	-0.3
1859	1.5	2.2	3.1	0.2	0.9	1.7	4.5	3.2	0.3	2.3	-0.6	-1.9	1.4
1860	2.9	-2.6	-1.4	-1.0	1.4	-0.5	-1.7	-1.4	-0.5	0.1	-1.8	-0.4	-0.6
1861	-5.4	2.2	1.7	-1.4	-0.8	2.1	0.2	2.0	0.2	2.1	0.7	0.2	0.3
1862	-0.7	0.8	2.8	2.5	3.1	-1.1	-0.6	-0.2	0.8	2.0	0.6	1.7	0.9
1863	3.3	0.6	1.0	0.4	0.0	-0.6	-1.3	1.4	-1.6	1.3	0.2	2.7	0.6
1864	-3.7	-1.8	1.6	-1.2	-1.0	0.8	-1.1	-1.8	-0.6	-0.6	-1.9	-3.8	-1.4
1865	0.6	-3.4	-4.0	3.4	8.7	-0.5	1.9	-0.6	2.9	1.7	2.1	-0.8	0.6
1866	4.1	3.1	0.0	1.0	-2.8	1.5	-1.6	-1.6	0.8	-1.0	1.5	2.9	0.6
1867	0.2	4.0	-1.1	0.0	-0.8	-0.6	-2.2	0.4	0.6	-0.8	0.0	-0.8	-0.1
1868	-0.3	3.0	0.0	-0.4	5.0	1.8	1.8	1.6	1.9	0.2	-1.0	5.2	1.6
1869	-0.4	4.8	-2.0	2.9	0.4	-2.5	1.5	-1.4	1.3	-1.8	-0.1	-0.7	0.1
1870	0.3	-4.5	-1.6	0.5	0.9	0.3	1.9	-1.5	-1.6	-0.3	0.7	-4.5	-0.8

Tabelle 36.

Lufttemperatur. — Abweichungen
von den Mittelwerthen der Normalperiode 1857/92.

Jahre	Jan.	Febr.	März	April	Mai	Juni	Juli	Aug.	Sept.	Okt.	Nov.	Dez.	Jahr
1871	-4.4	-0.7	2.0	-0.4	-2.4	-3.2	0.1	0.7	0.8	-2.5	-2.6	-5.3	-1.5
1872	1.3	1.0	1.6	1.2	0.0	-0.6	1.0	-0.9	0.8	1.2	2.5	3.4	1.0
1873	3.4	-0.9	2.4	-0.7	-2.2	0.9	2.0	1.2	-0.9	1.7	0.7	1.3	0.7
1874	2.3	-1.0	0.9	1.9	-2.6	0.3	2.7	-1.2	1.6	0.1	-1.9	-1.4	0.1
1875	2.4	-3.8	-1.6	0.0	1.3	1.3	-0.1	2.2	0.5	-0.9	-0.2	-1.7	-0.1
1876	-2.6	0.7	1.0	1.0	-2.9	1.0	1.1	1.0	-1.0	2.2	-1.0	3.8	0.4
1877	3.8	3.1	-0.8	-1.2	-2.3	2.8	-0.7	0.6	-3.5	-1.2	2.5	1.1	0.8
1878	0.8	1.7	0.0	1.0	1.1	-0.1	-0.9	0.2	0.6	1.0	-0.1	-1.1	0.8
1879	-0.7	0.4	-0.7	-1.1	-2.0	0.0	-2.3	0.6	0.3	-0.2	-1.7	-8.8	-1.4
1880	-2.8	-0.8	1.9	0.9	0.2	-0.9	0.8	0.8	0.9	-0.3	0.5	4.6	0.5
1881	-3.9	0.3	0.9	-1.5	0.4	0.0	2.1	-0.4	-1.5	-3.4	2.7	1.1	-0.3
1882	0.4	0.9	3.4	0.2	0.2	-1.3	-1.2	-1.7	-1.0	1.1	1.4	1.5	0.3
1883	1.1	2.6	-4.1	-0.9	0.8	0.9	-1.4	-0.5	-0.6	-0.1	1.4	1.4	0.0
1884	3.9	2.1	2.2	-1.7	0.3	-2.8	1.2	0.7	0.7	-0.3	-1.2	2.3	0.6
1885	-1.5	2.5	-0.4	1.6	-2.8	0.6	-0.8	-2.1	-1.0	-1.0	-0.3	-0.7	-0.5
1886	0.4	-2.5	-2.4	1.1	0.2	-2.1	-0.5	0.5	1.9	1.6	1.9	1.4	0.1
1887	-3.2	-1.1	-2.2	-0.8	-2.5	0.0	1.6	-0.9	-2.1	-2.8	-0.5	-0.6	-1.3
1888	-0.9	-3.2	-1.8	-1.9	-0.4	-0.1	-3.2	-2.1	-1.0	-2.1	1.0	-0.1	-1.2
1889	-0.8	-2.8	-2.0	-0.9	3.0	2.2	-1.4	-1.7	-2.2	-0.4	-0.9	-1.6	-0.8
1890	3.2	-2.3	0.9	-1.5	1.2	-3.1	-2.9	-0.7	-0.4	-1.1	0.2	-4.1	-0.8
1891	-3.1	-0.8	-0.1	-2.5	0.2	-1.7	-1.8	-2.1	0.1	1.7	-0.5	2.3	-0.7
1892	-0.3	0.4	-2.3	-0.6	0.0	-1.0	-1.8	1.3	-0.3	-1.3	0.2	-1.9	-0.7
1893	-5.6	2.1	2.0	2.3	0.7	0.2	-0.4	0.1	-1.2	1.4	-1.2	0.2	0.0
1894	-0.8	1.6	1.9	2.7	-1.4	-1.6	0.0	-1.4	-2.5	0.1	1.3	0.7	0.0
1895	-2.7	-6.9	-1.3	0.8	-0.2	-0.2	-0.5	-0.4	2.4	-1.2	2.1	0.7	-0.6
Lustren													
1826/30	-4.0	-4.0	[0.7]	1.4	0.8	0.6	1.3	0.2	0.2	0.8	-0.9	0.0	[-0.31]
1831/35	-0.4	0.5	-0.1	-0.7	0.5	-0.3	0.2	-0.4	-0.9	0.1	[-1.1]	[1.1]	[-0.12]
1836/40	-2.1	-2.1	-1.2	-2.1	[-1.4]	[0.0]	-0.9	-0.5	-0.8	0.3	0.5	-0.5	[-0.89]
1841/45	-1.0	-3.3	-1.1	0.8	0.2	-0.6	-1.8	-0.8	-0.4	0.0	0.9	0.9	-0.55
1846/50	-2.7	1.4	-0.4	-0.7	0.4	0.2	-0.1	0.1	-0.8	0.3	0.1	-1.3	-0.29
1851/55	0.7	-1.9	-1.3	-1.2	-1.1	0.5	0.2	0.4	-0.7	0.8	-0.3	-0.3	-0.43
1856/60	0.7	-0.5	-0.2	0.2	0.0	1.4	0.6	1.6	0.6	1.3	-2.1	0.4	0.31
1861/65	-1.2	-0.4	0.6	0.7	1.0	-0.2	-0.2	0.2	0.3	1.3	0.5	0.0	0.22
1866/70	0.8	2.1	-0.8	0.8	0.6	0.1	0.3	-0.5	0.6	-0.7	0.2	0.4	0.33
1871/75	1.0	-1.1	1.0	0.4	-1.2	-0.3	1.1	0.4	0.6	-0.1	-0.2	-0.7	0.08
1876/80	-0.3	1.1	0.3	0.1	-1.2	0.6	-0.4	0.8	-0.5	0.3	0.1	-0.1	0.07
1881/85	0.0	1.7	0.4	-0.5	-0.2	-0.5	0.1	-0.8	-0.7	-0.7	0.8	1.1	0.06
1886/90	-0.3	-2.2	-1.4	-0.8	0.3	-0.4	-1.3	-1.0	-0.8	-1.0	0.3	-1.0	-0.79
1891/95	-2.5	-0.7	0.0	0.5	-0.2	-0.9	-0.9	-0.5	-0.3	0.1	0.4	0.4	-0.38

Mittelwerthe der Normalperiode.

	Jan.	Febr.	März	April	Mai	Juni	Juli	Aug.	Sept.	Okt.	Nov.	Dez.	Jahr
1857/92	0.2	2.0	4.8	9.7	14.2	17.8	19.3	18.4	15.0	9.4	4.4	0.9	9.67

Tabelle 37. **Lufttemperatur. — Mittlere Maxima.**

Monats- und Jahresmittel der täglichen Maxima. — °C.

Jahre	Jan.	Febr.	März	April	Mai	Juni	Juli	Aug.	Sept.	Okt.	Nov.	Dez.	Jahr
1826	—	4.7	9.1	14.6	17.3	22.7	26.2	27.7	20.2	15.7	5.7	3.9	—
1827	—	—	—	—	—	—	—	—	—	—	—	—	—
1828	—	—	—	—	—	—	—	—	—	—	—	—	—
1829	—	—	—	—	—	—	—	—	—	—	—	—	—
1830	—	—	—	—	—	—	—	—	—	—	—	—	—
1831	—	—	—	—	—	—	—	—	—	—	—	—	—
1832	—	—	—	—	—	—	—	—	—	—	—	—	—
1833	—	—	—	—	—	—	—	—	—	—	—	—	—
1834	—	—	—	—	—	—	—	—	—	—	—	—	—
1835	—	—	—	—	—	—	—	—	—	—	—	—	—
1836	—	—	—	—	—	—	—	—	—	—	—	—	—
1837	—	—	—	—	—	—	—	—	—	—	—	—	—
1838	−4.9	0.5	−.2	11.2	19.4	21.4	23.7	21.5	20.6	13.6	6.6	2.8	12.0
1839	2.2	4.1	5.8	10.2	19.0	25.1	25.1	21.9	20.1	11.2	8.5	5.2	13.4
1840	2.5	4.6	5.5	17.7	19.0	22.4	22.1	23.8	18.8	11.2	9.2	−2.0	12.9
1841	1.5	1.4	12.1	16.2	24.4	21.8	22.1	23.0	21.6	13.6	7.0	5.9	14.2
1842	−1.6	2.5	9.2	13.9	21.6	25.1	24.6	28.4	19.1	11.1	5.0	3.4	13.5
1843	3.2	5.6	9.5	15.4	18.2	20.5	22.4	23.8	20.1	12.9	8.2	4.5	13.7
1844	1.9	3.5	7.6	17.2	18.9	23.5	20.7	20.0	19.9	13.1	8.5	0.0	12.9
1845	2.0	−1.6	1.6	15.6	16.9	24.0	21.2	20.5	18.6	13.5	9.4	5.6	12.6
1846	3.9	7.9	11.2	14.1	19.5	26.2	26.5	26.5	22.6	14.9	6.8	−0.9	14.9
1847	0.4	2.6	8.8	10.5	22.6	21.9	25.9	25.2	17.0	13.0	7.0	1.8	13.1
1848	−3.1	7.0	9.5	15.6	21.4	23.0	24.8	22.6	19.5	14.6	6.4	3.8	13.7
1849	2.2	7.2	7.9	18.4	20.1	23.6	23.5	21.9	19.9	13.1	5.0	0.6	13.2
1850	−2.6	7.9	5.6	14.9	18.4	23.6	23.9	22.8	18.1	11.1	9.2	3.1	13.0
1851	3.5	5.4	8.6	11.2	15.5	22.9	23.1	24.0	16.5	14.0	3.8	2.5	12.8
1852	5.0	5.6	7.4	12.9	20.4	21.5	27.6	23.8	19.5	12.5	10.8	7.5	14.5
1853	6.1	1.6	4.1	11.8	18.2	22.1	25.1	23.9	19.1	13.9	5.8	−1.6	12.5
1854	1.9	3.2	10.2	16.0	19.5	21.0	25.0	22.8	20.6	14.1	5.1	5.1	13.7
1855	−0.6	−1.1	7.0	13.1	17.6	22.6	23.1	24.9	20.4	15.2	5.4	−0.9	12.2
1856	3.4	6.6	8.0	15.6	17.0	22.8	23.0	25.5	18.4	14.6	3.1	4.2	13.5
1857	1.6	4.4	8.9	13.2	20.6	24.3	27.1	28.2	22.1	16.0	7.3	4.2	14.8
1858	1.0	2.4	8.1	14.9	17.7	25.5	23.9	24.8	23.2	14.4	1.6	3.0	13.7
1859	3.7	7.3	12.1	15.0	20.8	25.3	30.1	27.8	20.4	15.9	6.9	1.8	15.5
1860	5.0	2.0	7.1	13.3	21.0	22.6	22.4	21.6	19.1	12.9	5.1	2.2	12.8
1861	−2.6	7.3	10.5	13.7	18.4	25.5	24.9	26.2	20.2	16.4	8.0	3.4	14.3
1862	1.7	5.2	12.9	18.5	23.7	21.8	23.9	23.6	21.2	15.7	7.3	5.0	15.0
1863	6.0	6.7	9.6	16.2	19.5	22.3	23.6	25.9	17.9	14.6	7.4	5.7	14.6
1864	0.0	3.7	11.3	14.0	18.9	22.0	28.8	22.3	19.6	13.4	6.0	−0.7	12.9
1865	3.1	1.1	4.2	19.5	24.2	22.7	27.2	23.0	21.6	16.8	9.2	2.1	14.7
1866	6.6	8.1	8.3	16.4	17.1	26.0	22.3	22.2	20.4	14.1	8.2	5.4	14.6
1867	2.3	9.2	7.2	13.8	20.1	23.0	22.5	25.2	21.2	11.7	7.0	2.3	13.9
1868	1.8	7.6	9.8	14.5	25.5	25.2	27.3	25.4	22.8	12.7	5.5	8.5	15.6
1869	2.3	9.8	6.0	18.0	19.8	20.3	26.9	22.0	21.8	11.2	6.7	2.1	13.9
1870	2.5	0.7	6.3	15.6	20.7	23.2	26.7	20.9	18.6	12.8	7.6	−1.4	12.9

Tabelle 37. **Lufttemperatur. — Mittlere Maxima.**
Monats- und Jahresmittel der täglichen Maxima — °C.

Jahre	Jan.	Febr.	März	April	Mai	Juni	Juli	Aug.	Sept.	Okt.	Nov.	Dez.	Jahr
1871	−1.6	4.1	12.0	18.5	16.7	18.1	23.8	24.3	20.9	11.2	4.2	−2.1	12.1
1872	3.2	5.6	10.8	15.7	18.5	21.7	26.0	22.5	20.6	13.8	9.0	5.9	14.5
1873	5.5	8.0	11.4	13.6	16.4	23.6	26.5	24.8	19.0	14.7	8.1	4.4	14.2
1874	4.8	4.5	9.7	16.8	16.7	28.4	27.9	22.9	23.4	14.2	4.7	1.2	14.1
1875	4.5	1.4	7.1	15.4	21.0	24.5	24.6	26.4	21.8	11.9	6.9	0.9	13.8
1876	−0.1	5.6	9.9	16.4	17.2	24.1	26.7	26.2	19.2	15.6	6.0	6.5	14.4
1877	6.3	7.7	7.7	13.1	17.6	26.9	25.1	24.7	16.8	13.1	9.8	8.9	14.4
1878	2.8	6.4	8.3	15.9	20.2	22.7	23.6	23.6	20.6	14.3	6.6	1.7	13.9
1879	1.2	4.8	8.0	12.7	17.2	22.7	21.4	24.0	19.9	12.4	4.9	−4.6	12.0
1880	0.3	4.7	12.0	15.8	19.4	21.3	25.5	24.0	20.6	12.1	7.2	7.7	14.2
1881	−0.8	4.8	9.7	18.1	19.6	23.1	26.8	22.7	17.7	9.4	9.4	3.4	13.2
1882	2.2	6.0	12.8	14.9	19.2	21.2	22.3	21.2	18.0	13.5	7.8	4.3	13.6
1883	3.4	7.2	4.6	14.0	20.3	24.1	23.0	23.2	19.2	12.8	7.9	4.1	13.7
1884	6.0	6.8	11.6	13.2	20.0	20.0	26.3	24.6	21.3	12.5	6.0	4.7	14.4
1885	1.1	7.7	8.9	16.8	16.5	24.2	24.0	21.6	18.6	11.6	6.8	2.3	13.4
1886	2.5	2.2	7.0	16.4	20.1	20.5	24.1	24.7	22.7	15.6	8.5	4.2	14.0
1887	−1.0	4.0	6.6	14.6	15.9	25.3	26.6	23.2	17.8	10.0	6.4	2.6	12.5
1888	1.2	2.5	6.8	12.4	19.6	23.2	20.9	21.5	19.5	11.1	7.6	2.6	12.4
1889	1.3	1.7	6.5	13.3	23.7	26.6	23.6	22.4	17.5	12.6	5.6	0.8	13.0
1890	5.6	2.5	9.6	13.8	21.6	21.8	21.9	23.0	19.9	12.2	7.0	−0.9	13.2
1891	−0.5	5.0	8.4	11.7	19.7	21.8	23.0	21.7	20.5	15.2	6.2	5.4	13.2
1892	2.0	5.1	7.6	15.4	20.7	22.7	24.4	26.4	19.6	11.6	6.7	1.0	13.6
1893	−2.7	6.6	11.5	19.2	20.4	23.8	29.7	24.0	18.8	14.2	5.4	3.1	14.0
1894	1.5	6.3	11.0	16.1	17.9	21.1	25.2	21.7	16.8	12.1	8.3	3.5	13.6
1895	−0.6	−2.1	7.2	16.1	19.4	23.3	24.7	23.8	24.2	12.2	9.1	3.5	13.4
Lustren													
1826/30	—	—	—	—	—	—	—	—	—	—	—	—	—
1831/35	—	—	—	—	—	—	—	—	—	—	—	—	—
1836/40	—	—	—	—	—	—	—	—	—	—	—	—	—
1841/45	1.4	2.3	6.0	15.6	20.0	22.9	22.8	23.1	19.9	12.8	7.8	3.9	13.88
1846/50	0.1	6.5	6.6	13.7	20.4	23.7	24.9	23.6	19.4	13.3	6.9	1.7	13.54
1851/55	3.2	2.0	7.5	13.6	18.2	22.0	24.8	23.9	19.2	18.0	6.2	2.5	13.17
1856/60	2.0	4.5	8.8	14.4	19.4	21.7	25.3	25.6	20.6	14.8	4.7	3.2	14.08
1861/65	1.6	4.8	9.7	16.4	20.9	22.9	24.7	24.2	20.7	15.2	7.6	3.1	14.31
1866/70	3.1	7.1	7.5	15.7	20.6	23.7	25.2	23.1	21.0	12.5	7.0	3.4	14.16
1871/75	3.8	3.7	10.2	15.0	17.9	22.3	25.8	24.2	20.9	13.2	6.6	2.1	13.74
1876/80	2.1	5.5	9.2	14.7	18.3	23.6	24.4	24.5	19.4	13.5	6.9	3.0	13.77
1881/85	2.4	6.5	9.6	14.4	19.1	22.5	24.5	22.7	19.0	12.0	7.6	3.7	13.66
1886/90	1.9	2.6	7.8	14.1	20.2	23.1	23.4	23.0	19.5	12.3	7.0	1.8	13.01
1891/95	−0.1	4.2	9.1	16.1	19.6	22.5	24.2	23.5	19.9	13.1	7.1	3.3	13.64

Die angegebenen Werthe sind die Mittel der täglichen Ablesungen des Maximum-Thermometers. Für die Jahre 1871—1897 wurden diese Beobachtungen nicht angestellt.

Tabelle 38.

Lufttemperatur. — Mittlere Minima.

Monats- und Jahresmittel der täglichen Minima. — °C.

Jahre	Jan.	Febr.	März	April	Mai	Juni	Juli	Aug.	Sept.	Okt.	Nov.	Dez.	Jahr
1826	—	−0.5	2.4	4.8	7.6	11.8	15.0	14.4	8.2	6.9	1.2	−0.8	—
1827	− 5.8	−1.2	2.7	7.2	11.0	13.7	14.7	13.6	11.2	7.7	−0.3	3.5	6.5
1828	− 0.9	−1.3	3.4	6.3	11.2	15.4	17.4	14.9	12.5	7.9	2.4	1.8	7.6
1829	− 7.0	−4.7	0.4	6.9	9.9	13.4	16.2	14.1	11.7	7.2	−0.6	−9.1	4.9
1830	−11.9	−7.3	2.3	9.5	11.6	14.9	15.9	14.6	11.6	5.1	8.7	−1.5	5.7
1831	− 4.0	−0.9	3.4	7.1	8.7	12.2	16.8	13.7	10.3	9.9	2.0	−0.3	0.5
1832	− 4.1	−2.2	1.5	3.6	6.1	8.5	8.7	13.9	7.0	4.3	−1.0	−2.1	3.7
1833	− 6.8	2.2	−0.1	4.5	13.5	14.4	15.1	11.6	11.1	4.8	1.4	2.6	6.2
1834	3.1	−2.1	0.6	3.4	12.4	14.4	17.6	14.5	11.7	6.2	—	—	—
1835	− 1.2	1.9	2.0	4.6	10.1	13.2	16.9	14.9	11.3	6.3	−2.6	−3.6	6.2
1836	− 3.3	−2.0	4.8	4.7	—	13.6	14.2	14.2	10.1	7.8	2.4	1.1	—
1837	− 1.2	−0.9	−1.1	2.1	7.8	13.2	13.7	15.3	9.0	5.9	2.1	−1.5	5.4
1838	−10.9	−5.8	1.3	2.3	9.1	12.2	13.4	12.9	11.7	6.8	1.9	−1.3	4.5
1839	− 2.8	−1.6	−0.3	2.4	9.0	15.0	14.5	12.4	11.8	8.6	4.1	1.4	6.2
1840	− 3.1	−1.7	−1.3	6.3	8.8	11.8	12.4	13.2	10.0	4.7	4.4	−7.4	4.8
1841	− 3.2	−4.9	2.3	5.1	11.9	11.0	11.8	12.4	11.0	7.8	8.0	2.2	5.9
1842	− 6.1	−4.8	2.1	3.1	9.5	13.6	13.0	15.9	10.1	3.6	−0.6	−0.5	4.9
1843	− 0.5	0.6	1.1	7.1	9.5	12.5	14.1	14.6	10.4	7.0	4.2	1.2	6.8
1844	− 2.6	−2.6	1.4	6.2	8.5	12.1	12.5	11.6	11.0	6.5	5.2	−4.6	5.5
1845	− 0.9	−9.1	−5.8	5.6	8.1	14.0	14.6	12.0	9.5	6.9	3.5	1.9	5.0
1846	0.0	2.2	4.0	6.0	9.9	15.2	16.0	16.9	12.6	8.9	2.6	−4.9	7.5
1847	− 4.1	−2.2	−0.1	3.4	11.5	11.2	15.9	15.5	9.4	6.4	2.9	−1.4	5.7
1848	− 8.2	2.1	3.4	8.0	10.0	14.1	14.6	14.0	10.9	7.9	2.8	−1.1	6.5
1849	− 2.5	2.4	1.6	5.0	10.8	13.8	13.8	13.4	10.8	7.1	0.5	−2.8	6.2
1850	− 7.0	2.2	−1.2	6.4	8.4	14.0	14.5	14.0	9.0	5.5	5.2	0.5	6.0
1851	0.1	−1.6	2.4	7.0	7.2	13.1	14.1	14.9	10.1	8.2	0.4	−0.1	6.3
1852	1.0	1.5	−0.5	3.0	10.6	13.2	17.0	15.5	11.6	5.2	6.6	3.9	7.4
1853	2.5	−2.8	−3.1	4.4	9.0	13.9	15.5	13.8	10.6	6.6	2.1	−6.5	5.5
1854	− 3.0	−2.1	2.8	4.2	10.0	12.5	13.2	13.9	9.8	7.2	1.0	1.1	6.0
1855	− 5.2	−6.4	1.2	4.5	7.9	13.9	14.8	15.0	10.1	9.0	1.1	−5.8	5.0
1856	− 0.9	2.0	0.2	6.1	8.9	13.8	13.1	16.2	10.5	7.2	−0.6	0.0	6.4
1857	− 1.7	−2.5	1.3	5.2	9.7	13.2	13.9	16.5	12.4	8.6	2.0	0.9	6.8
1858	− 4.2	−1.1	−0.1	5.1	8.4	16.0	14.5	14.4	12.7	6.0	−3.6	0.8	5.4
1859	− 0.7	1.8	4.4	5.6	10.1	14.3	16.0	16.4	11.4	8.2	1.1	−3.8	7.2
1860	1.3	−3.3	0.3	4.5	10.2	12.1	13.2	13.3	10.9	6.3	0.1	−1.6	5.6
1861	− 8.7	1.2	3.1	3.5	8.5	14.8	15.0	15.1	11.3	7.4	2.3	−1.2	6.0
1862	− 3.3	−0.2	3.2	7.0	12.1	12.1	14.0	13.7	11.3	7.8	2.8	0.5	6.8
1863	1.4	−0.3	2.7	5.5	9.6	12.7	12.8	14.9	9.7	7.6	2.0	1.6	6.7
1864	− 6.8	−3.1	2.6	3.6	7.9	12.8	13.4	11.4	10.0	4.9	0.3	−5.2	4.3
1865	− 1.6	−4.2	−2.1	7.4	12.3	11.7	15.5	13.5	12.1	7.3	4.0	−2.0	6.2
1866	1.9	2.2	1.8	5.9	6.7	14.3	14.1	12.9	12.0	3.6	3.3	2.1	6.8
1867	− 2.0	3.1	0.6	6.5	5.8	12.5	13.2	14.0	11.3	5.6	1.9	−2.5	6.0
1868	− 2.2	2.2	1.4	5.2	13.4	11.0	15.8	15.2	11.7	6.7	1.2	3.4	7.2
1869	− 3.3	3.9	−0.3	6.7	9.5	10.0	15.2	12.2	10.9	3.6	1.5	−2.4	5.6
1870	− 2.3	−5.6	0.0	4.5	8.6	12.5	15.9	13.3	8.4	5.4	2.5	−6.3	4.7

Tabelle 38.

Lufttemperatur. — Mittlere Minima.

Monats- und Jahresmittel der täglichen Minima. — °C.

Jahre	Jan.	Febr.	März	April	Mai	Juni	Juli	Aug.	Sept.	Okt.	Nov.	Dez.	Jahr
1871	−7.6	−2.0	1.6	4.4	5.9	9.5	13.5	13.8	10.2	2.9	−0.3	− 7.2	3.7
1872	−0.9	0.1	1.9	6.4	10.1	12.3	14.5	12.7	10.7	6.0	3.7	1.3	6.6
1873	0.8	−1.4	3.5	4.4	7.2	12.6	15.6	14.2	9.8	7.5	2.2	− 0.8	6.9
1874	−0.3	−2.4	1.7	6.8	6.6	12.4	15.6	11.8	11.1	5.2	−0.1	− 2.8	5.5
1875	−0.5	−5.0	−1.1	3.9	9.3	13.8	14.0	14.7	10.0	4.9	1.1	− 3.5	5.1
1876	−5.1	−0.8	1.8	5.3	5.2	12.5	14.0	13.4	9.5	7.4	0.2	1.7	5.4
1877	1.2	1.8	0.4	4.1	6.7	13.0	13.8	14.4	7.5	4.0	4.5	− 0.1	6.0
1878	−1.0	0.7	1.8	6.1	10.5	12.5	13.9	14.4	11.5	7.1	2.0	− 2.5	6.4
1879	−2.6	0.4	0.3	5.0	6.8	12.8	12.2	14.6	11.3	6.4	0.1	−11.5	4.6
1880	−5.6	−1.6	2.0	6.2	8.3	12.0	14.6	14.3	11.7	5.4	2.3	2.9	6.0
1881	−6.9	−0.8	1.6	3.3	8.5	11.8	15.1	13.8	9.8	2.5	3.8	0.1	5.2
1882	−1.7	−0.7	3.6	4.3	8.4	11.3	13.6	12.4	10.8	7.4	3.3	0.0	6.0
1883	−1.2	1.8	−3.3	3.8	9.0	13.0	14.1	13.0	10.7	5.0	3.0	0.1	5.8
1884	1.7	1.0	2.6	3.4	9.8	10.5	15.8	14.0	11.4	6.0	0.3	1.2	6.4
1885	−4.1	1.3	0.5	6.1	7.0	12.9	14.3	11.9	10.4	5.4	1.1	− 2.8	5.4
1886	−2.2	−3.5	−1.9	6.0	9.1	12.1	14.1	14.4	12.7	7.8	3.8	0.1	6.0
1887	−5.7	−2.1	−0.8	4.0	8.0	13.0	16.0	12.9	9.3	3.6	1.5	− 2.1	4.8
1888	−3.2	−3.0	0.4	3.8	8.7	13.2	12.6	12.4	9.7	3.9	2.7	− 1.8	5.0
1889	−2.8	−3.6	−0.2	5.7	12.5	15.5	14.1	12.7	9.8	5.0	1.5	− 2.0	5.7
1890	1.0	−2.8	2.3	4.2	11.2	11.2	12.6	14.2	10.7	5.0	2.3	− 5.8	5.5
1891	−5.9	−1.9	1.2	3.7	9.8	12.4	14.0	12.5	11.0	7.5	1.5	0.8	5.6
1892	−2.6	−0.1	−1.3	4.8	9.0	12.5	13.1	14.8	10.7	5.0	2.9	− 3.5	5.4
1893	−8.7	1.5	2.5	5.8	9.7	12.8	14.5	13.5	10.2	8.1	1.0	− 1.0	5.7
1894	−3.0	0.9	3.0	7.6	8.5	11.4	14.8	13.4	9.8	7.1	3.5	− 0.2	6.4
1895	−4.7	−8.0	0.2	3.7	8.0	12.7	13.9	13.4	12.0	5.2	4.1	− 0.6	5.2

Lustren

Jahre	Jan.	Febr.	März	April	Mai	Juni	Juli	Aug.	Sept.	Okt.	Nov.	Dez.	Jahr
1826/30	—	−3.0	2.2	6.9	10.3	13.8	15.8	14.3	11.0	7.0	1.3	− 1.2	—
1831/35	−2.6	−0.2	1.5	4.6	10.2	12.5	14.8	13.7	10.8	6.3	—	—	—
1836/40	−4.3	−2.4	0.7	3.6	—	13.2	13.6	13.6	10.5	6.3	8.0	− 1.5	—
1841/45	−2.7	−4.2	0.2	5.4	9.6	12.6	13.2	13.3	10.4	6.4	3.1	0.0	5.61
1846/50	−4.4	1.3	1.5	5.8	10.1	13.7	15.0	14.8	10.6	7.2	2.8	− 1.9	6.37
1851/55	−0.9	−2.3	0.6	4.6	8.9	13.4	15.3	14.6	10.4	7.2	2.2	− 1.5	6.05
1856/60	−1.2	−1.3	1.2	5.3	9.5	13.0	14.9	15.4	11.6	7.3	−0.3	− 0.7	6.29
1861/65	−3.8	−1.3	1.9	5.4	10.1	12.8	14.1	13.7	10.9	7.0	2.3	− 1.3	5.99
1866/70	−1.6	1.2	0.7	5.6	9.4	12.7	14.8	13.6	10.9	5.0	2.1	− 1.1	6.00
1871/75	−1.7	−2.1	1.5	5.2	7.8	12.1	14.6	13.9	10.4	5.3	1.3	− 2.6	5.44
1876/80	−2.6	0.1	1.3	5.3	7.5	12.7	13.7	14.2	10.3	6.1	1.8	− 1.9	5.71
1881/85	−2.4	0.6	1.0	4.2	8.4	11.9	14.5	13.0	10.5	5.4	2.3	− 0.2	5.76
1886/90	−2.6	−3.0	0.0	4.7	9.9	13.0	15.9	13.3	10.3	5.1	2.4	− 2.3	5.30
1891/95	−5.0	−1.5	1.1	5.3	9.2	12.3	14.1	13.5	10.6	6.6	2.6	− 0.9	5.66

Die angegebenen Werthe sind die Mittel der täglichen Ablesungen des Minimum-Thermometers.

Tabelle 39. Lufttemperatur. — Mittlere Tagesamplitude.

Differenz der mittleren Maxima und Minima. — °C.

Jahre	Jan.	Febr.	März	April	Mai	Juni	Juli	Aug.	Sept.	Okt.	Nov.	Dez.	Jahr
1826	—	5.2	6.7	9.8	9.7	10.9	11.2	13.3	12.0	8.8	4.5	4.7	—
1827	—	—	—	—	—	—	—	—	—	—	—	—	—
1828	—	—	—	—	—	—	—	—	—	—	—	—	—
1829	—	—	—	—	—	—	—	—	—	—	—	—	—
1830	—	—	—	—	—	—	—	—	—	—	—	—	—
1831	—	—	—	—	—	—	—	—	—	—	—	—	—
1832	—	—	—	—	—	—	—	—	—	—	—	—	—
1833	—	—	—	—	—	—	—	—	—	—	—	—	—
1834	—	—	—	—	—	—	—	—	—	—	—	—	—
1835	—	—	—	—	—	—	—	—	—	—	—	—	—
1836	—	—	—	—	—	—	—	—	—	—	—	—	—
1837	—	—	—	—	—	—	—	—	—	—	—	—	—
1838	6.0	6.8	6.9	8.9	10.3	9.2	10.3	8.6	8.9	6.8	4.7	4.1	7.5
1839	5.0	5.7	6.2	7.8	10.0	10.1	10.6	9.5	8.3	5.6	4.4	3.8	7.2
1840	5.6	6.3	6.8	11.4	10.2	10.6	9.7	10.6	8.8	6.5	4.8	5.4	8.1
1841	4.7	6.3	9.6	11.1	12.5	10.3	10.3	10.6	10.6	5.8	4.9	3.7	8.4
1842	4.8	7.3	7.1	10.8	12.1	11.5	11.6	12.5	9.0	7.3	5.6	3.9	8.6
1843	3.7	5.0	8.4	8.3	8.7	8.0	8.3	9.2	9.7	5.9	4.0	3.3	6.9
1844	4.5	6.1	6.2	11.0	10.1	11.4	8.2	8.4	8.9	6.6	3.3	4.6	7.4
1845	2.9	7.5	7.5	9.9	8.8	10.0	9.6	8.5	9.1	6.6	5.9	3.7	7.5
1846	3.9	5.7	7.2	8.1	9.6	11.0	10.5	9.6	9.8	6.0	4.2	4.0	7.4
1847	4.5	4.8	8.9	7.1	11.1	10.7	10.0	9.7	7.6	6.6	4.1	3.2	7.4
1848	4.8	4.9	6.1	7.5	11.4	8.9	10.2	8.6	8.6	6.7	3.6	4.9	7.2
1849	4.7	4.8	8.3	8.4	9.3	9.8	9.7	8.5	9.1	6.0	4.5	3.4	7.0
1850	4.4	5.7	6.8	8.5	10.0	9.6	9.4	8.8	9.1	5.6	4.0	2.6	7.0
1851	3.4	7.0	6.2	7.2	8.3	9.8	9.0	9.1	6.4	5.8	3.4	2.6	6.5
1852	4.0	4.1	7.9	9.0	9.8	8.3	10.6	8.3	7.9	7.3	4.2	3.6	7.1
1853	3.6	4.4	7.2	7.4	9.2	8.2	9.6	10.1	8.5	7.3	3.7	4.9	7.0
1854	4.9	5.6	7.4	11.8	9.5	8.2	9.8	8.9	10.8	6.9	4.1	4.0	7.7
1855	4.6	5.3	5.8	8.6	9.7	8.7	8.3	9.9	10.3	6.2	4.3	5.0	7.2
1856	4.3	4.6	7.8	9.5	8.1	9.0	9.9	9.3	7.9	7.4	3.7	4.2	7.1
1857	3.3	7.2	7.6	8.0	10.0	11.1	11.2	11.7	9.7	7.4	5.3	3.3	8.0
1858	5.2	6.5	8.5	9.8	9.3	12.5	9.4	10.4	10.5	8.4	5.4	3.1	8.3
1859	4.4	5.6	7.7	9.4	10.7	11.0	12.1	11.4	9.0	7.7	5.2	5.1	8.3
1860	3.7	5.3	6.8	8.8	10.8	10.4	9.2	8.3	8.2	6.6	5.0	3.8	7.2
1861	6.1	6.1	7.4	10.2	9.9	10.7	9.9	11.1	8.9	9.0	5.7	4.6	8.3
1862	5.0	5.4	9.7	11.5	11.6	9.7	9.9	9.9	9.9	7.9	4.5	4.5	8.2
1863	4.6	7.0	6.9	9.9	9.9	9.6	10.8	11.0	8.2	7.0	5.4	4.1	7.9
1864	6.8	6.8	8.7	10.4	11.0	9.2	10.4	10.9	9.6	8.5	5.7	4.5	8.6
1865	4.7	5.3	6.3	12.1	11.9	11.0	11.7	9.5	12.5	8.5	3.2	4.1	8.5
1866	4.7	5.9	6.5	10.5	10.4	11.7	8.7	9.3	8.4	10.8	4.9	3.3	7.8
1867	4.3	6.1	6.6	8.0	11.3	11.4	9.3	11.2	9.9	0.1	5.1	4.8	7.9
1868	4.0	5.4	8.4	9.3	12.1	11.2	11.5	10.2	11.1	6.0	4.3	5.1	8.3
1869	5.8	5.9	6.3	11.3	10.3	10.3	11.7	9.6	10.9	7.6	5.2	4.5	8.3
1870	4.8	6.3	6.3	11.1	12.1	10.7	10.8	7.6	10.2	7.4	5.1	4.9	8.1

Tabelle 39. **Lufttemperatur. — Mittlere Tagesamplitude.**
Differenz der mittleren Maxima und Minima. — °C.

Jahre	Jan.	Febr.	März	April	Mai	Juni	Juli	Aug.	Sept.	Okt.	Nov.	Dez.	Jahr
1871	6.0	6.1	10.4	9.1	10.8	8.6	10.3	11.0	10.7	8.3	4.5	5.1	8.4
1872	4.1	5.5	8.9	9.3	8.4	9.4	11.5	9.8	10.1	7.8	5.3	4.6	7.9
1873	4.7	4.4	7.9	9.2	9.2	11.0	10.9	10.6	9.2	7.2	5.0	5.2	8.0
1874	5.0	6.9	8.0	10.0	10.1	11.0	12.3	11.1	11.3	9.0	4.8	4.0	8.6
1875	5.0	6.4	8.2	11.5	11.7	10.7	10.6	11.7	11.3	7.0	5.8	4.4	8.7
1876	5.0	6.4	8.1	11.1	12.0	11.6	12.7	12.8	9.7	8.2	5.8	4.8	9.0
1877	5.1	5.9	7.8	9.0	10.9	13.0	11.3	10.3	9.1	9.1	5.3	4.0	8.4
1878	3.8	5.7	6.5	9.8	9.7	10.2	9.6	9.2	9.1	7.2	4.6	4.2	7.5
1879	3.8	4.4	7.7	7.7	10.4	9.9	9.2	9.4	8.6	6.0	4.8	6.9	7.4
1880	5.9	6.3	10.0	9.1	11.1	9.3	10.9	9.7	8.9	6.7	4.9	4.8	8.1
1881	6.1	5.1	8.1	9.6	11.1	11.3	11.7	9.4	7.9	6.9	5.6	3.3	8.0
1882	3.9	6.7	9.2	10.6	10.8	9.9	8.4	8.8	7.7	6.1	4.5	4.2	7.3
1883	4.6	5.4	8.1	10.3	11.8	11.1	8.9	10.2	8.5	6.9	4.9	4.0	7.8
1884	4.3	5.8	9.2	9.8	10.7	9.5	11.0	10.0	9.9	6.5	5.7	8.5	8.0
1885	5.2	6.4	8.4	10.7	9.5	11.3	9.7	9.7	8.2	6.4	5.7	4.6	8.0
1886	4.7	5.7	8.9	10.4	11.0	8.4	10.0	10.3	10.0	8.2	4.7	4.1	8.0
1887	4.7	6.1	7.4	10.6	7.9	10.3	10.6	10.3	8.5	6.4	4.9	4.6	7.7
1888	4.4	5.5	6.4	8.6	10.9	10.0	8.8	9.1	9.8	7.2	4.9	3.9	7.4
1889	4.1	5.3	6.7	7.6	11.2	11.1	9.5	9.7	8.2	6.7	4.1	8.4	7.3
1890	4.6	5.3	7.3	9.6	10.4	10.6	9.3	8.8	9.2	7.2	4.7	4.9	7.7
1891	5.4	6.9	7.2	8.0	9.9	9.4	9.0	9.2	9.5	7.4	4.7	4.6	7.6
1892	4.5	5.2	8.9	11.1	11.7	10.2	11.3	11.6	8.9	6.6	3.8	4.5	8.2
1893	6.0	5.3	9.0	13.9	10.7	11.5	9.3	10.5	8.1	6.1	4.4	4.1	8.2
1894	4.5	5.4	8.0	10.5	9.4	9.7	10.4	8.3	7.5	6.0	4.8	3.7	7.8
1895	4.1	5.9	7.0	10.4	10.5	10.6	10.8	10.4	12.3	7.0	5.0	4.1	8.2

Lustren

1826/30	—	—	—	—	—	—	—	—	—	—	—	—	—
1831/35	—	—	—	—	—	—	—	—	—	—	—	—	—
1836/40	—	—	—	—	—	—	—	—	—	—	—	—	—
1841/45	1.1	6.4	7.8	10.2	10.4	10.2	9.6	9.8	9.5	6.4	4.7	3.8	7.8
1846/50	4.5	5.2	7.1	7.9	10.8	10.0	10.0	9.0	8.8	6.2	4.1	3.6	7.2
1851/55	4.1	5.3	6.9	9.0	9.3	8.6	9.5	9.3	8.8	6.7	3.9	4.0	7.1
1856/60	4.2	5.8	7.7	9.1	10.0	10.8	10.4	10.2	9.1	7.5	4.9	3.9	7.8
1861/65	5.4	6.1	7.8	11.0	10.9	10.0	10.5	10.5	9.8	8.2	5.3	4.4	8.3
1866/70	4.7	5.9	6.8	10.0	11.4	11.1	10.4	9.6	10.1	7.5	4.9	4.5	8.1
1871/75	5.0	5.9	8.7	9.8	10.0	10.1	11.1	10.8	10.5	7.9	5.3	4.7	8.3
1876/80	4.7	5.7	7.9	9.3	10.8	10.8	10.7	10.3	9.1	7.4	5.1	4.9	8.1
1881/85	4.8	5.9	8.6	10.2	10.7	10.6	9.9	9.6	8.4	6.6	5.3	3.9	7.9
1886/90	4.5	5.6	7.3	9.4	10.3	10.1	9.5	9.6	9.1	7.1	4.7	4.2	7.6
1891/95	4.9	5.7	8.0	10.8	10.4	10.3	10.1	10.0	9.2	6.4	4.5	4.2	7.9

Tab. 40. Luftemperatur. — Höchste Thermometerstände.

°C.

Jahre	Jan.	Febr.	März	April	Mai	Juni	Juli	Aug.	Sept.	Okt.	Nov.	Dez.	Jahr
1826	1.9	11.9	17.5	25.0	25.0	36.2	37.5	36.2	27.5	22.5	10.0	8.8	37.5
1827	12.5	5.6	14.8	27.5	36.0	36.0	34.5	33.1	29.8	21.6	10.0	13.1	36.0
1828	11.1	12.1	15.2	21.2	24.5	32.2	35.4	26.2	27.0	20.0	13.0	12.9	35.4
1829	5.2	10.6	15.8	21.0	25.8	33.4	36.0	26.8	25.5	21.0	10.6	3.2	36.0
1830	3.4	13.1	22.6	26.0	29.5	32.8	33.5	33.2	25.5	18.4	15.6	8.2	33.5
1831	5.4	13.1	15.0	28.6	27.5	28.0	29.0	27.1	24.4	22.5	15.6	12.5	29.0
1832	6.5	6.8	13.8	20.0	25.0	26.1	31.5	28.1	20.0	19.2	12.8	10.1	31.5
1833	4.8	14.8	16.5	17.5	30.0	33.2	29.3	23.6	23.6	18.1	12.8	12.6	33.2
1834	13.9	13.1	13.8	21.6	29.9	29.6	30.8	27.0	25.6	18.1	15.6	10.0	30.8
1835	10.0	10.0	13.4	20.0	24.2	30.5	31.9	28.8	25.0	17.2	9.4	10.0	31.9
1836	8.8	8.8	18.8	20.0	[21.2]	30.0	31.2	26.9	27.5	22.5	13.8	12.2	31.2
1837	8.8	10.0	11.9	17.5	25.0	28.4	29.4	30.4	22.5	19.4	12.5	11.6	30.4
1838	3.5	6.2	12.5	21.5	28.8	29.1	33.8	30.0	27.5	18.8	13.8	10.6	33.8
1839	9.0	10.2	12.8	20.6	25.6	32.2	32.5	28.5	28.0	23.8	12.2	13.0	32.5
1840	12.1	10.5	10.4	25.8	25.4	29.2	27.1	28.5	29.8	14.0	17.0	13.1	29.8
1841	10.8	10.6	19.2	27.2	31.2	31.0	28.8	29.2	27.5	25.6	13.8	18.0	31.2
1842	3.8	7.5	16.2	24.5	27.5	31.2	31.2	33.5	25.0	14.9	13.2	9.6	33.5
1843	10.2	10.0	19.8	26.6	26.8	29.0	31.2	29.0	25.8	19.6	15.8	10.8	31.2
1844	7.5	7.6	13.4	24.0	28.9	32.0	26.2	28.9	27.5	18.4	13.1	5.4	32.0
1845	6.9	3.1	8.5	22.6	23.6	31.2	35.0	26.8	26.4	22.6	13.2	10.0	35.0
1846	13.2	16.9	19.4	20.1	23.8	32.0	32.8	33.9	27.9	20.0	13.5	5.1	33.9
1847	8.4	12.5	17.2	16.0	33.2	28.0	33.8	32.0	23.8	19.8	12.2	10.6	33.8
1848	2.5	16.2	20.1	23.8	25.9	28.8	31.2	29.6	28.1	20.1	11.5	12.5	31.2
1849	10.0	11.4	16.0	21.1	30.0	33.1	33.8	29.0	26.2	20.8	13.6	10.8	33.8
1850	4.4	12.9	12.5	21.2	25.2	31.0	30.0	30.5	23.0	17.0	14.2	10.0	31.0
1851	10.0	9.2	16.0	22.1	31.0	29.1	28.0	28.1	20.0	19.2	8.8	12.2	29.1
1852	13.1	11.9	19.6	20.2	27.9	33.8	27.9	24.9	18.2	17.5	12.0	33.8	
1853	12.2	5.1	11.4	20.0	25.0	29.2	33.9	33.4	23.2	18.2	12.8	3.9	33.9
1854	9.0	10.5	16.0	23.5	24.4	27.5	33.5	28.2	28.8	23.1	10.8	10.1	33.5
1855	8.8	5.2	12.5	21.0	27.0	33.8	29.1	31.0	24.4	22.5	10.9	6.0	33.8
1856	10.0	12.5	13.8	23.8	25.0	30.0	30.0	31.0	27.6	22.5	10.8	12.5	31.0
1857	7.5	10.8	15.0	22.6	30.0	32.0	33.8	35.5	27.5	21.9	15.8	9.6	35.5
1858	6.3	7.2	18.2	23.9	25.0	34.0	31.2	32.0	29.0	20.8	8.8	9.0	34.0
1859	10.1	12.2	17.5	22.8	27.8	31.2	36.2	35.0	27.0	24.8	17.5	11.2	36.2
1860	12.5	7.5	15.0	19.4	27.9	30.2	30.8	29.6	21.1	19.4	13.2	9.5	30.8
1861	7.5	13.1	19.2	19.5	30.2	34.6	31.9	32.9	30.8	23.0	13.2	11.2	34.6
1862	11.0	12.5	20.0	28.5	30.5	32.5	31.8	28.8	26.1	23.8	15.0	9.2	32.5
1863	11.2	9.9	16.2	20.8	28.8	31.0	36.0	23.1	22.5	14.8	10.8	36.0	
1864	9.1	9.5	15.8	22.5	27.2	28.0	29.4	31.6	26.4	20.6	11.2	5.8	31.6
1865	10.6	8.8	8.8	25.8	30.0	29.1	36.6	32.6	29.4	22.9	16.2	7.0	36.6
1866	10.5	13.1	14.8	26.2	21.9	31.0	32.5	28.8	25.0	23.2	15.2	11.6	32.5
1867	10.8	10.8	15.0	23.8	30.6	30.9	29.6	32.0	30.0	17.8	15.0	11.2	32.0
1868	11.0	14.1	11.5	21.4	30.9	32.0	33.8	33.2	28.8	17.1	12.5	15.6	33.8
1869	11.1	14.1	11.9	26.1	23.9	28.9	33.4	34.8	31.2	21.0	12.8	12.5	34.4
1870	11.2	12.9	14.1	22.5	31.4	32.1	35.0	28.2	26.9	18.8	13.8	12.5	35.0

Tab. 40. **Lufttemperatur.** — **Höchste Thermometerstände.**
°C.

Jahre	Jan.	Febr.	März	April	Mai	Juni	Juli	Aug.	Sept.	Okt.	Nov.	Dez.	Jahr
1871	4.2	13.1	22.1	20.0	27.5	29.8	29.4	31.0	29.8	17.5	9.8	4.6	31.0
1872	8.8	11.9	22.1	23.1	25.0	27.0	34.1	25.4	30.0	21.2	15.8	12.4	34.1
1873	9.4	11.9	20.9	23.8	22.5	29.5	31.8	31.9	25.6	23.8	12.9	9.9	31.9
1874	11.9	10.1	17.2	25.6	26.8	30.2	31.4	28.2	29.4	25.0	11.2	10.2	31.4
1875	10.8	5.0	15.4	25.0	28.5	30.2	30.0	33.8	26.9	20.8	16.5	11.2	33.8
1876	7.2	14.9	18.6	22.2	27.2	31.5	32.2	33.1	28.6	23.8	11.5	13.1	33.1
1877	16.2	12.9	15.6	21.2	27.0	33.6	31.8	30.9	25.0	18.5	16.9	9.8	33.6
1876	9.6	14.5	14.8	22.5	28.8	29.0	29.9	29.6	27.2	21.0	12.5	11.5	29.9
1879	10.6	12.0	14.5	19.8	25.4	31.0	28.8	31.8	26.8	17.1	10.9	5.2	31.8
1880	8.3	12.5	17.5	23.7	30.5	28.2	32.0	27.3	29.3	19.9	12.2	11.9	32.0
1881	7.0	10.0	17.2	20.8	25.0	32.4	36.2	31.3	23.0	15.9	11.2	11.4	36.2
1882	9.8	14.8	18.3	23.5	30.1	30.2	29.5	29.6	24.0	20.6	13.6	12.3	30.2
1883	12.6	11.0	13.3	21.4	28.5	29.8	32.0	28.7	24.2	18.5	12.4	10.9	32.0
1884	12.0	11.7	19.7	21.2	28.8	27.0	34.1	32.8	26.0	20.7	14.4	10.5	34.1
1885	7.8	16.7	15.6	24.8	29.5	31.0	30.2	28.6	25.7	18.6	15.1	13.8	31.0
1886	8.4	6.6	20.2	25.2	31.5	27.5	31.7	31.7	30.7	23.9	12.2	11.4	31.7
1887	3.1	9.8	11.5	22.3	22.0	27.6	32.8	30.5	24.5	15.0	12.6	10.5	32.8
1888	7.8	7.3	16.6	20.3	28.7	30.6	24.7	28.3	24.2	15.8	14.7	8.8	30.6
1889	7.4	11.4	12.6	22.5	32.0	32.8	32.0	28.0	20.5	17.8	12.2	7.4	32.8
1890	12.0	5.8	22.5	21.5	28.7	29.3	31.4	31.3	28.4	22.5	13.5	4.3	31.4
1891	6.5	11.8	15.5	22.6	26.0	31.9	32.2	29.0	20.5	22.8	11.9	12.5	32.2
1892	10.0	9.7	17.7	24.0	31.8	32.2	32.3	36.5	24.7	21.8	12.8	9.0	36.5
1893	7.4	11.8	17.4	25.8	27.5	31.5	31.7	32.2	25.2	22.2	12.4	10.4	32.2
1894	10.4	11.4	19.2	23.5	28.7	29.6	35.8	28.5	25.4	15.7	14.9	6.6	35.8
1895	7.4	3.9	15.0	22.1	27.5	30.4	33.5	30.3	31.9	23.7	16.9	11.4	33.5

Tab. 41. **Lufttemperatur.** — **Daten d. höchsten Thermometerstände**
der Jahre 1756/1895 nach der Häufigkeit ihres Vorkommens.

Tag	Mai	Juni	Juli	Aug.	Sept.	Tag	Mai	Juni	Juli	Aug.	Sept.
1	—	—	2	4	—	16	—	—	4	—	—
2	—	1	1	1	3	17	—	—	5	—	—
3	—	—	1	4	—	18	—	2	4	2	—
4	—	1	3	3	—	19	—	2	1	3	—
5	—	—	5	1	—	20	—	—	3	1	—
6	—	—	2	2	—	21	—	1	1	1	—
7	—	2	6	—	—	22	—	—	2	2	—
8	—	1	3	2	—	23	—	2	3	—	—
9	—	1	6	—	—	24	1	2	1	1	—
10	—	3	1	4	—	25	—	—	4	—	—
11	—	2	3	4	—	26	—	2	2	1	—
12	—	1	1	1	—	27	—	2	2	2	—
13	—	—	5	—	—	28	—	—	2	2	—
14	—	2	4	2	—	29	2	2	6	—	—
15	—	1	2	1	—	30	—	—	3	—	—
						31	1	—	1	—	—

Tab. 42. **Lufttemperatur. — Niedrigste Thermometerstände.**
°C.

Jahre	Jan.	Febr.	März	April	Mai	Juni	Juli	Aug.	Sept.	Okt.	Nov.	Dez.	Jahr
1826	—21.2	—11.2	— 3.8	—1.2	3.8	7.5	10.0	11.2	0.6	—1.2	— 4.1	— 6.2	—21.2
1827	—15.0	—27.5	— 5.6	0.2	7.6	8.9	9.1	8.8	1.6	1.0	—10.0	0.0	—27.5
1828	— 9.5	— 9.8	— 6.1	—3.8	5.9	8.5	10.8	11.1	6.5	0.0	— 6.6	— 7.4	— 9.8
1829	—22.5	—20.1	— 7.1	0.2	3.5	7.1	12.2	11.5	5.0	0.5	— 6.6	—16.0	—22.5
1830	—26.2	—27.9	— 4.5	0.1	6.0	11.4	11.0	9.1	5.4	0.0	— 1.9	—12.0	—27.9
1831	—21.0	— 1.4	—18.1	0.5	2.0	8.2	12.8	11.2	5.0	5.0	— 8.1	—12.5	—21.0
1832	—11.2	— 5.9	— 3.9	—2.0	—1.1	8.1	2.5	9.6	3.0	—3.2	— 8.1	—10.1	—11.2
1833	—13.5	— 2.2	— 8.4	0.6	6.6	9.1	10.0	5.8	4.5	0.2	— 4.8	— 1.4	—13.5
1834	— 2.0	— 6.2	— 5.6	—0.9	6.5	7.5	12.6	7.8	3.1	0.4	[—1.5]	[—9.5]	— 6.2
1835	— 8.4	— 5.0	— 0.9	0.8	3.6	7.0	10.0	9.5	7.0	2.5	—18.8	—11.5	—18.8
1836	—16.2	— 9.4	— 1.4	—2.5	[1.5]	[8.0]	8.8	10.0	4.5	—0.9	— 2.8	—10.4	—16.2
1837	—11.2	— 7.5	— 7.5	—4.0	2.5	5.0	10.0	8.1	3.1	—0.6	— 1.2	—10.2	—11.2
1838	—25.0	—15.0	— 2.5	—4.1	—0.2	4.1	8.2	8.1	8.0	0.0	— 8.1	— 8.8	—25.0
1839	—18.8	—13.8	— 8.5	—2.5	3.8	9.5	7.5	8.9	7.1	—0.2	— 2.1	— 3.8	—18.8
1840	—16.8	—11.2	— 7.1	2.2	3.8	7.2	8.6	9.4	4.8	—1.2	— 3.8	—17.5	—17.5
1841	—15.0	—16.2	—10.8	0.2	3.6	5.8	7.8	6.8	4.5	—0.2	— 2.9	— 3.0	—16.2
1842	—15.1	—11.4	— 4.8	—2.9	2.2	7.8	9.0	11.1	5.0	—1.2	— 9.0	— 5.5	15.1
1843	— 8.0	— 4.8	— 8.8	1.4	4.0	10.1	8.8	10.5	2.9	—0.2	— 1.5	— 5.9	8.8
1844	—10.8	—10.0	— 4.1	1.9	5.0	5.6	9.5	5.2	4.4	0.2	0.8	—11.2	— 11.2
1845	— 4.8	—20.9	—16.2	1.2	2.5	8.8	9.8	7.2	5.2	0.8	— 2.2	— 5.0	—20.9
1846	— 9.1	— 7.5	— 1.9	1.0	2.0	9.6	11.0	12.0	5.8	2.8	— 1.0	—17.0	— 17.0
1847	—14.5	—19.6	—10.9	0.1	3.4	5.2	11.8	10.0	4.8	1.5	— 1.9	— 8.0	—19.6
1848	—14.5	— 3.8	— 2.6	3.0	2.4	9.8	10.4	7.4	3.5	2.0	— 3.2	— 9.0	—14.5
1849	—15.0	— 4.9	— 4.0	—1.2	3.6	7.1	9.0	7.6	6.0	—1.0	—12.0	— 9.2	—15.0
1850	—24.2	—10.5	—10.2	—3.0	1.1	8.1	8.4	5.9	4.2	—1.0	— 1.9	— 6.5	—24.2
1851	— 6.2	— 6.4	—10.0	0.0	2.2	7.2	10.2	9.6	3.8	0.4	— 3.8	— 0.5	—10.0
1852	— 8.8	— 4.4	— 7.1	—4.5	2.0	8.8	12.1	12.0	4.5	—0.1	— 0.1	— 1.2	— 8.8
1853	— 2.5	—10.5	— 9.5	—0.2	1.9	10.8	11.0	9.8	6.8	1.2	— 1.0	—20.0	—20.0
1854	—10.0	—10.0	— 2.6	—2.8	6.0	3.1	10.8	10.5	3.4	2.5	— 4.5	3.5	—10.0
1855	—16.2	—17.0	— 3.8	0.0	1.2	6.9	11.8	11.2	3.1	3.9	— 5.8	— 17.5	—17.5
1856	—11.5	— 3.5	— 4.4	—2.1	1.9	6.8	7.8	9.1	7.0	—1.9	— 8.4	—12.5	—12.5
1857	— 8.8	—11.4	— 5.2	1.2	3.8	8.5	12.4	11.1	5.6	4.1	— 4.6	— 4.4	—11.4
1858	—14.2	—10.2	— 6.5	—0.6	3.2	8.5	8.8	9.1	3.0	—2.8	—14.6	— 6.2	—14.6
1859	—10.0	— 3.2	— 2.3	—2.5	4.4	8.0	12.4	13.0	2.9	—0.1	— 5.0	—14.9	—14.9
1860	— 4.8	—10.0	— 7.2	0.5	3.0	7.5	8.2	10.1	5.0	1.1	— 3.2	—11.2	—11.2
1861	—21.2	— 4.0	— 2.0	—0.9	0.0	10.0	10.1	11.9	7.6	—2.5	— 5.1	— 6.2	—21.2
1862	—13.8	—10.0	— 5.6	0.0	7.4	8.6	9.1	11.0	5.5	0.0	— 10.5	— 5.6	13.8
1863	— 1.6	— 9.0	— 0.4	0.0	5.0	7.8	7.5	10.2	6.0	0.0	— 8.5	— 4.8	— 5.0
1864	—13.8	— 6.8	— 1.9	—4.2	1.2	7.5	7.5	5.0	4.9	—1.0	— 5.8	—12.5	—13.8
1865	—12.2	—14.0	—10.0	—1.9	2.8	7.1	8.9	10.0	7.0	1.2	— 3.2	— 8.1	14.0
1866	— 0.6	— 5.8	— 4.0	1.2	3.1	7.5	8.8	8.0	4.8	—2.5	— 2.6	— 3.1	— 5.8
1867	10.8	— 2.5	— 5.0	0.5	1.9	7.1	8.6	9.5	0.8	1.2	— 4.4	—15.8	—15.8
1868	14.8	— 2.6	— 2.9	0.6	4.4	9.1	9.2	10.0	4.2	0.5	— 5.0	— 2.1	—14.8
1869	—15.0	— 0.8	— 5.6	—0.8	3.1	8.9	12.1	7.5	5.0	—6.9	— 8.5	—11.2	—15.0
1870	—11.2	—15.0	— 5.2	—1.4	0.6	7.5	11.2	8.2	4.1	1.0	— 2.0	—18.2	—18.2

Tab. 42. **Lufttemperatur. — Niedrigste Thermometerstände.**
°C.

Jahre	Jan.	Febr.	März	April	Mai	Juni	Juli	Aug.	Sept.	Okt.	Nov.	Dez.	Jahr
1871	−19.5	−15.0	−4.6	−1.9	0.0	4.8	10.0	9.2	2.0	−1.2	−4.8	−18.2	−19.5
1872	−6.2	−5.2	−3.2	1.9	2.5	9.2	9.5	9.8	1.2	0.6	−4.4	−4.0	−6.2
1873	−4.2	−8.1	−3.1	−2.8	3.1	3.8	10.9	10.2	5.0	1.2	−2.8	−6.9	−8.1
1874	−7.1	−13.2	−4.2	0.6	1.9	6.2	11.2	6.2	4.8	−1.6	−7.1	−13.8	−13.8
1875	−13.1	−9.5	−7.5	−1.9	5.4	9.4	8.9	10.5	2.9	1.2	−5.4	−16.0	−16.0
1876	−13.2	−10.9	−3.8	−1.6	0.5	7.1	9.6	6.8	4.2	1.0	−6.5	−10.4	−13.2
1877	−2.8	−5.5	−11.0	−0.8	0.4	9.5	8.2	9.6	0.0	−1.2	0.0	−4.8	−11.0
1878	−9.8	−6.6	−3.5	−1.0	5.2	7.2	8.6	10.0	4.6	0.9	−2.5	−9.6	−9.8
1879	−9.4	−5.9	−7.9	−1.6	0.6	10.0	9.8	9.0	7.1	−1.4	−7.6	−18.8	−18.8
1880	−19.2	−11.5	−2.0	0.0	1.8	5.9	10.1	10.0	5.3	−2.0	−3.3	−2.6	−19.2
1881	−20.0	−7.8	−4.3	−1.7	2.9	5.2	10.4	7.6	2.3	−3.0	−1.3	−5.1	−20.0
1882	−6.8	−7.1	−0.9	−3.8	2.4	4.8	10.8	8.5	6.8	2.3	−3.8	−7.3	−7.4
1883	−8.8	−2.4	−10.0	−0.8	3.0	7.8	9.5	8.1	5.3	1.5	−2.6	−9.5	−10.0
1884	−6.1	−3.8	−1.6	−1.2	3.0	7.3	10.0	9.0	6.5	1.3	−8.4	−7.5	−8.4
1885	−10.6	−4.2	−3.9	0.5	2.0	6.7	10.5	7.5	5.6	1.5	−4.2	−14.8	−14.8
1886	−11.9	−9.5	−10.6	1.3	0.8	7.1	9.0	8.4	4.5	1.8	−1.5	−6.5	−11.9
1887	−10.9	−8.5	−6.9	−2.3	2.8	8.3	9.7	8.2	1.9	−1.9	−10.2	−17.6	−17.6
1888	−19.2	−15.4	−6.8	−1.5	3.5	8.0	7.3	7.2	6.4	−1.8	−5.1	−6.4	−19.2
1889	−8.5	−16.7	−8.3	0.2	6.2	11.1	9.3	8.0	2.5	2.4	−2.8	−9.8	−16.7
1890	−5.7	−6.6	−10.0	−0.8	7.3	4.9	9.5	6.7	5.4	−1.6	−12.2	−15.2	−15.2
1891	−13.3	−7.8	−4.1	−3.2	2.1	6.5	11.0	9.8	4.6	−1.4	−5.2	−8.3	−13.3
1892	−13.0	−13.1	−8.0	0.0	0.8	6.8	9.7	8.5	6.1	−1.6	−3.4	−10.1	−13.1
1893	−19.6	−7.1	−1.4	−0.1	2.8	4.5	11.0	7.9	3.4	−2.2	−4.2	−8.5	−19.6
1894	−14.5	−6.5	−0.3	1.0	2.0	5.7	11.0	8.5	4.7	−0.4	−0.6	−5.1	−14.5
1895	−16.2	−19.4	−10.8	−0.5	4.2	6.8	9.6	8.9	6.0	−1.3	−4.6	−10.9	−19.4

Tab. 43. **Lufttemperatur. — Daten d. niedrigsten Thermometerstände**
der Jahre 1757.1895 nach der Häufigkeit ihres Vorkommens.

Tag	Jan.	Febr.	März	Nov.	Dez.	Tag	Jan.	Febr.	März	Nov.	Dez.
1	6	1	1	—	—	16	5	1	—	—	—
2	5	1	1	—	1	17	3	1	1	—	2
3	2	1	1	—	—	18	1	3	—	—	1
4	—	3	1	—	—	19	1	1	—	—	1
5	3	—	—	—	—	20	4	2	—	—	—
6	1	1	—	—	—	21	2	—	—	—	2
7	1	—	—	—	—	22	1	1	—	—	1
8	2	1	—	—	—	23	3	—	—	2	1
9	3	—	—	—	2	24	1	1	—	—	—
10	3	2	—	—	5	25	1	—	—	—	1
11	2	4	1	—	—	26	3	—	—	2	1
12	3	3	—	—	2	27	1	—	—	—	3
13	—	3	—	—	—	28	3	—	—	—	—
14	1	1	—	—	1	29	2	—	—	—	2
15	1	1	—	1	1	30	—	1	—	—	8
						31	2	—	—	—	1

Tabelle 44. Lufttemperatur. — Interdiurne Veränderlichkeit.

°C.

Jahre	Jan.	Febr.	März	April	Mai	Juni	Juli	Aug.	Sept.	Okt.	Nov.	Dez.	Jahr
1756	2.6	2.1	1.2	2.0	1.2	1.8	1.2	1.0	1.2	1.6	1.9	2.0	1.6
1759	1.9	1.6	1.4	1.9	1.8	1.8	1.1	1.4	1.6	1.8	1.6	1.5	1.6
1760	2.0	1.8	1.2	1.9	1.4	1.0	1.6	1.6	1.0	1.2	1.8	2.2	1.5
1761	2.0	2.8	1.4	1.4	1.6	1.2	1.9	1.1	1.5	1.5	2.1	1.5	1.6
1762	2.1	1.6	1.4	1.2	1.9	1.6	1.4	1.2	1.4	1.5	1.6	1.6	1.5
1763	1.9	2.2	2.1	1.8	1.4	1.3	1.5	1.8	1.1	1.9	1.9	2.0	1.8
1764	1.8	1.6	1.0	1.4	1.6	1.6	1.2	1.6	1.8	1.6	1.4	1.6	1.5
1765	1.2	1.9	1.8	1.2	1.4	1.6	1.0	1.0	1.1	1.6	1.4	1.5	1.4
1766	1.9	2.1	1.4	1.2	1.5	1.8	1.4	1.2	1.9	1.5	1.2	2.0	1.6
1767	3.6	1.8	1.5	1.8	2.0	2.5	1.2	1.6	1.8	2.1	2.1	2.0	2.0
1842	1.9	1.5	1.8	2.0	1.2	1.8	1.5	1.4	1.4	1.4	2.0	1.5	1.6
1843	1.8	1.4	1.8	1.6	1.9	1.9	1.5	1.2	1.1	1.5	1.4	1.8	1.5
1844	2.0	1.8	1.4	1.9	1.5	1.9	0.9	1.5	1.2	1.4	1.2	1.5	1.5
1845	1.0	2.6	1.9	1.2	1.2	2.0	1.6	1.0	1.9	1.8	1.2	1.8	1.6
1846	1.7	1.7	1.5	1.4	1.6	1.2	2.0	1.4	1.3	1.1	1.7	2.2	1.6
1847	1.5	1.8	2.2	1.7	2.5	1.7	1.8	1.3	1.6	1.4	1.5	1.2	1.7
1848	1.8	1.2	1.4	1.6	1.6	1.6	1.5	1.5	1.1	1.0	1.4	1.8	1.5
1849	2.4	1.5	1.8	1.5	1.9	1.5	1.8	1.4	1.2	1.6	1.8	2.0	1.6
1850	3.5	1.6	1.8	1.6	1.6	1.6	1.5	1.9	1.0	1.4	1.5	1.8	1.8
1851	1.6	1.1	1.2	1.4	1.8	2.0	1.9	1.2	1.1	1.4	0.8	1.6	1.4
1852	1.8	1.4	1.5	2.0	2.1	1.6	1.4	1.2	1.6	1.2	1.8	1.9	1.6
1853	1.5	1.4	1.5	1.6	1.8	1.4	1.5	1.1	1.1	1.4	1.1	2.1	1.5
1860	1.3	2.6	1.3	1.9	1.8	1.6	1.2	1.3	1.2	1.6	1.4	1.7	1.6
1861	2.9	1.5	1.4	1.5	2.0	1.3	1.2	1.8	0.9	1.5	2.2	1.7	1.7
1862	2.5	1.4	1.7	2.0	1.4	1.4	1.9	1.2	1.4	1.3	1.2	1.6	1.6
1863	1.3	1.2	1.4	1.8	1.6	1.4	1.6	1.7	1.4	1.6	1.6	1.9	1.5
1864	2.3	2.2	1.4	1.8	1.9	1.6	1.8	1.9	1.5	1.7	1.4	2.1	1.8
1863	1.5	1.4	2.1	1.9	2.0	1.4	1.2	1.4	1.3	1.5	1.4	2.0	1.6
1864	1.5	1.6	1.5	1.5	1.6	1.6	1.6	1.2	1.1	1.3	1.6	1.6	1.5
1865	1.6	1.8	1.6	1.3	1.5	2.1	1.5	1.3	1.1	1.1	1.8	2.4	1.6
1866	2.0	1.1	1.5	2.4	1.7	1.3	1.8	1.4	1.2	1.0	1.5	1.6	1.4
1867	1.7	1.4	1.2	2.1	1.6	1.8	1.6	1.7	1.1	1.4	1.5	2.3	1.6
1868	1.9	1.8	2.1	1.2	2.0	2.0	1.0	1.2	1.2	1.5	1.3	1.4	1.6
1869	1.6	2.5	1.8	1.5	1.4	1.2	1.1	1.3	1.2	1.0	1.9	1.9	1.5
1890	1.7	1.2	1.6	1.4	1.6	1.9	1.7	1.6	1.1	1.6	1.7	1.7	1.6
1891	2.5	1.3	1.6	1.2	1.9	1.7	1.1	1.4	1.6	1.5	1.6	2.1	1.6
1892	2.2	1.7	1.8	1.6	2.2	1.8	1.5	2.0	1.8	1.8	1.1	1.7	1.8

Mittelwerthe.

	Jan.	Febr.	März	April	Mai	Juni	Juli	Aug.	Sept.	Okt.	Nov.	Dez.	Jahr
1756/67	2.10	1.95	1.44	1.58	1.61	1.61	1.35	1.35	1.44	1.63	1.70	1.79	1.61
1842/53	1.88	1.58	1.65	1.62	1.72	1.68	1.60	1.34	1.30	1.38	1.45	1.76	1.58
1860/64	2.06	1.78	1.44	1.80	1.74	1.46	1.54	1.56	1.28	1.52	1.56	1.80	1.63
1863/92	1.81	1.54	1.69	1.60	1.75	1.68	1.39	1.43	1.30	1.37	1.54	1.88	1.58

Tabelle 45. ## Lufttemperatur. — Zahl der Sommertage.

Maximum 25° und darüber. — Monats- und Jahressummen.

Jahre	April	Mai	Juni	Juli	Aug.	Sept.	Okt.	Jahr	Jahre	April	Mai	Juni	Juli	Aug.	Sept.	Okt.	Jahr
1826	1	4	11	13	28	2	—	59	1871	—	3	3	12	13	9	—	40
1827	1	12	16	24	15	6	—	74	1872	—	1	5	19	2	7	—	34
1828	—	8	13	14	2	2	—	39	1873	—	—	14	23	15	1	—	53
1829	—	2	13	17	2	1	—	35	1874	2	3	11	28	7	7	1	59
1830	2	6	12	21	12	1	—	54	1875	1	2	19	13	19	5	—	59
1831	—	4	7	20	11	—	—	42	1876	—	1	12	21	21	1	—	56
1832	—	1	3	6	7	—	—	17	1877	—	2	17	16	14	1	—	50
1833	—	18	16	9	—	—	—	43	1878	—	1	10	9	11	3	—	34
1834	—	5	0	23	8	2	—	47	1879	—	1	7	5	11	3	—	27
1835	—	—	12	23	12	2	—	49	1880	—	5	4	19	12	7	—	47
1836	—	(—)	8	15	10	2	—	35	1881	—	1	12	19	9	—	—	41
1837	—	1	14	6	11	—	—	32	1882	—	4	8	7	5	—	—	24
1838	—	8	5	15	6	1	—	35	1883	—	7	11	11	10	—	—	39
1839	—	1	16	19	5	4	—	45	1884	—	5	4	20	14	4	—	47
1840	2	2	0	6	11	3	—	35	1885	—	3	16	12	4	2	—	37
1841	3	13	8	6	11	7	1	49	1886	1	5	3	12	15	12	—	48
1842	—	7	15	14	26	2	—	64	1887	—	—	10	21	10	—	—	41
1843	1	1	3	7	12	1	—	25	1888	—	4	11	1	5	—	—	21
1844	—	—	10	3	1	3	—	17	1889	—	12	21	11	9	2	—	55
1845	—	—	12	12	3	2	—	29	1890	—	8	5	7	9	—	—	29
1846	—	—	21	22	23	11	—	77	1891	—	4	9	7	4	4	—	28
1847	—	10	4	19	17	—	—	50	1892	—	8	7	12	17	—	—	44
1848	—	6	8	16	6	4	—	40	1893	1	6	12	12	13	1	—	45
1849	—	3	10	11	4	4	—	32	1894	—	4	5	13	5	1	—	28
1850	—	1	14	12	7	—	—	34	1895	—	2	13	14	10	15	—	54
1851	—	—	11	11	14	—	—	36									
1852	—	7	5	26	11	—	—	49	Lustren-Mittel								
1853	—	1	6	14	9	—	—	30									
1854	—	—	4	14	5	5	—	28	1826/30	0.8	6.4	13.0	17.8	11.8	2.4	—	52.2
1855	—	4	12	11	13	—	—	40	1831/35	—	5.6	9.4	16.2	7.6	0.8	—	39.6
1856	—	1	8	8	16	1	—	34	1836/40	0.4	[3.0]	10.4	12.2	8.6	2.0	—	36.6
1857	—	7	16	24	26	5	—	78	1841/45	0.8	4.2	9.6	8.4	10.6	3.0	0.2	36.8
1858	—	2	25	14	13	9	—	63	1846/50	—	4.0	11.4	16.0	11.4	3.8	—	46.6
1859	—	8	15	29	26	6	—	84	1851/55	—	2.4	7.6	15.2	10.4	1.0	—	36.6
1860	—	6	0	8	4	—	—	27	1856/60	—	4.8	14.6	16.6	17.0	4.2	—	57.2
									1861/65	1.6	8.2	8.6	14.0	12.2	4.4	—	49.0
1861	—	6	16	12	15	4	—	53	1866/70	0.6	7.6	13.2	17.4	11.4	6.0	—	56.2
1862	3	10	6	11	10	5	—	45	1871/75	0.8	1.8	10.4	19.0	11.2	5.8	0.2	49.0
1863	—	3	7	12	20	—	—	42	1876/80	—	2.0	10.0	14.0	13.8	3.0	—	42.8
1864	—	7	5	14	9	1	—	36	1881/85	—	4.0	10.2	13.8	8.4	1.2	—	37.6
1865	5	15	9	21	7	12	—	69	1886/90	0.2	5.8	10.0	10.4	9.6	2.8	—	38.8
1866	1	—	20	9	6	1	—	37	1891/95	0.2	4.8	9.2	11.6	9.8	4.2	—	39.8
1867	—	9	13	8	19	8	—	57									
1868	—	21	17	22	18	11	—	89									
1869	2	—	6	24	8	9	—	49									
1870	—	8	10	24	6	1	—	49									

Tabelle 46. Lufttemperatur. — Zahl der Frost- und Eistage.

Monats- und Jahressummen.

Jahre	Frosttage. — Minimum unter 0°									Eistage. — Maximum unter 0°						
	Jan.	Febr.	März	April	Mai	Okt.	Nov.	Dez.	Jahr	Jan.	Febr.	März	April	Nov.	Dez.	Jahr
1826	31	16	5	1	—	1	7	5	66	28	2	—	—	—	1	31
1827	23	27	4	—	—	—	16	—	70	19	17	—	—	—	—	36
1828	14	14	4	1	—	3	11	11	58	7	8	—	—	—	3	18
1829	26	20	13	—	—	—	14	30	103	21	12	—	—	2	29	64
1830	31	20	8	—	—	—	3	16	78	30	7	—	—	—	6	43
1831	23	10	4	—	—	—	4	14	55	10	2	—	—	4	5	21
1832	26	24	9	4	2	4	19	24	112	21	—	—	—	4	6	31
1833	27	6	16	—	—	—	9	3	61	22	—	2	—	—	—	24
1834	4	22	14	3	—	—	[1]	[2]	46	—	—	—	—	—	1	1
1835	14	4	3	—	—	—	21	23	65	1	—	—	—	9	15	25
1836	22	16	2	—	—	2	5	7	54	7	3	—	—	1	7	18
1837	20	15	19	11	—	1	2	18	86	9	1	5	1	—	7	23
1838	29	21	8	7	1	—	8	18	92	23	14	—	—	4	6	46
1839	16	14	15	7	—	1	2	11	66	6	4	—	—	—	1	11
1840	13	16	20	—	—	3	6	28	86	11	5	—	—	1	20	37
1841	20	24	5	—	—	1	7	6	63	9	11	1	—	—	—	21
1842	29	26	6	7	—	3	14	20	105	21	5	—	—	4	5	35
1843	17	12	8	—	—	1	4	9	51	6	—	1	—	—	2	9
1844	20	25	10	—	—	—	—	26	81	10	—	—	—	—	12	22
1845	10	28	24	—	—	—	3	5	79	4	14	13	—	—	1	32
1846	15	7	2	—	—	—	5	27	56	9	2	—	—	—	15	26
1847	19	19	12	—	—	—	4	21	75	15	7	1	—	—	16	39
1848	31	6	2	—	—	—	5	15	59	29	—	—	...	—	10	39
1849	15	4	6	1	—	—	12	25	63	12	—	—	—	6	17	35
1850	30	3	15	—	—	1	1	15	65	22	—	2	—	—	6	30
1851	15	18	10	—	—	—	11	16	70	2	—	2	—	—	12	16
1852	9	12	17	6	—	1	2	3	50	3	—	—	—	—	—	3
1853	6	22	24	1	—	—	8	30	91	—	3	4	—	2	16	25
1854	23	19	8	1	—	—	9	9	69	10	5	—	—	—	1	16
1855	21	21	9	—	—	—	8	25	84	17	18	—	—	—	14	49
1856	14	6	15	1	—	4	16	12	68	7	—	—	—	3	3	13
1857	19	19	8	—	—	—	10	11	67	10	6	—	—	—	3	19
1858	25	20	14	2	—	2	23	9	95	10	7	1	—	7	—	25
1859	17	7	3	2	—	1	13	19	62	6	—	—	—	—	12	18
1860	9	22	11	—	—	—	12	16	70	1	6	—	—	—	9	16
1861	25	10	1	4	—	1	7	17	65	20	—	—	—	—	4	24
1862	22	15	6	—	—	—	8	10	61	12	5	—	—	2	1	20
1863	5	15	1	—	—	—	8	8	37	—	—	—	—	—	1	1
1864	27	16	5	—	—	2	12	27	93	16	5	—	—	—	10	31
1865	18	18	19	2	—	—	4	17	78	4	12	1	—	—	6	23
1866	3	8	5	—	—	7	3	9	35	—	—	—	—	—	3	3
1867	19	3	16	—	—	—	8	22	68	13	—	—	—	1	10	24
1868	17	7	8	—	—	—	9	1	42	13	—	—	—	—	—	13
1869	18	1	17	1	—	10	8	20	75	10	—	—	—	1	10	21
1870	20	24	13	2	—	...	3	25	87	9	12	—	—	...	22	43

Tabelle 46. **Luftttemperatur. — Zahl der Frost- und Eistage.**

Monats- und Jahressummen.

Jahre	Frosttage. — Minimum unter 0°									Eistage. — Maximum unter 0°						
	Jan.	Febr.	März	April	Mai	Okt.	Nov.	Dez.	Jahr	Jan.	Febr.	März	April	Nov.	Dez.	Jahr
1871	30	14	14	5	—	4	13	28	108	19	4	—	—	—	22	45
1872	18	12	9	—	—	—	5	8	52	2	—	—	—	—	—	2
1873	12	14	1	9	—	—	9	16	55	1	7	—	—	—	3	11
1874	13	19	10	—	—	2	13	19	76	4	4	—	—	1	11	20
1875	12	26	19	2	—	—	10	20	89	2	6	—	—	3	14	27
1876	27	14	7	1	—	—	13	6	68	14	7	—	—	2	3	26
1877	*	5	11	2	—	1	—	16	46	1	—	1	—	—	2	4
1878	14	12	10	1	—	—	4	22	63	5	—	—	—	—	10	15
1879	24	10	13	2	—	—	12	29	90	12	2	—	—	5	27	46
1880	26	16	8	—	—	2	9	4	65	14	3	—	—	—	—	17
1881	28	12	13	5	—	5	6	13	62	18	2	—	—	—	3	23
1882	21	14	1	4	—	—	7	18	66	9	1	—	—	—	3	13
1883	22	7	27	1	—	—	5	13	75	4	—	2	—	—	3	9
1884	6	11	4	4	—	—	15	10	50	1	—	—	—	—	3	4
1885	27	9	13	—	—	—	12	23	84	10	1	—	—	—	6	17
1886	16	26	20	—	—	—	1	14	77	6	3	2	—	—	4	15
1887	31	23	16	6	—	7	5	15	103	18	1	2	—	2	7	30
1888	21	17	15	5	—	3	10	25	96	10	5	1	—	—	5	21
1889	23	20	13	—	—	—	12	24	92	8	9	3	—	3	15	38
1890	10	24	7	1	—	3	6	28	79	3	4	4	—	5	21	37
1891	26	21	9	2	—	2	9	10	82	16	2	—	—	—	8	26
1892	20	10	16	—	—	3	7	25	81	10	3	4	—	1	9	27
1893	28	4	7	1	—	—	14	16	70	19	1	—	—	—	6	26
1894	21	12	1	—	—	1	5	17	57	11	1	—	—	—	3	15
1895	26	27	11	2	—	3	9	14	92	16	17	2	—	—	4	39

Lustren-Mittel

Jahre	Jan.	Febr.	März	April	Mai	Okt.	Nov.	Dez.	Jahr	Jan.	Febr.	März	April	Nov.	Dez.	Jahr
1826/30	25.0	19.4	6.8	0.4	—	0.8	10.2	12.4	75.0	21.0	9.2	—	—	0.4	7.8	38.4
1831/35	18.8	13.2	9.2	1.4	0.4	0.8	[10.8]	[13.2]	67.8	10.8	0.4	0.4	—	3.4	5.4	20.4
1836/40	20.0	16.4	12.5	5.0	0.2	1.4	4.6	16.4	76.8	11.0	5.4	1.0	0.2	1.2	8.2	27.0
1841/45	21.0	23.0	10.6	1.4	—	1.0	5.6	13.2	75.8	10.0	6.0	3.0	—	0.8	4.0	23.8
1846/50	22.0	7.8	7.4	0.2	—	0.2	5.4	20.6	63.6	17.4	1.8	0.6	—	1.2	12.8	33.8
1851/55	14.8	18.4	13.6	1.6	—	0.2	7.6	16.6	72.6	6.4	5.2	1.2	—	0.4	8.6	21.8
1856/60	16.8	14.8	10.2	1.0	—	1.4	14.8	13.4	73.4	6.8	3.8	0.2	—	2.0	5.4	18.2
1861/65	19.4	14.8	6.4	2.0	—	0.6	7.8	15.8	66.8	10.4	4.4	0.2	—	0.4	4.4	19.8
1866/70	15.4	8.6	11.8	0.6	—	3.4	6.2	15.4	61.4	9.0	2.4	—	—	0.4	9.0	20.8
1871/75	17.0	17.0	10.6	2.0	—	1.2	10.0	18.2	76.0	5.6	4.6	—	—	0.8	10.0	21.0
1876/80	19.8	11.4	9.8	1.2	—	1.2	7.6	15.4	66.4	9.2	2.4	0.2	—	1.4	8.4	21.6
1881/85	20.8	10.6	11.6	2.8	—	1.0	9.2	15.4	71.2	8.4	0.8	0.4	—	—	3.6	13.2
1886/90	20.2	22.0	14.2	2.4	—	2.6	6.8	21.2	89.4	9.0	4.4	2.4	—	2.0	10.4	28.2
1891/95	24.2	15.4	8.8	1.0	·	1.8	8.8	16.4	76.4	14.4	4.8	1.2	—	0.2	6.0	26.6

Tab. 47. **Absolute Feuchtigkeit. — Monats- und Jahresmittel.**

Dampfspannung in mm Quecksilber nach Terminbeobachtungen am Psychrometer.

Jahre	Jan.	Febr.	März	April	Mai	Juni	Juli	Aug.	Sept.	Okt.	Nov.	Dez.	Jahr
1880	[3.4]	4.3	4.4	6.1	6.5	10.3	11.5	12.5	10.2	7.1	5.1	5.8	7.2
1881	[3.4]	4.4	4.8	4.9	6.8	9.3	11.4	10.9	9.2	5.3	6.4	4.6	6.8
1882	4.2	4.6	5.7	5.6	8.2	9.9	11.0	10.9	10.0	8.3	6.0	4.9	7.5
1883	4.2	5.1	3.5	5.1	7.9	9.9	11.5	10.5	9.6	7.2	5.9	4.7	7.1
1884	5.3	4.9	5.3	5.2	8.2	8.9	11.8	11.5	8.9	6.9	5.0	4.9	7.3
1885	3.4	5.2	4.6	6.2	7.1	10.4	11.3	9.2	9.5	6.9	5.3	4.0	6.9
1886	4.0	3.3	4.2	6.1	7.9	10.0	11.1	11.2	10.4	8.1	6.1	4.6	7.2
1887	3.2	3.8	4.3	5.2	7.6	9.4	11.6	9.2	8.6	5.9	5.2	4.2	6.5
1888	3.9	3.7	4.7	5.5	7.0	10.2	10.4	10.4	9.1	6.3	5.3	4.4	6.7
1889	3.7	3.7	4.4	6.0	9.6	11.3	10.6	10.1	8.2	7.2	5.2	3.9	7.0
1890	5.1	3.8	5.8	5.5	8.3	8.8	10.5	11.6	9.2	6.7	5.9	3.0	6.9
1891	3.3	4.0	4.8	5.1	7.9	10.4	10.9	10.2	9.8	8.4	5.3	5.1	7.1
1892	3.9	4.6	3.8	4.9	7.2	9.9	9.7	11.0	9.7	6.7	5.7	3.7	6.7
1893	2.9	5.0	4.7	4.7	7.2	8.7	10.6	10.9	9.3	6.3	4.9	4.4	6.8
1894	4.0	4.7	5.0	6.5	7.5	9.5	11.4	11.4	8.7	7.5	6.0	4.5	7.2
1895	3.4	2.7	4.6	6.6	7.7	9.6	11.0	11.0	9.7	6.7	6.5	4.5	7.0
Lustren													
1881'85	4.1	4.8	4.8	5.4	7.6	9.7	11.5	10.6	9.6	7.9	5.7	4.6	7.2
1886.90	4.0	3.6	4.6	5.7	8.1	9.9	10.8	10.5	9.1	7.8	5.5	4.0	6.9
1891.95	3.5	4.2	4.6	5.6	7.5	9.6	10.7	10.8	9.4	7.5	5.7	4.4	7.0

Tabelle 48. **Absolute Feuchtigkeit. — Höchste Werthe.**

Grösste aus den Terminbeobachtungen am Psychrometer entnommene Dampfspannung in mm Quecksilber.

Jahre	Jan.	Febr.	März	April	Mai	Juni	Juli	Aug.	Sept.	Okt.	Nov.	Dez.	Jahr
1880	7.0	7.7	11.1	11.1	12.2	14.0	14.9	14.7	15.1	14.2	8.3	8.6	15.1
1881	6.6	8.9	10.7	7.6	12.9	15.4	16.5	16.2	12.3	10.0	9.7	7.2	16.5
1882	7.4	7.3	8.5	8.9	14.6	14.7	15.5	15.6	14.4	13.6	9.2	9.8	15.6
1883	9.6	7.7	8.9	7.6	13.7	13.3	16.4	16.4	13.6	11.8	8.4	7.7	16.4
1884	8.8	8.2	7.9	8.7	13.4	12.7	16.1	16.1	13.4	11.1	8.9	8.1	16.1
1885	6.2	7.8	7.6	11.3	13.5	15.7	16.0	14.8	14.1	10.4	10.6	7.0	16.0
1886	6.7	5.3	10.0	9.1	13.1	13.3	17.3	16.9	17.4	12.9	8.4	8.0	17.4
1887	4.7	6.2	7.5	10.4	11.3	12.7	16.6	15.4	14.0	9.1	7.3	9.0	16.6
1888	6.9	6.0	8.1	10.2	12.0	17.1	11.6	16.2	13.6	9.5	9.1	7.0	17.1
1889	6.9	8.1	7.8	8.7	12.7	15.1	17.2	16.3	13.7	9.5	8.8	6.9	17.2
1890	8.6	5.3	8.7	9.5	12.4	13.9	16.1	16.0	12.3	12.0	9.4	4.8	16.1
1891	6.0	6.2	8.9	8.1	11.7	16.5	15.9	14.5	14.0	12.9	9.3	9.5	16.5
1892	7.5	7.0	11.1	8.7	13.0	15.6	16.0	16.5	14.5	11.3	8.6	6.9	16.8
1893	5.8	7.1	8.4	11.8	14.3	16.5	15.0	14.6	13.5	8.1	8.1	15.9	
1894	7.6	7.9	7.4	10.6	11.6	13.1	17.1	17.6	13.1	10.1	9.2	6.1	17.6
1895	6.8	4.5	8.4	11.0	12.2	14.2	15.8	15.5	15.6	11.1	11.4	7.8	15.8

Tab. 49. **Relative Feuchtigkeit. — Monats- und Jahresmittel.**

Nach den Terminbeobachtungen am Psychrometer. — Procente.

Jahre	Jan.	Febr.	März	April	Mai	Juni	Juli	Aug.	Sept.	Okt.	Nov.	Dez.	Jahr
1880	82	79	60	64	53	73	67	70	77	83	80	84	72
1881	76	81	68	60	56	62	62	72	79	76	83	85	72
1882	86	79	71	63	67	72	78	78	84	86	84	86	79
1883	80	80	73	62	63	64	76	71	79	82	84	85	75
1884	85	78	72	67	64	72	64	71	70	80	83	83	75
1885	78	82	73	64	71	67	70	68	80	83	84	85	75
1886	81	75	71	65	65	76	70	70	73	82	85	83	74
1887	85	76	75	62	75	64	65	64	78	79	84	85	74
1888	85	77	78	69	61	69	77	77	77	81	76	85	76
1889	84	82	76	72	68	67	71	74	74	85	86	87	77
1890	86	75	75	70	66	68	77	78	76	80	86	80	76
1891	85	79	75	70	68	77	75	75	78	84	86	84	78
1892	83	82	68	59	60	71	67	67	79	83	87	86	74
1893	86	80	65	47	57	57	67	69	78	84	83	87	72
1894	85	77	69	63	68	70	69	78	80	85	85	86	76
1895	86	81	77	69	66	64	68	71	66	81	84	86	75
Lustren													
1881/85	81	80	71	63	65	67	70	72	80	81	84	85	75
1886/90	84	77	75	68	67	69	72	73	75	81	83	85	75
1891/95	85	80	71	62	64	68	69	72	76	83	85	86	75

Tabelle 50. **Absolute Feuchtigkeit. — Niedrigste Werthe.**

Kleinste aus den Terminbeobachtungen am Psychrometer entnommene Dampfspannungen in mm Quecksilber.

Jahre	Jan.	Febr.	März	April	Mai	Juni	Juli	Aug.	Sept.	Okt.	Nov.	Dez.	Jahr
1880	1.0	1.0	1.6	2.3	1.6	5.2	7.4	6.5	6.3	2.9	2.7	2.7	1.6
1881	1.2	2.0	1.4	2.1	3.0	4.4	6.0	5.9	5.2	3.2	3.2	2.9	1.2
1882	2.7	2.0	3.3	2.0	3.9	5.6	9.0	7.7	7.3	4.8	3.1	2.2	2.0
1883	1.8	3.0	1.2	3.1	3.7	6.5	7.1	7.3	6.4	3.8	3.7	1.9	1.2
1884	2.8	1.9	3.7	3.2	4.4	5.8	6.3	7.8	6.3	2.8	2.1	2.1	1.9
1885	1.5	2.8	2.5	3.6	3.5	4.6	7.7	6.0	4.8	3.8	2.4	1.3	1.3
1886	1.6	1.5	1.4	3.2	2.8	7.1	6.2	6.6	4.1	4.6	3.9	2.3	1.4
1887	1.5	1.5	1.7	1.6	5.0	4.7	5.9	5.0	5.2	2.0	1.7	1.1	1.1
1888	0.9	1.2	2.2	2.1	3.4	5.0	6.1	7.2	6.1	3.1	2.5		0.9
1889	2.2	1.2	1.8	2.6	6.7	7.2	7.2	6.9	4.1	5.1	3.1	1.7	1.2
1890	2.7	1.7	1.4	2.9	4.3	4.3	7.5	6.3	5.3	3.0	1.2	1.1	1.1
1891	1.4	2.2	2.4	2.5	4.4	4.6	6.8	7.3	5.8	3.2	2.8	2.1	1.4
1892	1.4	1.6	1.7	2.1	2.1	5.8	6.8	6.1	6.0	4.0	2.7	1.8	1.4
1893	0.9	1.8	2.2	2.4	3.0	4.7	6.7	7.5	5.2	4.1	2.6	2.2	0.9
1894	1.0	1.8	2.7	3.0	3.7	6.4	7.6	7.6	5.8	4.4	3.7	3.1	1.0
1895	1.3	0.9	1.8	2.4	4.2	4.8	6.8	7.0	5.9	2.9	2.7	2.0	0.9

Tabelle 51. Relative Feuchtigkeit. — Niedrigste Werthe.

Nach den Terminbeobachtungen am Psychrometer. — Procente.

Jahre	Jan.	Febr.	März	April	Mai	Juni	Juli	Aug.	Sept.	Okt.	Nov.	Dez.	Jahr
1880	53	56	14	24	11	34	34	27	38	40	38	53	11
1881	38	49	15	19	18	23	27	31	44	34	49	56	15
1882	57	40	38	15	28	30	47	43	48	60	54	60	15
1883	48	52	35	24	26	27	36	34	36	33	58	60	24
1884	64	28	38	29	28	38	31	29	35	42	52	62	28
1885	50	57	36	22	33	25	40	30	31	53	43	57	22
1886	48	49	24	22	20	48	30	31	27	48	55	56	20
1887	61	32	37	19	34	22	27	24	41	33	51	61	19
1888	59	41	40	31	23	33	36	41	40	40	37	65	23
1889	61	41	32	32	29	31	33	36	36	47	54	52	29
1890	39	33	37	27	26	32	39	41	39	35	48	40	26
1891	59	37	30	27	23	40	39	32	40	46	48	53	23
1892	36	47	23	14	23	32	30	23	37	48	65	55	14
1893	58	44	20	15	20	22	23	37	36	44	44	63	15
1894	62	42	24	20	30	31	32	41	42	53	61	45	20
1895	51	58	44	26	24	32	32	35	28	34	59	66	24

Tabelle 52. Bewölkung. — Monats- und Jahresmittel.

Nach den drei Terminbeobachtungen. — Ganz wolkenfrei = 0, ganz bewölkt = 10.

Jahre	Jan.	Febr.	März	April	Mai	Juni	Juli	Aug.	Sept.	Okt.	Nov.	Dez.	Jahr
1880	5.0	6.5	3.1	6.3	4.0	6.4	4.8	4.3	5.1	7.6	7.3	8.7	5.7
1881	6.0	6.6	5.2	5.6	4.6	5.4	4.1	5.9	6.6	6.9	6.7	8.2	6.0
1882	8.2	5.8	5.2	4.3	5.2	6.2	6.6	6.8	6.8	7.8	8.0	8.0	6.6
1883	6.2	7.0	3.9	4.9	4.0	4.3	6.9	4.2	6.6	7.2	8.0	8.2	6.0
1884	8.5	7.1	5.5	6.1	4.0	5.7	4.5	4.4	3.7	7.6	6.2	5.8	6.0
1885	5.7	6.8	5.3	4.7	6.2	3.7	3.8	4.7	6.2	7.5	6.1	7.7	5.7
1886	8.6	5.2	5.0	5.0	4.9	7.7	5.1	4.3	3.5	4.9	8.2	8.3	5.9
1887	8.4	5.6	5.6	4.4	7.0	4.1	3.8	3.5	5.8	7.3	7.5	7.7	5.9
1888	6.7	7.0	7.0	6.6	4.2	5.0	7.5	5.8	3.2	5.9	6.6	6.4	6.0
1889	6.4	7.2	7.0	6.5	4.4	4.4	5.7	5.6	5.5	6.0	8.1	8.4	6.2
1890	7.5	4.3	5.7	4.6	4.7	5.4	5.5	6.0	4.4	5.9	8.0	4.7	5.6
1891	5.9	3.5	5.7	6.0	6.3	6.5	5.6	5.2	3.9	1.8	6.7	6.6	5.6
1892	6.4	6.9	3.6	3.7	4.4	5.3	4.1	4.0	5.2	5.9	7.3	6.0	5.2
1893	5.9	7.7	4.0	1.0	5.2	3.8	6.1	3.4	5.8	7.1	6.4	6.4	5.2
1894	6.3	5.9	4.9	4.7	6.0	5.7	6.2	5.8	5.4	8.2	6.8	7.1	6.0
1895	7.6	5.8	5.7	4.5	4.6	4.9	5.8	4.6	2.2	6.0	6.3	8.4	5.5
Laatren													
1881/85	6.9	6.7	5.0	5.1	4.8	5.1	5.2	5.2	6.0	7.4	7.0	8.2	6.1
1886/90	7.5	5.8	6.2	5.4	5.0	5.3	5.5	4.9	4.5	6.0	7.7	7.1	5.9
1891/95	6.4	6.0	4.8	4.0	5.3	5.2	5.4	4.6	4.5	6.4	6.7	6.9	5.5

Tabelle 53. ## Bewölkung. — Heitere und trübe Tage.

Zahl der heiteren Tage. — Tagesmittel der Bewölkung kleiner als 2.

Jahre	Jan.	Febr.	März	April	Mai	Juni	Juli	Aug.	Sept.	Okt.	Nov.	Dez.	Jahr
1880	10	4	14	4	9	2	3	9	8	2	2	1	68
1881	6	5	8	6	9	2	12	1	3	1	3	1	57
1882	2	7	9	9	3	5	2	2	2	1	0	2	44
1883	6	3	13	6	10	7	1	10	3	1	0	0	60
1884	1	3	10	4	12	4	6	8	13	3	5	1	70
1885	9	3	6	7	5	11	12	6	6	1	7	1	72
1886	0	7	9	8	12	1	7	9	15	9	1	0	78
1887	2	7	6	7	1	13	9	13	5	3	2	0	68
1888	6	4	1	1	8	3	1	0	14	5	4	4	57
1889	7	1	2	0	10	9	0	4	2	0	2	1	38
1890	1	9	6	9	7	2	6	4	6	4	1	12	67
1891	5	14	3	2	1	1	1	2	12	4	4	5	54
1892	4	1	13	12	10	6	9	12	6	2	2	5	82
1893	5	2	13	24	2	10	6	10	3	2	8	5	90
1894	7	6	12	10	5	4	8	5	7	1	3	3	71
1895	1	5	6	7	8	6	3	9	18	1	6	1	71
Lustren-Mittel													
1881/85	4.8	4.2	9.2	6.4	7.4	5.8	6.6	5.4	5.4	1.4	3.0	1.0	60.6
1886/90	3.2	5.6	4.8	5.0	7.6	5.6	4.6	7.2	8.4	4.2	2.0	3.4	61.6
1891/95	4.4	5.6	9.4	11.0	5.2	5.4	5.4	7.6	9.2	2.0	4.6	3.8	73.6

Zahl der trüben Tage. - Tagesmittel der Bewölkung grösser als 8.

Jahre	Jan.	Febr.	März	April	Mai	Juni	Juli	Aug.	Sept.	Okt.	Nov.	Dez.	Jahr
1880	10	13	3	9	5	7	4	6	9	17	14	23	120
1881	11	15	9	9	7	3	7	7	11	15	15	20	129
1882	22	12	8	5	3	10	9	12	12	17	14	20	144
1883	14	13	6	6	5	2	10	8	8	11	20	18	116
1884	22	16	12	11	5	7	4	5	4	17	12	25	140
1885	14	13	9	7	10	3	5	4	13	14	13	18	123
1886	23	11	10	8	5	16	8	4	3	9	18	19	134
1887	23	12	9	6	13	7	1	3	7	17	17	16	131
1888	15	14	17	9	5	4	14	6	3	11	14	14	126
1889	14	13	12	7	4	4	5	7	5	4	18	21	114
1890	15	6	8	5	6	3	8	5	3	10	16	10	95
1891	8	3	9	8	7	11	4	3	5	3	14	10	85
1892	11	12	3	2	3	5	3	3	8	5	15	10	80
1893	9	15	5	0	3	1	11	2	10	14	15	13	97
1894	15	11	10	8	10	8	8	10	9	22	15	17	143
1895	16	8	10	5	7	5	8	5	3	8	13	23	111
Lustren-Mittel													
1881/85	16.6	13.8	8.8	7.6	6.0	5.0	7.0	6.2	9.6	14.8	14.8	20.2	130.4
1886/90	18.0	11.2	11.2	7.0	6.6	6.8	7.2	5.0	4.2	10.2	16.6	16.0	120.0
1891/95	11.6	9.8	7.4	4.6	6.0	6.0	6.8	4.6	7.0	10.4	14.4	14.6	103.2

Tab. 54. **Niederschlagshöhe. — Monats- und Jahressummen.**
mm.

Jahre	Jan.	Febr.	März	April	Mai	Juni	Juli	Aug.	Sept.	Okt.	Nov.	Dez.	Jahr
1826	4.5	44.4	40.2	29.3	97.9	50.1	76.5	48.3	30.2	64.1	64.1	56.8	606.4
1827	46.7	61.6	105.6	12.2	74.4	49.9	7.9	25.5	52.1	68.1	58.7	107.4	670.1
1828	113.2	40.6	—	—	69.0	41.3	100.6	127.9	66.5	24.8	—	35.9	—
1829	37.0	—	—	62.3	75.1	118.7	116.2	182.7	93.8	57.6	46.7	—	—
1830	47.8	—	—	—	—	—	—	—	53.2	52.8	36.5	42.4	—
1831	31.6	86.4	75.3	101.5	77.4	153.6	131.1	63.6	51.4	33.6	120.9	51.0	977.4
1832	72.0	3.4	29.2	20.5	65.4	98.1	31.8	49.6	18.7	—	97.5	64.5	—
1833	25.5	9.0	—	66.1	10.8	19.2	72.9	41.1	24.8	11.3	18.7	—	—
1834	—	—	36.1	1.8	42.2	267.8	38.8	140.8	58.7	119.6	—	—	—
1835	—	—	—	—	—	—	—	—	—	—	—	—	—
1836	—	—	—	—	—	—	24.0	46.0	84.2	33.5	60.4	34.9	—
1837	44.0	51.4	21.0	49.7	80.5	28.4	106.2	102.2	91.0	28.7	24.0	80.9	708.0
1838	17.3	24.0	22.0	19.3	34.5	92.7	85.9	54.5	27.7	41.3	60.3	45.7	551.2
1839	40.7	102.2	65.6	35.2	49.1	46.7	32.5	77.8	65.6	51.8	33.8	104.5	714.5
1840	62.6	31.5	24.0	4.4	31.8	59.2	56.8	22.7	63.0	47.4	115.4	16.0	537.7
1841	106.9	24.0	33.2	31.8	38.2	82.2	51.8	82.9	55.8	135.7	73.1	84.9	800.5
1842	30.5	8.4	85.6	9.5	43.0	19.6	51.4	111.7	58.2	33.8	78.0	13.9	544.5
1843	51.9	50.4	12.9	51.1	105.2	137.7	79.9	98.5	5.1	76.5	58.2	18.6	776.0
1844	47.7	80.5	72.8	34.9	87.7	16.6	114.0	44.0	75.8	62.9	82.6	22.0	741.5
1845	14.2	34.5	54.5	39.6	88.5	68.7	80.9	116.4	67.3	30.8	41.3	111.7	728.2
1846	123.2	84.9	50.4	49.4	33.5	47.7	29.1	109.0	71.7	44.0	50.8	51.4	745.1
1847	33.8	24.4	18.6	49.8	59.2	24.0	101.9	32.2	67.0	40.6	16.6	55.5	520.6
1848	18.6	49.4	78.2	145.5	33.9	55.8	39.6	81.6	59.6	65.0	82.9	28.1	740.2
1849	29.8	25.7	19.3	(9.1)	53.5	64.6	84.3	—	—	—	50.8	48.4	—
1850	12.2	10.2	5.4	14.9	16.2	89.7	42.6	58.9	48.0	44.0	41.9	53.8	436.5
1851	21.0	11.9	39.9	29.8	73.5	24.0	122.5	(10.8)	(47.0)	23.4	35.2	6.8	445.8
1852	70.7	54.1	33.5	19.3	22.7	45.9	33.8	144.5	60.1	58.6	71.1	90.0	694.3
1853	93.1	23.0	18.6	62.9	70.4	68.7	51.4	45.0	68.4	50.4	11.9	(6.1)	589.9
1854	(56.8)	20.0	18.9	31.6	81.9	148.6	64.6	158.6	6.4	76.6	48.7	100.8	805.7
1855	(21.7)	(45.7)	40.3	20.8	57.9	148.6	148.6	58.0	7.4	90.1	23.4	56.8	734.8
1856	55.2	22.0	11.9	111.3	156.0	123.5	91.0	78.1	79.2	17.9	69.0	53.8	868.9
1857	55.8	15.6	34.0	35.9	61.8	36.2	87.9	44.0	58.2	42.3	23.4	14.9	449.5
1858	42.0	9.1	30.5	43.0	69.0	11.5	52.8	65.6	18.0	31.5	53.5	50.4	477.8
1859	24.0	33.8	24.0	57.2	58.2	51.8	22.7	67.7	66.3	52.1	90.0	56.2	604.0
1860	71.7	52.8	46.0	17.6	64.6	119.1	37.2	173.2	60.9	77.1	41.3	(84.5)	816.0
1861	(39.9)	11.2	81.9	7.1	40.3	190.3	106.9	21.3	69.4	2.0	94.1	22.3	692.7
1862	83.2	14.9	25.0	11.2	41.0	124.5	208.1	23.0	20.0	73.7	21.7	71.1	717.4
1863	39.0	17.6	58.9	23.4	56.2	76.8	19.3	46.4	65.6	29.1	50.8	47.7	531.7
1864	15.0	12.2	33.5	8.1	44.3	79.2	31.1	35.5	24.8	12.2	60.2	6.4	366.4
1865	67.7	71.7	32.8	2.4	31.8	21.3	74.1	46.0	0.7	73.8	55.2	7.4	484.9
1866	64.6	83.9	74.4	69.4	47.7	56.8	95.1	70.9	56.6	4.0	70.5	55.5	749.4
1867	85.2	62.0	53.9	105.7	91.2	61.8	132.5	47.6	23.1	61.4	10.7	54.1	798.7
1868	54.5	15.2	43.4	46.8	17.7	55.8	60.0	44.0	44.0	75.8	46.6	105.5	609.3
1869	29.4	41.0	38.3	16.5	73.1	14.3	34.3	35.2	26.4	61.1	107.8	56.4	528.3
1870	31.5	10.1	32.9	7.9	13.0	82.7	107.5	114.6	46.7	124.9	37.7	58.9	618.4

Tab. 54. **Niederschlagshöhe. — Monats- und Jahressummen.**
mm.

Jahre	Jan.	Febr.	März	April	Mai	Juni	Juli	Aug.	Sept.	Okt.	Nov.	Dez.	Jahr
1871	38.5	38.6	12.6	92.1	10.6	135.2	137.7	45.9	59.7	48.3	13.0	19.7	646.9
1872	44.9	33.0	35.9	56.6	84.1	72.0	41.2	63.3	84.7	61.9	153.3	74.6	785.5
1873	46.2	21.3	45.3	27.1	33.8	56.3	92.8	57.2	49.9	70.5	19.8	7.1	527.3
1874	20.6	9.6	18.6	14.8	66.9	66.4	35.4	45.8	39.4	24.7	45.1	58.9	446.2
1875	74.2	10.2	17.5	4.1	51.6	102.3	149.8	83.0	81.0	51.1	104.8	31.2	600.8
1876	13.2	76.6	110.2	45.8	19.6	45.5	09.3	54.7	91.3	14.9	38.3	75.3	654.7
1877	77.4	60.6	64.2	34.2	47.3	33.6	97.6	40.7	49.4	80.4	59.7	52.0	647.1
1878	49.2	21.1	54.6	45.9	103.6	79.4	41.9	131.4	59.4	69.6	67.8	70.1	788.0
1879	55.2	77.3	12.1	63.5	44.6	77.7	104.9	97.3	81.4	58.4	48.3	43.0	740.9
1880	9.7	29.5	31.0	47.4	5.3	115.1	48.7	43.9	52.4	147.4	88.7	98.4	667.5
1881	32.9	63.6	85.3	23.1	9.7	20.9	49.0	66.0	31.6	82.6	18.3	87.6	529.6
1882	14.0	28.7	32.3	58.3	59.5	79.8	200.2	72.4	90.0	85.1	150.8	71.9	937.0
1883	44.6	24.6	28.3	6.1	31.6	26.6	85.1	51.5	61.4	72.6	78.8	42.7	551.5
1884	48.3	31.8	16.5	27.3	49.5	33.4	65.6	71.6	32.6	45.3	18.1	100.9	540.4
1885	20.9	56.4	54.2	21.0	69.2	100.8	53.9	26.3	54.8	103.9	64.4	35.1	660.9
1886	40.2	21.8	41.6	22.8	40.5	77.0	70.5	26.1	27.3	60.4	38.3	102.4	578.1
1887	10.3	12.0	50.1	15.7	92.0	21.6	42.4	29.8	55.2	32.5	43.7	80.5	485.2
1888	18.1	18.8	105.2	19.9	28.1	103.6	120.9	61.6	31.0	46.1	18.1	15.7	607.1
1889	5.0	55.0	35.8	14.4	70.8	56.2	54.9	49.9	31.3	45.8	41.2	55.2	515.5
1890	68.5	1.4	20.6	45.1	67.0	51.4	106.4	92.7	0.7	66.7	56.3	1.1	597.9
1891	32.6	1.5	50.8	43.4	64.6	127.2	53.2	42.5	37.6	59.3	52.0	63.9	628.8
1892	36.3	35.9	81.1	7.7	16.1	64.4	85.9	29.4	45.5	52.6	20.7	43.0	418.6
1893	40.0	86.4	17.8	0.0	27.1	55.2	115.1	91.1	59.9	70.2	66.8	35.9	612.5
1894	28.0	35.0	28.6	21.6	42.7	46.7	70.8	54.3	71.6	106.8	86.5	35.2	577.8
1895	53.6	12.4	44.5	35.4	37.8	46.2	49.7	49.1	2.0	59.1	55.7	75.0	520.5

Lustren-Mittel

Jahre	Jan.	Febr.	März	April	Mai	Juni	Juli	Aug.	Sept.	Okt.	Nov.	Dez.	Jahr
1826/30	49.8	—	—	—	—	—	—	—	59.2	53.5	—	—	—
1831/35	—	—	—	—	—	—	—	—	—	—	—	—	—
1836/40	—	—	—	—	—	61.1	60.6	66.7	40.5	65.8	56.6	—	—
1841/45	56.2	39.6	47.8	33.4	72.5	65.0	75.6	90.7	52.4	67.9	66.8	50.2	718.1
1846/50	43.5	38.9	33.8	53.7	38.0	56.4	59.5	—	—	—	48.5	47.4	—
1851/55	52.7	30.9	29.6	32.8	61.3	91.2	64.2	82.4	35.9	61.0	38.1	52.1	652.1
1856/60	49.7	26.7	27.3	53.0	81.8	68.4	48.3	85.7	56.7	44.2	55.4	46.0	613.2
1861,65	49.3	25.5	46.1	10.4	42.5	99.6	87.9	31.4	36.9	38.2	56.4	31.0	555.6
1866/70	53.0	42.4	47.6	49.3	18.5	42.2	85.9	62.5	39.4	69.4	54.6	66.1	660.8
1871/75	44.9	22.5	26.0	38.9	49.4	86.4	91.4	49.0	42.9	60.9	67.2	38.3	607.3
1876,80	40.7	53.0	54.4	47.4	44.1	70.3	72.5	73.6	62.8	63.7	48.6	67.6	698.6
1881,85	32.1	40.0	43.3	27.2	43.7	54.1	90.8	57.6	54.1	77.9	65.6	57.6	643.9
1886,90	32.4	21.8	50.7	23.6	61.5	62.0	79.0	55.9	29.1	50.3	39.5	51.0	556.8
1891/95	38.1	34.2	34.6	21.6	37.7	67.9	64.5	41.3	43.3	71.8	46.3	50.2	551.6

Tabelle 55. **Niederschlagshöhe. — Abweichungen**
von den Monats- und Jahressummen der Normalperiode 1857/02 in Procenten.

Jahre	Jan.	Febr.	März	April	Mai	Juni	Juli	Aug.	Sept.	Okt.	Nov.	Dez.	Jahr
1826	-80	56	-7	-11	98	-27	-1	-17	-33	12	19	11	-1
1827	10	59	146	-63	50	-28	-90	-56	16	10	9	110	10
1828	167	25	—	—	39	-40	30	121	48	-57	—	-30	—
1829	-18	—	—	80	52	72	50	215	109	0	-14	—	—
1830	13	—	—	—	—	—	—	—	19	-8	-32	-17	—
1831	-25	165	75	208	56	123	70	10	15	-41	124	0	60
1832	70	-90	-34	-38	32	42	-59	-14	-58	—	81	26	—
1833	-40	-72	—	100	-78	-72	-5	-29	-45	-80	-65	—	—
1834	—	—	-16	95	-15	286	-50	148	31	109	—	—	—
1835	—	—	—	—	—	—	—	—	—	—	—	—	—
1836	—	—	—	—	—	—	-69	-21	88	-42	29	-32	—
1837	4	58	-51	51	68	-59	38	76	103	-50	-55	58	16
1838	-50	-26	-40	-42	-50	34	11	-6	-38	-28	60	-11	-10
1839	17	213	53	7	-1	-32	-58	34	46	-10	-37	105	17
1840	48	-3	-44	-87	-36	-14	-26	-61	45	-17	114	-67	-12
1841	152	-26	-23	-4	-23	19	-33	43	25	137	86	60	31
1842	-28	-74	99	-71	-13	-72	-33	93	30	-41	46	-73	-11
1843	93	55	-70	55	113	100	4	70	-89	34	8	-64	27
1844	12	147	69	6	77	-76	48	-24	89	10	53	-57	21
1845	-67	6	-20	20	78	-0	5	101	50	-46	-23	119	19
1846	191	160	17	50	-32	-31	-02	88	60	-28	-6	1	22
1847	-20	-25	-64	51	20	-65	32	-44	50	-29	-69	9	-15
1848	-56	52	82	341	-34	-19	-49	46	83	18	54	-45	21
1849	-90	-21	-55	-72	8	-6	9	—	—	—	-6	5	—
1850	-71	-69	-87	-85	-60	80	-45	2	7	-23	-23	5	-29
1851	-50	-63	-7	-10	48	-65	59	-81	5	-59	-35	-87	-27
1852	67	66	-22	-42	-54	-33	-56	140	12	2	32	76	14
1853	120	-29	-57	91	42	20	-33	-22	53	-12	-78	-88	-4
1854	34	-30	-63	-4	65	115	-16	165	-86	34	-10	97	32
1855	-49	40	-6	-39	17	115	83	0	-83	68	-57	11	18
1856	30	-83	-72	237	215	79	18	35	77	-60	28	5	42
1857	32	-52	-44	9	24	-48	-51	-24	30	-26	-57	-71	-27
1858	-1	-72	-29	30	39	-83	-32	18	-58	-45	-1	-1	-22
1859	-43	4	-44	73	18	-26	-71	17	48	-0	67	10	-1
1860	69	62	7	-47	31	73	-52	199	36	35	-25	7	33
1861	-6	-66	90	-78	-19	184	39	-63	55	-97	75	-50	13
1862	96	-54	-42	-66	-17	80	170	-60	-55	29	-60	39	17
1863	-6	-46	37	-29	14	11	-75	-20	46	-49	-6	-7	-13
1864	-62	-63	-22	-75	-13	15	-60	-39	-36	-79	12	-87	-40
1865	60	120	-24	-93	-36	-69	-4	-21	-98	29	2	-86	-21
1866	52	157	73	110	-4	-18	23	22	26	-93	31	9	23
1867	101	90	25	220	84	-26	72	-18	-48	42	-80	6	31
1868	29	-53	1	42	-64	-19	-22	-24	-2	32	-14	106	0
1869	-31	26	-23	-50	48	-79	-56	-39	-41	7	99	10	-14
1870	-26	-69	-23	-76	-74	-53	39	94	4	118	-80	15	1

Tabelle 55. ## Niederschlagshöhe. — Abweichungen

von den Monats- und Jahressummen der Normalperiode 1857/92 in Procenten.

Jahre	Jan.	Febr.	März	April	Mai	Juni	Juli	Aug.	Sept.	Okt.	Nov.	Dez.	Jahr
1871	— 9	18	—71	179	—79	96	79	—21	33	—24	—76	—61	6
1872	6	1	—17	72	70	4	—47	9	—22	8	184	46	24
1873	9	—35	5	—16	—32	—18	20	— 1	11	23	—63	—86	—14
1874	—51	—71	—57	—55	35	— 4	—54	—21	—12	—57	—16	15	—27
1875	75	—69	—59	—88	4	48	94	—43	—31	—11	94	—39	8
1876	— 69	135	156	39	— 60	—34	—10	— 6	104	—74	—29	47	7
1877	83	86	49	4	— 4	—51	27	—80	10	—47	11	2	6
1878	14	—35	27	39	109	15	—46	127	33	21	7	37	28
1879	30	187	—72	92	— 9	13	36	68	87	— 2	—10	—18	21
1880	—77	—10	—28	44	—89	67	—37	—24	17	157	—28	93	9
1881	—22	95	98	—30	—80	—57	—36	14	— 29	44	—66	—26	—13
1882	—67	—27	—25	77	18	16	160	25	101	49	180	41	53
1883	5	—24	—34	—82	—36	61	10	—11	37	27	42	—16	—10
1884	14	— 4	—62	—17	0	—52	—15	23	—27	—21	— 66	97	—12
1885	—51	73	26	—86	40	46	—90	—55	22	81	19	—31	8
1886	— 5	—83	— 3	—31	0	12	— 9	—55	—39	5	—29	100	— 5
1887	— 76	—63	17	—52	86	—69	—45	—49	23	—43	—10	58	—21
1888	— 57	—42	145	—40	—43	50	57	41	—31	—20	—66	—69	— 1
1889	— 83	69	—17	—56	43	—19	—29	—14	—80	—20	—24	8	—16
1890	109	—96	—52	87	35	—20	36	60	—98	16	4	— 98	— 2
1891	—23	—95	18	32	31	84	—31	—27	—16	3	— 4	25	3
1892	— 14	10	—28	—77	— 67	— 7	—53	—49	2	8	—62	—16	—32
1893	— 6	165	—59	—100	—15	—20	47	—46	34	38	24	—30	0
1894	—34	7	—33	—36	—14	—32	— 8	— 6	60	90	—32	—36	— 6
1895	26	—62	3	7	—24	—33	—36	—15	—96	3	3	47	—15

Lustren-Mittel

Jahre	Jan.	Febr.	März	April	Mai	Juni	Juli	Aug.	Sept.	Okt.	Nov.	Dez.	Jahr
1826/30	17.6	—	—	—	—	—	—	—	31.8	— 6.8	—	—	—
1831/35	—	—	—	—	—	—	—	—	—	—	—	—	—
1836/40	—	—	—	—	—	—	—20.8	4.4	48.8	—29.4	22.2	10.6	—
1841/45	32.4	21.6	11.0	1.2	46.4	— 5.8	— 1.8	56.6	17.0	18.8	24.0	— 1.8	17.4
1846/50	2.8	19.4	—21.4	63.0	—21.4	—18.2	—23.0	—	—	—	—10.0	— 7.0	—
1851/55	24.4	— 5.0	—31.0	— 0.8	29.6	32.2	9.4	42.2	—19.8	6.6	—29.6	1.3	6.6
1856/60	17.4	—18.2	—36.4	60.4	65.4	— 0.8	—37.6	48.0	26.6	—22.8	3.2	—10.0	5.0
1861/65	16.4	—21.8	7.8	—68.2	—14.2	44.2	14.0	—40.6	—17.6	—33.4	4.6	—39.4	8.8
1866/70	25.0	30.2	10.6	49.2	— 2.0	—39.0	11.2	7.8	—19.2	21.2	1.2	29.2	8.2
1871/75	6.0	—31.2	—39.8	18.0	— 0.4	25.2	18.4	—15.4	— 4.2	—12.2	24.6	—25.0	0.6
1876/80	— 3.8	62.6	26.4	43.6	—10.6	2.0	— 6.0	27.0	40.2	11.0	— 9.8	34.2	14.2
1881/85	—24.2	22.6	0.6	—17.6	—11.6	—21.6	17.8	0.8	20.8	36.0	21.8	13.0	5.2
1886/90	—23.6	—33.0	18.0	—28.4	24.2	—10.4	2.4	— 3.4	—35.0	—12.4	—26.8	— 0.2	— 9.0
1891/95	—10.2	5.0	—19.8	—34.6	—23.8	— 1.6	—16.2	—28.6	3.2	25.2	—14.2	— 2.4	—10.0

Mittelwerthe der Normalperiode.

1857/92	42.4	32.6	43.0	33.0	49.5	69.0	77.1	58.0	44.8	57.3	53.9	51.1	611.7

Tabelle 56. ## Grösste Niederschlagshöhe eines Tages.
mm.

Jahre	Jan.	Febr.	März	April	Mai	Juni	Juli	Aug.	Sept.	Okt.	Nov.	Dez.	Jahr
1866	6.7	14.7	11.3	11.5	7.5	12.1	21.1	13.9	28.4	1.7	11.7	7.5	29.4
1867	9.8	17.5	8.8	29.7	29.9	11.7	20.3	17.1	7.5	21.6	2.7	10.5	29.9
1868	5.3	5.3	5.1	9.8	4.6	14.5	21.5	5.8	20.1	20.3	16.6	15.8	21.5
1869	12.5	11.8	5.6	7.5	19.0	4.8	9.0	14.1	8.0	15.6	18.9	21.4	21.4
1870	7.9	3.2	16.2	2.5	7.0	6.8	59.8	62.8	10.2	22.3	8.3	16.5	62.8
1871	17.4	12.0	5.0	33.2	2.7	32.7	33.7	18.9	19.4	16.9	6.3	6.5	33.2
1872	12.2	9.5	10.6	26.6	17.6	24.6	11.3	14.0	19.2	13.1	24.2	14.2	26.6
1873	15.1	10.2	9.5	10.8	9.7	15.6	34.6	24.6	7.2	35.0	4.3	1.8	35.0
1874	6.1	5.2	4.3	7.7	20.6	16.5	20.5	17.1	17.1	11.7	13.2	9.2	20.6
1875	11.5	2.9	7.9	3.8	10.6	28.6	60.7	6.3	12.0	16.5	21.9	12.2	60.7
1876	4.5	9.9	22.1	29.3	9.0	19.2	22.1	14.3	14.3	7.4	11.3	10.6	29.3
1877	17.8	10.8	10.4	12.4	12.6	23.2	21.7	15.1	11.5	8.8	17.4	9.0	23.2
1878	6.8	9.3	8.7	9.0	19.3	20.2	13.7	28.9	32.1	17.6	11.0	12.7	32.1
1879	8.2	15.1	3.4	16.0	13.9	11.8	20.4	28.6	36.3	23.6	13.0	14.2	36.3
1880	3.4	8.4	26.5	24.4	2.6	29.6	14.7	11.7	14.0	23.0	9.8	18.9	29.6
1881	5.9	13.2	17.0	11.6	3.8	9.3	26.9	20.3	6.0	41.9	7.0	10.6	41.9
1882	6.2	5.9	0.8	22.9	18.9	14.9	45.8	13.7	24.7	14.9	19.2	17.5	45.8
1883	23.2	5.4	10.6	4.3	5.5	5.8	19.6	28.7	21.8	13.8	16.6	7.3	28.7
1884	11.8	5.3	3.6	10.3	10.2	17.6	12.2	21.5	14.4	9.3	6.1	21.4	21.5
1885	9.5	16.5	12.1	7.1	19.5	64.0	20.6	8.6	8.8	24.5	15.1	15.6	64.0
1886	7.6	9.6	18.2	4.4	12.8	12.4	16.7	6.9	10.3	18.2	5.1	13.5	18.2
1887	4.7	4.1	11.9	6.3	15.2	8.9	15.9	16.0	13.0	5.1	14.7	11.6	16.0
1888	5.8	6.4	14.4	9.3	9.2	16.5	13.8	14.8	9.0	20.0	4.3	6.1	20.0
1889	1.7	10.6	7.5	5.3	26.2	17.2	8.5	12.3	9.0	9.6	15.4	17.7	26.2
1890	22.8	1.8	9.2	8.7	32.0	13.0	23.1	16.0	0.4	19.9	10.6	0.8	32.0
1891	8.8	0.6	14.7	9.6	14.0	39.5	11.4	13.6	8.8	14.9	13.0	12.5	39.5
1892	8.6	7.3	14.4	2.8	9.8	16.6	21.7	16.9	0.1	12.8	7.1	16.8	21.7
1893	10.4	19.0	4.0	0.0	16.8	16.1	24.5	14.9	15.2	12.5	17.8	7.9	24.5
1894	11.8	9.0	10.1	5.6	13.4	9.1	15.6	8.6	19.2	44.4	15.7	6.1	44.4
1895	6.2	3.5	11.8	9.6	24.1	20.7	17.3	16.5	1.0	23.6	15.2	9.4	24.1

Daten der grössten Niederschlagshöhe im Jahre

1866	8. September.	1876	2. April.	1886	3. März, 16. Oktober.
1867	13. Mai.	1877	6. Juni.	1887	19. August.
1868	10. Juli.	1878	9. September	1888	9. Oktober.
1869	18. Dezember.	1879	17. September.	1889	21. Mai.
1870	10. August.	1880	12. Juni.	1890	14. Mai.
1871	29. April.	1881	26. Oktober.	1891	26. Juni.
1872	29. April.	1882	21. Juli.	1892	18. Juli.
1873	8. Oktober.	1883	7. August.	1893	29. Juli.
1874	15. Mai.	1884	13. August.	1894	23. Oktober.
1875	4. Juli.	1885	18. Juni.	1895	19. Mai.

Tab. 57. Zahl der Tage mit mehr als 0,2 mm. Niederschlag.

Regen, Schnee, Hagel, Graupeln.

Jahre	Jan.	Febr.	März	April	Mai	Juni	Juli	Aug.	Sept.	Okt.	Nov.	Dez.	Jahr
1866	14	16	17	13	11	11	12	18	12	3	18	15	155
1867	19	13	15	23	10	12	18	7	6	18	10	13	164
1868	16	11	14	16	9	9	14	11	8	16	8	21	152
1869	9	12	10	4	15	8	0	7	0	10	16	13	122
1870	12	5	8	6	6	7	8	17	10	19	11	14	123
1871	9	8	5	19	8	18	18	9	0	7	7	8	125
1872	9	11	9	10	18	13	9	12	7	14	21	16	149
1873	12	8	11	10	13	11	12	8	13	10	7	6	120
1874	10	6	9	5	13	10	6	10	6	5	10	17	107
1875	13	5	7	1	9	13	15	12	6	10	17	14	122
1876	5	18	20	8	6	7	10	7	18	5	14	19	137
1877	15	20	17	8	12	5	13	13	10	13	11	13	150
1878	15	11	18	10	17	12	11	16	8	17	15	16	166
1879	13	16	9	12	9	11	19	15	10	9	12	8	141
1880	5	12	5	10	4	18	18	9	12	18	18	23	142
1881	11	13	15	8	6	0	12	12	16	14	6	12	134
1882	5	9	9	9	12	13	19	18	12	20	22	13	161
1883	9	0	8	8	9	12	18	7	13	13	19	16	136
1884	13	9	10	8	8	8	14	10	7	15	9	16	127
1885	6	13	10	7	16	8	7	11	14	19	10	11	132
1886	18	5	13	9	12	21	16	8	7	10	18	24	161
1887	7	7	13	5	20	5	5	7	13	12	15	22	131
1888	7	11	21	8	8	16	24	10	6	11	10	5	137
1889	5	19	9	9	9	13	17	13	12	16	11	8	141
1890	16	1	8	12	11	14	18	19	1	11	18	2	133
1891	11	2	14	12	13	16	13	12	9	11	14	16	143
1892	13	15	5	6	6	14	7	11	11	15	8	12	123
1893	13	20	10	0	10	7	18	10	15	16	18	12	189
1894	10	12	10	8	11	13	14	16	14	17	9	14	148
1895	22	10	13	11	9	11	10	11	2	14	14	17	144
Lustren-Mittel													
1866/70	14.0	11.4	12.8	12.2	10.2	9.4	12.2	12.0	9.0	13.2	11.6	15.2	143.2
1871/75	10.6	7.6	8.2	9.0	12.0	13.0	12.0	10.2	8.2	9.2	12.4	12.2	124.6
1876/80	10.6	15.1	13.8	9.6	9.6	10.6	13.2	11.6	11.6	12.4	13.0	15.8	147.2
1881/85	8.8	10.6	10.1	7.0	10.2	10.0	11.0	11.6	12.4	16.2	13.2	13.6	138.0
1886/90	11.0	8.6	12.8	8.6	12.0	13.8	16.0	11.4	7.8	12.0	14.4	12.2	140.6
1891/95	13.8	11.8	10.4	7.4	9.8	12.2	11.4	12.0	10.2	14.6	11.6	14.2	139.4

Tabelle 58.

Zahl der Tage mit Niederschlag.

Regen, Schnee, Hagel, Graupeln — ohne untere Grenze.

Jahre	Jan.	Febr.	März	April	Mai	Juni	Juli	Aug.	Sept.	Okt.	Nov.	Dez.	Jahr
1826	10	14	10	15	15	12	15	8	7	10	18	7	141
1827	18	7	9	11	16	17	7	15	6	13	10	15	144
1828	15	11	17	22	10	11	22	21	12	17	18	15	191
1829	19	17	9	20	9	15	14	20	19	14	18	10	184
1830	10	14	15	20	15	21	10	13	14	9	8	16	165
1831	11	18	16	14	8	17	17	11	16	8	24	12	172
1832	12	5	17	6	15	17	11	13	8	6	10	10	130
1833	5	12	11	18	6	13	13	17	13	8	4	18	138
1834	18	4	6	11	11	14	9	8	9	14	4	8	116
1835	7	16	11	15	21	7	7	7	11	13	9	13	137
1836	16	12	15	15	10	11	11	14	15	11	10	17	166
1837	20	11	14	12	13	11	11	10	6	11	14	8	141
1838	4	7	14	10	9	17	9	11	7	8	16	9	121
1839	19	10	9	13	12	10	12	9	13	9	11	18	145
1840	16	11	14	4	15	16	13	8	17	15	21	5	155
1841	18	7	7	6	5	13	13	8	14	21	15	19	146
1842	14	5	16	3	6	9	9	4	16	5	19	9	109
1843	16	9	7	14	14	17	16	14	10	20	11	7	155
1844	17	17	22	5	16	8	17	22	13	11	14	6	168
1845	7	9	10	7	15	8	15	13	8	9	11	20	132
1846	11	12	11	18	10	8	13	12	7	15	8	17	142
1847	15	15	12	18	16	17	12	14	16	14	12	10	171
1848	6	20	21	21	5	17	11	21	8	15	16	9	170
1849	11	7	11	15	13	14	12	10	10	11	11	18	141
1850	10	11	8	7	10	10	15	16	10	14	12	10	133
1851	10	4	20	22	15	18	19	14	18	10	7	5	162
1852	12	16	5	5	14	14	5	16	15	13	17	15	147
1853	17	13	6	21	14	12	13	8	11	15	5	7	142
1854	13	15	4	9	16	21	14	13	6	20	16	21	168
1855	13	11	18	8	18	11	21	13	4	15	8	10	150
1856	14	10	4	17	21	18	13	12	17	5	14	17	162
1857	13	3	15	11	12	9	9	8	10	12	6	10	118
1858	12	6	8	11	15	7	18	13	9	9	13	17	138
1859	19	13	17	16	14	8	7	16	19	14	15	14	166
1860	18	17	18	11	12	18	13	26	13	18	14	19	197
1861	5	9	20	7	16	18	20	9	13	4	18	7	146
1862	18	6	10	13	15	18	14	9	7	13	11	13	149
1863	16	6	18	11	13	18	18	16	14	10	17	21	173
1864	7	13	8	8	11	17	12	10	13	10	12	7	128
1865	16	13	17	4	11	10	12	15	3	19	17	5	142
1866	17	20	18	14	18	15	13	21	14	8	15	17	185
1867	19	17	18	14	12	13	19	9	7	21	13	17	198
1868	18	12	15	16	10	11	16	12	9	13	10	25	172
1869	12	14	13	7	20	14	11	6	12	18	17	15	160
1870	15	7	15	9	10	12	12	18	14	20	13	20	165

Tabelle 58.

Zahl der Tage mit Niederschlag.

Regen, Schnee, Hagel, Graupeln — ohne untere Grenze.

Jahre	Jan.	Febr.	März	April	Mai	Juni	Juli	Aug.	Sept.	Okt.	Nov.	Dez.	Jahr
1871	11	13	7	22	9	23	19	10	9	9	13	9	154
1872	12	12	10	14	20	14	12	13	13	19	25	18	182
1873	12	11	13	14	19	12	15	8	15	11	14	8	152
1874	13	8	16	6	17	14	7	12	10	10	19	22	154
1875	16	8	12	7	15	16	18	15	10	14	17	16	164
1876	7	21	25	11	10	9	11	12	26	11	19	21	183
1877	18	26	24	10	17	7	19	17	15	14	14	17	198
1878	18	13	27	14	22	16	16	21	11	19	21	23	220
1879	19	23	15	21	15	17	22	21	13	13	19	12	210
1880	13	15	8	11	7	21	16	12	12	21	18	27	181
1881	16	16	17	11	12	12	13	18	20	16	14	15	180
1882	6	9	13	11	15	16	19	17	14	19	24	18	181
1883	10	8	14	4	12	11	25	9	15	15	18	17	158
1884	18	10	14	9	12	12	17	12	9	10	9	18	156
1885	7	14	15	9	21	10	9	15	16	20	12	11	159
1886	24	8	12	14	14	23	14	10	9	11	21	26	186
1887	9	11	17	11	22	7	9	8	14	16	17	21	162
1888	15	15	25	15	10	20	25	15	10	11	14	7	182
1889	12	20	21	13	12	15	17	15	16	19	16	11	193
1890	17	6	16	14	12	19	22	23	6	17	23	8	183
1891	19	4	18	16	20	20	18	18	8	11	16	21	180
1892	17	17	8	10	9	16	11	14	15	19	17	17	170
1893	19	23	11	3	15	14	10	16	16	19	19	13	187
1894	17	18	12	13	16	17	20	22	16	22	11	19	202
1895	29	17	19	13	17	15	16	14	6	18	15	20	199

Lustren-Mittel

	Jan.	Febr.	März	April	Mai	Juni	Juli	Aug.	Sept.	Okt.	Nov.	Dez.	Jahr
1826/30	14.4	12.6	12.0	17.6	13.0	15.2	13.6	15.4	11.6	12.6	14.4	12.6	165.0
1831/35	10.6	11.0	12.2	12.8	12.2	13.6	11.4	11.2	11.4	9.8	10.2	12.2	136.6
1836/40	15.0	10.2	13.2	10.8	11.8	13.0	11.2	10.4	11.6	10.8	16.2	11.4	145.6
1841/45	14.4	9.4	13.4	7.0	11.2	9.8	14.0	12.2	12.2	13.2	14.0	12.2	142.0
1846/50	10.6	13.0	12.6	15.8	10.8	13.2	12.6	14.6	10.2	14.4	11.8	11.8	151.4
1851/55	13.0	11.8	10.6	13.0	15.4	15.2	14.4	12.6	10.8	14.6	10.6	11.6	153.8
1856/60	15.2	9.8	12.4	13.2	14.8	12.0	12.0	13.6	13.6	11.6	12.4	15.4	156.2
1861/65	12.4	9.8	14.6	8.6	13.2	16.2	13.8	12.2	10.0	11.2	15.0	10.6	147.6
1866/70	16.2	14.0	15.6	14.0	14.8	13.0	14.2	13.6	11.2	16.0	13.6	18.8	175.0
1871/75	12.8	10.4	11.6	12.6	16.0	15.8	14.2	11.6	11.4	12.6	17.6	14.6	161.2
1876/80	15.0	19.6	19.8	13.4	14.2	14.0	16.6	16.6	15.4	15.6	18.2	20.0	194.4
1881/85	11.4	11.4	14.6	8.8	14.4	12.2	16.6	14.2	14.8	17.2	15.4	15.8	166.8
1886/90	15.4	13.2	18.2	13.4	14.0	16.8	17.4	14.2	11.0	14.8	18.2	14.6	181.2
1891/95	20.2	15.8	13.6	11.0	15.4	16.4	16.8	16.8	12.2	17.8	15.6	17.8	189.4

Tabelle 59.

Zahl der Tage mit Regen.

Jahre	Jan.	Febr.	März	April	Mai	Juni	Juli	Aug.	Sept.	Okt.	Nov.	Dez.	Jahr
1826	0	14	9	15	15	12	15	8	7	10	16	7	128
1827	9	2	9	11	16	17	7	15	6	13	4	15	124
1828	11	5	14	21	9	10	22	21	12	16	16	14	171
1829	7	7	5	20	9	15	14	20	19	14	11	1	142
1830	1	10	15	20	15	21	10	12	14	9	7	8	142
1831	4	13	15	14	8	17	17	11	16	8	17	10	150
1832	11	4	16	6	15	17	11	13	8	6	9	8	124
1833	2	10	5	17	6	15	13	17	13	8	4	15	123
1834	17	1	6	8	11	14	9	8	9	[14]	4	5	106
1835	5	13	11	10	21	7	7	7	10	13	6	4	114
1836	11	4	14	13	[10]	11	11	14	15	9	17	11	140
1837	10	9	5	10	13	11	11	10	6	11	10	5	111
1838	1	4	12	5	9	16	9	11	7	7	15	4	100
1839	7	6	5	11	12	10	12	9	13	7	10	14	116
1840	13	8	5	4	15	16	13	8	17	15	20	3	137
1841	9	3	5	5	5	12	13	8	13	21	13	18	125
1842	1	2	15	3	6	3	9	4	16	5	12	8	84
1843	10	7	4	13	14	14	16	14	10	20	11	7	140
1844	14	7	17	5	16	8	17	22	13	11	13	8	146
1845	3	1	5	7	14	8	15	13	8	9	11	19	113
1846	10	10	11	13	10	8	13	12	7	15	8	5	127
1847	10	4	5	16	16	17	12	14	16	14	10	6	140
1848	1	7	18	21	5	17	11	21	8	15	16	6	157
1849	9	7	8	14	13	14	12	10	10	14	8	6	125
1850	8	7	2	7	10	10	15	16	10	14	12	10	116
1851	8	4	16	23	15	18	19	14	18	10	7	5	156
1852	12	12	4	5	14	14	5	16	15	13	17	15	142
1853	16	2	3	19	14	12	13	8	11	15	4	0	117
1854	7	4	3	9	16	21	14	13	6	20	13	18	144
1855	5	3	13	8	18	11	21	13	4	15	6	2	119
1856	11	6	4	17	21	18	13	12	17	5	10	10	144
1857	7	2	9	11	13	9	9	8	10	8	5	10	101
1858	4	2	2	10	15	7	18	12	9	9	9	15	112
1859	16	11	14	12	11	8	7	10	17	14	13	7	143
1860	16	6	14	10	12	18	13	25	18	15	10	7	159
1861	2	6	19	5	14	17	19	8	12	4	17	6	129
1862	13	7	9	9	15	18	14	9	7	11	7	10	129
1863	13	6	18	10	12	18	11	17	14	9	11	18	160
1864	6	3	8	5	10	17	12	10	11	9	11	1	103
1865	8	8	6	4	11	10	12	15	3	17	15	4	113
1866	14	17	16	13	16	15	13	20	14	2	13	17	172
1867	14	16	14	24	17	18	9	7	21	10	10		173
1868	9	11	12	15	10	12	16	11	8	16	10	23	153
1869	10	13	6	8	20	14	10	8	12	15	16	8	140
1870	9	2	10	9	10	12	12	18	14	20	12	9	137

Tabelle 59. ## Zahl der Tage mit Regen.

Jahre	Jan.	Febr.	März	April	Mai	Juni	Juli	Aug.	Sept.	Okt.	Nov.	Dez.	Jahr
1871	3	10	5	21	9	28	19	10	9	0	8	0	126
1872	8	10	9	14	20	14	12	13	13	19	23	17	172
1873	12	7	13	12	19	12	15	8	15	11	14	8	146
1874	12	7	11	6	17	14	7	12	10	10	12	9	127
1875	13	1	6	7	15	16	18	15	10	14	14	10	130
1876	4	14	20	11	10	9	11	12	26	10	17	20	164
1877	17	22	18	10	17	7	19	17	15	14	14	18	183
1878	11	9	19	14	22	16	15	21	11	19	20	9	186
1879	11	14	7	19	12	17	22	21	13	13	13	4	166
1880	2	12	8	11	7	21	16	12	12	20	15	27	163
1881	6	14	14	10	12	12	12	18	20	13	14	18	158
1882	5	9	13	10	14	16	19	17	14	18	23	12	170
1883	9	8	4	4	12	11	23	9	15	15	18	15	148
1884	17	9	13	8	12	12	17	12	7	16	4	14	141
1885	4	13	12	9	21	10	9	15	16	20	12	5	146
1886	11	1	6	14	14	23	14	10	9	11	21	18	152
1887	2	5	12	10	22	7	9	8	14	15	16	14	134
1888	11	9	17	13	10	20	25	15	10	11	14	7	162
1889	8	8	17	13	12	15	17	15	16	19	14	6	160
1890	16	2	14	14	12	19	23	23	6	17	20	3	168
1891	7	1	12	16	20	20	18	16	8	11	14	19	164
1892	11	9	6	10	9	16	11	13	15	19	17	7	143
1893	6	23	9	8	15	14	19	16	16	19	16	12	168
1894	14	16	11	13	16	17	20	22	16	22	11	13	191
1895	10	0	16	12	17	15	16	14	6	17	14	16	153
Lustren-Mittel													
1826/30	5.6	7.6	10.4	17.4	12.8	15.0	13.6	15.2	11.6	12.4	10.8	9.0	141.4
1831/35	7.8	8.2	10.4	11.0	12.2	18.6	11.4	11.2	11.2	[9.8]	8.0	8.4	123.2
1836/40	8.4	6.2	8.2	8.6	[11.8]	12.8	11.2	10.4	11.6	9.8	14.4	7.4	120.8
1841/45	7.4	4.0	9.2	6.6	11.0	9.0	14.0	12.2	12.0	13.2	12.0	11.0	121.6
1846/50	6.6	9.2	8.8	15.2	10.8	13.2	12.6	14.6	10.2	14.4	10.8	6.6	133.0
1851/55	9.6	5.0	7.6	12.6	15.4	15.2	14.4	12.8	10.8	14.6	9.4	8.0	135.6
1856/60	10.8	5.4	8.6	12.0	15.0	12.0	12.0	13.4	13.2	10.2	9.4	9.8	131.8
1861/65	8.4	6.0	12.0	6.6	12.4	16.0	13.6	11.8	9.4	10.0	12.8	7.8	126.8
1866/70	11.2	11.8	12.0	13.8	14.6	13.2	13.8	13.2	11.0	14.8	12.2	13.4	155.0
1871/75	9.6	7.0	8.8	12.0	16.0	15.8	14.2	11.6	11.4	12.6	14.2	8.8	142.0
1876/80	9.0	14.2	14.4	13.0	13.6	14.0	16.6	16.6	15.4	15.2	15.8	14.6	172.4
1881/85	8.2	10.6	11.2	8.2	14.2	12.2	16.0	14.2	14.4	16.4	14.2	11.8	151.6
1886/90	9.6	5.0	13.2	12.8	14.0	16.8	17.4	14.2	11.0	14.6	17.0	9.6	155.2
1891/95	9.6	9.8	10.8	10.8	15.4	16.4	16.8	16.6	12.2	17.6	14.4	13.4	163.8

Tabelle 60. <h1 style="text-align:center">Zahl der Tage mit Schnee.</h1>

Jahre	Jan.	Fbr.	Mrz.	Apr.	Mai	Okt.	Nov.	Dez.	Jahr	Jahre	Jan.	Fbr.	Mrz.	Apr.	Mai	Okt.	Nov.	Dez.	Jahr
1826	10	3	5	2	—		7		27	1871	9	4	3	5	—	—	8	9	38
1827	15	7	—	—	…	—	6	—	28	1872	7	3	2	—	…	—	2	3	16
1828	5	6	5	3	—	1	3	8	26	1873	1	6	—	3	—	—	1	—	11
1829	16	10	4	—	…	—	7	6	43	1874	2	4	5	—	—	—	9	13	33
1830	11	6	…	1	…	—	1	9	28	1875	1	8	6	—	…	—	4	6	29
1831	7	7	3	—			10	2	29	1876	4	9	9	—		…	5	1	28
1832	4	2	2				1	2	11	1877	6	6	9	2		…	1	7	31
1833	3	3	6	—	—		…	3	15	1878	8	5	12	—		1	3	16	15
1834	3	3	2	2		2	…	4	15	1879	10	12	9	3	…	1	7	8	70
1835	3	5	4	3		…	3	10	28	1880	8	2	—	—	—	2	2	2	16
1836	8	8				5	2	7	28	1881	11	3	3	1	—	1	…	4	23
1837	12	3	10	4			5	4	38	1882	1	1	—	1	—	—	7	9	19
1838	4	4	2	6		1	1	9	27	1883	3	3	11	1	—	—	…	5	23
1839	12	7	4	3	—	2	1	5	31	1884	3	—	3	3	…	—	6	7	22
1840	3	2	10			…		3	18	1885	5	3	2	—	…	—	—	6	16
1841	10	4	2		…	—	3	4	23	1886	17	7	7	…		—	—	13	44
1842	14	4	5	—		—	9	1	33	1887	6	7	5	2		1	2	10	33
1843	6	3	3	1	—	—	1	1	15	1888	5	7	10	2	—		…	2	21
1844	6	15	9	…		—	3	4	37	1889	4	21	6	2			3	6	42
1845	8	9	5			—		6	28	1890	4	4	4	1	…		4	4	21
1846	1	2	1					13	17	1891	15	2	9			—	3	3	32
1847	8	12	10	4			1	4	39	1892	8	9	4	2	1	3	…	11	38
1848	5	4	6	—			3	3	21	1893	11	1	4			—	4	6	28
1849	5	1	6	3			3	8	26	1894	3	5	1	—		—	1	5	16
1850	5	5	6	…			1	2	22	1895	21	17	4	1		—	1	10	54
1851	2	2	4	—	—	…	6	4	18	Lustren-Mittel									
1852	3	6	3	2	—	—	1	1	14	1826/30	11.4	6.4	2.8	1.2	—	0.2	4.8	3.6	30.4
1853	1	11	8	3	—	—	1	7	31	1831/35	3.8	4.0	3.4	1.0	…	0.4	2.8	4.2	19.6
1854	6	13	1	1		…	9	8	39	1836/40	7.8	4.4	5.2	2.6		1.2	1.8	5.6	29.0
1855	9	9	6	…	—		4	8	36	1841/45	8.8	7.0	4.8	0.2		—	3.2	3.2	27.2
1856	4	4			1	…	8	9	26	1846/50	5.4	4.8	5.8	1.4		…	1.6	6.0	25.0
1857	7	1	5	2			1	1	17	1851/55	4.0	8.2	4.4	1.2		—	4.0	6.6	27.4
1858	8	4	6	3	1	—	7	3	32	1856/60	5.6	6.4	4.2	1.8	0.4	…	5.2	6.2	28.8
1859	4	3	4	2	—		1	5	22	1861/65	5.2	4.2	4.8	1.0	0.2	…	1.0	3.6	30.0
1860	5	15	6	2			6	13	47	1866/70	6.0	2.0	5.4	0.6		0.6	3.0	6.2	24.4
1861	3	2	5	1			1	2	14	1871/75	4.6	4.8	3.2	1.6	…	—	1.8	6.2	25.2
1862	6	1	3	1	—	…	2	7	22	1876/80	7.2	6.8	7.8	1.0	—	0.8	3.6	6.8	34.0
1863	3	1	2	—			1	2	9	1881/85	4.6	2.0	3.8	1.2		0.2	2.6	6.2	20.6
1864	—	10		3	1	—	1	6	21	1886/90	7.2	9.2	6.4	1.4		0.2	1.8	6.6	32.8
1865	12	7	14	…	1	—	—	1	31	1891/95	12.2	6.8	4.4	0.6	0.2	0.6	1.8	6.6	33.4
1866	4	3	3				4	2	16										
1867	7	1	7	…			5	12	32										
1868	12	—	4	3		…	1		20										
1869	1	1	9	—		3	3	6	23										
1870	6	5	6	1		…	2	11	31										

Tabelle 61.

Zahl der Tage mit Schneedecke

um 12 Uhr Mittags — ausserhalb der Stadt.

Jahre	Jan.	Fbr.	Mrz.	Okt.	Nov.	Dez.	Jahr
1867	—	—	—	—	2	10	—
1868	10	—	—	—	1	—	11
1869	—	—	1	3	4	21	29
1870	8	4	—	—	—	20	32
1871	81	6	—	—	1	21	59
1872	13	1	1	—	1	1	17
1873	—	4	—	—	—	—	4
1874	—	3	—	—	3	12	18
1875	6	9	2	—	5	13	35
1876	8	11	—	—	3	3	25
1877	—	1	4	—	—	7	12
1878	10	11	1	—	—	21	43
1879	18	4	4	—	—	30	56
1880	15	10	—	—	3	1	29
1881	18	3	2	—	—	—	23
1882	—	—	—	—	2	7	9
1883	1	—	11	—	—	7	19
1884	—	—	—	—	1	1	2
1885	17	—	—	—	—	13	30
1886	19	9	20	—	—	12	60
1887	30	3	5	—	6	12	56
1888	12	5	4	—	—	—	21
1889	—	24	2	—	1	21	48
1890	—	—	2	—	2	2	6
1891	18	—	1	—	—	—	19
1892	18	8	3	—	—	—	29
1893	29	—	—	—	—	6	35
1894	5	—	—	—	—	4	9
1895	26	27	3	—	2	8	66

Lustren-Mittel

	Jan.	Fbr.	Mrz.	Okt.	Nov.	Dez.	Jahr
1871/75	10.0	4.6	0.6	—	2.0	9.4	26.6
1876/80	10.2	7.4	1.8	—	1.2	12.4	33.0
1881/85	7.2	0.6	2.6	—	0.6	5.6	16.6
1886/90	12.2	8.2	6.6	—	1.8	9.4	38.2
1891/95	19.2	7.0	1.4	—	0.4	3.6	31.6

Tabelle 62.

Höchste monatliche u. jährliche Schneedecke

Morgens — cm.

Jahre	Jan.	Fbr.	Mrz.	Apr.	Okt.	Nov.	Dez.	Jahr
1867	—	—	—	—	—	—	8	—
1868	14	—	—	3	—	3	—	14
1869	0	—	4	12	9	12	15	15
1870	7	5	1	—	—	0	11	11
1871	12	6	0	—	—	4	11	12
1872	3	1	4	—	—	6	8	6
1873	—	1	—	—	—	1	—	1
1874	—	3	—	—	...	5	22	22
1875	16	4	1	—	—	5	16	16
1876	1	12	0	—	—	4	1	12
1877	—	0	4	—	—	—	5	5
1878	4	8	1	—	—	—	10	16
1879	10	16	14	4	—	0	15	16
1880	5	4	—	—	—	13	3	13
1881	10	4	7	—	—	2	—	10
1882	—	—	—	—	—	1	10	10
1883	1	—	9	—	—	—	4	9
1884	—	—	2	—	—	3	—	3
1885	5	1	—	—	—	—	10	10
1886	6	9	16	—	—	—	18	18
1887	11	2	15	—	—	5	17	17
1888	14	4	5	1	—	—	—	14
1889	—	36	—	—	—	9	16	36
1890	1	—	6	—	—	2	2	6
1891	18	—	0	—	—	—	—	18
1892	8	12	4	—	—	—	8	12
1893	21	—	—	—	—	1	4	21
1894	1	0	—	—	—	—	2	2
1895	9	15	1	—	—	4	6	15

Tabelle 63. **Zahl der Tage mit Hagel.**

Jahre	Jan.	Febr.	März	April	Mai	Juni	Juli	Aug.	Sept.	Okt.	Nov.	Dez.	Jahr
1826	—	—	—	1	2	3	—	—	—	—	—	—	6
1827	1	—	—	2	3	—	—	—	—	—	—	—	6
1828	—	..	—	2	2	1	—	—	—	—	1	1	7
1829	—	—	—	4	—	1	1	—	—	—	1	—	7
1830	1	—	1	—	1	—	—	1	—	—	—	—	4
1831	—	—	—	3	—	—	—	—	—	—	1	—	4
1832	—	—	—	1	1	—	—	—	—	—	1	1	4
1833	—	1	1	5	—	2	—	—	—	—	—	1	10
1834	—	—	—	—	—	—	—	—	—	—	—	—	—
1835	—	—	1	1	—	1	1	—	1	—	—	—	5
1836	—	—	1	2	—	—	—	—	—	—	—	—	3
1837	—	—	—	—	—	—	—	—	—	—	—	—	—
1838	—	—	1	—	—	1	—	—	—	—	—	—	2
1839	—	—	1	2	1	—	—	—	—	—	1	—	5
1840	1	1	—	—	1	1	—	—	—	—	1	—	5
1841	—	—	—	1	—	1	—	—	1	—	—	—	3
1842	—	1	—	—	—	—	—	—	—	—	—	—	1
1843	—	—	—	2	—	3	—	—	1	—	—	—	6
1844	—	—	1	—	—	—	—	—	—	2	—	—	3
1845	—	—	—	2	3	1	—	3	—	—	—	—	9
1846	—	—	4	3	2	1	—	—	—	—	—	1	11
1847	1	1	2	—	—	1	—	1	1	—	—	—	7
1848	—	1	5	3	1	—	—	—	—	—	—	1	11
1849	—	—	—	2	1	—	—	—	1	—	1	—	5
1850	—	—	—	—	—	1	—	—	—	—	—	—	1
1851	—	—	3	3	2	—	—	1	—	—	—	—	8
1852	—	—	—	—	—	—	1	—	—	—	—	—	1
1853	—	—	—	3	1	—	—	—	—	—	—	—	4
1854	—	1	—	—	—	1	—	—	—	—	—	—	2
1855	—	—	—	—	2	1	—	1	—	—	1	—	5
1856	—	—	—	1	—	—	—	—	—	—	—	—	1
1857	—	—	3	4	—	1	—	—	—	—	—	—	8
1858	—	—	—	—	2	—	—	1	—	—	1	1	5
1859	—	—	1	1	—	—	—	—	—	—	—	—	2
1860	—	—	3	1	1	—	—	—	—	—	1	—	6
1861	—	—	5	1	2	—	—	—	—	—	—	—	8
1862	—	—	—	2	—	1	1	—	—	—	—	—	4
1863	2	—	1	3	—	—	—	—	—	—	—	—	6
1864	—	—	1	1	—	—	—	—	—	—	1	—	3
1865	1	—	—	—	—	—	—	1	—	—	—	—	2
1866	—	1	1	2	1	2	—	—	2	—	1	—	10
1867	—	—	1	4	1	—	1	—	—	—	—	—	7
1868	—	—	—	1	—	—	—	—	—	—	—	—	1
1869	—	—	—	—	—	—	—	—	1	1	—	1	3
1870	—	—	1	3	—	—	2	—	—	1	—	—	7

Tabelle 63.   # Zahl der Tage mit Hagel.

Jahre	Jan.	Febr.	März	April	Mai	Juni	Juli	Aug.	Sept.	Okt.	Nov.	Dez.	Jahr
1871	—	—	—	2	—	—	2	—	—	—	—	—	4
1872	—	...	1	1	—	—	1	—	—	—	—	—	3
1873	—	—	—	—	1	—	1	—	—	—	—	—	2
1874	—	—	1	1	3	—	—	—	—	—	1	1	7
1875	—	—	—	—	2	—	1	—	—	—	—	—	3
1876	—	—	1	2	—	—	—	—	1	—	1	—	5
1877	—	1	2	—	—	—	1	—	—	—	1	1	6
1878	—	—	1	2	1	1	1	1	—	—	—	—	7
1879	—	—	—	—	—	—	1	—	—	—	—	—	1
1880	—	—	1	—	—	—	—	—	—	—	1	—	2
1881	—	—	—	1	—	—	—	—	—	—	—	—	1
1882	—	—	1	—	2	—	—	2	—	—	1	—	6
1883	—	—	—	—	1	—	1	—	—	—	1	—	3
1884	—	1	—	—	1	—	1	—	—	—	—	—	3
1885	—	—	—	—	2	2	—	—	—	—	—	—	4
1886	—	—	—	—	1	—	—	—	—	—	—	1	2
1887	—	—	—	—	4	—	—	—	—	—	—	—	4
1888	1	—	1	—	—	—	1	1	—	—	—	—	4
1889	—	—	—	—	1	1	1	—	1	—	—	—	4
1890	1	—	—	—	—	—	1	—	—	—	—	—	2
1891	—	—	—	2	1	1	1	—	—	—	—	1	6
1892	—	—	—	—	—	—	—	—	—	—	1	—	1
1893	—	—	—	—	—	—	—	—	—	—	—	—	
1894	—	—	—	—	1	—	—	—	1	—	—	—	2
1895	—	—	2	—	—	—	—	—	—	—	—	—	2
Lustren-Mittel													
1826/30	0.4	—	0.2	1.6	1.6	1.0	0.2	0.2	—	—	0.4	0.2	6.0
1831/35	—	0.2	0.4	2.0	0.2	0.6	0.2	—	0.2	—	0.4	0.4	4.6
1836/40	0.2	0.2	0.6	0.8	0.4	0.4	—	—	—	—	0.4	—	3.0
1841/45	—	0.2	0.2	1.0	0.6	1.0	—	0.6	0.4	0.4	—	—	4.4
1846/50	0.2	0.4	2.2	1.6	0.8	0.6	—	0.2	0.4	—	0.2	0.4	7.0
1851/55	—	0.2	0.8	1.0	1.0	0.4	0.2	0.4	—	—	0.2	—	4.0
1856/60	—	—	1.4	1.4	0.6	0.2	—	0.2	—	0.2	0.2	0.2	4.4
1861/65	0.6	—	1.4	1.4	0.4	0.2	0.2	0.2	—	—	0.2	—	4.6
1866/70	—	0.2	0.6	2.0	0.4	0.4	0.6	—	0.6	0.4	0.2	0.2	5.6
1871/75	—	—	0.4	0.8	1.2	—	1.0	—	—	—	0.2	0.2	3.8
1876/80	—	0.2	1.0	0.8	0.2	0.2	0.6	0.2	0.2	—	0.6	0.2	4.2
1881/85	—	0.2	0.2	0.2	1.2	0.4	0.4	0.4	—	—	0.4	—	3.4
1886/90	0.4	—	0.2	—	1.2	0.2	0.6	0.2	0.2	—	—	0.2	3.2
1891/95	—	—	0.4	0.4	0.4	0.2	0.2	—	0.2	—	0.2	0.2	2.2

Tabelle 64.   Zahl der Tage mit Graupeln.

Jahre	Jan.	Febr.	März	April	Mai	Juni	Juli	Aug.	Sept.	Okt.	Nov.	Dez.	Jahr
1880	—	—	—	—	—	—	—	—	—	2	1	—	3
1881	2	3	—	—	—	—	—	—	—	1	—	—	6
1882	—	—	2	—	—	—	—	—	—	—	3	—	5
1883	—	—	—	—	1	—	—	—	—	1	1	1	4
1884	3	—	—	1	—	—	—	—	—	—	—	1	5
1885	1	1	1	—	—	—	—	—	—	—	1	—	4
1886	—	—	1	—	—	—	—	—	—	—	—	—	1
1887	2	—	2	—	2	—	—	—	—	1	1	2	10
1888	1	—	1	—	—	—	—	—	—	—	—	—	2
1889	—	4	—	2	—	—	—	—	1	—	2	—	9
1890	1	—	1	1	—	—	—	—	—	—	2	1	6
1891	3	2	2	—	—	—	—	—	—	—	—	2	9
1892	4	2	—	—	1	—	—	—	—	1	1	4	13
1893	1	1	3	—	—	—	—	—	—	—	1	2	8
1894	1	—	1	—	—	—	—	—	—	—	—	2	4
1895	2	—	3	—	—	—	—	—	—	1	—	1	7
Lustren-Mittel													
1881/85	1.2	0.8	0.6	0.2	0.2	—	—	—	—	0.4	1.0	0.4	4.8
1886/90	0.8	0.8	1.0	0.6	0.4	—	—	—	0.2	0.2	1.0	0.6	5.6
1891/95	2.2	1.0	1.8	—	0.2	—	—	—	—	0.4	0.4	2.2	8.2

Tabelle 65.   # Zahl der Tage mit Thau.

Jahre	Jan.	Febr.	März	April	Mai	Juni	Juli	Aug.	Sept.	Okt.	Nov.	Dez.	Jahr
1880	—	—	2	1	—	—	—	1	9	3	—	—	[10]
1881	—	—	—	—		—	—	1	8	3	—	—	[7]
1882	—	—	6	4	2	6	—	6	9	6	2	..	41
1883	—	1	—	5	3	4	—	11	15	12	—	—	61
1884	—	—	6	3	5	1	2	5	16	2	1	—	41
1885	..	—	—	2	4	2	9	4	11	4	4	—	40
1886	—	—	..	3	1	1	4	7	14	9	2		41
1887	—	—	—	1	1	—	—	8	11	2	1		24
1888	..	—	1	2	—	5	1	11	18	11	1	—	50
1889	—	—	—	3	2	—	3	12	9	17	1	—	47
1890	—	—	4	3	2	4	9	10	15	8	1	—	56
1891	—	—	—	1	—	2	7	11	17	17	..	—	55
1892	—	—	—	1	2	5	2	10	15	9	3	—	47
1893	—	1	3	1	2	1	2	16	13	11	1	—	51
1894	..	—	2	8	6	7	6	16	10	5	4	—	64
1895	—	—	—	5	6	6	7	18	20	9	3	—	74
Lustren-Mittel													
1881/95	—	0.2	2.4	2.8	2.8	2.6	2.2	5.4	10.8	5.4	1.4	..	[36.0]
1886/90	—	—	1.0	2.4	1.2	2.0	3.4	9.6	13.4	9.4	1.2	—	43.6
1891/95	—	0.2	1.0	3.2	3.2	4.2	4.8	14.2	15.0	10.2	2.2	—	58.2

Tabelle 66. Zahl der Tage mit Reif.

Jahre	Jan.	Febr.	März	April	Mai	Juni	Juli	Aug.	Sept.	Okt.	Nov.	Dez.	Jahr
1826	3	5	6	4	—	—	—	—	2	1	2	2	25
1827	—	—	—	—	—	—	—	—	—	—	—	—	[—]
1828	—	—	1	—	—	—	—	—	—	2	2	6	11
1829	—	—	2	1	—	—	—	—	1	1	4	5	14
1830	3	2	3	—	—	—	—	—	—	—	4	1	13
1831	—	2	—	—	—	—	—	—	—	—	—	—	[2]
1832	—	—	—	—	—	—	—	—	—	1	—	—	[1]
1833	—	—	—	—	—	—	—	—	—	—	4	—	[4]
1834	—	—	—	—	—	—	—	—	—	—	—	3	[3]
1835	1	—	—	—	—	—	—	—	—	—	—	—	[1]
1836	—	—	—	—	—	—	—	—	—	—	—	—	[—]
1837	—	—	—	—	—	—	—	—	—	—	—	—	[—]
1838	—	—	—	—	—	—	—	—	—	—	1	—	[1]
1839	—	—	1	1	—	—	—	—	—	—	1	1	[4]
1840	5	14	3	—	—	—	—	—	1	7	3	4	37
1841	—	3	8	6	—	—	—	—	—	3	3	2	27
1842	1	8	6	1	1	—	—	—	—	0	9	3	38
1843	3	4	6	—	—	—	—	—	—	4	5	5	27
1844	7	8	5	2	1	—	—	—	—	1	2	3	24
1845	8	—	1	4	2	—	—	—	—	3	7	—	25
1846	—	1	2	4	—	—	—	—	—	—	10	—	17
1847	—	—	5	2	—	—	—	—	2	10	2	3	24
1848	—	2	—	—	1	—	—	—	2	2	4	4	15
1849	—	4	2	1	—	—	—	—	—	2	5	—	14
1850	—	2	—	—	—	—	—	—	—	3	3	2	10
1851	7	14	6	1	—	—	—	—	—	—	4	1	33
1852	5	—	5	—	—	—	—	—	—	9	3	4	26
1853	4	3	10	3	1	—	—	—	—	2	2	1	26
1854	—	—	11	1	—	—	—	—	—	3	3	1	19
1855	3	—	4	—	1	—	—	—	2	—	4	—	14
1856	1	3	7	—	1	—	—	—	—	7	4	2	25
1857	1	10	6	—	—	—	—	—	—	—	2	6	25
1858	2	3	6	3	1	—	—	—	—	1	5	2	23
1859	9	5	5	—	—	—	—	—	—	1	11	5	36
1860	—	—	7	3	—	—	—	—	—	2	11	1	24
1861	—	7	4	3	1	—	—	—	—	5	5	6	31
1862	—	3	3	2	—	—	—	—	—	1	2	4	15
1863	2	9	4	2	—	—	—	—	—	3	8	2	30
1864	—	—	7	—	3	—	—	—	—	6	9	3	28
1865	—	—	5	1	—	—	—	—	—	2	4	1	13
1866	2	6	7	1	—	—	—	—	—	12	2	3	33
1867	—	5	2	1	1	—	—	—	2	3	6	3	23
1868	—	5	6	—	—	—	—	—	1	3	6	2	25
1869	1	2	2	2	—	—	—	—	—	6	1	—	14
1870	1	1	4	4	1	—	—	—	—	1	5	1	18

Tabelle 66.   Zahl der Tage mit Reif.

Jahre	Jan.	Febr.	März	April	Mai	Juni	Juli	Aug.	Sept.	Okt.	Nov.	Dez.	Jahr
1871	—	2	9	—	—	—	—	—	—	7	7	—	25
1872	—	10	5	1	—	—	—	—	—	1	1	3	21
1873	4	1	—	1	—	—	—	—	—	2	6	10	24
1874	3	10	—	—	—	—	—	—	—	5	—	4	22
1875	4	—	1	1	—	—	—	—	—	—	4	6	16
1876	10	4	3	1	—	—	—	—	—	—	3	1	22
1877	2	—	3	2	—	—	—	—	2	6	—	4	19
1878	—	3	4	2	—	—	—	—	—	—	6	2	16
1879	3	2	5	1	1	—	—	—	—	1	6	4	23
1880	6	8	7	2	—	—	—	—	—	3	4	3	33
1881	2	9	2	1	—	—	—	—	—	3	5	5	27
1882	5	10	4	2	—	—	—	—	—	—	1	2	24
1883	7	5	8	1	—	—	—	—	—	—	4	3	24
1884	4	4	2	2	—	—	—	—	—	2	6	3	23
1885	6	7	10	2	—	—	—	—	—	—	9	3	36
1886	1	7	2	—	—	—	—	—	—	1	2	3	16
1887	—	6	7	1	—	—	—	—	—	7	3	4	28
1888	5	2	1	2	—	—	—	—	—	6	2	10	28
1889	12	—	4	1	—	—	—	—	—	—	5	3	25
1890	8	14	5	9	—	—	—	—	—	—	4	—	50
1891	7	10	8	2	—	—	—	—	—	3	7	7	50
1892	1	3	10	2	—	—	—	—	—	5	5	10	36
1893	1	3	7	2	—	—	—	—	—	—	11	8	32
1894	6	10	2	—	—	—	—	—	—	—	4	8	30
1895	—	3	12	3	—	—	—	—	—	6	6	2	32
Lustren-Mittel													
1841/45	3.8	3.6	5.2	3.0	0.8	—	—	—	—	4.0	5.2	2.6	28.2
1846/50	—	1.6	1.8	1.4	0.2	—	—	—	0.8	3.4	4.8	1.8	16.0
1851/55	5.8	3.4	7.2	1.0	0.4	—	—	—	0.4	2.6	3.2	1.4	23.6
1856/60	2.6	4.2	6.2	1.2	0.4	—	—	—	—	2.2	6.6	3.2	26.6
1861/65	0.4	3.8	4.6	1.6	0.8	—	—	—	—	3.4	5.6	3.2	23.4
1866/70	0.8	3.8	4.8	1.6	0.4	—	—	—	0.6	5.0	4.0	1.8	22.6
1871/75	2.2	4.6	3.0	0.6	—	—	—	—	—	3.0	3.6	4.6	21.0
1876/80	4.2	3.2	4.4	1.6	0.2	—	—	—	0.4	2.0	3.8	2.8	22.6
1881/85	4.6	7.0	5.2	1.6	—	—	—	—	—	1.0	5.0	3.2	27.6
1886/90	5.2	5.8	3.8	1.4	—	—	—	—	—	3.6	2.4	7.2	29.4
1891/95	3.0	7.0	7.8	1.8	—	—	—	—	—	2.6	6.6	7.0	36.0

Tabelle 67.   Zahl der Tage mit Nebel.

Jahre	Jan.	Febr.	März	April	Mai	Juni	Juli	Aug.	Sept.	Okt.	Nov.	Dez.	Jahr
1826	9	10	3	1	1	—	3	3	8	1	7	0	55
1827	5	6	—	—	—	2	—	—	—	8	7	3	31
1828	7	6	1	—	1	—	—	1	3	6	21	7	53
1829	3	5	3	1	—	1	—	1	2	8	4	1	29
1830	10	7	7	1	2	1	—	1	2	4	4	2	41
1831	4	7	1	—	—	—	—	1	—	11	8	3	35
1832	5	6	6	1	—	1	—	—	(3)	3	4	6	35
1833	3	1	—	—	—	—	—	—	—	4	4	2	14
1834	--	6	1	--	--	--	--	—	—	2	9	9	27
1835	1	1	—	—	2	—	--	—	--	--	—	--	[4]
1836	—	—	—	—	—	—	—	—	—	—	1	1	[2]
1837	—	2	—	—	—	—	—	-	--	—	—	—	[2]
1838	2	2	—	—	—	—	...	—	—	3	2	1	[10]
1839	1	3	1	--	—	1	1	—	1	3	3	3	17
1840	5	7	—	—	—	—	5	2	6	11	7	8	51
1841	2	4	3	3	--	1	2	1	5	2	4	—	27
1842	11	13	—	—	1	2	—	3	4	3	3	12	52
1843	4	2	--	—	—	2	2	2	6	6	7	10	41
1844	4	1	2	2	1	—	2	3	6	5	3	4	33
1845	3	2	—	—	..	1	1	-	3	7	5	2	24
1846	4	1	—	—	—	—	—	—	—	2	4	3	14
1847	3	1	—	--	—	1	3	—	6	5	6	2	27
1848	1	3	2	—	—	—	—	2	—	4	1	6	19
1849	3	3	—	1	—	—	—	—	1	5	5	1	19
1850	2	2	4	—	—	—	1	—	4	3	1	9	26
1851	8	1	2	1	—	—	3	1	3	8	2	6	35
1852	2	—	—	—	1	—	—	—	4	4	0	5	25
1853	5	1	3	1	1	--	—	1	3	16	2	7	40
1854	9	2	—	—	1	3	1	2	1	4	2	3	28
1855	4	5	3	—	1	...	3	2	2	4	7	2	33
1856	6	2	—	—	—	1	—	1	1	0	8	4	32
1857	—	3	—	—	2	—	1	—	4	4	5	5	24
1858	1	1	1	—	1	—	1	1	—	6	5	4	21
1859	5	2	—	1	—	1	—	1	2	5	2	1	20
1860	4	—	—	—	—	—	1	—	1	3	5	3	17
1861	3	4	—	—	—	—	—	3	—	3	5	2	20
1862	7	—	3	—	1	—	—	—	2	7	2	5	27
1863	—	4	1	1	1	1	—	—	5	8	8	4	33
1864	3	3	2	2	—	3	—	—	3	2	5	6	29
1865	4	3	—	2	—	—	—	—	—	—	6	12	27
1866	3	1	—	1	—	—	—	—	3	5	1	4	18
1867	6	3	2	—	—	1	1	—	3	6	3	1	26
1868	—	3	2	—	—	1	1	1	3	5	4	5	25
1869	8	2	1	1	1	1	4	2	1	4	7	5	37
1870	4	1	1	—	—	—	—	3	2	3	4	2	20

Tabelle 67.   Zahl der Tage mit Nebel.

Jahre	Jan.	Febr.	März	April	Mai	Juni	Juli	Aug.	Sept.	Okt.	Nov.	Dez.	Jahr
1871	4	4	1	—	—	—	—	—	3	5	1	7	25
1872	5	5	4	2	—	—	—	—	—	2	2	7	27
1873	5	3	1	—	—	1	—	—	—	4	7	7	28
1874	4	5	—	—	—	—	—	—	2	12	4	4	31
1875	13	3	4	1	3	—	1	6	1	3	3	11	40
1876	9	9	4	2	—	2	2	1	4	5	10	16	65
1877	10	3	6	2	3	2	2	—	3	8	7	1	47
1878	3	10	2	1	2	1	1	—	4	3	7	6	40
1879	—	2	6	—	—	1	1	1	2	4	2	5	23
1880	3	8	2	—	—	—	—	1	4	4	6	4	32
1881	1	4	1	1	—	—	—	1	1	2	6	3	23
1882	8	4	—	1	—	—	—	2	...	3	2	3	23
1883	2	2	..	—	—	—	—	1	2	3	2	—	12
1884	4	5	1	2	1	—	—	3	1	4	2	..	23
1885	3	—	—	1	—	1	—	1	1	1	6	7	21
1886	2	—	1	1	—	1	—	1	4	2	6	2	20
1887	9	1	2	1	1	—	1	2	4	—	3	3	27
1888	1	1	—	1	..	—	1	5	5	6	1	12	33
1889	1	2	1	1	1	—	—	1	3	9	5	8	32
1890	6	1	1	1	—	—	—	1	1	7	3	4	26
1891	5	6	1	-	1	—	1	1	3	2	9	2	25
1892	4	7	3	..	—	2	—	1	3	6	7	7	40
1893	2	2	2	—	—	—	—	—	2	5	5	1	19
1894	2	—	3	1	—	—	—	1	3	4	8	4	24
1895	5	2	—	2	1	—	—	—	—	7	4	5	26
Lustren-Mittel													
1826/30	6.8	6.8	2.8	0.6	0.8	0.8	0.6	1.2	3.0	5.4	8.6	4.4	41.8
1831,35													
1836,40													
1841/45	4.8	4.4	1.0	1.0	0.4	1.2	1.4	1.8	4.6	4.6	4.4	5.6	35.4
1846/50	2.6	2.0	1.2	0.2	—	0.2	0.8	0.4	2.2	3.8	3.4	4.2	21.0
1851/55	5.6	1.8	1.6	0.4	0.8	0.6	1.4	1.2	2.6	7.2	4.4	4.6	32.2
1856,60	3.2	1.6	0.2	0.2	0.6	0.4	0.6	0.6	1.6	5.4	5.0	3.4	22.8
1861/65	3.4	2.8	1.2	1.0	0.4	0.8	—	0.6	2.0	4.0	5.2	5.8	27.2
1866,70	4.2	2.0	1.2	0.4	0.2	0.6	1.2	1.2	2.4	4.6	3.8	3.4	25.2
1871,75	6.2	4.0	2.0	0.6	0.6	0.2	0.2	1.2	1.2	5.2	3.4	7.2	32.0
1876,80	5.0	6.4	4.0	1.0	1.0	1.2	1.2	0.6	3.4	4.4	6.4	6.2	40.8
1881/85	3.6	3.0	0.4	1.0	0.2	0.2	—	1.6	1.6	2.6	3.6	2.6	20.4
1886/90	3.8	1.0	1.0	1.0	0.4	0.2	0.6	2.0	3.4	4.8	3.6	3.8	27.6
1891,95	3.6	3.4	1.8	0.6	0.4	0.4	0.2	0.6	2.2	4.8	5.0	3.8	26.8

Tabelle 68. **Zahl der Tage mit Gewitter.**

Jahre	Jan.	Febr.	März	April	Mai	Juni	Juli	Aug.	Sept.	Okt.	Nov.	Dez.	Jahr
1826	—	—	—	—	2	6	5	5	1	—	—	—	19
1827	1	—	—	2	7	6	1	4	1	2	—	—	24
1828	1	—	—	6	7	4	6	5	3	—	—	—	32
1829	—	—	1	5	1	6	9	2	1	—	—	—	25
1830	—	—	1	1	8	4	6	5	—	—	—	—	25
1831	—	—	1	7	5	5	6	5	2	—	1	—	32
1832	—	—	—	2	4	5	1	5	—	—	—	—	17
1833	—	—	—	—	6	3	3	—	—	—	—	—	12
1834	—	—	—	1	—	5	9	6	—	2	—	—	23
1835	—	1	1	—	5	2	2	2	3	—	—	—	16
1836	—	—	1	—	—	—	—	1	—	—	—	—	[2]
1837	—	—	—	—	—	—	—	1	—	—	—	—	[1]
1838	—	—	—	—	—	1	1	3	—	—	—	—	[5]
1839	—	—	—	—	3	4	4	2	1	—	—	1	15
1840	2	—	—	—	3	7	6	2	1	—	2	—	23
1841	—	—	2	1	6	6	4	3	4	2	—	—	28
1842	—	—	1	1	6	3	4	12	2	—	—	—	29
1843	2	—	—	2	2	7	2	4	—	1	—	—	20
1844	—	—	—	—	4	4	3	1	4	—	—	—	16
1845	—	—	—	2	2	3	8	5	—	—	—	—	20
1846	—	—	1	3	2	6	5	6	1	—	—	—	23
1847	—	—	1	—	2	4	4	3	—	1	—	—	15
1848	—	—	1	—	2	7	4	4	1	1	—	—	20
1849	—	—	—	1	4	6	1	5	1	1	—	1	20
1850	—	1	—	1	1	2	5	1	—	—	—	—	11
1851	—	—	2	1	4	3	4	6	1	—	—	—	21
1852	—	—	1	—	4	4	2	7	1	1	2	—	22
1853	—	—	—	1	5	2	8	5	—	—	—	—	21
1854	—	—	—	2	4	7	4	8	—	—	—	—	25
1855	—	—	—	1	2	4	10	7	—	1	—	—	25
1856	1	—	—	3	4	7	5	2	3	1	—	—	26
1857	—	—	2	—	6	3	4	5	6	—	—	—	26
1858	—	—	—	1	6	1	6	—	—	—	—	—	13
1859	—	—	—	—	7	6	2	7	—	—	—	—	22
1860	—	1	—	1	4	3	1	6	1	2	—	—	19
1861	—	—	1	—	2	7	7	2	3	—	—	—	22
1862	—	—	1	—	7	4	3	2	1	1	—	—	19
1863	1	—	—	1	—	3	3	6	2	—	—	1	16
1864	—	—	—	—	3	3	1	2	—	—	—	—	9
1865	—	—	—	—	7	2	4	3	—	—	—	—	16
1866	—	2	—	2	2	6	4	4	1	—	—	—	21
1867	—	—	—	1	4	5	4	3	3	—	—	—	20
1868	—	—	—	1	7	4	8	3	—	—	—	—	23
1869	—	—	1	—	5	1	4	2	1	1	—	1	16
1870	—	—	—	—	1	1	9	4	1	1	1	—	18

Tabelle 68. Zahl der Tage mit Gewitter.

Jahre	Jan.	Febr.	März	April	Mai	Juni	Juli	Aug.	Sept.	Okt.	Nov.	Dez.	Jahr
1871	—	—	1	4	—	3	9	4	1	—	—	—	22
1872	1	—	—	8	8	2	3	4	—	—	—	—	21
1873	1	—	—	1	5	5	10	4	1	—	—	—	27
1874	—	—	—	1	2	4	5	2	—	—	—	—	14
1875	—	—	—	—	5	5	8	7	—	—	—	—	25
1876	—	—	1	1	—	6	4	2	6	2	—	—	22
1877	—	—	1	—	2	5	5	3	1	—	—	—	17
1878	—	—	—	2	6	8	5	11	2	—	—	—	34
1879	—	—	—	2	3	8	1	3	3	—	—	—	20
1880	—	—	—	1	1	5	5	3	3	2	—	—	20
1881	—	—	1	1	1	2	6	3	2	—	—	—	16
1882	—	—	—	—	2	2	6	4	—	2	1	—	17
1883	—	—	—	—	3	6	8	2	2	—	—	1	22
1884	—	—	—	—	3	2	9	5	3	1	—	—	23
1885	—	—	—	2	6	5	1	—	1	—	—	—	15
1886	—	—	—	1	4	8	3	4	3	—	—	—	23
1887	—	—	—	1	4	2	5	—	2	—	—	—	14
1888	—	—	1	—	1	9	8	5	—	—	—	—	24
1889	—	—	—	—	6	10	6	4	2	—	—	—	28
1890	—	—	..	1	6	3	5	7	—	—	—	—	22
1891	—	—	—	1	6	8	6	5	2	—	—	1	29
1892	—	—	1	—	1	4	3	3	4	2	—	—	18
1893	—	—	—	—	1	8	6	3	2	—	—	—	20
1894	—	—	—	2	4	3	6	5	3	—	—	—	23
1895	—	—	1	3	4	6	4	6	1	1	—	—	26
Lustren-Mittel													
1826/30	0.4	—	0.4	2.8	5.0	5.2	5.4	4.2	1.2	0.4	—	—	25.0
1831/35	—	0.2	0.4	2.0	4.0	4.0	4.2	3.6	1.0	0.4	0.2	—	20.0
1836/40													
1841/45	0.4	.	0.6	1.2	4.0	4.6	4.2	5.0	2.0	0.6	—	—	22.6
1846/50	—	0.2	0.6	1.0	2.2	5.0	3.6	3.6	0.6	0.6	—	0.2	17.8
1851/55	—	—	0.6	1.0	3.8	4.0	5.6	6.6	0.4	0.4	0.4	—	22.8
1856/60	0.2	0.2	0.4	0.8	4.4	5.0	2.6	5.0	2.0	0.6	—	—	21.2
1861/65	0.2	—	0.2	0.4	3.3	3.8	4.0	2.8	1.4	0.2	—	0.2	16.4
1866/70	—	0.4	0.2	0.8	3.8	3.4	5.8	3.2	1.2	0.4	0.2	0.2	19.6
1871/75	0.4	—	0.2	1.8	4.0	3.8	7.0	4.2	0.4	—	—	—	21.8
1876/80	—	.	0.4	1.2	2.4	6.4	4.0	4.4	3.0	0.8	—	—	22.6
1881/85	—	—	0.2	0.6	3.0	3.4	6.0	2.8	1.6	0.6	0.2	0.2	18.6
1886/90	—	—	0.2	0.6	4.2	5.4	5.4	4.0	1.4	—	—	—	22.2
1891/95	—	—	0.4	1.2	3.2	5.8	5.0	4.4	2.4	0.6	—	0.2	23.2

Tabelle 69. **Zahl der Tage mit Wetterleuchten.**

Jahre	Jan.	Febr.	März	April	Mai	Juni	Juli	Aug.	Sept.	Okt.	Nov.	Dez.	Jahr
1826	—	—	—	—	—	2	3	1	—	—	—	—	6
1827	—	—	—	—	2	1	—	1	—	—	—	—	4
1828	—	—	—	1	2	1	2	—	—	—	—	—	6
1829	—	—	—	1	—	—	—	1	—	—	—	—	2
1830	—	—	—	1	1	—	2	1	1	—	—	—	6
1831	—	—	—	—	—	—	—	—	—	—	—	—	?
1832	—	—	—	—	—	—	—	—	—	—	—	—	?
1833	—	—	—	—	1	—	—	—	—	—	—	—	1
1834	—	—	—	—	—	—	—	—	—	—	—	—	?
1835	—	—	—	—	—	1	—	—	—	—	—	—	1
1836	—	—	1	—	—	—	—	—	—	—	—	—	1
1837	—	—	—	—	—	—	1	—	—	—	—	—	1
1838	—	—	—	—	—	—	—	—	—	—	—	—	?
1839	—	—	—	—	—	—	—	—	—	—	—	—	?
1840	—	—	—	—	—	—	—	—	—	—	—	—	?
1841	—	—	1	—	4	—	1	2	—	—	1	—	9
1842	—	—	—	—	1	—	2	1	—	—	2	—	6
1843	1	—	—	1	—	—	—	3	1	—	—	—	6
1844	—	—	—	2	—	—	—	2	4	—	—	—	8
1845	—	—	—	—	—	—	1	—	1	—	—	—	2
1846	—	—	—	—	1	1	2	3	—	—	—	—	7
1847	—	—	—	—	2	2	1	2	—	1	—	—	8
1848	—	—	—	1	—	—	—	2	—	1	—	—	4
1849	—	—	—	—	—	—	—	—	1	1	—	—	2
1850	—	—	—	—	1	1	—	1	—	—	—	—	3
1851	—	—	—	1	—	1	1	—	—	—	—	—	3
1852	—	—	—	—	—	—	—	3	—	—	1	—	4
1853	—	—	—	—	2	1	1	2	—	—	—	—	6
1854	—	—	—	—	1	1	1	1	—	—	—	—	4
1855	—	—	—	—	—	2	2	3	—	1	—	—	8
1856	1	—	—	—	1	2	1	1	—		—	—	5
1857	—	—	—	—	3	2	1	5	—		—	—	11
1858	—	—	—	—	—	1	1	1	2		—	—	5
1859	—	—	—	—	2	3	—	1	2			—	11
1860	—	—	—	—	2	—	—	1	—			—	3
1861	—	—	—	—	—	—	2	2	1	—		—	5
1862	—	—	1	2	1	1	—	2	—	—		—	7
1863	—	—	—	—	2	—	—	1	—	—		—	3
1864	—	—	1	—	—	—	—	—	—	—		—	1
1865	—	—	—	—	2	—	2	—	—	1		—	5
1866	—	—	—	1	—	—	—	1	—	—		—	2
1867	—	—	—	1	1	1	—	1	1	—		—	5
1868	—	—	—	—	2	—	—	4	—	—		—	6
1869	—	1	—	1	—	—	1	—	1		1	—	5
1870	—	—	—	—	—	—	1	1	1		1	—	4

Tabelle 69. **Zahl der Tage mit Wetterleuchten.**

Jahre	Jan.	Febr.	März	April	Mai	Juni	Juli	Aug.	Sept.	Okt.	Nov.	Dez.	Jahr
1871	—	—	—	—	—	—	3	2	—	—	—	—	5
1872	1	—	—	—	1	—	—	—	—	—	—	—	2
1873	—	—	—	—	—	—	1	—	—	1	—	—	2
1874	—	—	—	—	—	—	—	1	—	—	—	—	1
1875	—	—	—	—	2	1	2	1	—	—	—	—	6
1876	—	—	—	—	1	—	1	2	1	2	—	—	7
1877	—	—	—	1	—	2	1	1	—	—	—	—	5
1878	1	—	—	—	1	—	1	5	1	—	—	—	9
1879	—	—	—	1	—	3	1	3	1	—	—	—	9
1880	—	—	—	1	1	1	4	2	1	1	—	—	11
1881	—	—	—	—	1	1	2	1	2	—	—	—	7
1882	—	—	—	—	1	2	3	2	3	1	—	—	12
1883	1	—	—	—	1	—	—	1	1	—	—	—	4
1884	—	—	—	—	2	—	7	7	—	—	—	1	17
1885	—	—	—	1	—	3	2	2	2	—	—	—	10
1886	—	—	—	1	4	1	4	2	6	2	—	—	20
1887	—	—	—	1	—	1	4	—	—	—	—	—	6
1888	—	—	1	—	1	4	3	1	—	—	—	—	10
1889	—	—	—	1	5	4	1	2	—	—	—	—	13
1890	1	—	—	—	4	—	1	3	—	1	—	—	10
1891	—	—	—	—	3	3	4	2	1	·	—	1	14
1892	—	1	—	—	1	1	1	4	2	—	—	—	10
1893	—	—	—	—	1	2	—	3	—	—	—	—	6
1894	—	—	—	1	—	—	3	1	3	1	—	—	9
1895	—	—	—	1	—	2	4	—	1	1	—	—	9
Lustren-Mittel													
1826/30	—	—	—	0.6	1.0	0.8	1.4	0.8	0.2	—	—	—	4.8
1831/35													
1836/40													
1841/45	0.2	—	0.2	0.6	1.0	—	0.8	1.6	1.2	—	0.6	—	6.2
1846/50	—	—	—	0.2	0.8	0.8	0.6	1.6	0.3	0.6	·	—	1.8
1851/55	—	—	—	0.2	0.6	1.0	1.0	1.8	—	0.2	0.2	—	5.0
1856/60	0.2	—	—	—	1.6	1.6	0.4	1.6	2.2	—	·	—	7.6
1861/65	—	—	0.4	0.1	1.0	0.2	0.8	1.0	0.2	0.2	—	—	4.2
1866/70	—	0.2	—	0.6	0.6	0.2	0.4	1.4	0.6	·	0.4	—	4.4
1871/75	0.2	—	—	·	0.2	0.4	1.0	0.8	0.4	0.2	—	—	3.2
1876/80	0.2	—	—	0.6	0.6	1.2	1.6	2.6	0.8	0.6	—	—	8.2
1881/85	0.2	—	—	0.2	1.0	1.2	2.8	2.6	1.6	0.2	—	0.2	10.0
1886/90	0.2	—	0.2	0.6	2.8	2.0	2.6	1.6	1.2	0.6	—	—	11.8
1891/95	—	0.2	—	0.1	1.0	1.6	2.4	2.0	1.1	0.4	—	0.2	9.6

Tabelle 70.   **Sommer-Charakteristik.**

Sommer	Luft-Temperatur					Sommertage			
	Mittlere Abweichung			Höchste		Eintrittszeit		Dauer der Periode in Tagen	Zahl der Tage
	v. März b. Mai	v. Jun. b. Aug.	v. Sept. b. Nov.	°C.	Tag	des ersten	des letzten		
1820	—0.6	0.8	0.4	[37.5]	5. u. 6. Juli	9. April	26. Sept.	171	59
1827	2.2	1.2	0.1	[36.0]	31. Mai und 12. Juni	30. April	18. Sept.	142	74
1828	1.2	0.8	0.5	35.4	4. Juli	15. Mai	11. Sept.	120	79
1829	—0.1	—0.2	—1.3	[36.0]	25. Juli	20. Mai	10. Sept.	114	85
1830	[2.2]	1.0	0.4	33.5	20. Juli	29. April	17. Sept.	142	54
1831	1.1	0.0	0.9	29.0	9. Juli	22. Mai	28. Aug.	99	42
1832	—1.4	—2.5	—2.5	31.5	14. Juli	31. Mai	22. Aug.	84	17
1833	0.8	0.0	—0.5	33.2	29. Juni	4. Mai	30. Juli	88	43
1834	—0.2	0.9	[0.6]	30.8	13. Juli	8. Mai	21. Sept.	137	47
1835	—0.6	0.6	—1.7	31.9	18. Juli	4. Juni	22. Sept.	111	49
1836	[—0.2]	[0.1]	—0.3	31.2	12. u. 20. Juli	[11. Juni]	4. Sept.	86	35
1837	—3.8	0.0	—0.8	30.4	11. Aug.	3. Mai	21. Aug.	85	32
1838	—1.4	—1.4	0.1	33.8	15. Juli	2. Mai	5. Sept.	127	35
1839	—2.3	0.1	1.2	32.5	8. Juli	3. Mai	15. Sept.	131	46
1840	—0.7	—1.4	—0.4	29.8	2. Sept.	28. April	3. Sept.	129	39
1841	1.8	—2.1	0.9	31.2	24. Mai	27. April	1. Okt.	158	40
1842	0.0	0.7	—1.0	33.5	19. Aug.	21. Mai	8. Sept.	110	64
1843	0.3	—0.9	0.6	31.2	6. Juli	20. April	10. Sept.	144	26
1844	—0.1	—2.1	0.8	32.0	24. Juni	6. Juni	8. Sept.	95	17
1845	—3.1	—0.8	0.3	35.0	7. Juli	3. Juni	18. Sept.	108	20
1846	0.7	2.2	1.3	33.9	6. Aug.	3. Juni	12. Sept.	102	77
1847	—0.7	0.1	0.9	33.8	7. Juli	10. Mai	23. Aug.	106	50
1848	1.0	—0.2	0.2	31.2	7. Juli	9. Mai	8. Sept.	123	40
1849	—0.5	—0.9	—0.9	33.8	9. Juli	27. Mai	6. Sept.	102	32
1850	—1.7	—1.0	—0.5	31.0	26. Juni	27. Mai	14. Aug.	80	34
1851	—1.1	—0.5	—1.2	29.1	21. Juni	3. Juni	24. Aug.	83	36
1852	—1.5	0.6	0.7	33.8	17. Juli	17. Mai	30. Aug.	106	40
1853	—2.6	0.5	—0.3	33.9	9. Juli	26. Mai	26. Aug.	94	30
1854	0.8	—0.5	—0.2	33.5	25. Juli	17. Juni	30. Sept.	96	28
1855	—1.3	0.2	0.4	33.8	8. Juni	25. Mai	29. Aug.	97	40
1856	—0.7	0.4	—0.9	34.0	11. Aug.	23. Mai	1. Sept.	103	34
1857	0.0	2.2	1.5	35.8	4. Aug.	16. Mai	28. Sept.	136	78
1858	—0.9	1.6	—0.9	34.0	15. Juni	22. Mai	30. Sept.	132	63
1859	1.1	3.1	0.7	36.2	4. Juli	24. Mai	29. Sept.	129	84
1860	—0.3	1.2	—0.7	30.8	17. Juli	11. Mai	27. Aug.	109	27
1861	—0.2	1.4	1.0	34.6	22. Juni	11. Mai	6. Sept.	119	53
1862	2.8	0.6	1.1	32.5	7. Juni	21. April	29. Sept.	162	45
1863	0.5	—0.2	0.0	36.0	10. Aug.	16. Mai	31. Aug.	108	42
1864	—0.2	—1.2	—0.8	31.6	1. Aug.	14. Mai	10. Sept.	120	36
1865	1.0	0.3	2.2	36.6	21. Juli	19. April	23. Sept.	158	69
1866	—0.6	—0.6	0.4	32.5	14. Juli	28. April	5. Sept.	131	37
1867	—0.5	—0.8	0.0	32.0	20. Aug.	7. Mai	13. Sept.	130	57
1868	1.7	1.7	0.4	33.8	23. Juli	3. Mai	19. Sept.	140	89
1869	0.4	—0.8	—0.2	33.4	24. Juli	13. April	30. Sept.	171	49
1870	—0.1	0.2	—0.1	35.0	11. Juli	16. Mai	6. Sept.	114	49

Tabelle 70.   Sommer-Charakteristik.

Sommergewitter				Niederschlag							
Eintrittszeit		Dauer der Periode in Tagen	Zahl der Tage	Zahl der Tage				Höhe in mm			
des ersten	des letzten			v. März b. Mai	v. Juni b. Aug.	v. Sept. b. Nov.	v. April b. Sept.	v. März b. Mai	v. Juni b. Aug.	v. Sept. b. Nov.	v. April b. Sept.
21. Mai	5. Sept.	108	19	40	36	35	72	167.4	174.9	158.4	332.3
8. April	4. Okt.	180	23	85	39	29	72	192.2	83.3	178.9	222.0
8. April	13. Sept.	159	31	49	54	47	98	—	269.8	—	—
31. März	6. Sept.	160	25	38	49	51	97	—	417.8	198.0	648.8
20. März	27. Aug.	161	25	50	44	31	93	—	142.5	—	—
21. März	8. Sept.	172	31	38	45	48	83	254.2	348.5	205.9	578.6
17. April	22. Aug.	128	17	88	41	24	70	114.1	179.5	—	284.1
11. Mai	21. Juli	72	12	85	43	25	80	—	133.2	51.8	284.9
30. April	18. Okt.	172	23	26	31	27	62	80.1	447.4	—	550.1
5. März	25. Sept.	205	15	47	21	33	68	—	—	—	—
—	—	—	—	40	36	45	76	—	—	187.1	—
—	—	—	—	39	32	31	63	151.2	236.8	143.7	458.0
—	—	—	—	33	37	31	63	75.8	233.1	155.3	314.6
1. Mai	22. Sept.	145	14	34	31	33	69	149.9	157.0	151.2	300.9
7. Mai	16. Sept.	133	19	33	37	58	73	60.2	138.7	227.8	289.0
18. März	12. Okt.	209	28	18	34	50	59	103.2	216.9	264.6	342.7
3. März	6. Sept.	190	29	25	16	40	41	138.1	182.7	170.9	293.4
2. April	8. Okt.	190	18	35	47	41	85	160.2	316.1	139.8	477.5
6. Mai	20. Sept.	138	16	43	47	38	81	195.4	174.6	221.9	373.0
14. April	26. Aug.	135	20	32	36	28	66	162.4	266.0	180.4	461.2
24. März	1. Sept.	162	23	39	33	30	68	133.3	185.8	166.5	340.4
28. März	18. Okt.	205	15	46	43	42	93	124.6	158.1	124.2	334.1
19. März	1. Okt.	197	20	47	49	39	83	256.0	180.0	207.5	418.0
14. April	4. Okt.	174	19	39	36	35	74	(81.9)	—	—	—
13. April	23. Aug.	133	10	26	41	36	68	35.5	191.2	133.6	269.3
21. März	24. Sept.	188	21	57	51	35	106	143.2	[157.3]	105.6	307.6
30. März	7. Okt.	192	20	24	35	45	69	76.5	224.2	179.8	316.3
4. April	29. Aug.	148	21	41	33	31	79	151.9	185.1	180.7	368.8
16. April	23. Aug.	130	26	29	48	42	79	129.6	366.8	131.7	486.9
10. April	7. Okt.	181	25	44	45	27	75	118.5	355.2	128.9	440.8
6. April	12. Okt.	190	25	42	43	36	98	279.2	292.6	166.1	639.1
8. März	13. Sept.	190	26	38	26	28	59	121.2	118.1	123.9	273.5
12. Mai	28. Aug.	109	18	34	38	31	73	142.5	129.9	103.9	260.8
25. Mai	31. Aug.	99	22	47	25	48	74	139.4	142.2	208.4	323.9
22. April	14. Okt.	176	18	41	57	45	93	126.2	329.5	179.3	472.6
20. März	25. Sept.	181	22	43	47	35	83	129.3	324.5	165.5	441.3
21. April	16. Okt.	179	19	38	41	31	76	77.2	355.6	115.4	427.8
7. April	1. Sept.	148	14	42	47	41	85	138.5	142.5	146.5	287.7
3. Juni	11. Sept.	101	9	27	39	35	71	84.9	145.8	101.2	226.0
9. Mai	23. Aug.	107	16	32	37	39	55	87.0	141.4	129.7	176.3
8. April	8. Sept.	154	19	60	49	32	95	191.5	222.8	131.1	396.5
20. April	14. Sept.	148	20	58	41	44	88	250.8	241.4	115.2	451.4
8. April	12. Aug.	127	23	41	30	37	74	107.9	159.8	166.4	288.3
31. März	2. Okt.	186	15	39	33	47	72	122.9	83.8	194.8	199.8
10. Mai	28. Okt.	172	17	34	42	47	75	53.8	254.8	209.3	322.4

Tabelle 70. **Sommer-Charakteristik.**

| Sommer | Luft-Temperatur | | | | | Sommertage | | | |
| | Mittlere Abweichung | | | Höchste | | Eintrittszeit | | Dauer der Periode in Tagen | Zahl der Tage |
	v März b Mai	v Jun. b.Aug.	v Sept.b Nov.	°C.	Tag	des ersten	des letzten		
1871	—0.5	—0.8	—1.4	31.0	13. Aug.	26. Mai	10. Sept.	108	40
1872	0.9	—0.2	1.6	34.1	28. Juli	2. Mai	13. Sept.	135	34
1873	—0.2	1.4	0.5	31.9	6. Aug.	3. Juni	1. Sept.	91	53
1874	0.1	0 6	—0.1	33.4	9. Juli	22. April	1. Okt.	103	59
1875	—0.2	1.1	—0.2	33.8	18. Aug.	21. April	19. Sept.	152	59
1876	—0.3	1.2	0.1	33.1	15. Aug.	31. Mai	5. Sept.	98	56
1877	—1.4	0.9	—0.6	33.6	12. Juni	19. Mai	15. Sept.	120	50
1878	0.7	—0.3	0.5	29.9	23. Juli	18. Mai	8. Sept.	114	31
1879	—1.3	—0.6	—0.5	31.8	3. Aug.	23. Mai	14. Sept.	115	27
1880	1.0	0.2	0.4	32.0	17. Juli	14. Mai	7. Sept.	117	47
1881	—0.1	0.6	- 0.7	36.2	20. Juli	26. Mai	26. Aug.	93	41
1882	1.3	—1.4	0.5	30.2	21. Juni	4. Mai	20. Aug.	109	24
1883	—1.4	0.3	0.2	32.0	4. Juli	15. Mai	31. Aug.	109	39
1884	0.3	—0.3	0.3	34.1	13. Juli	11. Mai	18. Sept.	131	47
1885	—0.5	—0.6	—0.8	31.0	26. Juni	28. Mai	17. Sept.	113	37
1886	—0.4	- 0.7	1.8	31.7	22. Juli u. 19. Aug.	28. April	14. Sept.	140	48
1887	-1.8	0.2	1.8	32.8	30. Juli	2. Juni	31. Aug.	91	41
1888	-1.2	—1.8	—0.7	30.6	4. Juni	16. Mai	13. Aug.	90	21
1889	0.0	0.3	1.2	32.8	2. Juni	4. Mai	2. Sept.	122	55
1890	0.2	—1.9	—0.4	31.4	15. Juli	12. Mai	19. Aug.	100	29
1891	0.8	1.9	0.4	32.2	1. Juli	1. Mai	14. Sept.	137	28
1892	—1.0	—0 5	- 0.5	36.8	18. Aug.	24. Mai	30. Aug.	90	44
1893	1.7	0.0	—0.3	32.2	19. Aug.	26. April	16. Sept.	144	45
1894	1.1	—1.0	—0.4	35.8	25. Juli	15. Mai	1. Sept.	110	28
1895	—0.2	—0.4	1.1	33.5	28. Juli	13. Mai	20. Sept.	140	54

Tabelle 72. **Höchste und niedrigste jährliche Lufttemperatur**
in den Jahren 1709, 1740 und 1755/1825.

| Höchste Temperatur | | | Niedrigste Temperatur | | | | |
Jahre	Tag und Monat	°C.	Tag und Monat	°C.	Winter	Tag und Monat	°C.
1709	. . . .	. .	5., 7 oder 26. Januar	- 21.2	1708/ 9	5., 7. oder 26. Januar	-21.2
1710	. . . .	. .	. . . .	— (20.5)	1739/40	. . . .	—20.5
1755	. . . .	. .	. . . .	-(21.0)	1754/55	. . . .	- 21.0
1756	17. Juli	32.2			1755/56		
1757	14. Juli	33.8	(10. Januar)	—(14.8)	1756/57	(10. Januar)	(14.8)
1758	10. Juni	31.5	29. Januar	—14.8	1757/58	29. Januar	—14.8
1759	11. Juli	32.0	15. Dezember	—11.2	1758/59	26. Dezember	— 6.2
1760	19. Juli	32.8	12. Januar	—15.0	1759/60	12 Januar	—15 0
1761	3. u. 29. Juli	31.2	19. Januar	—12.2	1760/61	19. Januar	- 12.2
1762	22. Juli	32.0	30. Dezember	—11.2	1761/62	29. November	10.8
1763	19. August	32.5	6. Januar	—13.0	1762/63	6. Januar	-13.0
1764	23. Juni	32.0	30. Dezember	— 8.2	1763/64	22. November	— 9.5
1765	28. August	32.2	19. Februar	—16.8	1764/65	19. Februar	—16.8
1766	24. August	29.0	9. Januar	—17.2	1765/66	9. Januar	—17.2
1767	12. August	33.8	8. u. 21. Januar	—19.5	1766/67	8. u. 21. Januar	—19.5
1768	2. Juli	31.0	5. Januar	—17.8	1767/68	5. Januar	—17.8
1769	16. Juli	29.8	10. Dezember	— 7.8	1768/69	31. Januar	— 6.2
1770	10. August	31.5	10. Januar	—14.0	1769/70	10. Januar	—14.0

Tabelle 70.   Sommer-Charakteristik.

Sommergewitter				Niederschlag								
Eintrittszeit		Dauer der Periode in Tagen	Zahl der Tage	Zahl der Tage				Höhe in mm			
des ersten	des letzten	Dauer der Periode in Tagen	Zahl der Tage	v. März b. Mai	v. Juni b. Aug.	v. Sept. b. Nov.	v. April b. Sept.	v. März b. Mai	v. Juni b. Aug	v. Sept. b. Nov.	v. April b. Sept.
25. März	5. Sept.	165	22	38	52	31	92	115.3	318.8	116.0	481.2
24. April	31. Aug.	130	20	44	39	57	86	176.6	176.5	249.9	351.9
6. April	14. Sept.	162	26	46	35	40	83	108.2	205.3	140.2	317.1
25. April	29. Aug.	129	14	39	33	39	66	100.3	147.6	109.2	268.7
2. Mai	31. Aug.	122	25	34	49	41	81	73.2	285.1	186.9	371.8
28. März	15. Okt.	202	22	46	32	56	79	175.6	169.5	144.5	326.2
30. März	8. Sept.	158	17	51	43	43	85	145.7	171.9	139.5	302.8
21. April	9. Sept.	142	34	63	52	51	99	204.1	252.7	136.8	461.6
7. April	19. Sept.	166	20	51	60	45	109	120.4	279.9	166.1	449.6
16. April	9. Okt.	177	20	26	49	51	79	83.7	207.7	238.5	312.8
29. März	27. Sept.	183	16	40	43	50	86	118.1	144.9	132.5	209.3
4. Mai	23. Okt.	173	16	39	52	57	92	149.1	332.4	325.9	659.2
9. Mai	16. Sept.	131	21	30	45	48	76	66.0	163.2	210.3	262.5
13. Mai	27. Okt.	168	23	35	41	34	71	93.3	170.6	96.0	280.0
23. April	5. Sept.	136	15	45	34	48	80	144.4	181.0	223.1	326.0
28. April	8. Sept.	134	23	40	47	41	81	114.1	173.6	126.0	273.2
29. April	28. Sept.	153	14	50	24	47	71	157.8	98.3	131.4	254.2
11. März	22. Aug.	165	24	50	60	35	95	153.2	306.1	85.2	385.1
5. Mai	4. Sept.	123	28	46	47	51	88	121.0	161.0	118.3	277.5
23. April	27. Aug.	127	22	42	61	46	96	132.7	250.5	123.7	363.3
22. April	4. Sept.	136	28	54	56	35	100	168.8	222.9	148.9	368.5
28. März	3. Okt.	190	18	27	41	51	75	54.9	129.7	118.8	199.0
22. Mai	21. Aug.	123	20	29	49	54	83	41.9	199.4	205.0	286.4
19. April	7. Sept.	142	23	41	59	49	104	92.9	171.8	216.9	307.7
29. März	4. Okt.	190	26	49	45	89	81	117.7	145.0	116.8	229.2

Tabelle 72. Höchste und niedrigste jährliche Lufttemperatur*)
in den Jahren 1709, 1740 und 1755/1825.

Höchste Temperatur			Niedrigste Temperatur				
Jahre	Tag und Monat	°C.	Tag und Monat	°C.	Winter	Tag und Monat	°C.
1771	11. Juni u. 18. Juli	30.2	10. Februar	—11.0	1770/71	10. Februar	—11.0
1772	27. Juni	33.0	31. Januar	—13.5	1771/72	31. Januar	—13.5
1773	14. August	32.8	4. Februar	— 9.8	1772/73	4. Februar	— 9.8
1774	18. Juni	33.0	23. November	—14.5	1773/74	12. Januar	—12.2
1775	7. Juni, 10. u. 23. Juli	30.5	25. Januar	—16.0	1774/75	25. Januar	—16.0
1776	16. Juli	31.5	28. Januar	—21.5	1775/76	28. Januar	—21.5
1777	18. Juli	31.2	1. Januar	—11.8	1776/77	1. Januar	—11.8
1778	14. August	35.5		—..	1777/78	27. Januar	— 8.8
1779	30.Juli.5.Aug.u.2 Sept.	31.0		—..	1778/79	26. Januar	—10.0
1780	1. Juli	33.0	8. Januar	—13.5	1779/80	8. Januar	—13.5
1781	2. September	33.5		—..	1780/81	16. Januar	— 9.5
1782	27. Juli	35.0	16. Februar	—16.5	1781/82	16. Februar	—16.5
1783	3. August	35.5	30. Dezember	—25.5	1782/83	5. März	— 9.8
1784	7. Juli	32.0		—..	1783/84	30. Dezember	—25.5
1785	29. Juni	30.5	1. März	—18.5	1784/85	1. März	—18.5
1786	18. u. 19. Juni u. 29. Juli	29.2	11. März	—16.5	1785/86	11. März	—16.5
1787	6. August	31.8		—..	1786/87	25. Dezember	—11.2
1788	13. Juli	33.8	18. Dezember	—20.3	1787/88	18. Februar	—16.5
1789	5. Juli	30.8		—..	1788/89	18. März	—20.2
1790	23. Juni	32.5	[9. Dezember]	[—10.0]	1789/90	26. November	— 7.5

*) Fortsetzung S. 64/5.

Tabelle 71. **Winter-Charakteristik.**

Winter	Luft-Temperatur			Reiftage				Frosttage			
	Mittlere Abweichung v. Dez. b. Febr.	Niedrigste °C	Tag	Eintrittszeit des ersten	des letzten	Dauer der Periode in Tagen	Zahl der Tage	Eintrittszeit des ersten	des letzten	Dauer der Periode in Tagen	Zahl der Tage
1825/26	..	−21.2	20. Dez. u. 11. Jan.	—	29. April	—	[18]	—	20. April	—	—
1826/27	−3.8	−27.5	18. Febr.	23. Sept.	[28. Dez.]	—	[7]	31. Okt.	20. März	141	67
1827/28	1.7	−10.0	26. Nov.	—	27. März	—	[1]	4. Nov.	5. April	154	49
1828/29	−2.5	−22.5	23. Jan.	19. Okt.	4. April	168	18	20. Okt.	25. März	157	84
1829/30	−7.8	−27.9	2. Febr.	27. Sept.	30. März	185	19	14. Nov.	22. März	129	103
1830/31	−1.1	−21.0	31. Jan.	13. Nov.	15. Febr.	95	7	14. Nov.	26. März	132	56
1831/32	−0.7	−12.5	31. Dez.	—	—	—	[0]	27. Nov.	15. Mai	171	83
1832/33	0.6	−13.5	26. Jan.	19. Okt.	—	—	[1]	23. Okt.	25. März	154	96
1833/34	2.8	−6.2	11. Febr.	11. Nov.	—	—	[4]	10. Nov.	10. April	152	55
1834/35	[2.1]	−8.4	8. Jan.	[13. Dez.]	[7. Jan.]	—	[4]	21. Nov.	20. März	120	24
1835/36	−1.6	−18.6	15. Nov.	—	—	—	...	4. Nov.	28. März	146	84
1836/37	0.4	−11.2	2. Jan.	—	—	—	—	29. Okt.	15. April	169	79
1837/38	−4.3	−25.0	16. Jan.	..	..	—	—	27. Okt.	11. Mai	197	87
1838/39	−0.8	−13.8	24., 29. Jan. u. 4. Febr.	4. Nov.	10. April	158	[8]	21. Nov.	10. April	141	78
1839/40	0.0	−16.3	12. Jan.	10. Nov.	12. März	124	21	31. Okt.	28. März	150	63
1840/41	−3.9	−17.5	17. Dez.	21. Sept.	15. April	207	34	13. Okt.	15. März	154	86
1841/42	−1.5	−15.1	26. Jan.	21. Okt.	11. Mai	203	25	23. Okt.	18. April	178	82
1842/43	0.6	−9.0	9. Nov.	9. Okt.	30. März	173	31	15. Okt.	30. März	167	74
1843/44	−0.3	−10.8	14. Jan.	15. Okt.	1. Mai	200	32	21. Okt.	24. März	156	60
1844/45	−3.7	−20.9	20. Febr.	30. Okt.	8. Mai	191	21	1. Dez.	26. März	116	97
1845/46	2.4	−9.1	5. u. 6. Jan.	14. Okt.	30. April	199	17	4. Nov.	13. März	130	32
1846/47	−2.9	−19.6	12. Febr.	2. Nov.	20. April	170	17	14. Nov.	31. März	141	82
1847/48	−1.8	−14.5	27. Jan.	28. Sept.	1. Mai	217	20	19. Nov.	9. März	112	64
1848/49	0.5	−15.0	2. Jan.	20. Sept.	13. April	206	19	11. Nov.	19. April	160	46
1849/50	−1.8	−24.2	22. Jan.	10. Okt.	26. März	140	9	1. Nov.	31. März	151	85
1850/51	0.4	−10.0	3. März	21. Okt.	9. April	171	36	21. Okt.	18. März	144	60
1851/52	1.3	−8.6	1. Jan.	4. Nov.	27. März	145	18	15. Nov.	21. April	159	71
1852/53	1.8	−10.5	26. Febr.	10. Okt.	9. Mai	212	37	21. Okt.	14. April	176	59
1853/54	−2.5	−20.0	27. Dez.	4. Okt.	5. April	184	17	12. Nov.	25. April	165	89
1854/55	−2.0	−17.0	19. Febr.	29. Okt.	10. Mai	194	15	12. Nov.	31. März	140	69
1855/56	−0.2	−17.5	21. Dez.	27. Sept.	4. Mai	221	18	20. Nov.	1. April	134	69
1856/57	−0.1	−12.5	2. Dez.	25. Okt.	30. März	157	30	18. Okt.	21. März	145	78
1857/58	−1.1	−14.2	29. Jan.	1. Nov.	27. Mai	208	23	15. Nov.	14. April	151	62
1858/59	1.7	−14.6	23. Nov.	31. Okt.	21. März	142	27	30. Okt.	2. April	155	63
1859/60	−0.5	−14.9	21. Jan.	23. Okt.	24. März	185	27	23. Okt.	17. März	147	75
1860/61	−1.2	−21.2	7. Jan.	31. Okt.	9. Mai	191	20	2. Nov.	30. April	180	68
1861/62	−0.1	−13.8	21. Jan.	21. Okt.	16. April	178	24	27. Okt.	6. März	131	68
1862/63	2.0	−10.5	22. Nov.	29. Okt.	2. April	166	24	18. Nov.	1. März	104	39
1863/64	−0.9	−15.0	12. Febr.	25. Okt.	25. Mai	214	23	7. Nov.	9. April	155	68
1864/65	−2.2	−14.0	14. Febr.	4. Okt.	4. April	183	24	4. Okt.	2. April	181	98
1865/66	2.1	−8.1	25. Dez.	7. Okt.	5. April	181	28	13. Nov.	16. März	124	37
1866/67	2.4	−10.8	19. Jan.	11. Okt.	25. Mai	227	26	18. Okt.	22. März	155	57
1867/68	0.6	−15.8	10. Dez.	27. Sept.	31. März	187	27	6. Nov.	31. März	147	62
1868/69	3.2	−15.0	23. Jan.	16. Sept.	6. April	203	19	15. Nov.	5. April	142	47
1869/70	−1.6	−15.0	10. Febr.	11. Okt.	7. Mai	209	18	18. Okt.	3. April	168	97

Tabelle 71.   # Winter-Charakteristik.

Eistage				Einbriechung des Mains, Dauer	Schneetage				Tage mit Schnee-decke Mittags	Niederschlag			
Eintrittzeit		Dauer der Periode in Tagen	Zahl der Tage		Eintrittzeit		Dauer der Periode in Tagen	Zahl der Tage		Zahl der Tage		Höhe in mm	
des ersten	des letzten				des ersten	des letzten				v. Dez. b. Febr.	v. Okt. v. März	v. Dez b. Febr.	v. Okt b. März
—	15. Febr.	—	—	v. 26. Dez. b. 1 März / v. 9. Febr b. 1 März	—	29. April	—	[20]	—	—	—	—	—
6. Dez.	24. Febr.	81	37	—	6. Nov.	23. Febr.	110	29	-	32	69	165.1	308.9
7. Jan.	18. Febr.	43	15	—	15. Nov.	6. April	141	25	—	41	81	261.2	—
2. Dez.	29. Febr.	89	36	v. 25. u. 14. b. 14 Febr.	30. Okt.	17. März	139	37	—	51	95	—	—
18. Nov.	7. Febr.	82	68	v. 29. Dez. b 10 Febr	13. Nov.	5. April	144	31	—	34	81	—	—
15. Dez.	2. Febr.	50	18	—	21. Nov.	23. März	123	27	-	45	74	160.4	325.0
27. Nov.	25. Jan.	60	30	—	14. Nov.	25. März	133	20		29	78	126.4	309.1
23. Nov.	13. März	111	34	v. 11 Jan. b. 3. Febr	7. Nov.	23 März	137	15		27	64	99.0	196.5
—	—	—	0	—	9. Dez.	14. April	127	12	—	40	58	—	—
30. Dez.	7. Jan.	9	2	—	26. Okt.	26. April	183	21	—	31	60	—	—
8. Nov.	24. Febr.	109	34	—	10. Nov.	25. Febr.	108	29	—	41	73	—	—
1. Nov.	9. April	160	24	v. 16 Jan. b. 26 Febr	27. Okt.	17. April	173	41	—	48	92	130.3	254.2
10. Dez.	20. Febr.	73	43	—	10. Nov.	29. April	171	25	—	19	58	122.2	196.9
25. Nov.	4. Febr.	72	20	—	13. Okt.	8. April	178	37	—	38	71	197.6	390.8
6. Dez.	23. Febr.	80	17	—	29. Okt.	26. März	152	23	—	45	79	198.6	308.2
30. Nov.	1. März	92	42	v. 18 Dez b. 16. Jan	9. Dez.	8. März	85	19	—	30	73	147.8	313.8
2. Jan.	20. Febr.	50	26	—	15. Nov.	26. März	132	30	—	34	90	123.8	418.2
6. Nov.	2. März	118	16	—	8. Nov.	12. März	161	23	—	34	65	146.2	271.8
13. Dez.	17. Jan.	36	12	—	18. Nov.	22. März	126	82	—	41	94	140.8	354.3
6. Dez.	19. März	104	43	v. 11 Febr. b 25 März	28. Nov.	20. März	113	29	—	22	57	70.7	290.7
11. Dez.	11. Febr.	60	12	—	11. Dez.	19. März	99	10	—	43	74	319.8	442.3
2. Dez.	11. März	100	36	v. 18. b 23 Jan. v. 13 b 17 Jan.	2. Dez.	18. April	138	47	—	47	82	169.6	220.0
11. Dez.	30. Jan.	51	45	v. 8 Jan. b. 1. Febr.	22. Nov.	11. März	111	20	—	36	83	123.6	258.9
20. Dez.	13. Jan.	25	22	v. 10 b. 15 Jn	5. Nov.	18. April	165	21	—	27	69	83.6	250.8
20. Nov.	18. März	119	47	v. 4 b 16 Dez v. 22. b 27 Ja	15. Nov.	24. März	130	90	—	34	67	70.8	—
9. Dez.	3. März	85	10	—	17. Nov.	6. März	110	11	—	24	70	86.7	212.2
17. Dez.	3. Jan.	18	15	—	5. Nov.	18. April	166	23	—	33	55	131.6	223.7
14. Febr.	19. März	34	7	—	3. Dez.	15. April	134	24	—	45	81	206.1	354.4
28. Nov.	15. Febr.	80	33	v 27 Dez b 31 Jan.	25. Nov.	24. April	151	29	—	35	59	(62.9)	(161.1)
12. Dez.	23. Febr.	74	36	v. 29 Jan. b. 27 Febr.	10. Nov.	27. März	138	41	—	45	99	(164.2)	(393.8)
4. Dez.	15. Jan.	43	21	—	24. Nov.	3. Mai	163	21	—	34	61	134.0	265.4
18. Nov.	6. Febr.	81	22	—	12. Nov.	26. April	166	32	—	33	67	125.2	236.1
14. Dez.	6. März	83	21	—	27. Nov.	8. Mai	163	21	—	28	54	66.0	162.2
10. Nov.	16. Jan.	68	13	—	5. Nov.	1. April	148	23	—	49	88	108.2	217.2
3. Dez.	15. Febr.	75	19	—	15. Nov.	23. April	161	37	—	49	96	180.7	368.8
19. Dez.	20. Jan.	33	29	v 3 b.79 Jn	7. Nov.	29. April	174	30	—	33	85	(105.6)	(305.9)
22. Dez.	11. Febr.	52	21	—	17. Nov.	19. April	148	16	—	33	65	120.4	241.5
22. Nov.	17. Dez.	26	3	—	22. Nov.	20. März	119	15	—	35	77	128.6	282.9
1. Dez.	20. Febr.	82	22	v 14 b 18 Jn.	11. Nov.	1. Mai	173	17	—	41	76	75.8	189.2
16. Dez.	20. März	95	27	v. 24 Dez b. 15. Jan	9. Nov.	31. März	143	40	—	36	75	145.8	251.0
14. Dez.	29. Dez.	16	6	—	15. Dez.	21. März	100	11	—	42	96	155.9	359.8
22. Dez.	22. Jan.	32	16	—	14. Nov.	18. März	125	21	—	53	89	202.7	381.1
24. Nov.	25. Jan.	63	24	—	16. Nov.	12. April	149	36	22	47	96	123.8	259.9
12. Jan.	26. Jan.	15	10	—	28. Nov.	27. März	120	12	2	51	91	175.9	331.6
25. Nov.	17. Febr.	85	32	—	27. Okt.	26. April	192	30	40	37	87	94.0	299.3

Tabelle 71. **Winter-Charakteristik.**

Winter	Luft-Temperatur			Helltage				Frosttage			
	Mittlere Abweichung v. Dez. b. Febr	Niedrigste		Eintrittszeit		Dauer der Periode in Tagen	Zahl der Tage	Eintrittszeit		Dauer der Periode in Tagen	Zahl der Tage
		°C.	Tag	des ersten	des letzten			des ersten	des letzten		
1870/71	—3.2	—19.5	3 Jan.	16. Okt.	19. März	155	18	7. Nov.	11. April	156	91
1871/72	1.0	—18.2	8. Dez.	11. Okt.	11. April	181	30	26. Okt.	27. März	164	84
1872/73	2.0	— 8.1	2. Febr.	16. Okt.	8. April	175	11	13. Nov.	27. April	166	43
1873/74	0.9	—13.2	11. Febr.	29. Okt.	26. Febr.	121	31	11. Nov.	14. März	124	67
1874/75	0.9	—13.8	29. Dez.	6. Okt.	9. April	186	15	28. Okt.	15. April	170	93
1875/76	—1.2	—16.0	10. Dez.	3. Nov.	14. April	164	28	8. Nov.	14. April	164	79
1876/77	3.6	—11.0	2. März	2. Nov.	16. April	166	11	1. Nov.	17. April	168	45
1877/78	1.2	— 9.8	12. Jan.	26. Sept.	8. April	195	20	10. Okt.	2. April	175	57
1878/79	0.5	— 9.6	12. Dez.	1. Nov.	1. Mai	182	20	1. Nov.	13. April	164	75
1879/80	4.0	—19.2	20. Jan.	17. Okt.	11. April	178	84	17. Okt.	24. März	160	92
1880/81	0.3	—20.0	16. Jan.	26. Okt.	22. April	179	24	24. Okt.	22. April	181	73
1881/82	0.8	— 7.4	4. Febr.	18. Okt.	12. April	177	84	18. Okt.	13. April	178	64
1882/83	1.7	—10.0	17. März	13. Nov.	13. April	152	24	13. Nov.	9. April	148	82
1883/84	2.5	— 9.5	8. Dez.	13. Nov.	27. April	167	19	13. Nov.	27. April	167	43
1884/85	1.1	—10.6	27. Jan.	24. Okt.	12. April	171	35	12. Nov.	25. März	184	74
1885/86	—0.9	—14.8	12. Dez.	3. Nov.	20. März	138	22	3. Nov.	20. März	138	97
1886/87	—1.0	—10.9	16. Jan.	25. Okt.	2. April	160	20	29. Nov.	18. April	141	91
1887/88	—1.2	—19.2	1. Jan.	13. Okt.	10. April	181	24	14. Okt.	10. April	180	85
1888/89	— 1.2	—16.7	13. Febr.	6. Okt.	4. April	181	35	20. Okt.	23. März	155	94
1889/90	—0.2	—10.0	1. März	12. Nov.	12. April	154	38	11. Nov.	13. April	153	78
1890/91	—2.7	—15.2	30. Dez.	10. Okt.	2. April	175	53	21. Okt.	2. April	164	98
1891/92	0.8	—13.1	18. Febr.	29. Okt.	16. April	171	33	30. Okt.	24. März	147	67
1892/93	—1.8	—19.6	17. Jan.	18. Okt.	18. April	183	83	21. Okt.	26. April	188	75
1893/94	0.3	—14.5	5. Jan.	7. Nov.	19. März	133	37	7. Nov.	19. März	133	64
1894/95	—3.0	—19.4	8. Febr.	1. Nov.	11. April	162	30	18. Okt.	6. April	171	89

Tabelle 72. **Höchste und niedrigste jährliche Lufttemperatur**
in den Jahren 1700, 1740 und 1755/1825. (Fortsetzung.)

	Höchste Temperatur			Niedrigste Temperatur			
Jahre	Tag und Monat	°C.	Tag und Monat	°C.	Winter	Tag und Monat	°C.
1791	1. August	35.0	. . . . . .		1790/91	2. Januar	— 6.5
1792	18. Juli	31.8	9. Januar	—17.2	1791/92	9. Januar	—17.2
1793	17. Juli	36.0	5. Januar	—11.0	1792/93	5. Januar	—11.0
1794	9. Juli	36.5	[21. Dezember]	[15.8]	1793/94	4. Dezember	— 7.5
1795	31. Juli	30.5	3. Januar	—22.0	1794/95	3. Januar	—22.0
1796	16. Juli	32.8	17. Dezember	—12.8	1795/96	5. März	—10.0
1797	30. Juli	34.5	[9., 11. u. 20. Januar]	—[8.8]	1796/97	17. Dezember	—12.3
1798	4. August	34.2	26. Dezember	—36.0	1797/98	11. Januar	— 8.0
1799	(7. Juli)	(26.0)	30. Dezember	—(21.3)	1798/99	26. Dezember	—25.0
1800	(9. Juli)	(25.0)	[1. Januar]	—[20.0]	1799/1800	30. Dezember	—(21.3)
1801	(8. Juli)	(26.0)	11. Februar	—(12.5)	1800/ 1	11. Februar	—(12.5)
1802	(8. August)	(25.0)	16. u. 17. Januar	—(20.0)	1801/ 2	16. u. 17. Januar	—(20.0)
1803	(2. u. 3. August)	(22.5)	10., 11., 12. u. 13. Febr.	—(15.0)	1802/ 3	10., 11., 12. u. 13. Febr.	—(15.0)
1804	(3. u. 4. August)	(23.8)	31. Dezember	—(16.3)	1803/ 4	4. März	—(10.0)
1805	(10. Juni)	(26.0)	2. Februar	—(16.3)	1804/ 5	31. Dez. u. 2. Febr.	—(16.3)
1806	(20. Mai u. 10. Juni)	(22.5)	2. u. 3. Februar	—(3.8)	1805/ 6	18. Dezember	—(13.8)
1807	(13. Juli)	(25.0)	20. Februar	—(6.3)	1806/ 7	20. Februar	—(6.3)
1808	[14. Juli 3 8 p]	[36.2]	23. Dezember	—(16.3)	1807/ 8	28. Februar	—(10.0)
1809	(8. [25. [u 26] Juli u.1.,11. u.	(23.8)	17. [u. 18.] Januar	—[16.0]	1808/ 9	23. Dezember	—(16.3)
1810	(11.,27. u 28 Aug.) [27. Aug.	(25.0)	15. u. 28. Januar	—15.0	1809/10	15. u. 28. Januar	—15.0

Tabelle 71. Winter-Charakteristik.

Eistage				Eisbedeckung des Mains Dauer	Schneetage					Tage mit Schneedecke Mittags	Niederschlag			
Eintrittszeit des ersten	des letzten	Dauer der Periode in Tagen	Zahl der Tage		Eintrittszeit des ersten	des letzten	Dauer der Periode in Tagen	Zahl der Tage			Zahl der Tage v. Dez. b. Febr.	v. Okt. b. März	Höhe in mm v. Dez. b. Febr.	v. Okt. b. März
2. Dez.	13. Febr.	74	45	—	10. Nov.	10. April	152	84	57	44	84	136.0	311.2
2. Dez.	4. Febr.	65	25	v. 8 Dez. b. 7 Jan.	11. Nov.	31. März	132	28	37	33	65	97.6	189.8
1. Febr.	20. Febr.	20	7	—	13. Nov.	22. April	161	15	6	41	98	142.1	402.0
15. Dez.	12. Febr.	60	11	—	22. Nov.	14. März	113	12	3	29	70	57.3	146.2
25. Nov.	23. Febr.	91	22	—	12. Nov.	24. März	133	40	32	46	87	143.3	230.6
26. Nov.	13. Febr.	78	38	—	22. Nov.	26. März	126	32	37	44	100	121.0	387.1
11. Nov.	10. März	120	7	—	6. Nov.	23. April	168	29	11	65	119	213.3	330.7
21. Dez.	28. Jan.	39	7	—	27. Nov.	27. März	121	38	29	48	103	121.3	266.0
8. Dez.	25. Febr.	80	24	—	31. Okt.	12. April	164	54	47	65	120	202.6	342.1
26. Nov.	5. März	72	49	v. 2 Dez b. 1 Jan	16. Okt.	10. Febr.	118	26	55	40	80	81.2	216.9
3. Jan.	14. Febr.	43	20	—	22. Okt.	9. April	164	24	27	59	115	104.9	466.3
29. Dez.	11. Febr.	45	13	—	5. Okt.	11. April	189	8	0	30	73	75.3	408.5
2. Dez.	22. März	111	9	—	13. Nov.	23. April	162	34	21	36	93	141.3	405.5
6. Dez.	2. Jan.	28	4	—	4. Dez.	21. April	140	14	7	45	92	122.3	287.7
1. Dez.	21. Febr.	83	14	—	18. Nov.	24. März	127	28	19	39	79	178.2	295.8
9. Dez.	12. März	94	17	—	8. Dez.	15. März	98	37	61	43	87	97.1	307.2
4. Dez.	17. März	104	25	—	2. Dez.	23. April	135	33	50	46	95	124.6	273.4
16. Nov.	19. März	125	25	v. 30 Dez. b. 5. Jan	15. Okt.	12. April	181	37	39	51	109	117.4	286.8
8. Dez.	3. März	86	25	—	12. Jan.	16. April	95	33	26	45	91	75.7	175.7
22. Nov.	5. März	104	29	—	28. Nov.	16. April	136	22	24	34	85	145.1	252.7
26. Nov.	14. Febr.	81	44	—	25. Nov.	2. März	98	34	23	31	89	35.4	209.2
18. Dez.	6. März	80	25	—	24. Nov.	6. Mai	165	30	29	55	90	136.1	278.5
27. Nov.	5. Febr.	71	30	v. 3 Jan. b 1 Febr	22. Okt.	20. März	150	33	29	59	106	169.4	260.5
3. Dez.	18. März	76	19	—	26. Nov.	6. März	105	18	11	48	98	98.9	273.6
13. Dez.	6. März	84	38	v. 10. Febr. b 13 März	27. Nov.	5. April	130	49	60	64	116	99.2	289.0

Tabelle 72. Höchste und niedrigste jährliche Lufttemperatur
in den Jahren 1709, 1740 und 1755/1825.

Höchste Temperatur			Niedrigste Temperatur				
Jahre	Tag und Monat	°C.	Tag und Monat	°C.	Winter	Tag und Monat	°C.
1811	(9., 11. u. 27. Juni)	(25.9)	26. Januar	(13.6)	1810/11	26. Januar	(13.8)
1812	(20. Juli)	(22.5)	14. u. 27. Dezember	(17.5)	1811/12	29. Januar	(13.8)
1813	(13. Juli u. 1. August)	(26.5)	20. Januar	(15.0)	1812/13	14. u. 27. Dezember	(17.5)
1814	(11., 27. u. 29. Juli)	(25.0)	14. Januar	(16.8)	1813/14	14. Januar	(18.8)
1815	(16. Juli)	(21.9)	10. Dezember	(13.8)	1814/15	. . .	. . .
1816	(14. Juni)	(25.8)	11. Februar	(16.3)	1815/16	11. Februar	(16.3)
1817	(22. Juni)	(27.5)	30. Dezember	(7.5)	1816/17	. . .	. . .
1818	(26. Juli)	(26.3)	27. Dezember	(12.5)	1817/18	. . .	. . .
1819	(7. Juli)	(26.3)	9. Dezember	(11.3)	1818/19	27. Dezember	(12.5)
1820	(10. August)	(22.5)	16. Januar	(21.3)	1819/20	16. Januar	(21.3)
1821	(20. Juli)	(31.9)	20. Januar	(12.5)	1820/21	. . .	. . .
1822	(5. Juli)	(32.5)	21. Dezember	(21.3)	1821/22	. . .	. . .
1823	(28. August)	(33.1)	21. Januar	(23.8)	1822/23	23. Januar	(23.4)
1824	(14. Juni)	(27.8)	21. Februar	(20.0)	1823/24	. . .	. . .
1825	(29. Mai)	(27.5)	30. Dezember	(21.3)	1824/25	. . .	. . .

Berichtigungen.

Zu Seite VII des ersten Theils. Statt Sömmerring ist Soemmerring zu setzen.

S. XVI, zweiter Absatz. Nach einer s. Zt. unbeachtet gebliebenen Bemerkung lag der Gefrierpunkt des betreffenden Weingeist-Thermometers bereits am 8. Januar 1889 bei —0.1° R.

S. XXXIX, vorletzte Zeile, muss es „Beobachtungen" statt Betrachtungen heissen.

Tab. 1, S. 2. Niedrigster beob. Luftdruck des Februar 727.6 statt 727.7; Differenz 46.2.

S. 4. Höchster „ „ „ Mai 766.1 am 8.81 statt 765.6; Diff. 34.2.

S. 5. „ „ „ „ August 766.7 statt 766.8; Differenz 29.3.

Tab. 3, S. 10. Die grössten und kleinsten Monatsmittel für 1837/56 weichen von den in Tab. 27 enthaltenen wegen anderer Berechnung ab (vgl. Theil II, S. VI).

Tab. 3, S. 10. Unter Monatsextreme für 1857/92 ist zu setzen:

für das Minimum des Februar 727.6 statt 727.7
„ „ „ „ April 731.4 „ 731.3
„ „ Maximum „ Mai 766.1 „ 765.6
„ „ „ „ August 766.7 „ 766.8
„ „ Minimum „ „ 737.4 „ statt 737.4
„ „ Maximum „ Oktober 769.8 „ 769.7.

Unter Monatsextreme für 1826/56 ist zu setzen:

für das Maximum des April 773.2 statt 772.0
„ „ „ „ Mai 766.8 „ 765.7
„ „ Minimum „ Oktober 725.1 „ [12.0]
„ „ „ „ November 729.8 „ 729.7.

S. 11. Für den niedrigsten Luftdruck des Herbstes ist 1826 56 zu setzen:
725.1 statt [12.0], Differenz 49.2.

In der Jahresübersicht ist zu setzen:

unter 1857/56 für den höchsten Luftdruck 777.7 statt 777.6

unter 1826/37 für den niedrigsten Luftdruck 725.1 10.Okt.35 12ʰm statt [712.0 10.Okt. 35].

In Bezug auf letztere Berichtigung wolle man S. VIII—IX des Nachtrages nachlesen.

Tab. 4, S. 12—35 ist bei den mittleren Tagesmitteln der Lufttemperatur von 1758/77 nach Meermann die Decimale 0.3, der jetzt üblichen Berechnungsweise entsprechend, allemal in 0.2 zu verändern.

Tab. 4, S. 12. Unter Monatsextreme:

Kleinstes Tagesminimum: —21.2 am 7.61 statt —21.5 am 4.61
Differenz: 30.4 „ 30.7
Differenz des gr. Max. u. kl. Min.: 37.4 „ 37.7

Tab. 4, S. 13. Unter Tagesminimum für den 4. Januar:

Mittleres —2.7 statt —2.9
Kleinstes —14.0 „ —21.5.

Unter Differenz des gr. Max. u. kl. Min. für den 4. Januar 23.2 statt 30.7

Kleinste Zahl der Eistage 0 statt 0

Kleinstes Monatsmittel —4.2 „ —4.3.

Tab. 6, S. 35, beträgt das fünfundzwanzigjährige Monatsmittel vom April 1758 bis März 1783 im Januar nicht —0.1 sondern 0.0° C.

Tab. 6, S. 38. Die unter 1837 56 gegebenen Zahlen weichen von den Zahlen in Tab. 35 ab wegen anderer Berechnungsweise der Mittel (s. d. Nachtrag S. X und d. Fussnote z. S. 13).

Unter 1826/56 ist für die niedrigste Temperatur des April zu setzen:

'—4.5 statt —6.2

und für die Differenz 32.0 „ 33.7.

Tab. 0, S. 39. In der Jahresübersicht ist unter 1837/56 zu setzen:

für das grösste Monatsmittel 22.9 Juli 52

„ „ kleinste „ —7.9 Jan. 36

„ die Differenz 30.8 statt 30.1.

Desgl. unter 1826/37:

für die höchste beobachtete Lufttemperatur 37.5 5. u. 6. Juli 26.

Tab. 10, S. 41, ist die Temperatur eines unbeschatteten Maximum-Thermometers im März 18.1, im Oktober 20.8 und im Dezember 6.0, nicht 18.0, 20.6 und 6.1° C.

Tab. 13, S. 43. Für die grösste Zahl der heiteren Tage im Mai ist zu setzen:

12 statt 12.

Für die grösste Zahl der trüben Tage im November ist zu setzen:

20 statt 18.

Tab. 14, S. 43. Für die grösste Zahl der Tage mit Reif im November ist zu setzen:

11 statt 11

desgl. im Jahr 50 „ 50.

Tab. 16, S. 45. Für die grösste absolute Niederschlagshöhe eines Tages ist zu setzen:

im Juli 60.7 statt 60.5

„ August 62.8 „ 62.7

„ Jahr 64.0 am 17. Juni 85.

Tab. 18, S. 46. Unter kleinste Zahl der Niederschlagstage mit mehr als 0.2 mm ist zu setzen:

für den September 1 statt 2.

Unter grösste Zahl der Niederschlagstage mit mehr als 0.2 mm ist zu setzen:

für das Jahr 166 statt 232.

Tab. 22, S. 48, ändert sich die mittlere Zahl der Tage mit Wetterleuchten 1860/95 nach dem Nachtrag S. 57 folgendermassen:

J.	F.	M.	A.	M.	J.	J.	A.	S.	O.	N.	D.
0.1	0.1	0.1	0.4	1.6	1.6	2.7	2.1	1.4	0.4	0.0	0.1

Winter	Frühling	Sommer	Herbst	Jahr
0.3	2.1	6.3	1.8	10.5

Tab. 22, S. 48. Unter grösste Zahl der Tage mit Hagel ist zu setzen:

für März 5 statt 5

„ das Jahr 11 „ 11.

Tab. 24, S. 49. Unter Dauer der Periode für die Sommertage ist zu setzen:

kleinste Dauer 90 statt 89.

Desgl. für die Tage mit Schneefall:

grösste Dauer 189 statt 184

kleinste 95 „ 94.

Tab. 26, S. 50, ist unter dem 8. April Buxus „sempervirens" zu lesen.

Tab. 42, S. 24 des Nachtrags. Das Minimum der Lufttemperatur des Februar, sowie des Jahres 1864 war —15.0° C.

Tab. 42, S. 25 ist im Oktober 1893 das Minuszeichen wegzulassen.

Tab. 46, S. 29, ist 1872 im Februar 1 Eistag, im Jahr 3 Eistage zu setzen: 1873 im Januar —, im Jahr 10 Tage; das Lustrenmittel des Januar ist darnach 5.1, das des Februar 4.8. Im Oktober 1879 ist 1 Frosttag und im Jahr 91 Tage zu setzen; die entsprechenden Lustrenmittel betragen 1.4 und 66.6.

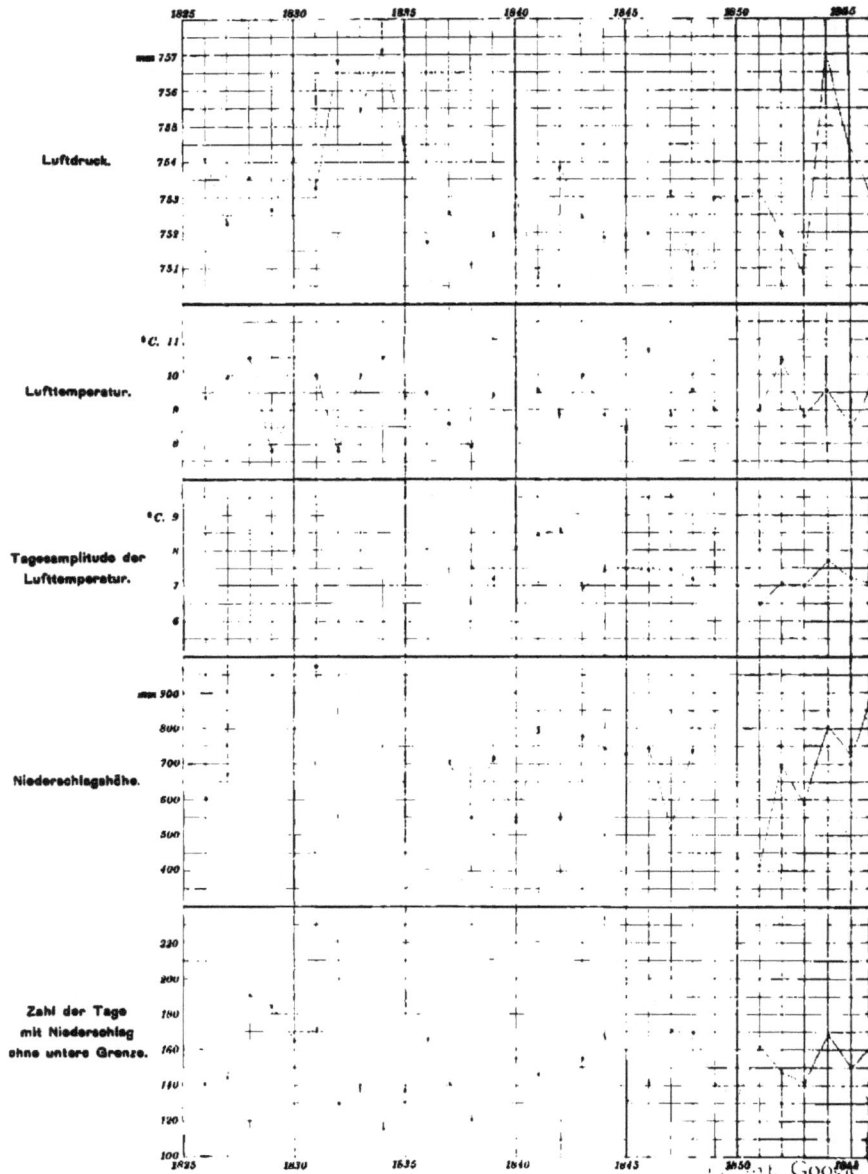

Luftdruck.

mm 757
756
755
754
753
752
751

Lufttemperatur.

°C. 11
10
9
8

Tagesamplitude der Lufttemperatur.

°C. 9
8
7
6

Niederschlagshöhe.

mm 900
800
700
600
500
400

Zahl der Tage mit Niederschlag ohne untere Grenze.

220
200
180
160
140
120
100

1825   1830   1835   1840   1845   1850   1855

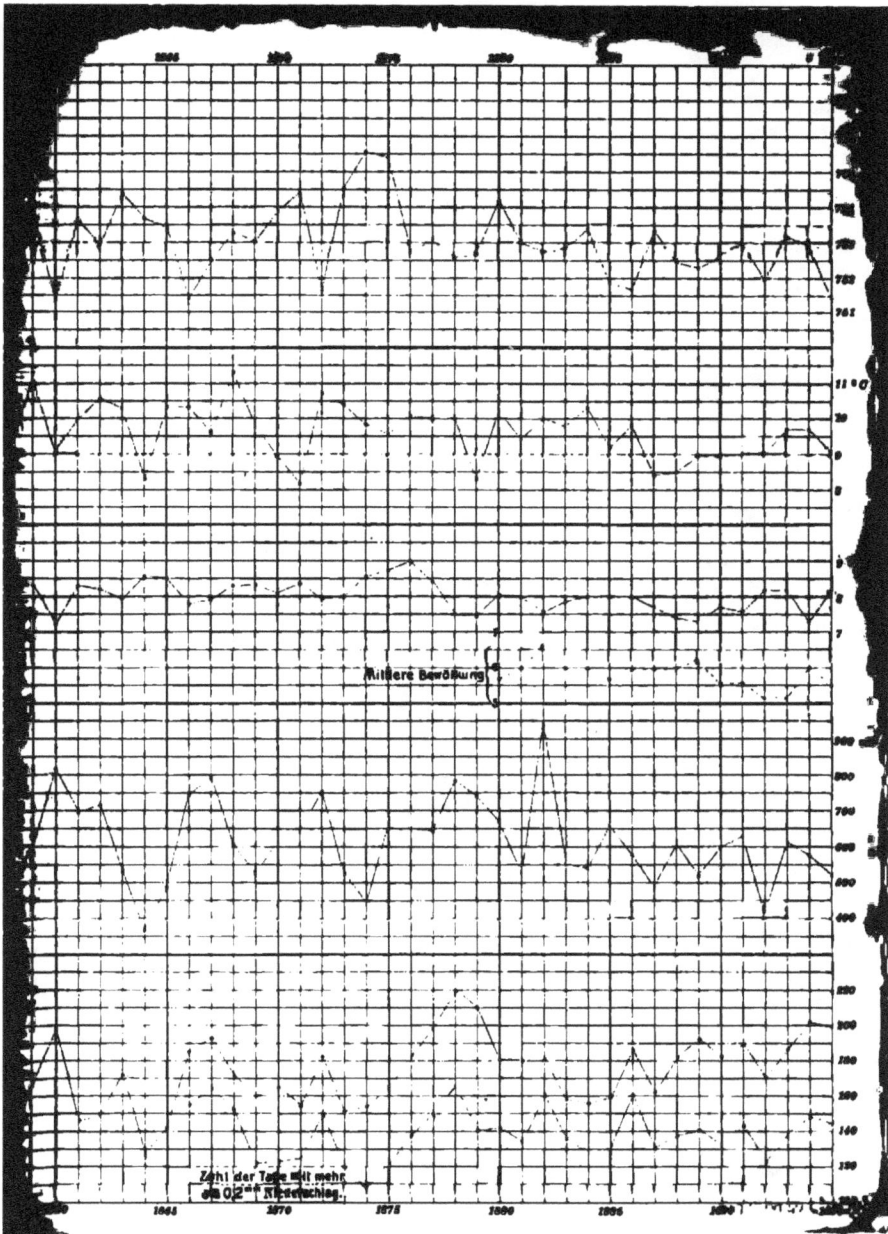

Mittlere Bewölkung

Zahl der Tage mit mehr
als 0,2ᵐᵐ Niederschlag.

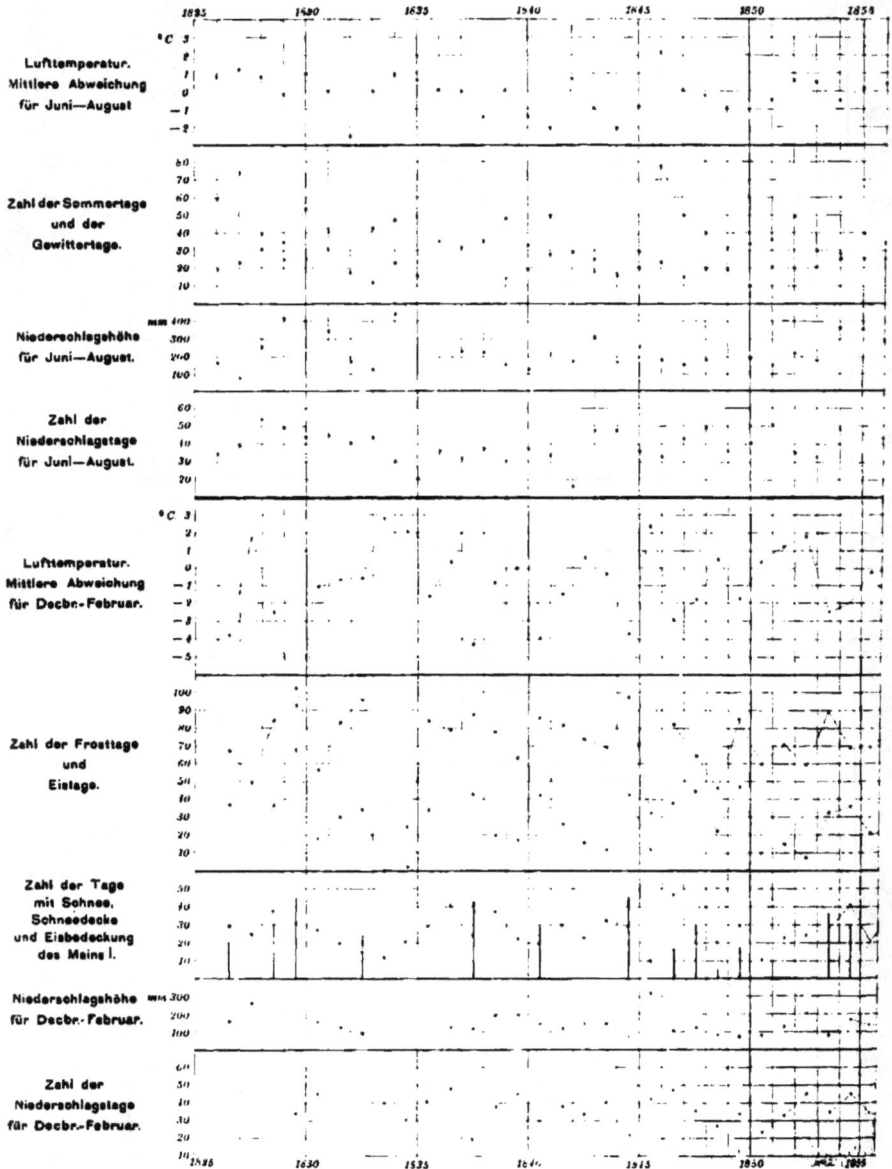